姚文娟・著

超长桩承载性状及力学行为解析分析

ANALYTICAL ANALYSIS ON LOAD BEARING MECHANISM AND MECHANICAL BEHAVIOR OF SUPER-LONG PILES

内容提要

本书系统讲述超长桩与土的相互作用及荷载传递机理，建立吻合超长桩侧土摩阻力软化及深部摩阻力强化的荷载传递模型；推导出在各种荷载作用下超长桩基中单桩和群桩的变形及承载力方程，并进行解析、半解析和数值解答；基于矩阵传递方法将建立的计算模型扩展到符合实际地质条件的成层地基中。书中详细地阐述解析方程的推导过程和程序的编写，并匹配相应的算例。

本书主要供固体力学、流体力学、一般力学及土木工程技术人员和科研人员，以及高等工科院校的本科生及研究生使用。

图书在版编目(CIP)数据

超长桩承载性状及力学行为解析分析／姚文娟著. —上海：上海交通大学出版社，2022.11
ISBN 978-7-313-25872-4

Ⅰ. ①超… Ⅱ. ①姚… Ⅲ. ①桩承载力一研究 Ⅳ. ①TU473.1

中国版本图书馆 CIP 数据核字(2022)第 053634 号

超长桩承载性状及力学行为解析分析

CHAOCHANGZHUANG CHENGZAI XINGZHUANG JI LIXUE XINGWEI JIEXI FENXI

著　　者：姚文娟

出版发行：上海交通大学出版社　　地　　址：上海市番禺路 951 号

邮政编码：200030　　电　　话：021-64071208

印　　制：上海景条印刷有限公司　　经　　销：全国新华书店

开　　本：710 mm×1000 mm　1/16　　印　　张：24.25

字　　数：432 千字

版　　次：2022 年 11 月第 1 版　　印　　次：2022 年 11 月第 1 次印刷

书　　号：ISBN 978-7-313-25872-4

定　　价：128.00 元

前　言

建筑是石头的史书，是人类文明和社会发展的里程碑。建筑的发展与国家的科学技术和经济发展密切相关。它从一个方面展示了国家的科学技术和经济实力，同时映射出民族文化内涵。

近年来，随着科学技术和经济建设的飞速发展，大量高层和超高层建筑、大跨桥、高架铁路桥，以及大型水运工程层出不穷。这些大规模、高标准的建筑物对地基承载力及变形要求更是相应提高。超长桩以其承载力高、沉降及不均匀沉降小、能适应各种复杂地质条件等特点得到了广泛的应用。超长桩工作机理和受力性状与以往经典的普通中短桩相比有很大的区别。然而目前，软土地区超长桩的工作性状及桩土相互作用机理尚有盲区，理论研究的滞后使得至今没有达成共识的计算理论和计算方法。工程设计仍按普通桩理论进行，其不能充分反映桩土系统特性及超长桩的承载性状。因此，系统地建立超长桩的变形及承载力的计算方法非常重要，它既有学术意义又是工程应用的迫切需求。建立解析方程对实际工程应用则更为方便有效，故本书的研究内容为此应运而生。

虽然国内外杂志上发表过大量相关论文，但至今还没有一本书讲述如何解答超长桩工作机理及力学行为，特别是在成层地基中的群桩，其桩土系统的相互作用导致的变形和承载力的确定则更无涉及。本书所建立的超长桩系统解析分析方法恰好填补了这一缺失，因此，本书为高速发展的现代建筑基础所提供的行之有效的计算方法是科技和经济发展的迫切需要。

本书共有 23 章，分别介绍超长桩的荷载传递、非线性承载性状、层状地基位移、负摩阻力计算、黏弹性软土再固结超孔压、时效分析、无量纲及软化-强化模型、群桩沉降、长短组合群桩变形、波浪及船舶撞击的动力稳定、群桩的动力响应、扩底抗拔桩及群桩变形、抗拔与抗压桩共同作用、抗压群桩沉降、屈曲模型、初始后屈曲等动力稳定。书中详细阐述了解析方程的推导过程以及解答过程，包括解析、半解析和数值解答，数值解答中有程序的编写。本书是根据作者，以及作者指导的博士和硕士研究生在最近 15 年间所完成的部分科研工作而撰写的。最后作者要感谢学生傅祥卿、仇元忠、郭志兴、吴怀睿、陈君、陈尚平、王雪明、徐静静、张震、郭城志、蔡晨雨。

目　录

第 1 章 绪　论

1.1　研究背景及意义

当天然地基上的浅基础所提供的承载力不能满足设计要求或沉降过大时，往往采用桩基础。桩基础的应用历史悠久，我国古代许多著名建筑如秦代的渭桥、隋朝的郑州超化寺、五代的杭州湾海堤以及南京的石头城和上海的龙华寺等都是应用桩基的典范。在水泥问世以前，实际上能利用的桩只有由天然材料做成的桩体，如木桩和石桩。直到 19 世纪中后期，钢、水泥、混凝土相继问世，钢筋混凝土在土木工程中开始应用，出现了钢筋混凝土桩。到了 20 世纪 20 年代，特别是第二次世界大战以后，桩基的理论和技术有了较大的发展，桩的应用范围也不断扩大，出现了多种桩型，如钢筋混凝土灌注桩、钢筋混凝土预制桩、预应力混凝土管桩及钢管桩等。

在近现代，随着科学技术和经济建设的飞速发展，高层、超高层建筑和大跨度桥梁以及大型的水利水运工程迅速增多，针对这些构筑物高、重以及沉降控制严格的特点，在地基承载力及桩的变形不能满足设计要求，同时承台、桩数以及桩径又不能增加的情况下，加大桩长是一种有效提高承载力的方法。超长桩因具有较高承载力的特点在沿海及地质条件较差的软土地区的工程上得到广泛应用。例如，上海世界环球贸易中心(2008 年竣工，101 层，492 m)、浦东金茂大厦(88 层，420 m)都采用了入土深度超过 80 m 的钢管桩，浦西港汇大厦采用的钻孔灌注桩入土深度达 85 m。沿江沿海地区的跨江跨海超大型桥梁，杭州钱塘江六桥采用的钻孔灌注桩桩长超过 130 m。正在建设的嘉绍跨江大桥栈桥实验桩施工中，采用了直径 3.8 m，桩长 110 m 的大直径钻孔桩。江阴长江大桥北塔桩基的桩长为 90 m。杭州湾跨海大桥钢管桩基，桩径 1.5 m，桩长 89 m。南京长江二桥的南汉大桥南北塔桩基的桩长分别为 102 m 和 83 m。

尽管超长桩已被大量使用，但关于超长桩的工作机理仍有许多问题有待解决。超长桩工作机理和受力性状与普通中短桩相比有很大的差别。目前软土地区超长桩的工作性状及桩土相互作用机理尚有盲区，理论研究的滞后使得至今没有共识的计算理论和计算方法。工程设计仍按普通桩理论进行，不能充分反映桩土系统特性及超长桩的承载性状。因此，系统地建立超长桩承载力及稳定的计算方法非常重要，是工程应用的迫切要求。而建立解析方程对实际工程应用则更为有效，故本书的研究内容为此应运而生。

1.2 超长桩定义

虽然超长桩在工程中得到了大量的应用，但是理论上对超长桩至今没有一个明确的定义。《建筑桩基技术规范》(JGJ 94—2008)中按桩径大小对桩径行了分类：桩体直径用字母 D 表示，$D\leqslant 250$ mm 定义为小直径桩；250 mm$<D<$800 mm 定义为中直径桩；$D\geqslant 800$ mm 定义为大直径桩。在根据土体的物理指标确定桩基承载力时，规范考虑了大直径桩的侧阻及端阻的尺寸效应，对大直径桩的承载力性状有了比较成熟的研究。但是，规范仅考虑了桩径对桩基承载力及变形的影响，而对于桩长对桩基承载力和变形的影响，规范并没有加以考虑。众多的理论研究和工程实践表明，桩基存在长度效应，不同的桩长对桩基承载力的发挥性状有较大影响。因此，许多学者都认为应该按照桩长对桩基础进行分类，但具体的分类界限，至今还没有统一的认识和标准。

从现有已出版或发表的文献来看，以下学者从桩长的角度对超长桩进行了定义：国内较早提出超长桩概念的是同济大学的赵锡宏，他认为基于施工及土层分布等因素，超长桩的定义应为桩长大于 50 m 的桩。根据上海地区的土层分布特性，深度在 40～45 m 土体为暗绿色粉质黏土层，土质较好；当深度大于 50 m 时土体为细砂层。因此，桩长应当取约 50 m 为超长桩的下限值。由此可见，超长桩的桩长并不是一个确定的值，而是应当综合考虑土层条件、施工因素等确定的一个大概值。大部分学者也从桩长角度对超长桩加以定义，认为超长桩是桩长大于 50 m($L>50$ m)的各类桩。

上述学者在定义超长桩时都仅以桩长作为标准，而未考虑桩径的影响仍不够合理。Poulos 通过研究指出，无量纲参数 L/D 对单桩的沉降会有较大的影响。当土层为均质土层时，若长径比 $L/D>50$，此时即使持力层比上覆土层硬很多(E_b/E_s[①]=100),由于持力层的影响而减小的桩基础的沉降不超过 40%,而当 $E_b/E_s=4$ 时,这个值仅有 10%,由此可见长径比 L/D 对桩的荷载传递性能会产生较大的影响。因此,一些学者希望通过考虑长径比 L/D 对超长桩加以定义,如俞炯奇把 10%端阻分担比作为长短桩的分界点,将均质土中 $L/D>50$ 作为超长桩判断依据,因发现在 Gibson 土中端阻分担比比均质土体的端阻分担比大,因此把长径比 $L/D>70$ 作为超长桩的判断依据。用桩长来定义超长桩只是一种工程概念;而 10%端阻分担比是用来判断摩擦桩和端承摩擦桩的一种方法。

在结合本地区的土层条件情况下,综合考虑 L/D 对桩受力性状的影响,认为桩长 $L\geqslant 50$ m,长径比 $L/D\geqslant 50$ 的桩为超长桩。

1.3　本书研究内容

本书系统地讲述了超长桩与土的相互作用及荷载传递机理,建立了吻合超长桩侧土摩阻力软化及深部摩阻力强化的荷载传递模型。本书推导出在各种荷载作用下超长桩基中单桩和群桩的变形及承载力方程,并进行了解析、半解析和数值解答。本书基于矩阵传递方法将建立的计算模型扩展到符合实际地质条件的成层地基中。在实验和数值模拟理论解析模型正确的基础上,本书进行了主要的参数分析。书中详细地阐述了解析方程的推导过程以及程序的编写,并匹配了相应的算例。

① 持力层与上覆土层的弹性模量比。

第 2 章
竖向荷载超长桩的荷载传递和变形

2.1 引言

20 世纪 50 年代，Seed 和 Reese 首先提出了在竖向荷载作用下，适用于软土地基桩基础的荷载传递法。此后，国内外学者针对竖向荷载下桩身荷载传递规律及桩土共同作用机理展开了一系列研究，提出了大量的荷载传递法计算模型，包括线弹性模型、理想弹塑性模型、双曲线模型、双折线模型、三折线软化模型、抛物线模型和指数模型。

然而，传统双曲线模型以中短桩的荷载传递规律为基础，并不能很好地表现超长桩的实际荷载传递特性。此外，荷载传递法本身忽略了桩侧摩阻力对桩端沉降的影响，也与工程实际存在一定偏差。本章基于超长桩实验资料及现有研究成果，对桩端沿用传统双曲线荷载传递模型模拟土的非线性变形特性，桩侧采用广义双曲荷载传递模型反映桩侧土的弹塑性规律及侧土软化和稳定工作状态，并利用 Mindlin 解考虑桩周摩阻力对桩端沉降的影响，建立了超长桩在层状地基中的荷载传递分析模型。通过与实测资料即以往计算方法所得结果进行比较，验证了模型的正确性，在此基础上提出了等效摩阻力分布矩阵 $\boldsymbol{K}'^{e}_{Nf}$ 的简化算法。

2.2 计算模型建立

2.2.1 桩土荷载传递体系

荷载传递法中，将桩视为弹性单元组合体，每一单元与土体之间(包括桩端)均用线性或非线性弹簧联系，其应力-应变关系表示桩侧摩阻力(或桩端阻力)与剪切位移(或桩端位移)之间的关系,通常称为荷载传递函数。荷载传递法计算模型如图 2-1 所示。

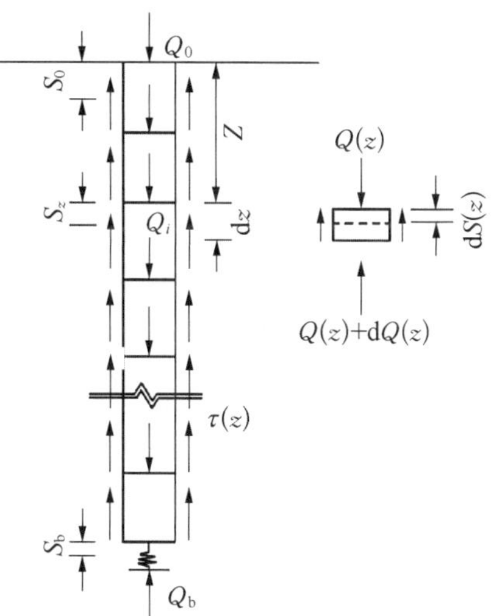

图 2-1　荷载传递法计算模型

取任一微元 dz 研究,由力的平衡条件得

$$\tau(z) = -\frac{1}{U}\frac{dQ(z)}{dz} \quad (2-1)$$

微单元 dz 的压缩量 dS(z)为

$$dS(z) = -\frac{Q(z)}{E_P A_P}dz \quad (2-2)$$

联立式(2-1)、式(2-2),得

$$E_P A_P \frac{dS^2}{dz^2} - U_z(z) = 0 \quad (2-3)$$

式中:E_P 为桩身弹性模量;A_P,U 分别为桩身截面面积与周长。式(2-3)为荷载传递基本微分方程,桩身位移 $S(z)$的求解取决于桩土荷载传递函数。

2.2.2　桩端土非线性变形

采用双曲线荷载传递模型,并考虑桩直径 D 的尺寸效应,对桩端承载力加入修正系数,$\xi = 0.8/D$,桩端阻力可表达为

$$Q_b = \frac{\xi A_b S_b}{a_b + b_b S_b} \quad (2-4)$$

式中:σ_b 为桩端端应力;Q_b 为桩端阻力;S_b 为桩端位移;A_b 为桩端面积;a_b,b_b 均为桩端土的荷载传递函数参数,可通过土工实验资料分析和工程地质野外勘察的原位测试获取。

2.2.3　侧阻软化稳定的传递模型

依据超长桩的试桩及数值模拟结果表明,对深厚软土地基中的超长桩,在高荷载水平作用下侧阻会因为桩土间滑移发生软化现象,随着滑移,侧阻很快越过

峰值而维持一个残余强度，如图 2-2 所示。具体的传递模型可用广义双曲线荷载传递模型表示，如图 2-3 所示。

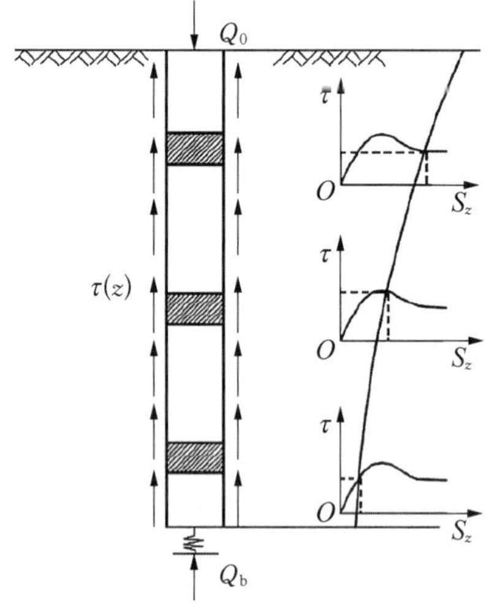

图 2-2　桩身侧阻软化模型

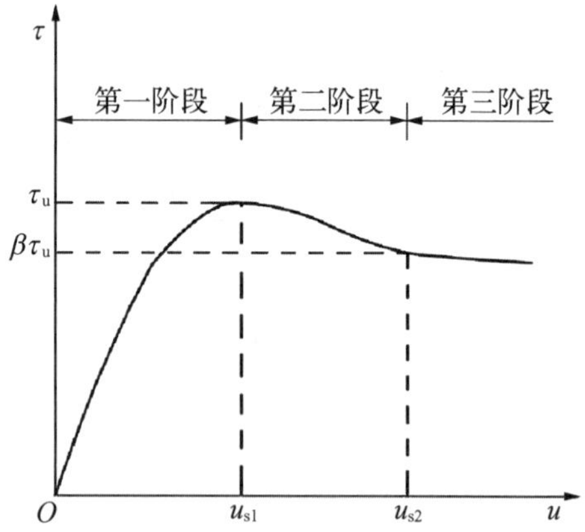

图 2-3　广义双曲线荷载传递模型

广义双曲线荷载传递模型表达式为

$$\tau(z)=\psi(u_{s2}-x)\frac{S(z)[a+bS(z)]}{[a+cS(z)]^2}+\psi(x-u_{u2})d \tag{2-5}$$

$$\psi(x)=\mathrm{sgn}[1+\mathrm{sgn}(x)] \tag{2-6}$$

$$a=\frac{\beta-1-\sqrt{1-\beta}}{2\beta}\frac{u_{s1}}{\tau_u} \tag{2-7}$$

$$b=\frac{2-\beta+2\sqrt{1-\beta}}{4\beta\tau_u} \tag{2-8}$$

$$c=\frac{1+\sqrt{1-\beta}}{2\beta\tau_u} \tag{2-9}$$

$$d=\beta\tau_u \tag{2-10}$$

式中：a，b，c，d 均为模型参数，取值见式(2-7)～式(2-10)；$S(z)$，$\tau(z)$分别为桩身 z 截面处的沉降和侧摩阻力。只需给出 u_{s1}，u_{s2}，τ_u，β 的值即可确定模型参数的值。

2.2.4　桩侧摩阻力引起的桩端沉降

荷载传递法计算沉降过程中忽略了桩侧摩阻力传递对沉降的影响。采用 Mindlin 解来解决该问题,侧摩阻力引起桩端沉降计算模型如图 2-4 所示。

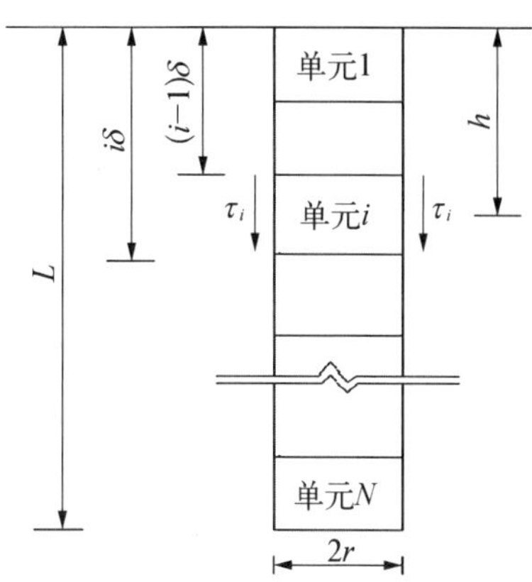

图 2-4　侧摩阻力引起桩端沉降计算模型

由单元 i 的桩侧摩阻力引起桩端中心点的位移为

$$S_{oi}=\int_{(i-1)\delta}^{i\delta}\int_0^{2\pi}\tau_i\rho_i r\mathrm{d}\theta\mathrm{d}h \tag{2-11}$$

式中:ρ 为单元 i 上的单位剪应力产生的桩端位移影响系数。由 Mindlin 解有

$$\rho_i=\frac{1+\mu}{8\pi E_S(1-\nu)}\left[\frac{(L-h)^2}{R_1^3}+\frac{3-4\mu}{R_1}+\frac{5-12\mu+8\mu^2}{R_2}+\frac{(3-4\mu)(L+h)^2-2Lh}{R_2^3}+\frac{6Lh(L+h)^2}{R_2^5}\right] \tag{2-12}$$

式中:E_S 和 ν 分别为桩周土等代模量和泊松比。

$$R_1^2=r^2+(L-h)^2,\ R_2^2=r^2+(L+h)^2 \tag{2-13}$$

不考虑桩身单元之间的相互影响,则桩身全部单元桩侧摩阻力引起的桩端的土体沉降 S_{bs}:

$$S_{bs}=\sum_{i=1}^{n}S_{oi} \tag{2-14}$$

2.3　计算模型求解

根据平衡条件和位移协调原则,荷载-沉降关系的计算方法如下:将桩分为 n 段,令各段分界点的编号为 $i=1,\ 2,\ \cdots,\ n$。其中 $i=1$ 处为桩顶,有桩顶荷载 Q_0,桩顶沉降 $S_{b(0)}$;$i=n$ 处为桩端,有桩端阻力 Q_n,初始桩端位移 $S_{b(n)}$;对任意桩段 i 则有桩段底部阻力 Q_i 及桩段底部初始位移 $S_{b(i)}$。假定桩端位移为 $S_{b(n)}$,且初始计算节点编号为 $i=n$,具体计算步骤(见图 2-5)如下:

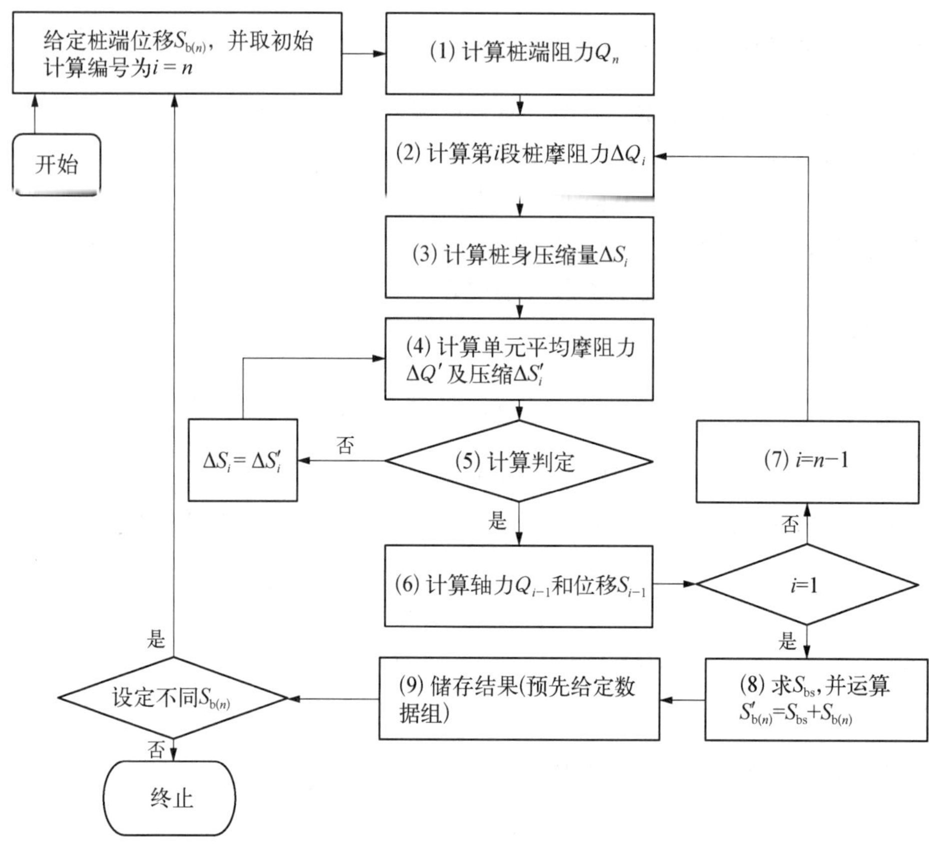

图 2-5　程序流程图

(1) 由式(2-4)计算桩端阻力 Q_n。其中,$S_{b(n)}$ 和 Q_n 与式(2-4)中 S_b,Q_b 意义相同。

(2) 对第 i 段桩进行计算。同时假定该段桩单元位移为 $S_{b(i)}$,从传递函数式(2-5)中求得该段桩身单元的摩阻力 $\tau_i[S_{b(i)}]$,则该段桩单元总的摩阻力 ΔQ_i 为

$$\Delta Q_i = 2\pi r \cdot l_i \tau_i [S_{b(i)}] \tag{2-15}$$

式中:l_i 为第 i 段桩单元长度。

(3) 第 i 段桩单元的桩身压缩量 ΔS_i 为

$$\Delta S_i = \frac{l_i(Q_i + \Delta Q_i/2)}{E_p A_p} \tag{2-16}$$

(4) 位移值取 $S_{b(i)}$ 和 S_{i-1} 的平均值,计算对应的单元摩阻力 $\Delta Q_i'$,即

$$\Delta Q'_i = 2\pi r \cdot l_i \tau_i [S_{b(i)} + \Delta S_i / 2] \tag{2-17}$$

根据 $\Delta Q'_i$ 计算对应的桩身压缩 $\Delta S'_i$，即

$$\Delta S'_i = \frac{l_i (Q_i + \Delta Q'_i / 2)}{E_p A_p} \tag{2-18}$$

(5) 对步骤(4)中计算结果进行判定，若不满足 $|\Delta S_i - \Delta S'_i| / \Delta S'_i < \varepsilon$，令 $\Delta S_i = \Delta S'_i$，并重复步骤(4)，直至达到精度要求 ε。

(6) 计算轴力 Q_{i-1} 和位移 S_{i-1}：

$$Q_{i-1} = Q_i + \Delta Q'_i \tag{2-19}$$

$$S_{i-1} = S_{b(i)} + \Delta S'_i \tag{2-20}$$

(7) 以 Q_{i-1} 和 S_{i-1} 作为第 $i-1$ 段的初始轴力和桩身位移，重复步骤(2)～步骤(6)，直至桩顶为止。

(8) 根据各桩段的轴力分布计算桩侧摩阻力产生的 $S_{f(i)}$，由式(2-14)计算附加沉降 S_{bs}。将 S_{bs} 与 $S_{\mathrm{b}(n)}$ 相加得 $S'_{\mathrm{b}(n)}$ 作为计算结果。

(9) 设定不同的 $S_{\mathrm{b}(n)}$ 可计算出不同的桩顶荷载 Q_0 和桩顶沉降 S_0，重复步骤(1)～步骤(8)，得到桩顶荷载与位移的对应关系，并可绘出桩顶荷载与沉降的关系曲线。

根据上述方法还可得到给定的桩顶荷载作用下的桩身任意截面沉降、轴力和桩侧摩阻力沿桩身分布曲线。根据相应轴向荷载等级下桩侧单元摩阻力 ΔQ_i 和单元沉降 $S_{\mathrm{b}(i)}$，可认为横纵向荷载作用桩侧摩阻符合：

$$\Delta Q_i = k'^{e}_{Nf} \cdot S_{\mathrm{b}(i)} \tag{2-21}$$

利用式(2-21)求出摩阻力系数 k'^{e}_{Nf}，根据不同的数值计算方法格式形成相应的等效摩阻力分布矩阵 $\boldsymbol{K}'^{e}_{Nf}$，可为横纵荷载作用下的超长桩特性研究提供基本的计算参数。

2.4　实例分析与验证

为验证本方法，采用某试桩原始资料，运用本章方法编制相应的计算程序，对其进行荷载-沉降关系的计算与分析，并与实测结果进行对比。

试桩直径 1.0 m，桩长 61.5 m，埋深 60 m。桩身混凝土设计强度为 C30。$E_p=3.47\times10^7$ kPa。桩身内埋设了钢筋应力计和混凝土传感器。桩侧各土层计算参数如表 2-1 所示。桩端荷载传递函数参数 $1/a_b=34.1$ MPa/m，$1/b_b=157.4$ kPa。底层砂土泊松比 $\mu=0.2$，弹性模量为 30 MPa。

表 2-1　桩侧各土层计算参数

土层编号	土 层 名 称	厚度	τ_u /kPa	u_{s1}/mm	u_{s2}/mm	β
1	淤泥质黏土	8	37	2.8	2.8	1.00
2	黏土 B1	15	116	5.1	10.3	0.96
3	细砂 A	18	91	10.0	15.6	0.94
4	砂砾石	8	165	12.2	15.0	0.90
5	砂卵石	6	218	13.4	13.4	1.00
6	细砂及泥质粉砂岩	—	164	16.3	16.3	1.00

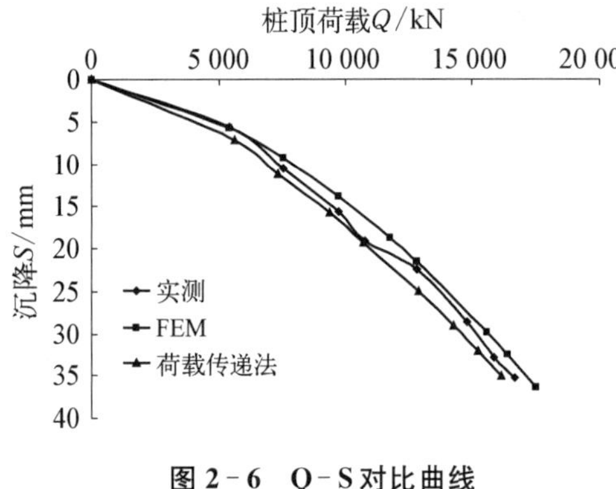

图 2-6　Q-S 对比曲线

同时建立 ABAQUS 有限单元模型进行数值模拟，按照本章方法与表 2-1 参数所获得的计算荷载-沉降关系与实测、有限单元结果(见图 2-6)较为吻合，其中荷载传递法计算结果偏于经济，有限单元法(finite element method，FEM)结果偏于保守。

利用本方法求解的结果与实测数据和未考虑 Mindlin 解方法的求解结果比较，即荷载-沉降关系曲线如图 2-7 所示。运用本方法计算所得沉降与现场实测比较接近，但与未考虑 Mindlin 解方法差异较大。本方法无论在何种荷载下其结果都偏向安全，且与沉降随荷载增加趋势的模拟基本吻合。

图 2-8 为不同荷载等级下桩侧摩阻力分布，由该图可直观地分析超长桩在成层地基中桩侧摩阻力的分布特性。由于不同桩段位移差异以及土体受力性能的差别，部分土体在较小荷载下即进入软化阶段。故上端荷载的增大无法增加该桩段摩阻力。桩侧摩阻力峰值一般出现于较浅处，随着荷载与沉降的增大，深层地基摩阻力将增长并发挥更大的作用。

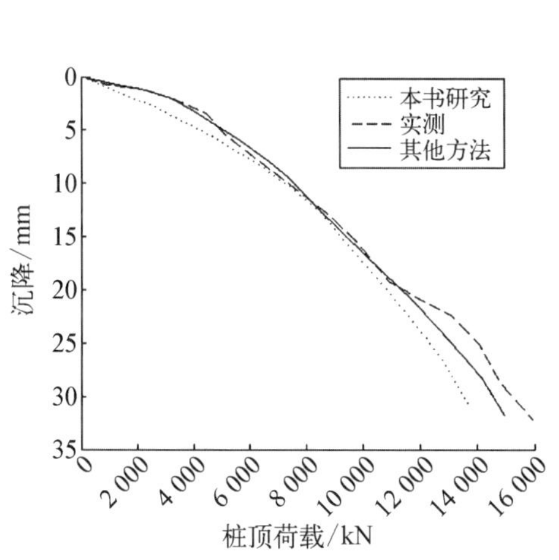

图 2-7　荷载-沉降关系曲线

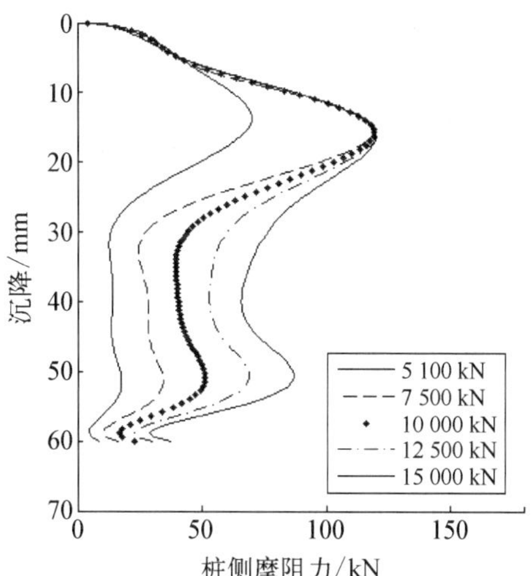

图 2-8　不同荷载等级下桩侧摩阻力分布

2.5　本章结论

(1) 桩侧采用考虑侧阻软化的三阶段软化模型，以双曲线荷载传递模型模拟桩端土的非线性变形特性，同时引入 Mindlin 解考虑桩周摩阻力对桩端沉降的影响，建立了能够反映超长桩实际工作性状的层状地基超长桩荷载传递分析模型。通过对比分析可知，本章所建立的荷载传递模型与实测、数值分析结果吻合较好，说明本模型是正确有效的。

(2) 本章所建立的荷载-沉降叠代模型，对超长桩荷载-沉降趋势及形态有较好描述，其计算结果能够为实际工程的设计及施工提供一定的参考。此外，由于大直径超长桩($D \geqslant 3$ m)具有较高的承载力，目前荷载实验荷载一般仅加载至设计荷载的 2 倍，造成试桩沉降远小于规范允许变形量。此时，采用本章所建立的理论来计算大直径超长桩的荷载-沉降关系，不仅可以有效减少现场实验的工作量，还能够代替部分现场试桩工作。

(3) 利用本章方法，还可得出摩阻力随桩身深度的变化曲线、任意截面轴力及沉降量。利用沉降与摩阻力的比例形成简化的等效摩阻力分布矩阵 $\boldsymbol{K}'^{e}_{Nf}$，为横纵荷载作用下的超长桩性状研究提供基本的计算参数。

第 3 章
考虑桩侧土非线性承载性状分析

3.1 引言

超长桩在上部荷载作用下，桩土之间产生相对位移。随着相对位移的增大，桩侧摩阻力逐渐得到发挥，并且桩侧摩阻力的增大与桩土相对滑移之间的关系是非线性的。桩侧摩阻力达到最大值后，当荷载进一步增加时，桩土相对位移继续增大，但桩侧摩阻力数值不再增大甚至会降低，最终稳定在某一个特定值。此外，桩周上、下部分的土体表现出不同的工作性状。在桩顶荷载作用下，桩身上部侧摩阻力首先得到发挥，此后桩侧摩阻力开始向下传递，桩身上部摩阻力开始减小，下部侧阻力逐渐增大。因此，桩身各截面侧阻力的发挥是异步的、不均匀的，桩侧土表现出非线性特性，其变化并非完全吻合双曲线型。例如，上海中心大厦的试桩实验中，发现某些土层测得的超长桩侧摩阻力在达到极限值后随沉降增加出现退化非线性的现象，桩侧土层的侧阻发挥存在临界值问题。

鉴于此，本章提出了一种新的双曲线荷载传递模型，该模型充分考虑了桩侧摩阻力软化特性和非线性特性，并依据该传递模型用 Fortran 语言编写 UMAT 子程序，将该子程序应用于 ABAQUS 自带接触计算超长桩的承载能力。通过对比实验数据、ABAQUS 自带接触对的计算结果和应用本章子程序后 ABAQUS 的计算结果，证明了本章提出的荷载传递函数的有效性。

3.2 新的荷载传递模型

考虑桩侧摩阻力软化非线性后，本章在传统双曲线荷载传递模型的基础上提出新的荷载传递模型。

当桩土相对位移小于桩土相对极限位移（$s < s_{\lim}$）时，荷载传递采用传统双曲线函数：

$$\tau = \frac{s}{a_1 + b_1 s} \tag{3-1}$$

式中：τ 为桩侧摩阻力；s 为桩土相对位移；$1/a_1$，$1/b_1$ 分别为桩土界面的初始剪切刚度和桩侧摩阻力理想极限强度，如图 3-1 所示中 1 及 2 组合曲线。

桩土界面初始剪切刚度 $1/a_1$ 的取值参考：

$$1/a_1 = G/[r_0 \ln(r_m/r_0)] \tag{3-2}$$

式中：G 为土体的剪切模量；r_0，r_m 分别为桩的半径和影响半径。取

$$1/a_1 = \chi/(b_1 s_{\lim}) \tag{3-3}$$

式中：χ 为参数，一般取 $\chi = 4$；$s_{\lim}$ 为桩土相对极限位移。本章中 $1/a_1$ 的取值根据实验数据拟合得到。

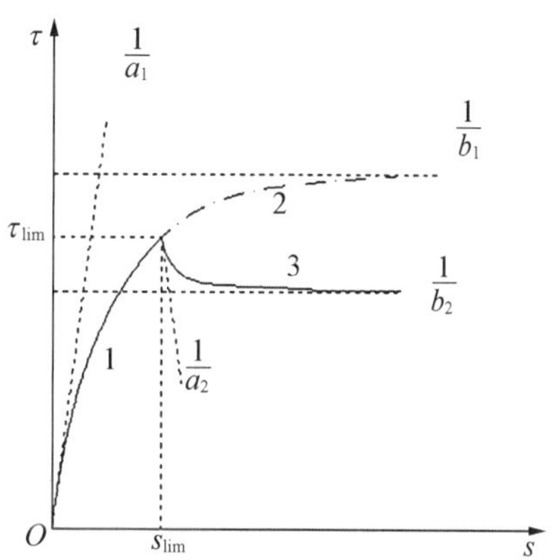

图 3-1　新的荷载传递函数曲线

桩侧摩阻力理想极限强度为

$$1/b_1 = \mu K_0 \sigma'_v \tag{3-4}$$

式中：μ 为桩土界面的摩擦系数，$\mu = \tan\delta$，δ 为桩土界面摩擦角，一般为 0.6～0.8 倍的土体摩擦角；K_0 为水平土压力系数；σ'_v 为土体竖向有效应力。

当桩土相对位移 $s \geqslant s_{\lim}$ 时，荷载传递函数如式(3-5)，其对应的函数曲线如图 3-1 所示中 1～3 组合曲线。

$$\tau = \tau_{\lim} + \frac{s - s_{\lim}}{a_2 + b_2(s - s_{\lim})} \quad (s \geqslant s_{\lim}) \tag{3-5}$$

式中：$\tau_{\lim}$ 为桩侧摩阻力极限强度，$\tau_{\lim} = R_f/b_1$，R_f 为破坏比。将 $\tau_{\lim}$ 代入式(3-1)可求得桩土相对极限位移：

$$s_{\lim} = a_1 \tau_{\lim}/(1 - b_1 \tau_{\lim}) \tag{3-6}$$

$1/a_2$ 为桩侧摩阻力软化初始刚度，$|1/a_2|$ 越大，说明桩侧摩阻力达到极限值后软化越快。$1/b_2$ 为桩侧摩阻力残余强度，$1/b_2 = m\tau_{\lim}$，m 为软化度，根据一些实验的桩侧摩阻力实验数据，m 的取值为 0.1～1。当 $m=1$ 时，说明桩侧摩阻力不软化。

3.3 根据新荷载传递模型的子程序开发

3.3.1 桩土界面剪切刚度

ABAQUS 有限单元计算为增量型叠代过程。在编写二次开发程序前需要将本章的模型写成增量的形式。桩土界面相互作用增量过程可用式(3-7)表述：

$$\Delta\tau = k \cdot \Delta s \tag{3-7}$$

式中：$\Delta\tau$ 为桩侧摩阻力 τ 的增量；Δs 为桩土相对位移 s 的增量；k 为桩土界面的剪切刚度。

对式(3-1)取增量，得

$$\Delta\tau = \frac{a_1}{(a_1 + b_1 s)^2}\Delta s \tag{3-8}$$

将式(3-1)变换为 s 的函数代入式(3-8)，得

$$\Delta\tau = \frac{(1 - b_1\tau)^2}{a_1}\Delta s \tag{3-9}$$

即

$$k = \frac{(1 - b_1\tau)^2}{a_1} \tag{3-10}$$

对式(3-5)做同样的处理，得

$$k' = \frac{[1 - b_2(\tau - \tau_{\max})]^2}{a_2} \tag{3-11}$$

3.3.2 计算过程

本模型的控制参数有 5 个，分别是 a_1，a_2，μ，R_f 和 m。

1) 不考虑桩侧摩阻力软化

如果 $m=1$，则不考虑侧摩阻力软化，在每一增量步中用式(3-10)求得桩土界面剪切刚度 k，代入式(3-7)求得该增量步中桩侧摩阻力增量 $\Delta\tau$，然后根据式(3-12)计算得到该增量步结束时的桩侧摩阻力。

$$\tau_{\text{last}} = \tau_{\text{ini}} + \Delta\tau \tag{3-12}$$

式中：τ_{ini}，τ_{last} 分别为增量步开始和结束时的桩侧摩阻力。

2）考虑桩侧摩阻力软化

当 $0 \leqslant m < 1$ 时，则要考虑桩侧摩阻力的软化，在每一增量步开始要先判断桩土相对位移 s 和桩土相对极限位移 s_{lim} 的关系，如果 $s < s_{lim}$，则用式(3－10)求得桩土界面剪切刚度 k；如果 $s \geqslant s_{lim}$，则用式(3－11)求得桩土界面剪切刚度 k'。再依次代入式(3－8)和式(3－12)中求得该增量步结束时的桩侧摩阻力。

依据上述过程，绘制程序流程图，如图 3－2 所示。按照流程图所示顺序，利用 Fortran 语言编制 UMAT 用户子程序，将该子程序运用到 ABAQUS 有限单

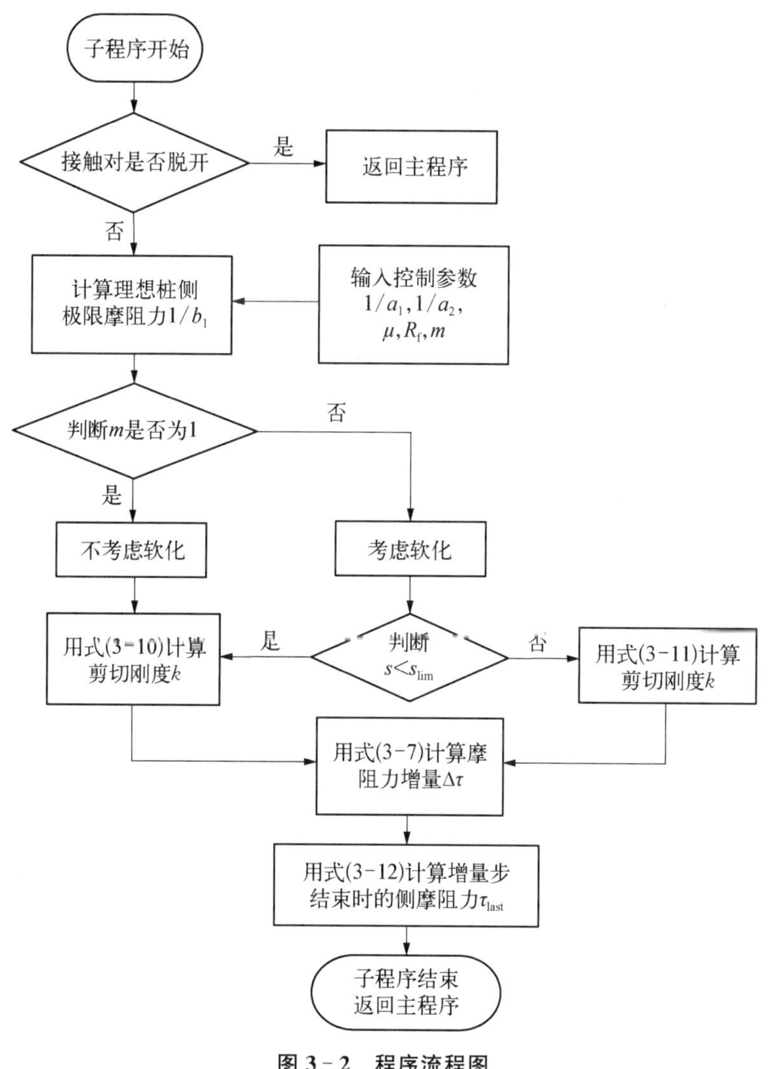

图 3－2　程序流程图

元软件中可以较好地模拟桩与土的相互作用。

3.4 实例分析与验证

为验证本章传递函数的正确性,采用上海中心大厦 A02 试桩的原始资料,分别用 ABAQUS 自带接触对与本章提出的荷载传递子程序进行设置计算,然后将两个计算结果与实验数据进行对比。

本章模型建立方法与第 2 章类似,试桩桩径为 1 m,桩长为 88 m,采用约 25 m 套筒隔离基坑开挖段土体与桩身的接触,本章建模时将该段的摩阻力设置为光滑接触模拟隔离区桩土作用。桩身采用弹性本构,泊松比取 0.2,弹性模量 $E=30\,000$ MPa。土体采用摩尔-库仑弹塑性本构模型,模型中的初始刚度 $1/a_1$、软化初始刚度 $1/a_2$、破坏比 R_f 和软化度 m 均根据实验数据拟合计算得到。土体分层及参数如表 3-1 所示。

从图 3-3 中可以看出,利用本章子程序计算所得荷载-沉降曲线和实验所得荷载-沉降曲线的趋势一致且均表现出非线性特性,极限承载力非常吻合。利用 ABAQUS 自带接触对计算所得荷载-沉降曲线表现为线性特性,而且在桩顶荷载等于 30 000 kN 时仍然没达到极限状态,计算结果高估了该桩基的极限承载能力。

图 3-4 为各级荷载下利用本章子程序计算得到的桩侧摩阻力。由图可知,在小荷载下超长桩的上段桩侧摩阻力发挥较大,下部摩阻力发挥较小,呈现出明

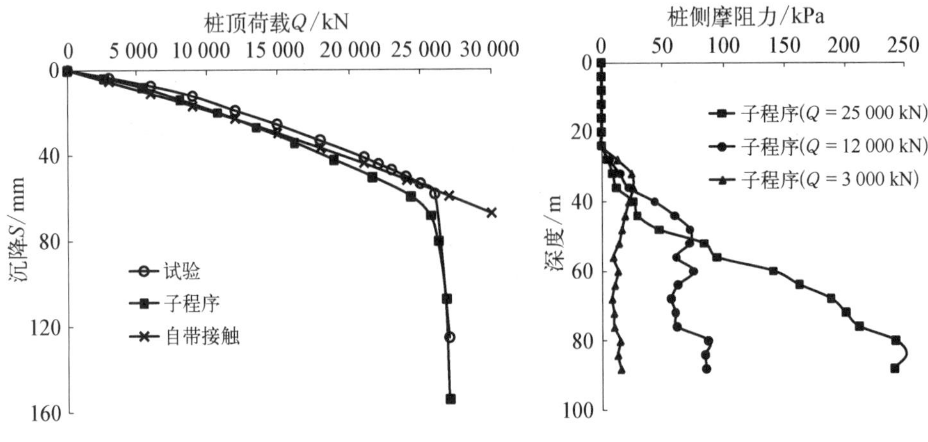

图 3-3 桩顶荷载-沉降曲线对比

图 3-4 各级荷载下利用本章子程序计算得到的桩侧摩阻力

表 3-1　土体分层及参数

层号	岩土名称	厚度/m	重度/(kN/m³)	c/kPa	ϕ/(°)	弹性模量 E/MPa	泊松比	摩擦系数 μ	初始刚度 $1/a_1$	软化初始刚度 $1/a_2$	破坏比 R_f	软化度 m
1	黏质粉土	2	18.84	20	18.0	15.0		—	—	—	—	—
2	淤泥质粉质黏土	5	17.70	10	22.5	12.0		—	—	—	—	—
3	淤泥质黏土	8	16.70	14	11.5	7.5		—	—	—	—	—
4	黏土	4	17.60	16	14.0	15.0		—	—	—	—	—
5	粉质黏土	5	18.40	15	22.0	15.0		—	—	—	—	—
6	粉质黏土	4	19.80	45	17.0	22.5	0.3	0.15	1.47×10^{7}	-3.24×10^{6}	0.50	0.27
7	砂质粉土夹粉砂	11	18.70	3	32.5	37.5		0.27	4.8×10^{7}	-1.22×10^{6}	0.65	0.15
8	粉细砂	26	19.20	0	35.0	46.5		0.35	7.8×10^{7}	-5.21×10^{6}	0.80	0.80
9	粉砂	5	19.10	2	34.0	37.5		0.40	2.32×10^{8}	—	0.90	1.00
10	砂质粉土	7	19.10	5	32.0	80.0		0.42	2.46×10^{8}	—	0.90	1.00
11	粉砂夹粗中砂	43	20.20	0	35.0	100.0		0.45	2.64×10^{8}	—	0.90	1.00

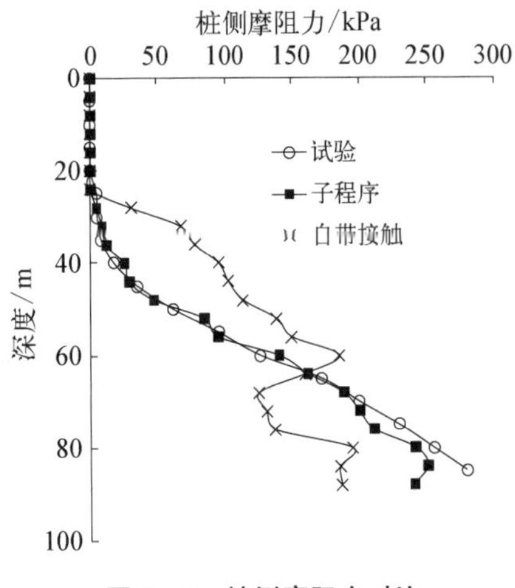

图 3－5 桩侧摩阻力对比

显的异步性。当桩顶荷载增加时，桩身中上段的侧摩阻力有明显的软化，且软化也是从上到下逐渐发生的，软化程度随着桩顶荷载的增加而增加。

图 3－5 为桩顶荷载等于 25 000 kN 时实验、利用本章子程序和利用 ABAQUS 自带接触计算得到的桩侧摩阻力对比。由图 3－3 可知，当桩顶竖向荷载为 25 000 kN 时，实验和利用子程序计算的模型都已达到极限荷载，此时的桩侧摩阻力也应该达到极限值。从图 3－5 看出实验和利用本章子程序计算得到的桩侧摩阻力表现出较好一致性。用 ABAQUS 自带接触对计算所得的结果由于没有考虑桩侧摩阻力的软化作用，所以在 $Q=25\ 000$ kN 时桩上部摩阻力明显大于实验值，相应的桩下部摩阻力处于未发挥状态。因此，利用 ABAQUS 自带接触对模拟超长桩承载性状将高估超长桩的承载能力。

图 3－6 为在不同深度处桩侧摩阻力与桩土相对位移关系曲线对比。由图可知，在同一深度，利用 ABAQUS 自带接触对计算得到的桩侧摩阻力要远远大于实验值，且表现为理想弹塑型曲线，即在桩土相对位移较小时桩侧摩阻力与桩土相对位移为线性相关，而在桩土位移达到桩土极限相对位移后桩侧摩阻力保持为恒定值，这与实际情况有较大差异。由于本章提出的荷载传递模型考虑了桩土相互作用的非线性特性及在桩身中上部桩侧摩阻力会发生软化的特性，所

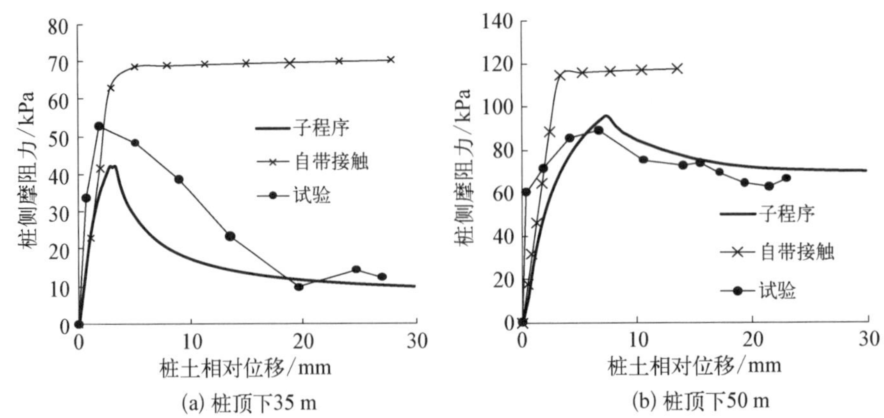

图 3－6 不同深度处桩侧摩阻力与桩土相对位移关系曲线对比

以利用本章子程序计算所得结果在不同深度处桩侧摩阻力与桩土相对位移的关系曲线与实验曲线有较高的吻合度。因此，本章方法可以有效反映超长桩桩侧摩阻力的分布情况，更吻合实际工程。

3.5　本章结论

（1）考虑超长桩桩身中上部桩侧摩阻力在承载过程中会发生软化的特性，本章提出了一种新的荷载传递模型，明确给出了该模型中每个参数的物理意义及取值方法，并利用该模型用 Fortran 语言编制了对接 ABAQUS 有限单元软件的 UMAT 子程序。

（2）与采用 ABAQUS 自带接触对模拟超长桩承载性状的结果相比，采用本章子程序得到的桩顶荷载-沉降曲线具有明显的非线性特性，与实验测得的荷载-沉降曲线吻合度更高，采用本章子程序可以较为准确地估计超长桩的竖向荷载承载能力。

（3）与采用 ABAQUS 自带接触对模拟超长桩承载性状的结果相比，采用本章子程序可以充分考虑桩侧摩阻力在发挥过程中出现软化的特性和桩侧摩阻力与桩土相对位移的关系曲线的非线性特性，且桩侧摩阻力在桩身各深度处均与实际情况更加吻合。

第 4 章 水平荷载下桩基改进有限杆单元法

4.1 引言

工程中风、海浪、地震、冲击等横向荷载对超长桩的影响十分显著，水平荷载，尤其是纵横向荷载共同作用下的超长桩研究却相对匮乏。虽然相关学者尝试利用不同方法给出倾斜荷载桩的解答及计算方法，但是相关研究的数值计算过程较为烦琐，且多采用 m 法①作为土体抗力假设，难以反映土体的非线性特性。

有些学者研究水平承载桩中，尝试采用 $p-y$ 曲线法与数值方法结合，以考虑水平受荷桩桩周土体横向受荷时的非线性特性，但相关研究在单元内部仍采用抗力系数线性分布的假设，与工程实际有较大出入。

针对以上问题，本章利用横向等效荷载的概念考虑轴向力产生的横向作用，基于弹性力学变分原理，推导出了具有对称形式的有限杆单元刚度修正矩阵，并与传统方法进行了分析比较。同时，本章根据 Newmark 弹簧支座的设置思路，并考虑横向抗力沿纵向非线性分布的影响，结合 $p-y$ 曲线法，提出了与有限杆单元法相适应的横向非线性弹簧设置方法。

4.2 有限杆单元法

单桩水平承载性状的连续体有限单元分析方法，就是首先将单桩与地基整体结构离散化为有限个单元；接着对每一个单元进行分析，形成单元刚度矩阵；然后用对号入座的方法形成总体刚度矩阵；还要将外荷载按一定方法等效为节

① Matlock 法的简称。

点荷载列阵；再引入约束条件；通过解方程组求得节点位移和桩身内力，进而得到单桩的整体承载性状。利用有限单元法可以分析各种条件，如桩长、桩径、土质等的变化对单桩水平承载性状的影响。由于超长桩纵横向尺度之比很大，因而进行承载性状分析时，可将桩身简化为相应的杆系结构并利用有限杆单元法进行计算。

4.2.1　轴力杆单元

承受轴向荷载的等截面直杆如图 4-1 所示，其中 $f(x)$ 是轴向的分布荷载（如重力、离心力等），P_1，P_2，…，P_j…是轴向的几种荷载。对此杆件进行应力和变形分析时，可以假定应力在截面上均匀分布，原来垂直于轴线的截面变形后仍保持和轴线垂直，因此问题可以简化为一维问题。若以位移为基本未知量，则问题归结为求解轴向位移函数 $u(x)$。

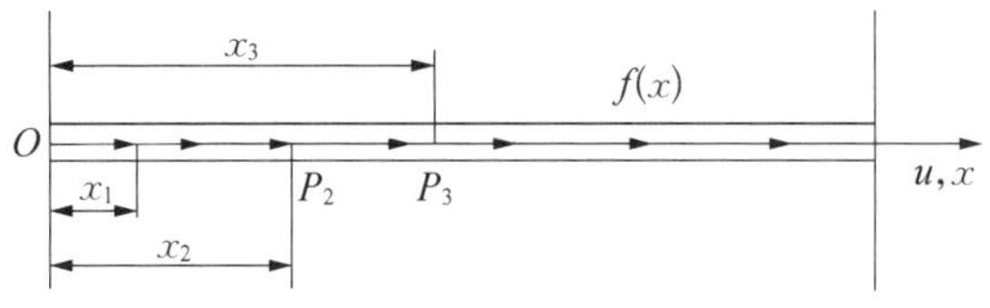

图 4-1　承受轴向荷载的等截面直杆

从上述基本假设出发，可以导出承受轴向荷载等截面直杆的基本方程。

几何关系为

$$\varepsilon_x = \frac{\mathrm{d}u}{\mathrm{d}x} \tag{4-1}$$

应力应变关系为

$$\sigma_x = E\varepsilon_x = E\frac{\mathrm{d}u}{\mathrm{d}x} \tag{4-2}$$

平衡方程为

$$\frac{\mathrm{d}}{\mathrm{d}x}(A\sigma_x) = f(x) \tag{4-3}$$

或

$$AE\frac{\mathrm{d}^2 u}{\mathrm{d}x^2} = f(x) \tag{4-4}$$

端部条件为

$$u=\bar{u}\text{（端部给定位移）；}A\sigma_x=P\text{（端部给定荷载）} \tag{4-5}$$

将问题转换为求解泛函 $\Pi_{\mathrm{p}}(u)$ 的极值问题，即

$$\Pi_{\mathrm{p}}(u)=\int_0^L \frac{EA}{2}\left(\frac{\mathrm{d}u}{\mathrm{d}x}\right)^2\mathrm{d}x-\int_0^l f(x)u\,\mathrm{d}x-\sum_j P_j u_j \tag{4-6}$$

式中：l 是杆件长度；A 是截面面积；$u_j=u(x_j)$是集中荷载 $P_j(j=1,2\cdots)$作用点 x_j 的位移。集中荷载 P_j 可看作是包含在分布荷载 $f(x)$中的特殊情况，为讨论方便，后面不再单独列出解释。

典型轴力杆单元如图 4-2 所示。

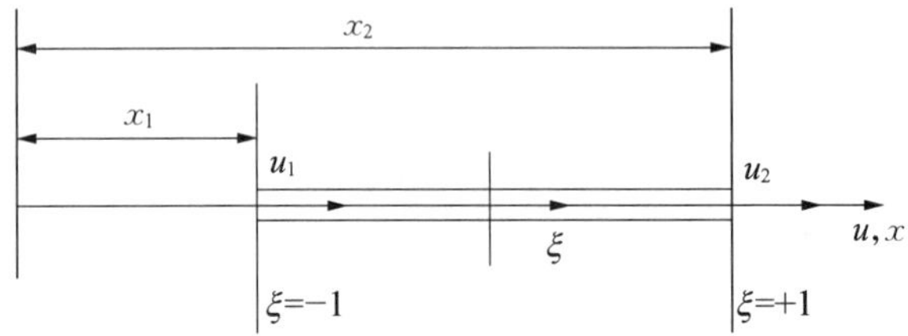

图 4-2　典型轴力杆单元

每个节点 i 只有一个位移参数 u_i，单元内位移 $u(x)$可以利用一维拉格朗日(Lagrange)插值多项式通过节点位移 u_i 的插值表示为

$$u=\sum_{i=1}^{n} N_i(\xi)u_i=\boldsymbol{N}\boldsymbol{u}^{ea} \tag{4-7}$$

其中

$$\boldsymbol{N}=[N_1 \quad N_2 \quad \cdots \quad N_n] \tag{4-8}$$

$$\boldsymbol{u}^{ea}=[u_1 \quad u_2 \quad \cdots \quad u_n]^{\mathrm{T}} \tag{4-9}$$

式中：n 是单元节点数；ξ 是单元内的自然坐标，其与总体坐标 x 的关系如下：

$$\xi=\frac{2}{l}(x-x_{\mathrm{c}}),\ x_{\mathrm{c}}=\frac{x_1+x_2}{2} \tag{4-10}$$

式中：l 是单元长度；x_{c} 是单元中心点总体坐标，$-1\leqslant\xi\leqslant1$。N_i 即一维 Lagrange 多项式，对两节点单元，有

$$N_i=\frac{1}{2}(1-\xi)\text{；}N_j=\frac{1}{2}(1+\xi) \tag{4-11}$$

将上式代入式(4-6)，并利用 $\delta\Pi=0$ 可以得到有限单元的求解方程为

$$\boldsymbol{K}\boldsymbol{u}=\boldsymbol{P} \tag{4-12}$$

式中：$\boldsymbol{K}=\sum_{e}\boldsymbol{K}^{e}$；$\boldsymbol{P}=\sum_{e}\boldsymbol{P}^{e}$；$\boldsymbol{u}=\sum_{e}u^{ea}$。

$$\boldsymbol{K}^{(e)}=\int_{0}^{L}EA\left(\frac{\mathrm{d}\boldsymbol{N}}{\mathrm{d}x}\right)^{\mathrm{T}}\left(\frac{\mathrm{d}\boldsymbol{N}}{\mathrm{d}x}\right)\mathrm{d}x=\int_{-1}^{1}\frac{2EA}{l}\left(\frac{\mathrm{d}\boldsymbol{N}}{\mathrm{d}\xi}\right)^{\mathrm{T}}\left(\frac{\mathrm{d}\boldsymbol{N}}{\mathrm{d}\xi}\right)\mathrm{d}\xi \tag{4-13}$$

$$\boldsymbol{P}^{(e)}=\int_{0}^{L}\boldsymbol{N}^{\mathrm{T}}f(x)\mathrm{d}x=\int_{-1}^{1}\boldsymbol{N}^{\mathrm{T}}f(\xi)\frac{L}{2}\mathrm{d}\xi \tag{4-14}$$

$\boldsymbol{K}^{e}$ 以显式积分得出具体数值，即

$$\boldsymbol{K}^{e}=\frac{EA}{l}\begin{bmatrix}1 & -1\\ -1 & 1\end{bmatrix} \tag{4-15}$$

4.2.2　弯曲梁单元

承受横向荷载和弯矩作用的等截面梁如图 4-3 所示，其中 $q(x)$ 是横向作用的分布荷载，P_j 和 M_k 分别是横向集中荷载和弯矩。经典的梁弯曲理论中，假设变形前垂直梁中心线的截面变形后仍保持为平面，且仍垂直于中心线，从而使梁弯曲问题简化为一维问题。基本未知函数是中面挠度函数 $y(x)$。梁弯曲问题的基本方程如下：

几何关系为

$$\kappa=-\frac{\mathrm{d}^2y}{\mathrm{d}x^2} \tag{4-16}$$

应力应变关系为

$$M=EI\kappa=-EI\frac{\mathrm{d}^2y}{\mathrm{d}x^2} \tag{4-17}$$

平衡方程为

$$\begin{cases} Q = \dfrac{\mathrm{d}M}{\mathrm{d}x} = -EI\dfrac{\mathrm{d}^3 y}{\mathrm{d}x^3} \\ -\dfrac{\mathrm{d}Q}{\mathrm{d}x} = EI\dfrac{\mathrm{d}^4 y}{\mathrm{d}x^4} = q(x) \end{cases} \tag{4-18}$$

端部条件为

$$y = \bar{y}, \quad \frac{\mathrm{d}y}{\mathrm{d}x} = \bar{\theta} \tag{4-19}$$

或

$$y = \bar{y}, \quad M = \bar{M} \tag{4-20}$$

或

$$Q = \bar{Q}, \quad M = \bar{M} \tag{4-21}$$

式中：κ 是梁中面变形后的曲率；M，Q 分别为截面上的弯矩和横向剪力；I 是截面弯曲惯性矩；$\bar{y}$，$\bar{\theta}$，$\bar{M}$，$\bar{Q}$ 分别是端部给定的挠度、转动、弯矩和剪力。

引入与基本方程相等效的最小位能原理，泛函 $\Pi_{\mathrm{p}}(y)$ 取最小值：

$$\Pi_{\mathrm{p}}(y) = \int_0^L \frac{EI}{2}\left(\frac{\mathrm{d}^2 y}{\mathrm{d}x^2}\right)^2 \mathrm{d}x - \int_0^L q(x)\mathrm{d}x - \sum_j P_j \omega_j + \sum_k M_k \left(\frac{\mathrm{d}y}{\mathrm{d}x}\right)_k \tag{4-22}$$

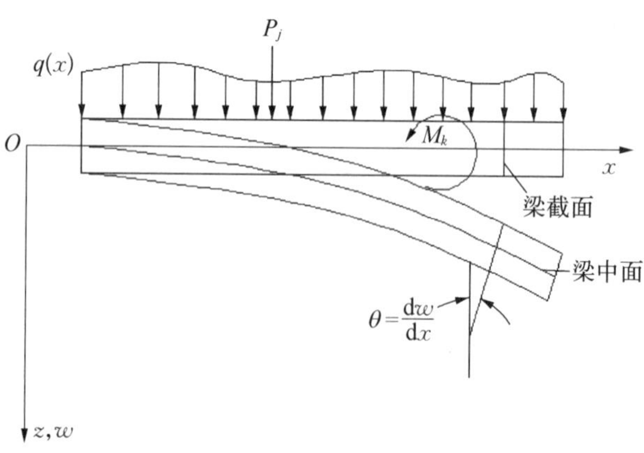

图 4-3　承受横向荷载和弯矩作用的等截面梁

利用二节点 Hermite 单元(见图 4-4),桩身位移 $y_{(z)}$ 可表示为

$$y(\xi)=\sum_{i=1}^{2}H_i^{(0)}(\xi)y_i+\sum_{i=1}^{2}H_i^{(1)}(\xi)\theta_i \tag{4-23}$$

$$y(\xi)=\sum_{i=1}^{4}N_i(\xi)a_i=\boldsymbol{N}\boldsymbol{a}^e \tag{4-24}$$

$$\boldsymbol{N}=[N_1\quad N_2\quad N_3\quad N_4] \tag{4-25}$$

$$\boldsymbol{a}^e=[y_1\quad \theta_1\quad y_2\quad \theta_2]^{\mathrm{T}} \tag{4-26}$$

$$\begin{cases}N_1=H_1^{(0)}(\xi)=1-3\xi^2+2\xi^3\\ N_2=H_1^{(1)}(\xi)=(\xi-2\xi^2+\xi^3)l\\ N_3=H_2^{(0)}(\xi)=3\xi^2-2\xi^3\\ N_4=H_2^{(1)}(\xi)=-(\xi^2-\xi^3)l\end{cases} \tag{4-27}$$

$$\xi=\frac{(z-z_1)}{l}\quad(0\leqslant\xi\leqslant 1) \tag{4-28}$$

位移向量 $\boldsymbol{a}^e$ 中 y_1，y_1，θ_2，θ_2 分别为单元节点的水平位移和转角。

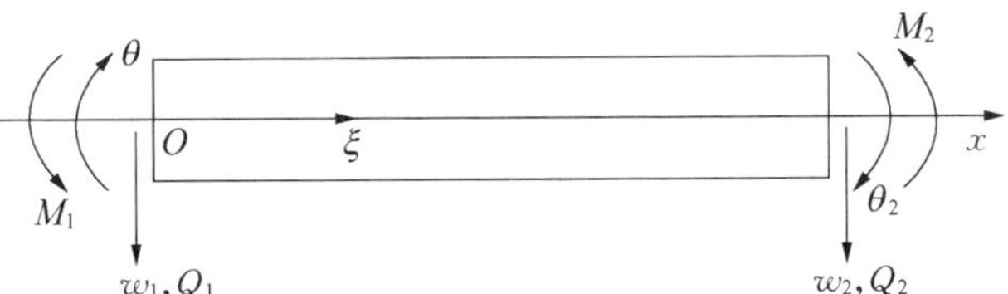

图 4-4　二节点 Hermite 单元

利用 $\delta\Pi_p=0$ 可以得到有限单元的求解方程：

$$\boldsymbol{K}\boldsymbol{a}=\boldsymbol{P} \tag{4-29}$$

式中：$\boldsymbol{K}=\sum_e\boldsymbol{K}^e$；$\boldsymbol{P}=\sum_e\boldsymbol{P}^e$；$\boldsymbol{a}=\sum_e\boldsymbol{a}^e$。

$$\boldsymbol{K}^e=\int_0^1\frac{EI}{l^3}\left(\frac{\mathrm{d}^2\boldsymbol{N}}{\mathrm{d}\xi^2}\right)^{\mathrm{T}}\left(\frac{\mathrm{d}^2\boldsymbol{N}}{\mathrm{d}\xi^2}\right)\mathrm{d}\xi=\frac{EI}{l^3}\begin{bmatrix}12 & 6l & -12 & 6l\\ 6l & 4l^2 & -6l & 2l^2\\ -12 & -6l & 12 & -6l\\ 6l & 2l^2 & -6l & 4l^2\end{bmatrix} \tag{4-30}$$

$$\boldsymbol{P}^{(e)}=\int_0^L\boldsymbol{N}^{\mathrm{T}}ql\,\mathrm{d}\xi+\sum_j\boldsymbol{N}^{\mathrm{T}}(\xi_j)\boldsymbol{P}_j-\sum_k\frac{\mathrm{d}\boldsymbol{N}^{\mathrm{T}}(\xi_k)}{\mathrm{d}\xi}\frac{M_k}{l} \tag{4-31}$$

式中：ξ_j 和 ξ_k 分别为横向集中荷载和弯矩作用点的自然坐标。

4.2.3 平面杆件系统

对于可能承受轴力和弯矩共同作用的平面杆系，离散后单元的各个特性矩阵应是轴力单元和弯曲单元的组合。一般情况下，节点位移参数表示为

$$\boldsymbol{a}_i = [u_i \quad y_i \quad \theta_i]^{\mathrm{T}} \quad (i=1, 2, \cdots, n) \tag{4-32}$$

单元刚度矩阵可表示为

$$\boldsymbol{K}^e = \begin{bmatrix} \boldsymbol{K}_{11}^e & \boldsymbol{K}_{12}^e & \cdots & \boldsymbol{K}_{1n}^e \\ \boldsymbol{K}_{21}^e & \boldsymbol{K}_{22}^e & \cdots & \boldsymbol{K}_{2n}^e \\ \vdots & \vdots & & \vdots \\ \boldsymbol{K}_{n1}^e & \boldsymbol{K}_{n2}^e & \cdots & \boldsymbol{K}_{nn}^e \end{bmatrix} \tag{4-33}$$

其中：

$$\boldsymbol{K}_{ij}^e = \begin{bmatrix} \boldsymbol{K}_{ij}^{(a)} & 0 \\ 0 & \boldsymbol{K}_{ij}^{(b)} \end{bmatrix} \quad (i, j=1, 2, \cdots, n) \tag{4-34}$$

荷载向量按类似方法表示为

$$\boldsymbol{P}^e = \begin{Bmatrix} \boldsymbol{P}_1^e \\ \boldsymbol{P}_2^e \\ \vdots \\ \boldsymbol{P}_n^e \end{Bmatrix} \quad \boldsymbol{P}_i^e = \begin{Bmatrix} \boldsymbol{P}_i^{(a)} \\ \boldsymbol{P}_i^{(b)} \end{Bmatrix} \quad (i=1, 2, \cdots, n) \tag{4-35}$$

4.3 考虑 $P-\Delta$ 效应的改进有限杆单元法

4.3.1 考虑轴向力作用的弹性长桩挠曲微分方程

基桩微元受力简图如图 4-5 所示。

水平荷载作用下，桩身弹性挠曲微分方程为

$$EI\frac{\mathrm{d}^4 y}{\mathrm{d}z^4} = H(z) - F(z) \tag{4-36}$$

式中：EI 为抗弯刚度；$H(z)$ 为外水平力；$F(z)$ 为水平向抗力。在不考虑轴向

力作用的情况下，桩身水平向抗力等于土体对桩身的水平作用力 $p(z)$，即

$$F(z)=p(z) \tag{4-37}$$

对于同时承受轴向及水平向荷载的结构，必然存在二阶效应，包括 $P-\Delta$ 效应和 $p-\delta$ 效应，以下统称为 $P-\Delta$ 效应。考虑轴向力 $P_N(x)$（包括重力）的作用，计入 $P-\Delta$ 效应对单桩内力的影响，引入表示轴向力在水平方向作用效果的等效水平荷载 p_n，则式(4-37)改写为

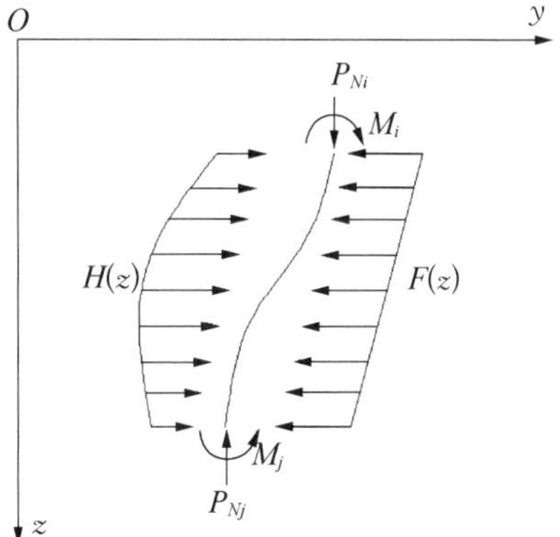

图 4-5　基桩微元受力简图

$$F(z)=p(z)+p_n \tag{4-38}$$

式(4-38)中，二阶效应可写作

$$p_n=-P_N(z)\frac{\mathrm{d}^2y}{\mathrm{d}z^2} \tag{4-39}$$

式(4-39)中取轴拉为正。根据式(4-38)和式(4-39)有

$$F(z)=p(z)-P_N(z)\frac{\mathrm{d}^2y}{\mathrm{d}z^2} \tag{4-40}$$

则相应微分方程改写为

$$EI\frac{\mathrm{d}^4y}{\mathrm{d}z^4}=H(z)-p(z)+P_N(z)\frac{\mathrm{d}^2y}{\mathrm{d}z^2} \tag{4-41}$$

下节利用势能原理，结合 $p-y$ 曲线法提出符合式(4-41)的改进有限杆单元法。

4.3.2　考虑 $P-\Delta$ 效应的改进有限杆单元刚度方程

倾斜荷载作用下的桩基，由于存在 $P-\Delta$ 效应的影响，其受力特性较受水平荷载及竖向荷载作用的情况复杂得多。传统有限杆单元方法假定杆单元为小变形弹性构件，忽略了轴力对剪力和弯矩的影响，其单元刚度方程为

$$\boldsymbol{Ka}=\boldsymbol{P}_n^e \tag{4-42}$$

式中：$\boldsymbol{a}$ 为位移向量；$\boldsymbol{P}_n^e$ 为荷载向量；$\boldsymbol{K}$ 为刚度矩阵。

$$\boldsymbol{K}=\begin{bmatrix} \frac{EA}{l} & 0 & 0 & -\frac{EA}{l} & 0 & 0 \\ 0 & \frac{12EI}{l^3} & \frac{6EI}{l^2} & 0 & -\frac{12EI}{l^3} & \frac{6EI}{l^2} \\ 0 & \frac{6EI}{l^2} & \frac{4EI}{l} & 0 & -\frac{6EI}{l^2} & \frac{2EI}{l} \\ -\frac{EA}{l} & 0 & 0 & \frac{EA}{l} & 0 & 0 \\ 0 & -\frac{12EI}{l^3} & -\frac{6EI}{l^2} & 0 & \frac{12EI}{l^3} & -\frac{6EI}{l^2} \\ 0 & \frac{6EI}{l^2} & \frac{2EI}{l} & 0 & -\frac{6EI}{l^2} & \frac{4EI}{l} \end{bmatrix} \tag{4-43}$$

以上刚度方程建立在式(4－36)的基础上,其中 l 为单元长度,A 为轴压截面面积。为考虑 $P-\Delta$ 效应,根据式(4－40)、式(4－41)建立相应泛函。其中,轴力横向影响的部分为

$$\Delta\Pi_{\mathrm{p}}(y)=\int_0^L y(z)P_N(z)\frac{\mathrm{d}^2y(z)}{\mathrm{d}z^2}\mathrm{d}z \tag{4-44}$$

根据有限单元法插值函数的概念,桩身位移 $y_{(z)}$ 可表示为

$$y(z)=\boldsymbol{N}\boldsymbol{a}_n \tag{4-45}$$

$$\boldsymbol{a}_n=[0\quad y_i\quad \theta_i\quad 0\quad y_j\quad \theta_j]^{\mathrm{T}} \tag{4-46}$$

$$\boldsymbol{N}=[0\quad N_1\quad N_2\quad 0\quad N_3\quad N_4] \tag{4-47}$$

式中:$\boldsymbol{a}_n$ 为第 n 次叠代所得位移向量;y_i,y_j,θ_i,θ_j 分别为计算点所在单元两端节点的水平位移和转角,与式(4－26)中意义相同。式(4－47)为纯弯梁的插值函数,与式(4－25)意义相同。

对式(4－44)求变分 $\delta\Delta\Pi_{\mathrm{p}}(y)$,得

$$\begin{aligned}\delta\left[\int_0^L y(z)P_N(z)\frac{\mathrm{d}^2y(z)}{\mathrm{d}z^2}\mathrm{d}z\right]&=\delta\left[\int_0^L(\boldsymbol{N}\boldsymbol{a})P_N(z)\frac{\mathrm{d}^2(\boldsymbol{N}\boldsymbol{a})}{\mathrm{d}z^2}\mathrm{d}z\right]\\&=\int_0^L\left[\boldsymbol{N}\delta\boldsymbol{a}P_N(z)\frac{\mathrm{d}^2(\boldsymbol{N})}{\mathrm{d}z^2}\boldsymbol{a}+(\boldsymbol{N}\boldsymbol{a})P_N(z)\frac{\mathrm{d}^2(\boldsymbol{N})}{\mathrm{d}z^2}\delta\boldsymbol{a}\right]\mathrm{d}z\end{aligned} \tag{4-48}$$

为简化计算，上式中轴力 $P_N(z)$ 按单元平均轴力 P_N 取用。对考虑摩阻力的桩段，可按第 2 章方法计算相应单元摩阻力并换算为平均值。由式(4-48)可得相应轴力横向影响矩阵表达式为

$$\boldsymbol{K}_N^e\boldsymbol{a} = \int_0^L \left\{ P_N \left[\boldsymbol{N}^{\mathrm{T}} \frac{\mathrm{d}^2(\boldsymbol{N})}{\mathrm{d}z^2} \right] \boldsymbol{a} + P_N \left[(\boldsymbol{N}\boldsymbol{a}) \frac{\mathrm{d}^2(\boldsymbol{N})}{\mathrm{d}z^2} \right]^{\mathrm{T}} \right\} \mathrm{d}z \tag{4-49}$$

式(4-49)等式右边积分号内两项分别利用式(4-46)和式(4-47)直接得出对应的轴力横向作用修正矩阵为

$$\boldsymbol{K}_N^e = P_N \begin{bmatrix} 0 & 0 & 0 & 0 & 0 & 0 \\ 0 & -\frac{12}{5l} & -\frac{6}{5} & 0 & \frac{12}{5l} & -\frac{1}{5} \\ 0 & -\frac{6}{5} & -\frac{4l}{15} & 0 & \frac{1}{5} & \frac{l}{15} \\ 0 & 0 & 0 & 0 & 0 & 0 \\ 0 & \frac{12}{5l} & \frac{1}{5} & 0 & -\frac{12}{5l} & \frac{6}{5} \\ 0 & -\frac{1}{5} & \frac{l}{15} & 0 & \frac{6}{5} & -\frac{4l}{15} \end{bmatrix} \tag{4-50}$$

该矩阵具有对称性，由于泛函其他部分与不考虑轴力的情况相同，推导过程在此省略。根据式(4-41)、式(4-42)和式(4-50)，有限单元求解方程改进为

$$\boldsymbol{K} - \boldsymbol{K}_N^e\boldsymbol{a} = \boldsymbol{P}_n^e \tag{4-51}$$

式(4-51)即为考虑 $P-\Delta$ 效应影响的有限杆单元刚度方程。

4.3.3　实例分析与验证

当地基土质较差，且地面以上桩自由长度较大时，不考虑 $P-\Delta$ 效应所得的计算结果，位移误差一般为 20%～50%，而内力误差为 10%以上。为验证这一说法计算一高桩承台实例：某桥梁基桩自由长度 30.212 m，其中 $L_1=8.012$ m，$D_1=1.8$ m，$E_1=1.9333\times10^4$ MPa；$L_2=22.2$ m，$D_2=2.0$ m，$E_2=1.8\times10^4$ MPa；冲刷线以下桩长 $L_3=42.8$ m，$D_3=2.0$ m，$E_3=1.8\times10^4$ MPa；采用 m 法简化土体横向抗力分布，地基比例系数 $m=10\,000$ kN/m^4。竖向荷载 $P_N=9\,102.2$ kN，水平荷载 $P=165$ kN。按本章改进有限杆单元法计算结果，如表 4-1 所示，计算中不考虑摩阻力分布。

表 4－1　$P-\Delta$ 效应影响比较

项　　目	无轴力	本　章	文献[1]
桩端位移/mm	131.04	168.6	183.42
桩端转角/10^{-3}	－5.691	－8.051	－7.841
泥面位移/mm	6.42	8.05	8.47
泥面转角/10^{-3}	－1.773	－2.123	－2.334
桩身最大弯矩/(kN・m)	5 123.7	6 085.8	6 914.5

根据表 4－1 数据，按本章方法求得的考虑 $P-\Delta$ 效应时的桩身位移及内力分别比不考虑 $P-\Delta$ 效应的计算结果大 28.7％和 18.6％，说明本章方法能够正确地反映 $P-\Delta$ 效应的影响趋势及大致水平。文献[1]采用的是基于材料力学原理，根据静力平衡得出的 $P-\Delta$ 效应修正矩阵，其实质是在单元内部以偏心位移为标准施加附加弯矩以简化考虑偏心荷载的横向影响。由于忽略了实际变形中转角的影响，为实际工程预留了较大的安全系数，故该方法的计算结果偏于保守，从计算结果上看，位移和内力都增大了 40％左右。

由于采用理论计算方法的成本大大低于现场实验，在实际工程的应用中，可在少量的现场实验基础上，分别采用本章及文献[1]所提供的方法进行计算，拟定相应的内力及位移上下限值，从而为具体的设计提供理论参考。

4.4　桩周土体水平抗力的计算方法

4.4.1　基本的 $p-y$ 曲线形式选取

随着桩顶水平荷载的增加，桩周土体塑性区将从上向下扩展。根据土体的最终位移判断土体的弹性区与塑性区，进行地基反力分析的方法广义上称为 $p-y$ 曲线法。$p-y$ 曲线法作为一种非线性分析方法，其描述的桩土之间的相互作用力 p 与桩身变位 y 和桩入土深度之间是非线性关系，故 $p-y$ 曲线法的关键问题是 $p-y$ 曲线的确定。国内外学者相继推出了多种基于实验室或现场实验结果的 $p-y$ 曲线的确定方法，本章选取的 $p-y$ 曲线如下。

1）黏土

利用形如 $y/(a+by)$ 的双曲线反映土体 $p-y$ 曲线，系数确定较容易，与

Matlock/Reese实验拟合曲线也较为接近，且符合SW模型[①]的计算结果，软黏土 $p-y$ 曲线为

$$\begin{cases} p=\dfrac{y/y_{50}}{a+by/y_{50}}p_{\mathrm{u}} & (y/y_{50}\leqslant 8) \\ p=p_{\mathrm{u}} & (y/y_{50}>8) \end{cases} \tag{4-52}$$

$$k_t^0=p'\big|_{y=0}=\frac{1}{a}p_{\mathrm{u}}\quad (y/y_{50}\leqslant 8) \tag{4-53}$$

式中：k_t^0 为初始弹簧刚度。

$$y_{50}=4.5\varepsilon_{50}D^{0.75} \tag{4-54}$$

式中：ε_{50} 为三轴实验最大主应力差达到一半时的应变值；D 为桩径。

根据Matlock/Reese实验所提供的软黏土实验结果，$p-y$ 曲线满足如下关系：$y=0$，$k=p_u/a$；$y=8y_{50}$，$p=p_{\mathrm{u}}$；得到式(4-52)中系数 $a=7/8$，$b=6/7$。

土体极限抗力 p_{u} 为

$$\begin{cases} p_{\mathrm{u}}=\left(3+\dfrac{\gamma}{C_{\mathrm{u}}}z+\dfrac{J}{D}z\right)C_{\mathrm{u}}D \\ p_{\mathrm{u}}=9C_{\mathrm{u}}D \end{cases} \tag{4-55}$$

式中：C_{u} 为不排水抗剪强度；γ 为平均重度；z 为抗力计算点深度；D 为桩径；J 为经验系数，一般取0.5，较硬的土可取0.2～0.3。

2) *砂土*

砂土的 $p-y$ 曲线利用形如 $A\tanh(B)$ 的双曲正切函数描述，该曲线相对Reese早期砂土求解法进行了改进，系数 A，B 求解较容易。

砂土的双曲正切函数 $p-y$ 曲线公式：

$$p=Ap_{\mathrm{u}}\tanh\left[\frac{k(\varphi)z}{Ap_{\mathrm{u}}}y\right] \tag{4-56}$$

式中：$k(\varphi)$为土体初始模量，与砂土内摩擦角 φ 有关，本章利用以下拟合公式取用

$$k(\varphi)=0.000\,467\,6\varphi^3+0.114\,655\varphi^2+6.606\,65\varphi+92.38 \tag{4-57}$$

式(4-56)中参数：

---

① Solid Works软件。

$$A=\left(3.0-0.8\frac{z}{D}\right)\geqslant 0.9 \tag{4-58}$$

初始弹簧刚度：

$$k_t^0=k(\varphi)z\left[1-\tanh^2\left(\frac{k(\varphi)z}{Ap_{\mathrm{u}}}y\right)\right]\bigg|_{y=0}=k(\varphi)z \tag{4-59}$$

极限抗力：

$$\begin{cases}p_{\mathrm{u}}=(C_1z+C_2D)\gamma\\ p_{\mathrm{u}}=C_3D\gamma z\end{cases} \tag{4-60}$$

式中：系数 C_1，C_2，C_3 分别为

$$C_1=\frac{k_0\tan\varphi\sin\beta+\tan^2\beta\tan\alpha\cos\alpha}{\tan(\beta-\varphi)\cos\alpha}+k_0\tan\beta(\tan\varphi\sin\beta-\tan\alpha) \tag{4-61}$$

$$C_2=\frac{\tan\beta}{\tan(\beta-\varphi)}-k_{\mathrm{a}} \tag{4-62}$$

$$C_3=k_{\mathrm{a}}(\tan^8\beta-1)+k_0\tan\varphi\tan^4\beta \tag{4-63}$$

式中：φ 为砂土内摩擦角；$\alpha=\varphi/2$；$\beta=45^\circ+\varphi/2$；$k_{\mathrm{a}}=\tan^2(45^\circ-\varphi/2)$；$k_0$ 为静止土压力系数。

4.4.2 横向非线性弹簧设置的改进

根据 Newmark 法弹簧设置的基本思路，结合有限杆单元等效荷载的求解原理，并考虑土体水平抗力的分布影响，本章提出了与有限杆单元方法相适应的 $p-y$ 曲线非线性弹簧设置方法。

Newmark 法基本概念是将桩划分为多段，在每段节点处设置等效弹簧支座，并根据该处桩侧土体特性设置相应的弹性系数，将横向受力桩承载性状的求解化为计算支承在一系列弹簧支座上的连续梁的问题。若桩入土长度为 H，单元总数为 n，单元长度 $l=H/n$，并且有任意点弹簧弹性系数 $k(z)$，则第 i 个弹簧的弹性系数可按下式设置：

$$K_i=\int_{(i-1/2)l}^{(i+1/2)l}Dk(z)\mathrm{d}z \tag{4-64}$$

Newmark 法可用于有限杆单元法中水平抗力节点弹簧的求解。式(4-64)

积分上下限取上下单元的一半，说明 Newmark 法弹簧弹性系数计算的过程中，假设水平抗力影响范围为节点上下单元长度的一半，该假设对实际抗力的分布情况做出了较大简化，且与有限杆单元法存在一定的出入。为更精确体现抗力分布的影响，需对 Newmark 法进行改进。

设深度 z 处有土体抗力 $p(z)$ 及水平位移 $y(z)$，假定两者呈线性关系，则

$$k(z)=p(z)/y(z)=P_{\text{unit}}(z) \tag{4-65}$$

式中：$P_{\text{unit}}(z)$ 为单位位移下的水平抗力，若记相应杆单元计算长度内各点产生单元位移 a_{unit} 所需等效力为 P^{i}_{unit}，式(4-64)可改为

$$K_i a_{\text{unit}}=P^{i}_{\text{unit}}=\int_{(i-1/2)L}^{(i+1/2)L} DP_{\text{unit}}(z)\mathrm{d}z \tag{4-66}$$

按 $p-y$ 曲线法，桩身任一深度 z 处土体水平抗力为 $p(z,\ y_{(z)})$。根据直接叠代法，取任一叠代步中水平位移 $y(z)$ 及与之对应的土体水平抗力 $p(z, y_{(z)})$ 的线性弹簧系数作为下次叠代运算的基本弹簧系数，即

$$k(z)=p[z,\ y_{(z)}]/y(z) \tag{4-67}$$

由于弹簧系数计算过程中 $y(z)$ 已知，则式(4-41)中土体水平抗力可表示为

$$p(z)=k(z)y(z) \tag{4-68}$$

纯弯杆单元等效节点荷载 $\boldsymbol{P}^{n}_{eb}$ 按式(4-69)计算，即

$$\boldsymbol{P}^{n}_{eb}=\int_{z_i}^{z_{i+1}} \boldsymbol{N}^{\mathrm{T}} p(z)\mathrm{d}z \tag{4-69}$$

式中：z_i，z_{i+1} 分别为第 i，$i+1$ 个节点在土中的深度，由式(4-45)、式(4-68)和式(4-69)得

$$\boldsymbol{K}^{e}_{i}\boldsymbol{a}=\boldsymbol{P}^{n}_{eb}=\int_{0}^{1} \boldsymbol{N}^{\mathrm{T}} k(\xi)\boldsymbol{N}\boldsymbol{a}L\,\mathrm{d}\xi \tag{4-70}$$

将上式用于非线性方程组叠代求解。在第 j 步叠代中，可依据 $j-1$ 步计算所得位移向量，有限单元求解方程为

$$(\boldsymbol{K}+\boldsymbol{K}^{e}_{i})\boldsymbol{a}=\boldsymbol{P}^{e}_{n} \tag{4-71}$$

式中：$\boldsymbol{K}^{e}_{i}$ 为反映水平土抗力影响的弹簧弹性系数矩阵。

4.4.3　实例分析与验证

某码头试桩资料：桩直径为 1 m；桩长 $L=43.055$ m；断面刚度 $EI=$

1 332 467.2 kN/m^2，$E=2.75\times10^4$ MPa；泥面以上桩长为 8.055 m；泥面以下桩长为 35.6 m。土体分两层，第一层为淤泥质亚黏土，厚度为 2 m，$C_u=18$ kN/m^2，$\gamma=16$ kN/m^3，$\varepsilon_{50}=0.08$，$\phi=1°$，压缩模量 $E_{s1}=3$ MPa；第二层为砂土，厚度为 53.6 m，$\gamma=18$ kN/m^3，$\phi=26°$，$E_{s2}=10$ MPa，土体竖向特性按表 4-1 取用实测数据。实测结果、文献[2]及本章方法计算结果如表 4-2 所示。

表 4-2　实测结果、文献[2]及本章方法计算结果

水平力/kN	比较项目	实测	文献[2]	本章方法
40	泥面位移/mm	6.36	6.304	6.32
	最大弯矩/(kN·m)	372	384.4	397
	最大弯矩泥面下位置/m	—	2.67	2.61
50	泥面位移/mm	8.06	8.504	8.32
	最大弯矩/(kN·m)	499.1	492.0	501
	最大弯矩泥面下位置/m	—	2.93	2.82

由表 4-2 可见，正常荷载水平下本章方法进行的计算结果与实验结果差异为 5%以内，说明本节提出的根据 $p-y$ 曲线设置横向受荷下的水平抗力分布弹簧的方法是正确的，该方法能够反映工程的实际情况。

4.5　本章结论

(1) 本章考虑 $P-\Delta$ 效应，计入轴力产生的横向作用，利用变分原理，推导出有限杆单元刚度修正矩阵，建立了计算桩基水平荷载的有限杆单元模型。

通过与传统方法以及文献方法的计算结果对比，不仅证明了本章方法的正确性，而且进一步分析了本章方法较以往方法的合理性。在实际工程中，可在少量现场实验的基础上，用本章方法与传统方法，拟定内力及位移变化范围，为具体设计提供参考。

(2) 本章将 $p-y$ 曲线与适用于横向受力桩的有限杆单元法结合，提出了与有限杆单元法相适应的横向非线性弹簧设置方法。该方法考虑了横向抗力分布的影响，更贴近工程实际，且其格式与有限杆单元方法配合较好，简化了运算步骤，能够快速有效地实现数值计算。

第 5 章
横向荷载下层状地基水平位移求解

5.1 引言

将 $p-y$ 曲线法与有限杆单元法相结合的方法，适用于层状地基体系，能够考虑土体的非线性特性，但由于 $p-y$ 曲线法假设桩周不同深度的 $p-y$ 曲线互不相关，实际上忽略了土体沿深度方向的连续性。随着水平荷载的逐渐增大，利用第 3 章方法求解横向或横纵向荷载作用下的桩基，其桩周土位移计算结果与工程实测值结果的偏差将逐渐放大，须考虑采用必要的方法对水平荷载较大时 $p-y$ 曲线法的结果进行修正，弥补其不考虑土体的纵向连续性时的不足。

Poulos 弹性分析理论中提出了考虑土体纵向连续性的方法，即利用 Mindlin 解计算节点处土体受单位荷载作用下各节点桩周土位移，作为相应的水平位移系数，形成相应水平位移系数矩阵，并用于进一步计算或修正。为避免与其他章节所得的系数矩阵混淆，本章称该系数为水平位移影响系数。

Poulos 法对水平位移影响系数的求解是建立在匀质土 Mindlin 解的基础上的。它直接用于分层土存在两点不足：

(1) 桩身具有一定直径，故实际的水平抗力是沿桩身截面周长分布的，Mindlin 解仅对应半空间中作用集中荷载的情况。

(2) Mindlin 解只能用于匀质土体水平位移系数的求解。

实际工程中的土体，各土层间特性可能差异很大，不能直接利用 Mindlin 解求解水平位移影响系数，故本章将各层土体简化为各向同性弹性体，假设桩截面土体水平抗力平均分布于桩周，根据弹性地基理论及层状弹性体系理论，提出了以传递矩阵法为基础，适用于有限杆单元法的桩基水平位移影响系数矩阵的求解方法，并给出了修正桩周土体水平位移的矩阵表达式。

5.2 层状弹性理论的基本假设

1) 理想弹性、完全均匀和各向同性假设

理想弹性是指层状弹性体系为线弹性体,完全服从广义胡克定律,其应力与形变成正比例。反映这种比例关系的常数称为弹性参数。该参数不随应力或形变的大小变化。完全均匀是指每层由同一种材料组成,并具有相同的弹性性质。因此,其弹性参数不随位置坐标而变。所谓各向同性是指同一点所有方向上的弹性参数相同,它不随方向而变。

2) 连续性假设

该假设认为物质充满物体的整个空间,没有任何空隙,不考虑物质的原子结构,更不考虑物质的分子运动。这样,可以应用连续函数来描述应力、形变与位移等物理量的变化规律。实际上,一切物体均由颗粒组成,都不符合这条假设,但是,只要微粒的尺寸以及相邻微粒之间的距离远远比物体本身的尺寸小,那么这条假设不会显著引起误差。

3) 自然应力状态等于零

在施加外荷载以前,假定存在于物体内的初应力等于零,即层状弹性体系理论中所求应力不是物体实际应力,而仅仅是在位置初应力上的增加值。

4) 微小形变和微小位移的假设

假定物体受力后,各点的位移都远远小于物体原来的尺寸,且形变和转角都远小于原来的,这样在建立物体变形后的平衡方程时,就可用变形前的尺寸代替变形后的尺寸而不致引起显著的误差。同时,转角和形变的二次幂或乘积都可以忽略不计。这个假设使得层状弹性体系力学中的代数方程和微分方程均可简化为线性方程。

5) 无穷远处应力、形变和位移等于零

当 r 趋于无穷大时,层状弹性体系中的应力、形变和位移等于零;当 z 趋向无穷大时,其应力、形变和位移也等于零。实际工程中,可定义一足够远处,认为应力、形变或位移等于零。

5.3 层状体系表面作用水平力下的一般解

5.3.1 应力及位移的三角级数表达式

设非轴对称空间课题位移函数为 $\varphi=\varphi(r,\theta,z)$, $\psi=\psi(r,\theta,z)$,则位移

分量为

$$
\begin{cases}
u=-\dfrac{1+\mu}{E}\left(\dfrac{\partial^2\varphi}{\partial r\partial z}-\dfrac{2}{r}\dfrac{\partial\psi}{\partial\theta}\right)\\
v=-\dfrac{1+\mu}{E}\left(\dfrac{1}{r}\dfrac{\partial^2\varphi}{\partial\theta\partial z}-2\dfrac{\partial\psi}{\partial r}\right)\\
w=\dfrac{1+\mu}{E}\left[2(1-\mu)\nabla^2\varphi-\dfrac{\partial^2\varphi}{\partial z^2}\right]
\end{cases}
\tag{5-1}
$$

作为非轴对称空间的特例,轴对称荷载作用下的位移函数为

$$
\begin{cases}
u=-\dfrac{1+\mu}{E}\dfrac{\partial^2\varphi}{\partial r\partial z}\\
w=\dfrac{1+\mu}{E}\left[2(1-\mu)\nabla^2\varphi-\dfrac{\partial^2\varphi}{\partial z^2}\right]
\end{cases}
\tag{5-2}
$$

对位移函数进行三角级数展开,得

$$
\begin{cases}
\varphi=\sum\limits_{m=1}^{\infty}\varphi(r,\ z)\cdot\sin\alpha_m\theta+\sum\limits_{m=1}^{\infty}\varphi(r,\ z)\cdot\cos\alpha_m\theta\\
\psi=\sum\limits_{m=1}^{\infty}\psi(r,\ z)\cdot\sin\alpha'_m\theta+\sum\limits_{m=1}^{\infty}\psi(r,\ z)\cdot\cos\alpha'_m\theta
\end{cases}
\tag{5-3}
$$

式中:$\alpha_m=0,\ 1,\ 2\ \cdots$;$\alpha'_m=0,\ 1,\ 2\ \cdots$

对于单桩,如图 5-1 所示,边界条件可归纳如下:

$$
\begin{cases}
u(\theta)=-u(\theta+\pi), & u(\theta)=-u(\theta+\pi)\\
v(\theta)=-v(-\theta+\pi), & v(\theta)=-v(\theta+\pi)\\
w(\theta)=w(\theta+2\pi), & w(\theta)=w(\theta+\pi)
\end{cases}
\tag{5-4}
$$

综合分析式(5-3)及式(5-4),根据函数的奇偶关系,取满足式(5-4)条件的级数展开式,并以 k 代替 α_m, α'_m,则

$$
\begin{cases}
\varphi=\sum\limits_{k=0}^{\infty}\varphi(r,\ z)\cdot\cos k\theta\\
\psi=\sum\limits_{k=0}^{\infty}\psi(r,\ z)\cdot\sin k\theta
\end{cases}
\tag{5-5}
$$

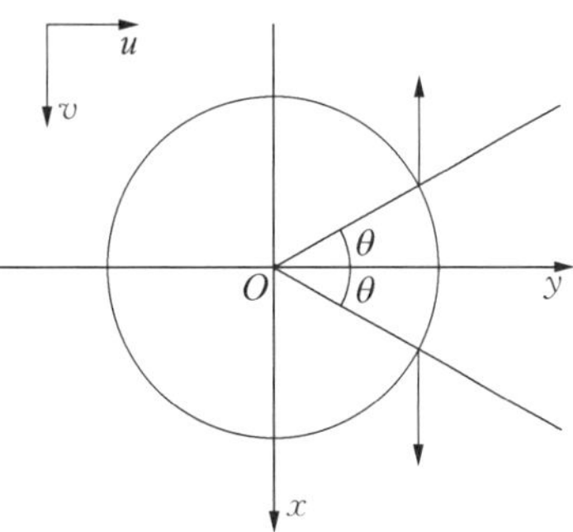

图 5-1　单桩水平面边界示意简图

将式(5-5)代入式(5-1),则

$$\begin{cases} u = \sum_{k=0}^{\infty} u_k(r, z) \cdot \cos k\theta \\ v = \sum_{k=0}^{\infty} v_k(r, z) \cdot \sin k\theta \\ w = \sum_{k=0}^{\infty} w_k(r, z) \cdot \cos k\theta \end{cases} \tag{5-6}$$

柱坐标体系下的几何方程及广义胡克定律为

$$\begin{cases} \varepsilon_r = \dfrac{\partial u}{\partial r}, & \gamma_{r\theta} = \dfrac{1}{r}\dfrac{\partial u}{\partial \theta} + \dfrac{\partial v}{\partial r} - \dfrac{v}{r} \\ \varepsilon_\theta = \dfrac{u}{r} + \dfrac{1}{r}\dfrac{\partial v}{\partial \theta}, & \gamma_{\theta z} = \dfrac{\partial v}{\partial z} + \dfrac{1}{r}\dfrac{\partial w}{\partial \theta} \\ \varepsilon_z = \dfrac{\partial w}{\partial z}, & \gamma_{zr} = \dfrac{\partial u}{\partial z} + \dfrac{\partial w}{\partial r} \end{cases} \tag{5-7}$$

$$\begin{cases} \sigma_r = \lambda \cdot e + 2G \cdot \varepsilon_r, & \tau_{r\theta} = G \cdot \gamma_{r\theta} \\ \sigma_\theta = \lambda \cdot e + 2G \cdot \varepsilon_\theta, & \tau_{\theta z} = G \cdot \gamma_{\theta z} \\ \sigma_z = \lambda \cdot e + 2G \cdot \varepsilon_z, & \tau_{zr} = G \cdot \gamma_{zr} \end{cases} \tag{5-8}$$

式中：λ 为拉梅常数；e 为体积形变，分别为

$$\lambda = \frac{2\mu}{1-2\mu}G,\ e = \varepsilon_r + \varepsilon_\theta + \varepsilon_z \tag{5-9}$$

由于剪切模量 G 为常数，且与弹性模量 E 及泊松比 μ 间关系为 $G = \dfrac{E}{2(1+\mu)}$，根据式(5-6)，u，v，w 的级数展开式可写为

$$\begin{cases} u = \dfrac{1+\mu}{E}\sum_{k=0}^{\infty} u_k(r, z) \cdot \cos k\theta \\ v = \dfrac{1+\mu}{E}\sum_{k=0}^{\infty} v_k(r, z) \cdot \sin k\theta \\ w = \dfrac{1+\mu}{E}\sum_{k=0}^{\infty} w_k(r, z) \cdot \cos k\theta \end{cases} \tag{5-10}$$

代入弹性力学平衡方程中，得

$$\sigma_r = \sum_{k=0}^{\infty} \sigma_{rk} \cos k\theta,\ \sigma_\theta = \sum_{k=0}^{\infty} \sigma_{\theta k} \cos k\theta,\ \sigma_z = \sum_{k=0}^{\infty} \sigma_{zk} \cos k\theta \tag{5-11}$$

$$\tau_{r\theta}=\sum_{k=0}^{\infty}\tau_{r\theta k}\sin k\theta,\ \tau_{\theta z}=\sum_{k=0}^{\infty}\sigma_{\theta zk}\sin k\theta,\ \tau_{zr}=\sum_{k=0}^{\infty}\tau_{zrk}\cos k\theta \qquad (5-12)$$

式(5－10)～式(5－12)为传递矩阵法中传递矩阵推导所需的位移及应力级数表达式。

5.3.2　水平荷载作用下层状体系传递矩阵的推导

将式(5－11)和式(5－12)代入平衡方程及几何方程，则

$$\begin{cases}\dfrac{\partial\sigma_r}{\partial r}+\dfrac{k}{r}\tau_{r\theta k}+\dfrac{\partial\tau_{zrk}}{\partial z}+\dfrac{\sigma_{rk}-\sigma_{\theta k}}{r}=0\\ \dfrac{\partial\tau_{r\theta k}}{\partial r}+\dfrac{k}{r}\sigma_{\theta k}+\dfrac{\partial\tau_{\theta zk}}{\partial z}+\dfrac{2}{r}\tau_{r\theta k}=0\\ \dfrac{\partial\tau_{zrk}}{\partial r}+\dfrac{k}{r}\tau_{\theta zk}+\dfrac{\partial\sigma_{zk}}{\partial z}+\dfrac{1}{r}\tau_{zrk}=0\end{cases} \qquad (5-13)$$

$$\begin{cases}\sigma_{rk}=\dfrac{1}{1-2\mu}\left\{\left[(1-\mu)\dfrac{\partial}{\partial r}+\dfrac{\mu}{r}\right]u_k+\dfrac{\mu k}{r}v_k+\mu\dfrac{\partial\omega_k}{\partial z}\right\}\\ \sigma_{\theta k}=\dfrac{1}{1-2\mu}\left[\left(\mu\dfrac{\partial}{\partial r}+\dfrac{1-\mu}{r}\right)u_k+\dfrac{(1-\mu)k}{r}v_k+\mu\dfrac{\partial\omega_k}{\partial z}\right]\\ \sigma_{rk}=\dfrac{1}{1-2\mu}\left[\mu\left(\dfrac{\partial}{\partial r}+\dfrac{1}{r}\right)u_k+\dfrac{\mu k}{r}v_k+(1-\mu)\dfrac{\partial\omega_k}{\partial z}\right]\\ \tau_{r\theta k}=\dfrac{1}{2}\left[-\dfrac{\mu}{r}u_k+\left(\dfrac{\partial}{\partial r}-\dfrac{1}{r}\right)v_k\right]\\ \tau_{\theta zk}=\dfrac{1}{2}\left(\dfrac{\partial v_k}{\partial z}-\dfrac{k}{r}\omega_k\right)\\ \tau_{zrk}=\dfrac{1}{2}\left(\dfrac{\partial u_k}{\partial z}+\dfrac{\partial\omega_k}{\partial r}\right)\end{cases} \qquad (5-14)$$

式(5－13)和式(5－14)经基本变换，并注意汉克尔(Hankel)积分变换关系式(5－15)～式(5－21)：

$$\mathrm{J}_k(x)=\frac{x}{2k}[\mathrm{J}_{k-1}(x)+\mathrm{J}_{k+1}(x)] \qquad (5-15)$$

$$\int_0^{\infty}r\left(\frac{\mathrm{d}^2}{\mathrm{d}r^2}+\frac{1}{r}\frac{\mathrm{d}}{\mathrm{d}r}-\frac{k^2}{r^2}\right)\cdot f(r)\cdot\mathrm{J}_k(\xi r)\mathrm{d}r=-\xi^2\cdot\bar{f}_k(\xi) \qquad (5-16)$$

$$\int_0^{\infty} r\,\nabla^2\varphi(r,\ z)\cdot \mathrm{J}_0(\xi r)\mathrm{d}r=\left(\frac{\mathrm{d}^2}{\mathrm{d}z^2}-\xi^2\right)\cdot\bar{\varphi}(\xi,\ z) \tag{5-17}$$

$$\int_0^{\infty} r\left(\frac{\mathrm{d}^2}{\mathrm{d}r^2}-\frac{k-1}{r}\frac{\mathrm{d}}{\mathrm{d}r}-\frac{k+1}{r^2}\right)\cdot f(r)\cdot \mathrm{J}_{k+1}(\xi r)\mathrm{d}r=-\frac{\xi^2}{2}[\bar{f}_{k+1}(\xi)-\bar{f}_{k-1}(\xi)] \tag{5-18}$$

$$\int_0^{\infty} r\left[\frac{k}{r}\left(\frac{\mathrm{d}}{\mathrm{d}r}-\frac{k+1}{r}\right)\cdot f(r)\right]\cdot \mathrm{J}_{k+1}(\xi r)\mathrm{d}r=-\frac{\xi^2}{2}[\bar{f}_{k+1}(\xi)+\bar{f}_{k-1}(\xi)] \tag{5-19}$$

$$\int_0^{\infty} r\left(\frac{\mathrm{d}}{\mathrm{d}r}-\frac{k}{r}\right)\cdot f(r)\cdot \mathrm{J}_{k+1}(\xi r)\mathrm{d}r=-\xi\cdot\bar{f}_k(\xi) \tag{5-20}$$

$$\int_0^{\infty} r\left(\frac{\mathrm{d}}{\mathrm{d}r}+\frac{1}{r}\right)\cdot f(r)\cdot \mathrm{J}_k(\xi r)\mathrm{d}r=\frac{\xi}{2}[\bar{f}_{k+1}(\xi)-\bar{f}_{k-1}(\xi)] \tag{5-21}$$

整理为

$$\begin{cases}\dfrac{\mathrm{d}\bar{\sigma}_{zk}}{\mathrm{d}z}=-\dfrac{\xi}{2}(\bar{\tau}_1+\bar{\tau}_2)\\ \dfrac{\mathrm{d}\bar{\tau}_1}{\mathrm{d}z}=-\dfrac{\xi}{2(1-\mu)}\left\{2\mu\cdot\bar{\sigma}_{zk}+\dfrac{\xi}{2}[(3-\mu)\bar{U}_k-(1+\mu)\bar{V}_k]\right\}\\ \dfrac{\mathrm{d}\bar{\tau}_2}{\mathrm{d}z}=-\dfrac{\xi}{2(1-\mu)}\left\{2\mu\cdot\bar{\sigma}_{zk}+\dfrac{\xi}{2}[(1+\mu)\bar{U}_k-(3-\mu)\bar{V}_k]\right\}\\ \dfrac{\mathrm{d}\bar{U}_k}{\mathrm{d}z}=2\bar{\tau}_1+\xi\bar{\omega}_k\\ \dfrac{\mathrm{d}\bar{V}_k}{\mathrm{d}z}=-(2\bar{\tau}_2+\xi\bar{\omega}_k)\\ \dfrac{\mathrm{d}\bar{\omega}_k}{\mathrm{d}z}=-\dfrac{1}{1-\mu}\left[(1-2\mu)\cdot\bar{\sigma}_{zk}-\dfrac{\mu\xi}{2}(\bar{U}_k-\bar{V}_k)\right]\end{cases} \tag{5-22}$$

上式可写作矩阵表达式：

$$\frac{\mathrm{d}\bar{\boldsymbol{X}}}{\mathrm{d}z}=\boldsymbol{A}\bar{\boldsymbol{X}} \tag{5-23}$$

矩阵微分方程解为

$$\bar{\boldsymbol{X}}=\mathrm{e}^{\boldsymbol{A}z}\bar{\boldsymbol{X}}_0 \tag{5-24}$$

式中：$\bar{\boldsymbol{X}}_0$ 为初始状态向量，可取 $z=0$ 处边界位移及应力的 Hankel 变换值，即

$$\bar{\boldsymbol{X}}_0=\boldsymbol{X}(\xi,0)=[\bar{\sigma}_{zk}(\xi,0)\quad \bar{\tau}_1(\xi,0)\quad \bar{\tau}_2(\xi,0)\quad \bar{U}_k(\xi,0)\quad \bar{V}_k(\xi,0)\quad \bar{\omega}_k(\xi,0)]^{\mathrm{T}} \tag{5-25}$$

式(5-17)中，e^{AZ} 为传递矩阵：

$$\mathbf{A}=\begin{bmatrix} 0 & -\dfrac{\xi}{2} & -\dfrac{\xi}{2} & 0 & 0 & 0 \\ \dfrac{\mu\xi}{1-\mu} & 0 & 0 & \dfrac{(3-\mu)\xi^2}{4(1-\mu)} & -\dfrac{(1+\mu)\xi^2}{4(1-\mu)} & 0 \\ \dfrac{\mu\xi}{1-\mu} & 0 & 0 & \dfrac{(1+\mu)\xi^2}{4(1-\mu)} & -\dfrac{(3-\mu)\xi^2}{4(1-\mu)} & 0 \\ 0 & 2 & 0 & 0 & 0 & \xi \\ 0 & 0 & -2 & 0 & 0 & -\xi \\ \dfrac{1-2\mu}{1-\mu} & 0 & 0 & -\dfrac{\mu\xi}{2(1-\mu)} & \dfrac{\mu\xi}{2(1-\mu)} & 0 \end{bmatrix} \tag{5-26}$$

矩阵 $\mathbf{A}$ 的特征方程为

$$\det(\mathbf{A}-\lambda\boldsymbol{I})=0 \tag{5-27}$$

则 $(\lambda^2-\xi^2)^3=0$，即

$$\lambda^6-3\lambda^4\xi^2+3\lambda^2\xi^4-\xi^6=0 \tag{5-28}$$

根据 Calay-Hamilton 原理，可知 $\mathbf{A}$ 满足其特征方程。矩阵方程如下：

$$\mathbf{A}^6-3\xi^2\mathbf{A}^4+3\xi^4\mathbf{A}^2-\xi^6\boldsymbol{I}=0 \tag{5-29}$$

根据式(5-29)，可知 $\mathbf{A}$ 的级数展开中最高次数为 5，即

$$\mathrm{e}^{\mathbf{A}z}=a_0[I]+a_1\mathbf{A}+a_2\mathbf{A}^2+a_3\mathbf{A}^3+a_4\mathbf{A}^4+a_5\mathbf{A}^5 \tag{5-30}$$

由于对 $(\lambda^2-\xi^2)^3$ 取一阶及二阶导数，分别以 5 次及 4 次表示：

$$\begin{cases} \mathrm{e}^{\lambda z}=a_0+a_1\lambda+a_2\lambda^2+a_3\lambda^3+a_4\lambda^4+a_5\lambda^5 \\ z\mathrm{e}^{\lambda z}=a_1+2a_2\lambda+3a_3\lambda^2+4a_4\lambda^3+5a_5\lambda^4 \\ z^2\mathrm{e}^{\lambda z}=2a_2+6a_3\lambda+12a_4\lambda^2+20a_5\lambda^3 \end{cases} \tag{5-31}$$

将 $\lambda=\pm\xi$ 代入，则

$$
\begin{cases}
a_0+a_1\xi+a_2\xi^2+a_3\xi^3+a_4\xi^4+a_5\xi^5=e^{\xi z}\\
a_0-a_1\xi+a_2\xi^2-a_3\xi^3+a_4\xi^4-a_5\xi^5=e^{-\xi z}\\
a_1+2a_2\xi+3a_3\xi^2+4a_4\xi^3+5a_5\xi^4=z e^{\xi z}\\
a_1-2a_2\xi+3a_3\xi^2-4a_4\xi^3+5a_5\xi^4=z e^{-\xi z}\\
2a_2+6a_3\xi+12a_4\xi^2+20a_5\xi^3=z^2 e^{\xi z}\\
2a_2-6a_3\xi+12a_4\xi^2-20a_5\xi^3=z^2 e^{-\xi z}
\end{cases}
\tag{5-32}
$$

求解式(5-32),得

$$
\begin{cases}
a_0=\dfrac{1}{16}[(8+5\xi z+\xi^2 z^2)e^{-\xi z}+(8-5\xi z+\xi^2 z^2)e^{\xi z}]\\
a_1=-\dfrac{1}{16\xi}[(15+7\xi z+\xi^2 z^2)e^{-\xi z}-(15-7\xi z+\xi^2 z^2)e^{\xi z}]\\
a_2=-\dfrac{z}{8\xi}[(3+\xi z)e^{-\xi z}-(3-\xi z)e^{\xi z}]\\
a_3=\dfrac{1}{8\xi^3}[(5+5\xi z+\xi^2 z^2)e^{-\xi z}-(5-5\xi z+\xi^2 z^2)e^{\xi z}]\\
a_4=\dfrac{z}{16\xi^3}[(1+\xi z)e^{-\xi z}-(1-\xi z)e^{\xi z}]\\
a_5=-\dfrac{1}{16\xi^5}[(3+3\xi z+\xi^2 z^2)e^{-\xi z}-(3-3\xi z+\xi^2 z^2)e^{\xi z}]
\end{cases}
\tag{5-33}
$$

此外,根据 $\boldsymbol{A}$, 分别求得 $\boldsymbol{A}^2$, $\boldsymbol{A}^3$, $\boldsymbol{A}^4$ 和 $\boldsymbol{A}^5$, 并与 a_0,a_1,a_2,a_3,a_4,a_5 一起代入式(5-30),求得传递矩阵 $\boldsymbol{G}$ 中各元素表达式:

$$
\begin{aligned}
&G_{11}=\frac{1}{4(1-\mu)}[(2-2\mu+\xi z)e^{-\xi z}+(2-2\mu-\xi z)e^{\xi z}]\\
&G_{12}=\frac{1}{8(1-\mu)}[(1-2\mu-\xi z)e^{-\xi z}-(1-2\mu+\xi z)e^{\xi z}]\\
&G_{13}=G_{12}\\
&G_{14}=\frac{\xi^2 z}{8(1-\mu)}(e^{-\xi z}-e^{\xi z})\\
&G_{15}=-G_{14}\\
&G_{16}=-\frac{\xi}{4(1-\mu)}[(1+\xi z)e^{-\xi z}-(1-\xi z)e^{\xi z}]
\end{aligned}
\tag{5-34}
$$

$$
\begin{aligned}
G_{21} &= -\frac{1}{4(1-\mu)}\left[(1-2\mu+\xi z)e^{-\xi z}-(1-2\mu-\xi z)e^{\xi z}\right]\\
G_{22} &= \frac{1}{8(1-\mu)}\left[(4-4\mu-\xi z)e^{-\xi z}+(4-4\mu+\xi z)e^{\xi z}\right]\\
G_{23} &= -\frac{G_{14}}{\xi}\\
G_{24} &= -\frac{\xi}{8(1-\mu)}\left[(2-\mu-\xi z)e^{-\xi z}-(2-\mu+\xi z)e^{\xi z}\right]\\
G_{25} &= -\frac{\xi}{8(1-\mu)}\left[(\mu-\xi z)e^{-\xi z}-(\mu+\xi z)e^{\xi z}\right]\\
G_{26} &= -2G_{14}\\
G_{31} &= G_{21}\\
G_{32} &= G_{23}\\
G_{33} &= G_{22}\\
G_{34} &= -G_{25}\\
G_{35} &= -G_{24}\\
G_{36} &= G_{26}\\
G_{41} &= -\frac{2G_{14}}{\xi^{2}}\\
G_{42} &= \frac{1}{8(1-\mu)\xi}\left[(7-8\mu-\xi z)e^{-\xi z}-(7-8\mu+\xi z)e^{\xi z}\right]\\
G_{43} &= -\frac{G_{16}}{2\xi^{2}}\\
G_{44} &= G_{22}\\
G_{45} &= -G_{23}\\
G_{46} &= -2G_{12}\\
G_{51} &= -G_{41}\\
G_{52} &= -G_{43}\\
G_{53} &= -G_{42}\\
G_{54} &= G_{45}\\
G_{55} &= G_{22}
\end{aligned}
\tag{5-35}
$$

$$G_{56}=-G_{46}$$

$$G_{61}=-\frac{1}{4(1-\mu)\xi}\left[(3-4\mu+\xi z)\mathrm{e}^{-\xi z}-(3-4\mu-\xi z)\mathrm{e}^{\xi z}\right]$$

$$G_{62}=-\frac{G_{41}}{2}$$

$$G_{63}=G_{62}$$

$$G_{64}=-\frac{G_{21}}{2}$$

$$G_{65}=-G_{64}$$

$$G_{66}=G_{11}$$

$\boldsymbol{G}(\xi,\ H_i)$ 为传递矩阵，H_i 为相应土层厚度或荷载传递距离，则式(5-24)为

$$\begin{Bmatrix}\bar{\sigma}_{zk}(\xi,\ z)\\ \bar{\tau}_1(\xi,\ z)\\ \bar{\tau}_2(\xi,\ z)\\ \bar{U}_k(\xi,\ z)\\ \bar{V}_k(\xi,\ z)\\ \bar{\omega}_k(\xi,\ z)\end{Bmatrix}=\begin{bmatrix}G_{11} & G_{12} & G_{13} & G_{14} & G_{15} & G_{16}\\ G_{21} & G_{22} & G_{23} & G_{24} & G_{25} & G_{26}\\ G_{31} & G_{32} & G_{33} & G_{34} & G_{35} & G_{36}\\ G_{41} & G_{42} & G_{43} & G_{44} & G_{45} & G_{46}\\ G_{51} & G_{52} & G_{53} & G_{54} & G_{55} & G_{56}\\ G_{61} & G_{62} & G_{63} & G_{64} & G_{65} & G_{66}\end{bmatrix}\begin{Bmatrix}\bar{\sigma}_{zk}(\xi,\ 0)\\ \bar{\tau}_1(\xi,\ 0)\\ \bar{\tau}_2(\xi,\ 0)\\ \bar{U}_k(\xi,\ 0)\\ \bar{V}_k(\xi,\ 0)\\ \bar{\omega}_k(\xi,\ 0)\end{Bmatrix} \tag{5-36}$$

以上矩阵中：

$$\begin{cases}\tau_1=\tau_{\theta zk}+\tau_{zrk}\\ \tau_2=\tau_{\theta zk}-\tau_{zrk}\\ U_k=u_k+v_k\\ V_k=u_k-v_k\end{cases} \tag{5-37}$$

根据式(5-25)，则

$$\begin{cases}X(\xi,\ z)=[\sigma_{zk}(\xi,\ z)\quad \tau_1(\xi,\ z)\quad \tau_2(\xi,\ z)\quad U_k(\xi,\ z)\quad V_k(\xi,\ z)\quad \omega_k(\xi,\ z)]^{\mathrm{T}}\\ X(\xi,\ 0)=[\sigma_{zk}(\xi,\ 0)\quad \tau_1(\xi,\ 0)\quad \tau_2(\xi,\ 0)\quad U_k(\xi,\ 0)\quad V_k(\xi,\ 0)\quad \omega_k(\xi,\ 0)]^{\mathrm{T}}\\ \bar{X}(\xi,\ z)=[\bar{\sigma}_{zk}(\xi,\ z)\quad \bar{\tau}_1(\xi,\ z)\quad \bar{\tau}_2(\xi,\ z)\quad \bar{U}_k(\xi,\ z)\quad \bar{V}_k(\xi,\ z)\quad \bar{\omega}_k(\xi,\ z)]^{\mathrm{T}}\\ \bar{X}(\xi,\ 0)=[\bar{\sigma}_{zk}(\xi,\ 0)\quad \bar{\tau}_1(\xi,\ 0)\quad \bar{\tau}_2(\xi,\ 0)\quad \bar{U}_k(\xi,\ 0)\quad \bar{V}_k(\xi,\ 0)\quad \bar{\omega}_k(\xi,\ 0)]^{\mathrm{T}}\end{cases} \tag{5-38}$$

上式满足 Hankel 变换及逆变换的基本关系：

$$\bar{X}(\xi, z) = \int_0^{\infty} rX(\xi, z)\mathrm{J}_n(\xi r)\mathrm{d}r, \quad X(\xi, z) = \int_0^{\infty} \xi\bar{X}(\xi, z)\mathrm{J}_n(\xi r)\mathrm{d}\xi \tag{5-39}$$

式(5-36)可写为

$$\bar{X}(\xi, z) = \boldsymbol{G}(\xi, z_{sn})_{sn}\bar{X}(\xi, 0) \tag{5-40}$$

5.3.3　桩身水平荷载表达式及变换

桩周抗力的分布形式与 Mindlin 解中所采用的集中力形式，或路面工程中所采用的圆形或双曲线分布模式差异较大，本章假设地基为无桩状态，桩身水平抗力平均分布于桩周(见图 5-2)，为构建表达该分布形式的函数，需利用狄拉克函数，如图 5-3 所示。

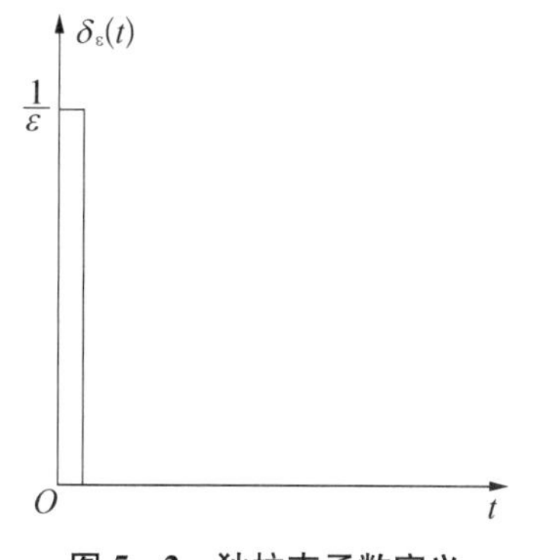

图 5-2　狄拉克函数定义

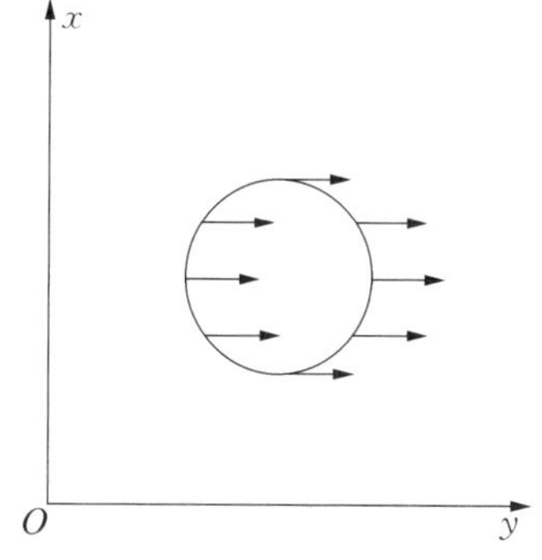

图 5-3　桩周抗力分布假设

狄拉克函数定义如下：

$$\delta_\varepsilon(t) = \begin{cases} \dfrac{1}{\varepsilon} & (0 \leqslant t \leqslant \varepsilon) \\ 0 & (t < 0 \text{ 或 } t > \varepsilon) \end{cases} \tag{5-41}$$

若 $f(t)$ 为连续函数，则

$$\int_{-\infty}^{\infty} f(t) \cdot \delta(t)\mathrm{d}t = f(0) \tag{5-42}$$

当 $a \geqslant 0$ 时，引用新变量 $x = t + a$，则

$$\int_{-\infty}^{\infty} f(x)\cdot\delta(x-a)\mathrm{d}x = f(a) \tag{5-43}$$

上述性质可得以下推论：

$$\int_{\alpha}^{\beta} f(t)\cdot\delta(t-a)\mathrm{d}t = \begin{cases} f(a) & (\alpha < a < \beta) \\ 0 & (a < \alpha \text{ 或 } a > \beta) \end{cases} \tag{5-44}$$

则水平荷载表达式如下：

$$p(r) = \left(\frac{P}{2\pi r_0}\right)\cdot\delta(r-r_0) \tag{5-45}$$

式中：r_0 为桩径；P 为周长上的总荷载，为常数。对该式做 0 阶 Hankel 变换，并结合狄拉克函数的特性，则

$$\begin{aligned}\bar{p}(r) &= \int_0^{\infty} r\cdot\left(\frac{P}{2\pi r_0}\right)\cdot\delta(r-r_0)\cdot \mathrm{J}_0(\xi r)\mathrm{d}r \\ &= r_0\cdot\frac{P}{2\pi r_0}\cdot \mathrm{J}_0(\xi r_0) = \frac{P}{2\pi}\cdot \mathrm{J}_0(\xi r_0)\end{aligned} \tag{5-46}$$

则在单桩分析过程中，取坐标轴令 $p(r)$ 作用方向 $\theta=0$，则水平荷载作用点存在变化量：

$$\begin{aligned}\Delta\tau_{\theta z}\big|_{z=z_{\mathrm{p}}} &= p(r)\sin\theta \\ \Delta\tau_{zr}\big|_{z=z_{\mathrm{p}}} &= -p(r)\cos\theta\end{aligned} \tag{5-47}$$

式中：z_{p} 为水平荷载作用深度。根据土体抗力的求解特点，在求解水平抗力对土体整体影响系数的过程中，将桩视为被动桩，另根据式(5-12)的三角级数转化关系式将式(5-47)转化为作用于桩身的力(单位力)即该点的实际抗力($\Delta\tau_{\theta z}$)，$\Delta\tau_{zr}$ 即为该点的实际应力状态变化。

$$\Delta\bar{\boldsymbol{P}}(\xi,\ z_{\mathrm{p}}) = [0 \quad 0 \quad 2\bar{p}(r) \quad 0 \quad 0 \quad 0]^{\mathrm{T}} \tag{5-48}$$

5.3.4 层状地基层间接触条件

层状地基属性如图 5-4 所示，E_{sn}，μ_{sn} 为相应土层弹性模量及泊松比，h_{sn} 为相应土层厚度。

当不考虑多层体系内部作用水平向荷载的情况下，第 sn 层与 $sn+1$ 层的层间的接触条件为

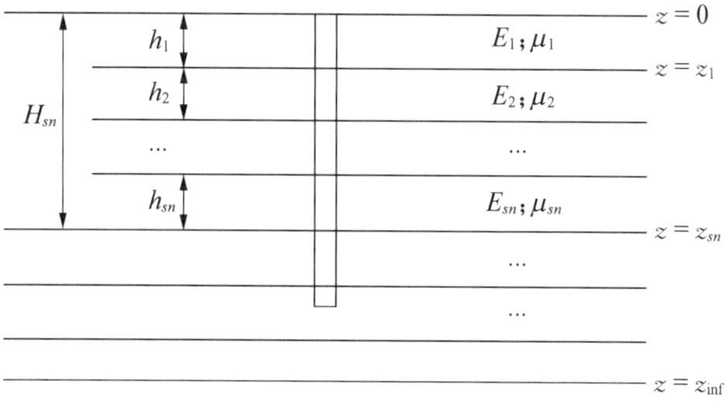

图 5-4　层状地基属性

$$
\begin{cases}
\sigma_{z(sn)}\ \big|_{z=H(sn)}=\sigma_{z(sn+1)}\ \big|_{z=H(sn)} \\
\tau_{\theta z(sn)}\ \big|_{z=H(sn)}=\tau_{\theta z(sn+1)}\ \big|_{z=H(sn)} \\
\tau_{zr(sn)}\ \big|_{z=H(sn)}=\tau_{zr(sn+1)}\ \big|_{z=H(sn)} \\
u_{(sn)}\ \big|_{z=H(sn)}=u_{(sn+1)}\ \big|_{z=H(sn)} \\
v_{(sn)}\ \big|_{z=H(sn)}=v_{(sn+1)}\ \big|_{z=H(sn)} \\
w_{(sn)}\ \big|_{z=H(sn)}=w_{(sn+1)}\ \big|_{z=H(sn)}
\end{cases}
\tag{5-49}
$$

式中：H_{sn} 为土层接触点深度，$H(sn)=\sum_{i=1}^{sn} h_{sn}$。

5.4　水平荷载作用于表面的多层体系传递矩阵解法

5.4.1　矩阵传递法传递式的推导

水平荷载作用于层状土体表面简图如图 5-5 所示。

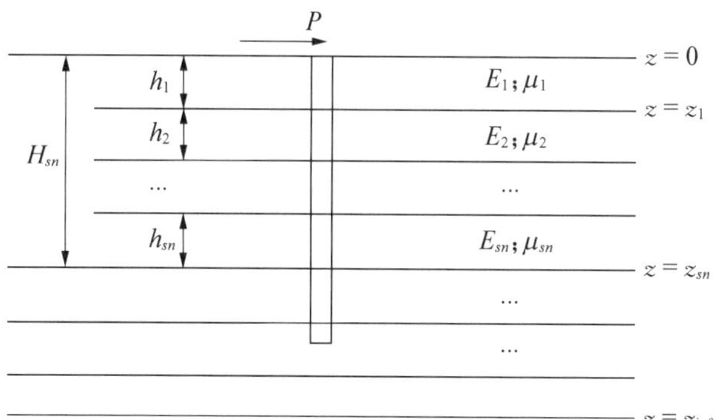

图 5-5　水平荷载作用于层状土体表面简图

根据层间完全接触条件，其中地基土总深度 z 趋向无穷远，在 $z=z_{sn}$，根据层间接触条件有

$$\begin{cases}\bar{\sigma}_{zk}(\xi,\ z_{sn-})=\bar{\sigma}_{zk}(\xi,\ z_{sn+})\\ \bar{\tau}_1(\xi,\ z_{sn-})=\bar{\tau}_1(\xi,\ z_{sn+})\\ \bar{\tau}_2(\xi,\ z_{sn-})=\bar{\tau}_2(\xi,\ z_{sn+})\\ \dfrac{E_{sn}}{1+\mu_{sn}}\bar{U}_k(\xi,\ z_{sn-})=\dfrac{E_{sn+1}}{1+\mu_{sn+1}}\bar{U}_k(\xi,\ z_{sn+})\\ \dfrac{E_{sn}}{1+\mu_{sn}}\bar{V}_k(\xi,\ z_{sn-})=\dfrac{E_{sn+1}}{1+\mu_{sn+1}}\bar{V}_k(\xi,\ z_{sn+})\\ \dfrac{E_{sn}}{1+\mu_{sn}}\bar{\omega}_k(\xi,\ z_{sn-})=\dfrac{E_{sn+1}}{1+\mu_{sn+1}}\bar{\omega}_k(\xi,\ z_{sn+})\end{cases} \tag{5-50}$$

式中：z_{sn+}，z_{sn-} 分别表示相应土体深度 z_{sn} 处的上下表面，其余下标方式类同。

令 $m_{sn}=\dfrac{E_{sn+1}(1+\mu_{sn})}{E_{sn}(1+\mu_{sn+1})}$，并取 $m_0=1$，则在第 $sn+1$ 层，有

$$\bar{X}[\xi,\ z_{(sn-1)-}]=\boldsymbol{G}_{sn+1}\bar{X}(\xi,\ z_{sn+}) \tag{5-51}$$

在第 i 层：

$$\bar{X}(\xi,\ z_{sn-})=\begin{bmatrix}G_{11} & G_{12} & G_{13} & G_{14} & G_{15} & G_{16}\\ G_{21} & G_{22} & G_{23} & G_{24} & G_{25} & G_{26}\\ G_{31} & G_{32} & G_{33} & G_{34} & G_{35} & G_{36}\\ m_{sn}G_{41} & m_{sn}G_{42} & m_{sn}G_{43} & m_{sn}G_{44} & m_{sn}G_{45} & m_{sn}G_{46}\\ m_{sn}G_{51} & m_{sn}G_{52} & m_{sn}G_{53} & m_{sn}G_{54} & m_{sn}G_{55} & m_{sn}G_{56}\\ m_{sn}G_{61} & m_{sn}G_{62} & m_{sn}G_{63} & m_{sn}G_{64} & m_{sn}G_{65} & m_{sn}G_{66}\end{bmatrix}_{sn}\bar{X}[\xi,\ z_{(sn-1)-}] \tag{5-52}$$

$$\bar{X}[\xi,\ z_{(sn+1)+}]=\boldsymbol{G}_{sn+1}\begin{bmatrix}G_{11} & G_{12} & G_{13} & G_{14} & G_{15} & G_{16}\\ G_{21} & G_{22} & G_{23} & G_{24} & G_{25} & G_{26}\\ G_{31} & G_{32} & G_{33} & G_{34} & G_{35} & G_{36}\\ m_{sn}G_{41} & m_{sn}G_{42} & m_{sn}G_{43} & m_{sn}G_{44} & m_{sn}G_{45} & m_{sn}G_{46}\\ m_{sn}G_{51} & m_{sn}G_{52} & m_{sn}G_{53} & m_{sn}G_{54} & m_{sn}G_{55} & m_{sn}G_{56}\\ m_{sn}G_{61} & m_{sn}G_{62} & m_{sn}G_{63} & m_{sn}G_{64} & m_{sn}G_{65} & m_{sn}G_{66}\end{bmatrix}_{sn}\bar{X}[\xi,\ z_{(sn-1)-}] \tag{5-53}$$

$$\bar{X}[\xi, z_{(sn+1)+}] = [MC]_{sn} \begin{bmatrix} G_{11} & G_{12} & G_{13} & G_{14} & G_{15} & G_{16} \\ G_{21} & G_{22} & G_{23} & G_{24} & G_{25} & G_{26} \\ G_{31} & G_{32} & G_{33} & G_{34} & G_{35} & G_{36} \\ m_{sn}G_{41} & m_{sn}G_{42} & m_{sn}G_{43} & m_{sn}G_{44} & m_{sn}G_{45} & m_{sn}G_{46} \\ m_{sn}G_{51} & m_{sn}G_{52} & m_{sn}G_{53} & m_{sn}G_{54} & m_{sn}G_{55} & m_{sn}G_{56} \\ m_{sn}G_{61} & m_{sn}G_{62} & m_{sn}G_{63} & m_{sn}G_{64} & m_{sn}G_{65} & m_{sn}G_{66} \end{bmatrix}_{sn} \bar{X}[\xi, z_{(sn-1)-}] \tag{5-54}$$

式中：

$$[MC]_{sn} = \begin{bmatrix} 1 & 0 & 0 & 0 & 0 & 0 \\ 0 & 1 & 0 & 0 & 0 & 0 \\ 0 & 0 & 1 & 0 & 0 & 0 \\ 0 & 0 & 0 & m_{sn} & 0 & 0 \\ 0 & 0 & 0 & 0 & m_{sn} & 0 \\ 0 & 0 & 0 & 0 & 0 & m_{sn} \end{bmatrix} \tag{5-55}$$

则

$$\bar{X}(\xi, z_{sn-}) = \{[MC]_{sn}\boldsymbol{G}_{sn}\}\bar{X}[\xi, z_{(sn-1)-}] \tag{5-56}$$

$$\bar{X}[\xi, z_{(sn+1)+}] = \boldsymbol{G}_{sn+1}\{[MC]_{sn}\boldsymbol{G}_{sn}\}\bar{X}[\xi, z_{(sn-1)-}] \tag{5-57}$$

以上方程进行递推即为水平荷载作用于表面的多层体系矩阵传递法表达式：

$$\bar{X}[\xi, z_{(sn+1)+}] = \boldsymbol{G}_{sn+1}\{[MC]_{sn}\boldsymbol{G}_{sn}\}\cdots\{[MC]_{0}\boldsymbol{G}_{0}\}\bar{X}(\xi, 0) \tag{5-58}$$

5.4.2　定解条件的选定

在实际工程中，可定义足够远处的应力、形变或位移等于零。对于超长桩问题，由于桩端距桩顶较远，水平荷载影响极其微小，因而可定义桩底端位置水平位移为 0。此外，就本章运算方法而言，先进行摩阻力的分布运算。对超长桩问题，主要是摩擦桩或摩擦端承桩，桩底端沉降值可取为 0 或固定常数，求解过程中，桩端的定解条件可简化为

$$U_k(\xi, z_1) = V_k(\xi, z_1) = \omega_k(\xi, z_1) = 0 \tag{5-59}$$

$$X(\xi, z_1) = [\sigma_{zk}(\xi, z_1) \quad \tau_1(\xi, z_1) \quad \tau_2(\xi, z_1) \quad 0 \quad 0 \quad 0]^{\mathrm{T}} \tag{5-60}$$

式中：z_1 为桩的入土深度。

表面 $z=0$ 处：

$$\begin{cases}\sigma_{zk}(\xi,\ 0)=0\\ \tau_{\theta r}(\xi,\ 0)=p(r)\cdot\sin\theta\\ \tau_{zr}(\xi,\ 0)=-p(r)\cdot\cos\theta\end{cases}\tag{5-61}$$

根据 5.2.1 节中的三角函数变换关系，则可知任一非轴对称荷载仅取 $k=1$ 的一项，其他项为零，则上式可转化为

$$\begin{cases}\sigma_{zk}(\xi,\ 0)=0\\ \tau_1(\xi,\ 0)=\tau_{\theta z}(\xi,\ 0)+\tau_{zr}(\xi,\ 0)=0\\ \tau_2(\xi,\ 0)=\tau_{zr}(\xi,\ 0)-\tau_{zr}(\xi,\ 0)=-2p(r)\end{cases}\tag{5-62}$$

$$\begin{cases}\bar{\sigma}_{zk}(\xi,\ 0)=0\\ \bar{\tau}_1^{(2)}(\xi,\ 0)=\bar{\tau}_{\theta z}^{(2)}(\xi,\ 0)+\bar{\tau}_{zr}^{(2)}(\xi,\ 0)=0\\ \bar{\tau}_2^{(0)}(\xi,\ 0)=\bar{\tau}_{zr}^{(0)}(\xi,\ 0)-\bar{\tau}_{zr}^{(0)}(\xi,\ 0)=-2\bar{p}(r)\end{cases}\tag{5-63}$$

其中：

$$\bar{p}(r)=\int_0^{\infty}r\cdot p(x)\mathrm{J}_0(\xi r)\mathrm{d}r\tag{5-64}$$

根据以上说明及推导，土体表面边界有

$$\bar{X}(\xi,\ 0)=[0\quad 0\quad -2\bar{p}(r)\quad \bar{U}_k(\xi,\ 0)\quad \bar{V}_k(\xi,\ 0)\quad \bar{\omega}_k(\xi,\ 0)]^{\mathrm{T}}\tag{5-65}$$

将式(5-60)和式(5-65)代入式(5-58)，即可求得任意点应力位移情况。

5.5 水平荷载作用于层状地基内的传递矩阵解法

5.5.1 矩阵传递法传递式的推导

水平荷载作用于层状土体内部情况如图 5-6 所示。

当水平荷载作用点为 $z=z_{\mathrm{v}}$ 时，以式(5-58)为基础，将整个层状地基体系分为两部分考虑。其中，第一部分为 $z_{\inf}$ 至 $z_{\mathrm{v}+}$，第二部分为 $z_{\mathrm{v}-}$ 至 $z=0$，$z_{\mathrm{v}+}$ 表示 z_{v} 深度向下计算的起始点，$z_{\mathrm{v}-}$ 表示 z_{v} 深度向上计算的起始点。

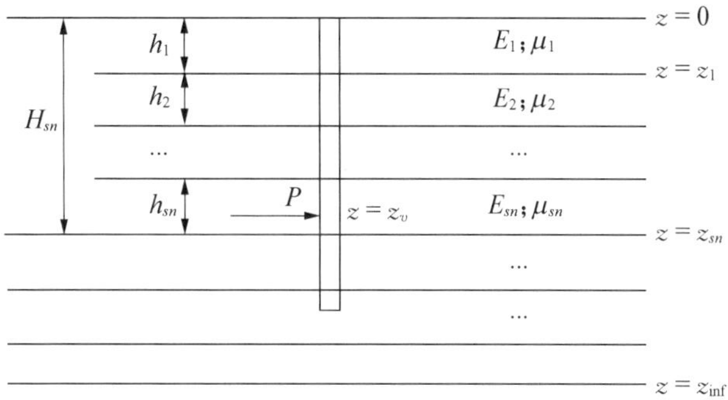

图5-6 水平荷载作用于层状土体内部情况

从 $z=0$ 处传递至底部的矩阵传递式：

$$\bar{X}(\xi, z_{v-})=\boldsymbol{G}_{zv-}\cdots\{[MC_0]\boldsymbol{G}_0\}\bar{X}(\xi, 0) \tag{5-66}$$

$$\bar{X}(\xi, z_{v+})=\boldsymbol{G}_{zv-}\cdots\{[MC_0]\boldsymbol{G}_0\}\bar{X}(\xi, 0)+\bar{P}_{zv} \tag{5-67}$$

$$\begin{aligned}\bar{X}(\xi, z_{v+})= &\ \boldsymbol{G}_{i+1}\cdots\{[MC_0]\boldsymbol{G}_0\}\bar{X}(\xi, 0)+\boldsymbol{G}_{i+1}\{[MC_i]\boldsymbol{G}_i\}\cdots\\ &\{[MC_{zv+1}]\boldsymbol{G}_{zv+1}\}\bar{P}_{zv}\end{aligned} \tag{5-68}$$

式中：$\bar{P}_{zv}$ 为水平荷载作用点应力位移矩阵增向量，其他符号意义同5.3.1节。

5.5.2 定解条件

对矩阵传递式进行求解的过程中，对桩底的边界条件仍可按式(5-43)取用。

表面 $z=0$ 处，由于地表处不存在荷载，故边界条件可写为

$$\bar{X}(\xi, 0)=[0\quad 0\quad 0\quad \bar{U}_k(\xi, 0)\quad \bar{V}_k(\xi, 0)\quad \bar{\omega}_k(\xi, 0)]^{\mathrm{T}} \tag{5-69}$$

式(5-60)及式(5-69)两个边界条件并不能完全反映层状地基体系中的实际受力情况。根据式(5-47)，可知在 $z=z_v$ 处有

$$\begin{cases}\Delta\tau_{\theta z}(\xi, 0)=p(r)\cdot\sin\theta\\ \Delta\tau_{zr}(\xi, 0)=-p(r)\cdot\cos\theta\end{cases} \tag{5-70}$$

非轴对称荷载仍仅取 $k=1$ 的一项，其他项为零，则上式可转化为

$$\begin{cases}\Delta\tau_1(\xi, z_v)=\tau_{\theta z}(\xi, z_v)+\tau_{zr}(\xi, z_v)=0\\ \Delta\tau_2(\xi, z_v)=\tau_{zr}(\xi, z_v)-\tau_{zr}(\xi, z_v)=-2p(r)\end{cases} \tag{5-71}$$

$$\begin{cases}\Delta\bar{\tau}_1(\xi,\ z_v)=\bar{\tau}_{\theta z}(\xi,\ z_v)+\bar{\tau}_{zr}(\xi,\ z_v)=0\\ \Delta\bar{\tau}_2(\xi,\ z_v)=\bar{\tau}_{zr}(\xi,\ z_v)-\bar{\tau}_{zr}(\xi,\ z_v)=-2p(r)\end{cases} \tag{5-72}$$

$\bar{P}_{zv}$ 可表示为

$$\bar{P}_{zv}=[0\quad 0\quad -2\bar{p}(r)\quad 0\quad 0\quad 0]^{T} \tag{5-73}$$

5.6 位移影响系数矩阵的求解

5.6.1 矩阵传递法求解中的数值方法

通过式(5-68)并利用相应的定解条件，即可求得任意深度 z 处经 Hankel 积分变换后的位移及应力向量表达式 $\bar{X}(\xi,\ z)$，为求得实际位移及应力向量 $X(\xi,\ z)$ 需进行相应的 Hankel 积分逆变换，其表达式为

$$X(\xi,\ z)=\int_0^{\infty}\xi\bar{X}(\xi,\ z)\mathrm{J}_n(\xi r)\mathrm{d}\xi \tag{5-74}$$

由此可见，层状弹性体系下的应力、位移公式均为无穷积分公式，难以利用手动完成计算，必须采用数值积分方法，通过计算机编程完成相应的求解工作。

1) 积分上限

式(5-74)计算涉及无穷积分问题，由于计算机无法精确计算 0～∞的积分值，可采用一选定的有限积分上限 x_s 取代无穷极限[106]，则积分区间变更为 $[0,\ x_s]$。一般通过对应力及位移分量的被积函数特性进行分析来确定恰当的积分上限 x_s。采用桩周水平抗力平均分布(见图 5-3)的假设进行运算，所得被积函数为两部分乘积。若令 $x=\xi r_0$，则两部分可分别表示为与指数函数有关的部分 $E_x(x)$，及与贝塞尔(Bessel)函数有关的部分 $\mathrm{J}(x)$，式(5-74)可表示为

$$X(x,\ z)=\int_0^{\infty}E_x(x)\mathrm{J}_n(x)\mathrm{d}x \tag{5-75}$$

根据已知的传递矩阵，其指数函数为 $\mathrm{e}^{\frac{k(H+z)x}{r_0}}$ 的形式；k 为指数函数系数，$|k|\geqslant 1$；H 为计算深度，其值不小于桩长。式(5-75)中 x_s～∞积分值为余项值，由于贝塞尔(Bessel)函数为波动收敛函数，当指数函数中的幂次不小于 15 的情况下可基本保证积分余项中指数函数部分数值不超过 10^{-8}，并保证积分余

项对数值解的精度不产生影响，写成不等式形式则为 $\frac{k(H+z)x_s}{r_0} \geqslant 15$，相应的积分上限可取为

$$x_s \geqslant \frac{15r_0}{k(H+z)} \tag{5-76}$$

结合式(5-74)，则

$$X(\xi, z) \approx \int_0^{x_s} \xi \bar{X}(\xi, z) \mathrm{J}_n(\xi r) \mathrm{d}\xi \tag{5-77}$$

根据精度的具体要求，可适当放大积分上限值。

2) Newton-Cotes 公式及自适应步长 Simpson 法

对于积分 $I(f)=\int_a^b f(x)\mathrm{d}x$，在$[a, b]$区间任取 $n+1$ 个节点 $a \leqslant x_0 < x_1 < \cdots < x_n \leqslant b$，构造 $f(x)$的 Lagrange 插值多项式 $L_n(x)$，则插值型求积公式为

$$I(f)=\int_a^b f(x)\mathrm{d}x \approx \int_a^b L_n(x)\mathrm{d}x = \sum_{i=0}^{n}\int_a^b l_i(x)f(x_i)\mathrm{d}x = \sum_{i=0}^{n} A_i(x)f(x_i) \tag{5-78}$$

若求积节点为等距，即 $x_i=a+ih(i=0, 1, \cdots, n)$，步长 $h=\frac{b-a}{n}$，此时求积公式为

$$I(f)=\int_a^b f(x)\mathrm{d}x \approx \int_a^b L_n(x)\mathrm{d}x = (b-a)\sum_{i=0}^{n} C_i^{(n)} f(x_i) \tag{5-79}$$

式(5-79)称为 n 阶 Newton-Cotes 求积公式，其中系数 $C_i^{(n)}$ 为 Cotes 系数。当 $n=1$ 时，求积公式为梯形公式：

$$T(f)=\frac{b-a}{2}[f(a)+f(b)] \tag{5-80}$$

当 $n=2$ 时，求积公式为 Simpson 法求积公式：

$$S(f)=\frac{b-a}{6}\left[f(a)+4f\left(\frac{a+b}{2}\right)+f(b)\right] \tag{5-81}$$

为求得式(5-60)的近似数值解，可利用自适应步长的 Simpson 法。若以

$I(f)=\int_a^b f(x)\mathrm{d}x$ 为积分的基本表达式，具体过程如下：

(1) 从梯形公式出发，计算

$$T_1=\frac{b-a}{2}[f(a)+f(b)] \tag{5-82}$$

(2) 利用把区间逐次二分的办法，将区间$[a, b]$二分，令区间长度 $h=\frac{b-a}{2^k}$ $(k=1, 2, 3 \cdots)$，计算

$$T_{2^{k+1}}=\frac{1}{2}T_{2^k}+h\sum_{i=0}^{2^k-1}f\left[a+\left(i+\frac{1}{2}\right)h\right] \tag{5-83}$$

则 Simpson 法求积公式为

$$S_{2^k}=\frac{4T_{2^{k+1}}-T_{2^k}}{3} \tag{5-84}$$

该递推公式仅需计算分割点上的函数值，不再重复计算原有各点上的函数值。

(3) 重复步骤(2)，直至相邻两次结果 S_{2^k} 和 $S_{2^{k-1}}$ 满足给定精度 ε：

$$|S_{2^k}-S_{2^{k-1}}|\leqslant \varepsilon \tag{5-85}$$

由于传递矩阵法主要为矩阵运算，利用 Matlab 中与自适应步长 Simpson 法对应的矢量化函数，即可在满足精度的前提下保证较高的程序运行速度。

5.6.2 位移系数矩阵形式及求解流程

假设地基为层状横观各向同性弹性体，桩周土体位移可参考水平荷载作用下的 Mindlin 解给出。有限杆单元法的计算过程中，将桩身划分为若干单元，如图 5-7(a)所示。

桩身节点编号为 $1\sim n$，则 i 节点处由于桩土相互作用产生的土体水平位移 U_i 可表示为

$$U_i=u_1+u_2 \tag{5-86}$$

式中：u_1 为 i 节点等效水平抗力在该节点处产生的水平位移；u_2 为桩身其他节点处等效水平抗力引起的 i 节点处土体水平位移。该式又可表示为

$$U_i=P_i u_{i,i}^e+\left(\sum_{j=0}^{i-1}P_j u_{i,j}^e+\sum_{j=i+1}^{n}P_j u_{i,j}^e\right) \tag{5-87}$$

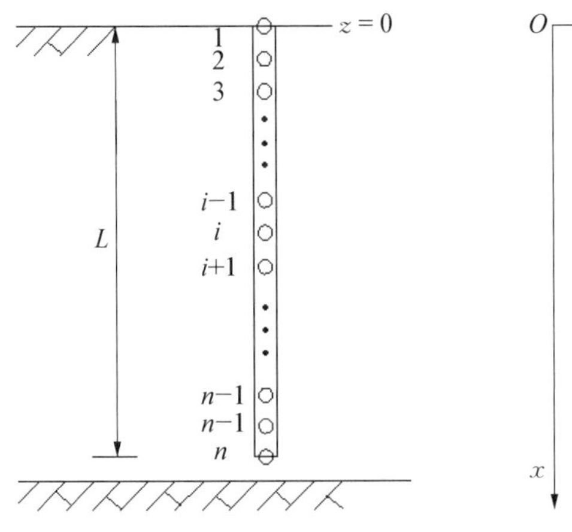

(a) 桩身节点编号示意图　　(b) 两连续单元土体水平抗力作用简图

图 5-7　桩基模型

式中：$u^e_{i,j}$ 表示作用于 j 点的单位等效水平抗力在 i 点引起的位移，即水平荷载影响系数矩阵 $\boldsymbol{u}^e_{n\times n}$ 中 i 行 j 列的元素，则有

$$\boldsymbol{u}^e=\begin{bmatrix} u^e_{1,1} & u^e_{2,1} & \cdots & u^e_{(n-1),1} & u^e_{n,1} \\ u^e_{1,2} & u^e_{2,2} & \cdots & u^e_{(n-1),2} & u^e_{n,2} \\ \vdots & \vdots & & \vdots & \vdots \\ u^e_{1,(n-1)} & u^e_{2,(n-1)} & \cdots & u^e_{(n-1),(n-1)} & u^e_{n,(n-1)} \\ u^e_{1,n} & u^e_{2,n} & \cdots & u^e_{(n-1),n} & u^e_{n,n} \end{bmatrix} \tag{5-88}$$

桩周土体水平位移矢量 $\boldsymbol{U}$ 为

$$\boldsymbol{U}=\boldsymbol{u}^e\boldsymbol{P} \tag{5-89}$$

桩身受水平荷载作用时，桩周水平抗力实际为连续分布。每两个连续单元受土体水平抗力作用如图 5-7(b)所示。对分布荷载，有限单元法通常采用下式计算节点的等效荷载。

$$\boldsymbol{P}^{(e)}=\int_0^L \mathbf{N}^{\mathrm{T}} q(x)\, l\, \mathrm{d}\xi \tag{5-90}$$

其中单元内的抗力计算采用了连续分布弹簧的假设进行，在节点 i 的水平抗力系数计算过程中已考虑了相邻上下两节点 $i-1$，$i+1$ 范围内土体抗力的连续分布，但忽略了相应抗力对更远处土体水平位移的影响，因而式(5-87)可改写为

$$U_i = u_1 + \sum_{j=0}^{i-2} P_j u_{eji} + \sum_{j=i+2}^{n} P_j u_{eji} \tag{5-91}$$

式中：u_1 为 i 节点及相邻节点 $i-1$ 及 $i+1$ 上的等效水平抗力产生的水平位移,可按 $p-y$ 曲线法计算结果取用。对水平荷载影响系数矩阵做相应改变,有

$$\boldsymbol{u}^e = \begin{bmatrix} 0 & 0 & u^e_{1,3} & \cdots & u^e_{(n-2),1} & u^e_{(n-1),1} & u^e_{n,1} \\ 0 & 0 & 0 & \cdots & u^e_{(n-2),2} & u^e_{(n-1),2} & u^e_{n,2} \\ u^e_{3,1} & 0 & 0 & \cdots & u^e_{(n-2),3} & u^e_{(n-1),3} & u^e_{n,3} \\ \vdots & \vdots & \vdots & & \vdots & \vdots & \vdots \\ u^e_{1,(n-2)} & u^e_{2,(n-2)} & u^e_{3,(n-2)} & \cdots & 0 & 0 & u^e_{n,(n-2)} \\ u^e_{1,(n-1)} & u^e_{2,(n-1)} & u^e_{3,(n-1)} & \cdots & 0 & 0 & 0 \\ u^e_{1,n} & u^e_{2,n} & u^e_{3,n} & \cdots & u^e_{(n-2),n} & 0 & 0 \end{bmatrix} \tag{5-92}$$

根据 $p-y$ 曲线法等方法计算所得的土体水平位移的计算结果为

$$\boldsymbol{u}_i = [u^e_{1,1} \quad u^e_{2,2} \quad \cdots \quad u^e_{(n-1),(n-1)} \quad u^e_{n,n}]^{\mathrm{T}} \tag{5-93}$$

则较高的荷载水平下,桩周土体水平位移矢量 $\boldsymbol{U}$ 可表示为

$$\boldsymbol{U} = \boldsymbol{u}_i + \boldsymbol{u}^e \boldsymbol{P} \tag{5-94}$$

5.6.3 位移系数矩阵数值求解流程

利用传递矩阵法求解水平荷载影响系数矩阵 $\boldsymbol{u}^e_{n\times n}$ 数值解流程如图 5-8 所示。

具体步骤如下：

(1) 导入有限单元计算过程中的桩身单元及节点划分信息,并增加节点与所属土层的信息。取初始计算节点号为 $i=1$。

(2) 于 i 节点作用水平单位等效荷载,根据传递矩阵计算式计算各土层传递矩阵 $\boldsymbol{G}(\xi, H_i)$,并利用式(5-68)及定解条件式(5-60)、式(5-69)、式(5-73)求出表层 $\bar{X}(\xi, 0)$ 表达式,并利用数值积分求出泥面位置位移,并注意以下关系：

$$u_k = \frac{U_k + V_k}{2}, \quad u = \frac{1+\mu}{E} u_k \tag{5-95}$$

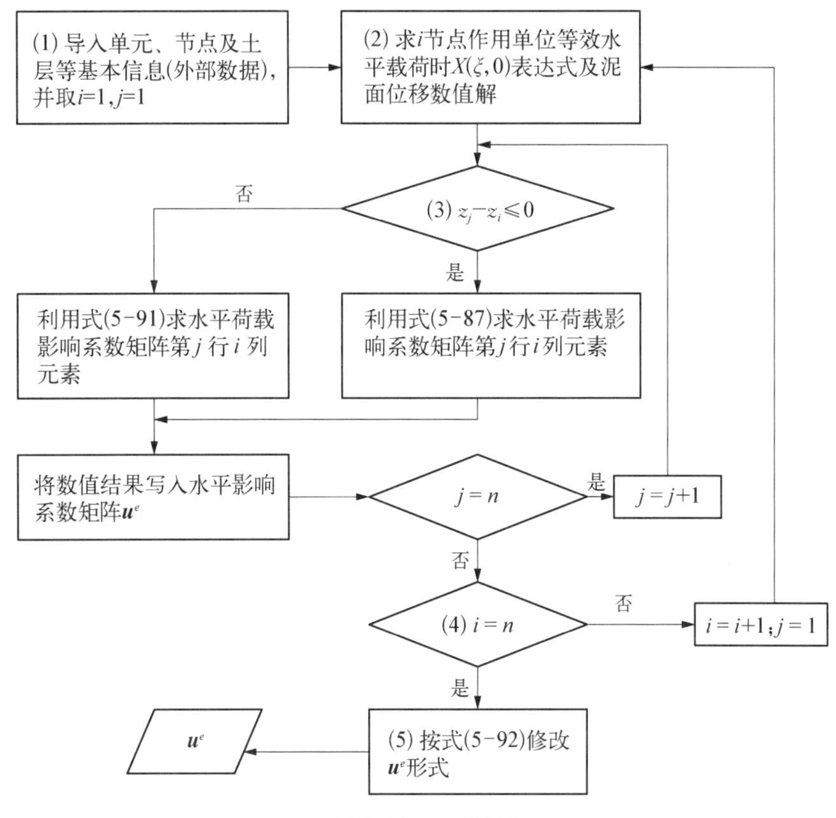

图 5－8　程序流程

(3) 求解水平荷载影响系数矩阵第 i 列元素，即利用 $\bar{X}(\xi, 0)$ 求节点 j 处 $\bar{X}(\xi, z_j)$ 表达式和数值解，并将水平位移数值解作为水平荷载影响系数矩阵 $\boldsymbol{u}^e$ 的 j 行 i 列元素。注意求解过程中需对 j 节点位置进行判定：当 $z_j \leqslant z_i$ 时，根据式(5－87)进行计算；当 $z_j > z_i$ 时，根据式(5－91)进行计算。

(4) 令 $i=i+1$，并重复步骤(2)～步骤(3)直至 $i=n$ 为止，n 为节点数。

(5) 按式(5－92)形式，对所得水平荷载影响系数矩阵 $\boldsymbol{u}^e$ 进行修改，以便用于修正较高荷载水平下 $p-y$ 曲线改进有限杆单元法求得的桩周土位移。

5.6.4　实例分析与验证

某码头单桩入土深度 36 m，直径 $D=1$ m。桩周土为两层，表层厚度 2 m，第二层至无穷远处。两层土泊松比相同，泊松比为 0.3。为使结果更为直观，模量取无量纲数 $E_1=1$ 且 $E_2 \geqslant E_1$。利用本章方法及经典 Mindlin 解，分别计算 0～36 m 深度范围内的桩周土体水平位移影响系数，并进行比较。

$$u=\frac{(1+\mu)}{8\pi E(1-\mu)}\left\{\frac{3-4\mu}{R_1}+\frac{1}{R_2}+\frac{x^2}{R_1^3}+\frac{(3-4\mu)x^2}{R_2^3}+\right.$$
$$\left.\frac{2cz}{R_2^3}\left(1-\frac{3x^2}{R_2^2}\right)+\frac{4(1-\mu)(1-2\mu)}{R_2+z+c}\left[1-\frac{x^2}{R_2(R_2+z+c)}\right]\right\}$$

(5－96)

式中：c 为水平集中力与泥面距离。

$$\begin{cases}R_1=\sqrt{r^2+(z-c)^2}\\R_2=\sqrt{r^2+(z+c)^2}\\r=x^2+y^2\end{cases}\tag{5-97}$$

为增加可比性，并避免水平位移影响系数出现趋向无穷大的情况，对传递矩阵法所得结果按式(5－88)取用。在 Mindlin 解计算中，取利用式(5－1)计算的桩横截面周长上多点的水平位移影响系数的平均值作为 Mindlin 解的数值计算结果。

当土体模量 $E_2=E_1$ 时，5 m 处作用单位荷载对应的水平位移影响系数计算结果如图 5－9 所示。

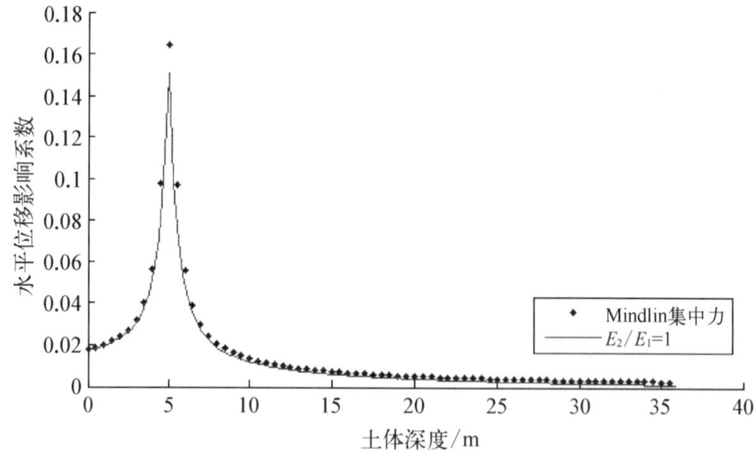

图 5－9　5 m 处作用单位荷载对应的水平位移影响系数计算结果($E_2=E_1$ 时)

由于两层土体模量一致，简化成弹性半无限空间问题，可直接将传递矩阵法与 Mindlin 解结果进行比较。由图 5－9 可见，除荷载作用点及邻近两点 Mindlin 解的计算结果偏大外，其余各点计算结果基本一致。根据式(5－75)形式，构建用于修正计算的水平位移影响系数矩阵时，将去除以上三点数据，可见假设抗力沿桩横截面平均分布的矩阵传递法可用于求解弹性半无限体，证明了本章方法的正确性。

当土体模量 E_2/E_1 分别为 1，3，5 时，5 m 处作用单位荷载对应的水平位移影响系数计算结果如图 5－10 所示。由图可见，除单位荷载作用点以外，水平位移影响系数求解结果是连续的，进一步证明了本章方法及所编制程序的正确性。由于 E_2/E_1 逐渐增大，其计算所得水平位移影响系数结果差异明显。根据 Mindlin 解的形式，当模量或等代模量变化时，不同深度水平位移影响系数按固定比例变化，不能很好反映层状体系各层分布情况造成的影响。随着模量的变化，分析 $E_2/E_1=1$ 及 $E_2/E_1=3$ 情况的差异，可见当模量比增大时，不同深度的水平位移影响系数的变化并不相同，自土体表面至深度 5 m 处，其变化率范围为 0.49～0.31，可见本方法能更好地体现层状土体的实际分布差异的影响。

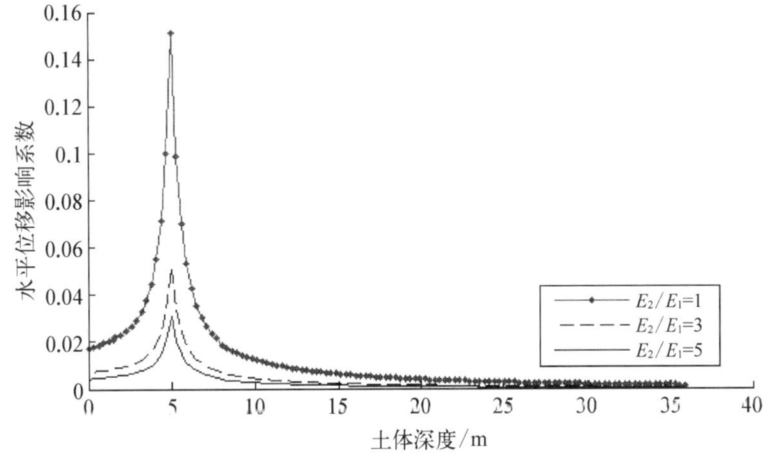

图 5－10　5 m 处作用单位荷载对应的水平位移影响系数计算结果($E_2/E_1=1,3,5$ 时)

当土体模量 E_2/E_1 分别为 1，3，5 时，沿深度不同位置作用单位荷载对应的泥面水平位移影响系数如图 5－11 所示。当 $E_2/E_1=1$ 时，即两层土体性质完全相同时，相应曲线较为平滑，而 $E_2/E_1>1$ 时，接近土体分层处，曲线变化趋势的转变较为明显，随着土体模量比增大，转折区域进一步扩大，这一变化恰好说明当土层间差异较大时，各土层力学及承载性能将受到邻近土层影响。当 $E_2/E_1=1$ 时，曲线较为光滑，由于其结果可近似看作 Mindlin 解的计算结果，可见 Mindlin 解并不能很好反映这一影响。

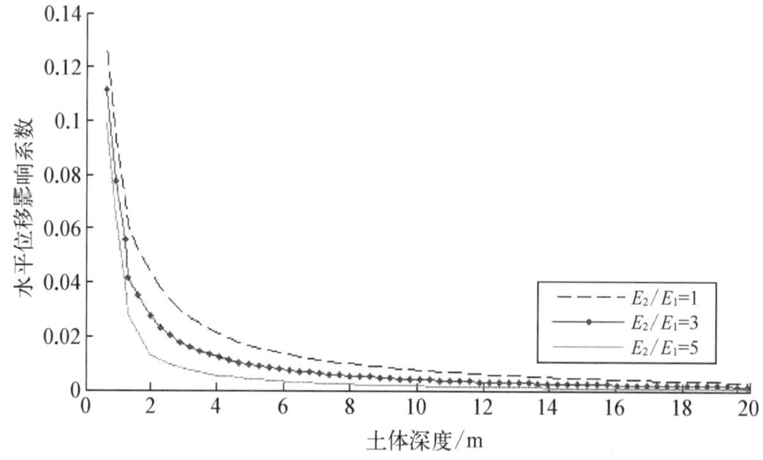

图 5-11　沿深度不同位置作用单位荷载对应的泥面位移影响系数

5.7　本章结论

(1) 本章提出了假设抗力沿桩横截面平均分布，按弹性地基及层状弹性体系理论，以传递矩阵法求解桩基水平位移影响系数矩阵的方法，克服了 Mindlin 解应用于层状地基时的缺陷与不便，并给出了修正较高荷载水平下 $p-y$ 曲线法计算结果的土体水平位移矩阵式，以及适用于该式的水平位移影响矩阵 $\boldsymbol{u}^e$ 的形式。

(2) 基于本章的桩基水平位移影响系数矩阵的求解方法，编制了相应的 Matlab 程序并对一双层地基土算例取土体模量 $E_2=E_1$ 进行程序及计算模型验证，可见本章方法计算结果同 Mindlin 解的计算结果基本一致，证明了本章方法是正确的。

(3) 根据 Mindlin 解的形式，模量或等代模量变化时，不同深度水平位移影响系数按固定比例变化，不能很好反映层状体系各层分布情况造成的影响。当 E_2/E_1 逐渐增大时，本章方法计算所得水平位移影响系数结果差异明显，且不同深度的水平位移影响系数的变化并不服从固定比例，可见本章方法能更好地体现层状土体实际分布差异的影响。

(4) 当土体模量 E_2/E_1 分别为 1,3,5 时，沿深度不同位置作用单位荷载对泥面水平位移的影响随深度的增大而减小。根据 $E_2/E_1=1$ 或 Mindlin 解计算的结果绘制的曲线较为平滑。当 $E_2/E_1>1$ 时，在接近土体分层处，曲线将出现明显的转折区，随着土体模量比增大，转折区域进一步扩大，说明当土层存在差异时，本章方法求解的结果能够反映邻近土层间的相互影响。

第 6 章
堆载作用下超长桩负摩阻力研究

6.1 引言

超长桩表现摩擦桩或端承摩擦桩的特性，主要依靠桩侧摩阻力支持上部荷载。深厚软土地区的建设中，当地基遇到大面积堆载、填土及降水等情况时，超长桩基将会受到比较大的负摩阻力作用，从而降低桩基的承载力，增加桩基沉降，造成桩端地基的屈服或破坏、桩身破坏、结构物不均匀沉降等不利影响，导致建筑物的损坏，工程中已有此类破坏的报道。虽然超长桩在高层建筑和桥梁港口建设中得到了越来越广泛的应用，但目前还没有符合实际的计算理论能准确定量地分析超长桩基负摩阻力作用，其工程设计仍按照普通中短桩的计算理论进行。

普通中短桩由于入土深度较浅，负摩阻力较小，但超长桩入土深度较深且主要由桩侧摩阻力提供承载力。相比于普通桩，负摩阻力对超长桩的影响更为严重，但目前还没有符合实际的计算理论能准确定量地分析超长桩基负摩阻力作用，不能充分反映有负摩阻力作用时超长桩的承载特性。因此，开展对超长桩负摩阻力的理论分析与研究，建立负摩阻力作用下超长桩力学分析模型是工程界的迫切要求。

鉴于此，本章根据超长桩桩侧摩阻力三阶段工作的特点，采用了考虑负摩阻力作用的广义双曲线荷载传递模型，反映了桩侧土体特有的弹塑性阶段、软化阶段及稳定阶段工作状态。桩端采用双曲线荷载传递模型模拟土的非线性变形特性。通过考虑桩端荷载与桩侧摩阻力共同作用引起的桩端土体沉降，采用递推分析方法，建立了软土地基中考虑负摩阻力作用的超长桩荷载传递分析理论。

考虑到桩侧土体固结时横向变形的影响，采用 Biot 固结理论反映桩周土体孔隙压力消散与土骨架变形相互关系，相比于太沙基固结理论能更合理地反映土体的固结过程，且更准确地反映了土的固结所引起的桩的负摩阻力。同时，采用三折线荷载传递模型模拟桩侧土体特有的弹性阶段、软化阶段及稳定阶段工作状态。依据桩身位移平衡原理，采用传递矩阵法，通过考虑桩端土体在桩端荷载与桩侧摩阻力作用产生的沉降，以及桩身自身的压缩变形，建立了多层地基中考虑 Biot 固结的超长桩负摩阻力分析模型。

同时，采用数值模拟方法对堆载作用下超长桩负摩阻力的分布规律进行模拟，并将模拟结果与实测资料及理论计算结果进行对比分析，进一步验证了考虑三维固结的超长桩负摩阻力计算模型。同时，本章就土体的物理力学性质如土体压缩模量、孔隙比以及渗透系数等因素对超长桩负摩阻力的大小及分布特性的影响进行研究，并且模拟分析了固结时间对超长桩负摩阻力及中性点深度变化规律的影响，实际工程中可通改善土体的物理力学性能来减小桩侧负摩阻力，从而提高超长桩基的承载力，并且应选取固结稳定状态下的负摩阻力作为设计依据较为安全可靠。

通过采用本章提出考虑 Biot 固结的超长桩基负摩阻力计算方法对工程实例的比较验证，证明该模型不仅可用于分析多层软土地基中超长桩负摩阻力的分布特性，亦可用于计算多层地基中超长桩的沉降和极限承载力。

6.2 桩基负摩阻力的概念

桩基承载力是由桩侧摩擦力和桩端力共同组成的。其中，作用于桩侧的摩阻力又可以分为正摩阻力和负摩阻力两种情况，其差别取决于桩和其周围地基土的相对位移情况。正常情况下，在上部荷载的作用下，桩相对于周围土体产生向下的相对位移，因而地基土对桩侧表面就会产生向上作用的摩阻力，这个力对桩起支撑作用，构成桩承载力的一部分，称为正摩阻力；反之，若桩周土体由于某些原因发生压缩，且变形量大于相应深度处桩基的下沉量，则桩侧土相对于桩产生向下位移，压缩的地基土对桩侧表面产生向下作用的摩擦阻力，相当于在桩上施加了下拉荷载，这个力就称为负摩阻力。在桩身分布负摩阻力的所有情况中，一般存在中性点，即该深度桩土相对位移为零且桩身摩阻力也为零。另有沿桩身全为负摩阻力的情况。这种情况一般是由于桩穿透湿陷性黄土层后随即落在几乎不压缩的持力层(如卵石和基岩等)而造成的。桩基负摩阻力分布如图 6-1 所示。

如图 6-1(a)所示，桩长为 l，桩尖至坚硬岩层的深度为 h。当在整个桩长范围内，桩周土体的沉降均小于桩的沉降时，桩侧土体对桩体产生向上的作用力，

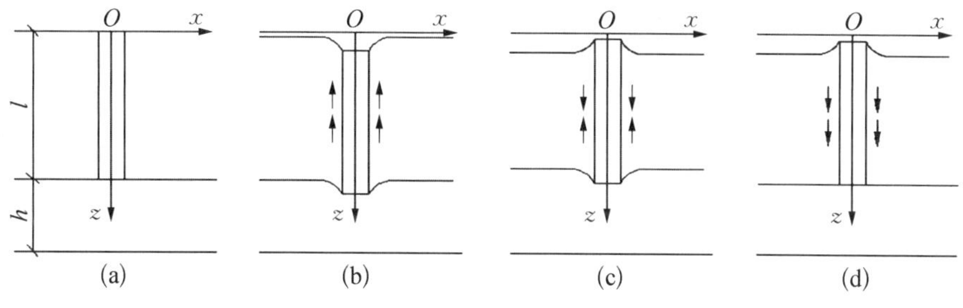

图 6-1　桩基负摩阻力分布

即正摩阻力，这是整个桩侧均为正摩阻力的情况，如图 6-1(b)所示；当桩体上部的沉降小于周围土体的沉降，而桩体下部的沉降大于周围土体的沉降时，在桩体上部，土体对桩体产生向下的作用力，即负摩阻力，而在下部桩侧，土体对桩体产生向上的作用力，即正摩阻力，这是上部桩侧为负摩阻力的情况，如图 6-1(c)所示；当在整个桩长范围内，桩体沉降均小于桩周土体的沉降时，桩侧土体对桩体产生向下的作用力，即负摩阻力，这是整个桩侧均为负摩阻力的情况，一般多出现于端承桩，如图 6-1(d)所示。

6.3　负摩阻力产生的条件及影响

桩基负摩阻力是地基土对桩体产生相对沉降时作用在桩体向下的摩擦力，它的存在会降低桩基承载力，并且增加桩基础沉降，减小桩身强度的安全储备。以下环境条件会诱发软土地基中桩基负摩阻力的产生：

(1) 桩周土体为较厚的欠固结软黏土或自重湿陷黄土，或桩周新近填土在自重作用下产生新的固结。

(2) 桩周软土的表面有大面积堆载，使桩周土层压缩固结下沉。

(3) 灵敏度较高的饱水黏性土，受打桩等施工扰动影响，使原来地面壅高，桩间土内总压力和附加超静水压力都普遍增高，软土触变性增强，随后又产生新的固结下沉。

(4) 城市建设过程中出现的环境岩土工程问题引起的地面沉降也可能产生桩基负摩阻力。例如：① 深基坑开挖导致土体应力释放，产生的释放变形在坑周将导致地面下沉，作用在相邻建筑物桩基上就有可能产生负摩阻力；② 过量抽取地下水以及工程建设施工疏排水等使桩周土体有效应力增加，导致土体附加沉陷，从而对影响范围内的桩基产生负摩阻力；③ 相邻建筑物自重悬殊引起的附加沉陷也会对相邻建筑物桩基产生负摩阻力。

桩基负摩阻力的具体成因十分复杂，很多因素会对桩基负摩阻力产生影响，主要影响因素有以下几点：

(1) 土的成分。例如：纯黏土或者含有少量砂的黏土，负摩阻力较小；当含砂土成分较多时，负摩阻力就会显著增大。

(2) 土的含水量。含水量降低，负摩阻力就会增大。

(3) 软弱地基的下沉速率。下沉速度越快，负摩阻力越大。

(4) 桩的倾斜度。斜桩受到的负摩阻力比直桩大，当桩的倾度大于 1∶10 时尤为显著。

(5) 负摩阻力的大小与桩和土之间的相对位移大小有关。当桩下沉时，仅周围地基下沉，这时产生的负摩阻力最大；当桩与地基均有下沉，但桩的下沉小于地基的下沉量时，就会产生相应的负摩阻力；当桩与地基土的沉降相对时，桩与土无相对变形，不产生摩阻力。

(6) 桩穿过的软弱土层厚度越大，负摩阻力也越大；软弱土层的压缩性越大，负摩阻力也越大。

6.4 负摩阻力的分布规律

通过桩与周围土层的相对位移情况可以对桩身负摩阻力的分布范围进行确定。假设图 6-2(b)所示的 ab 线代表各深度处桩周土层的沉降量，其大小用 S_e 表示，cd 代表桩身各截面的位移曲线，且 cd 线上所代表的桩身任意截面位移量是由该截面以下桩自身的材料压缩变形 S_s 与桩尖处的下沉量 S_p 两部分组成

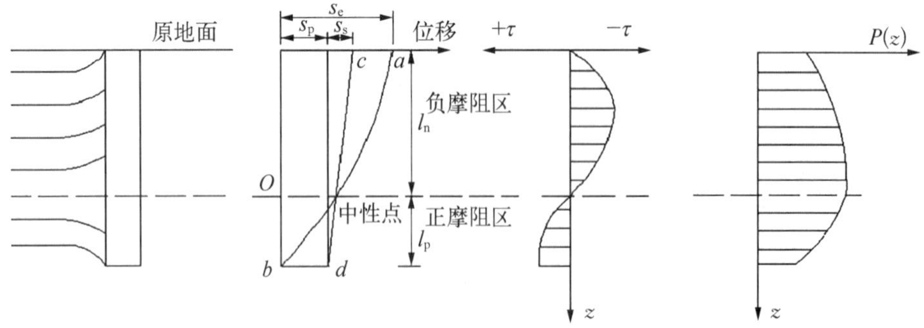

(a) 正负摩阻力分布　(b) 中性点位置确定　(c) 桩侧摩阻力分布　(d) 桩侧轴向力分布

图 6-2　负摩阻力的分布与中性点

的。图中 ab 线与 cd 线相交于 O 处，此时桩与周围土体之间没有相对位移，因而 O 点被称为中性点。在中性截面处，桩身轴力 N 最大，桩侧摩阻力为零。如图 6－2(c)和图 6－2(d)所示，中性点以上，土的下沉量大于桩的下沉量，桩周土对桩身的作用力为向下的负摩阻力作用区。桩侧的摩阻力中性点的深度 l_n 与桩周土的压缩性和变形条件，以及桩和持力层土的刚度等因素有关，理论上可根据桩与土竖向位移相等处来确定，但实际上准确确定中性点的位置比较困难。对于支承在岩层上的端承桩，负摩阻力可分布于整个桩身。

6.5　中性点及其位置的确定

一般情况下，桩身表面的负摩阻力并不是发生在整个软弱压缩土层和整个桩长范围内的，其深度就是桩侧土层对桩体产生相对下沉的范围，它与桩身弹性压缩变形、桩侧土体的压缩固结以及桩端下沉等因素有关。桩侧土的压缩与地表作用荷载及土体的压缩性质有关，并且土体的压缩量随深度逐渐减少。在外荷载作用下，桩端的下沉量为一定值，桩身的压缩变形随深度的增加相应减少，桩端土体的沉降量与某一深度以下桩身压缩变形量之和为这一深度处桩身的位移量。因此，当到一定深度后，桩侧土的下沉量有可能与桩身的位移量相等，桩土之间无相对位移，此时摩擦力等于零，该断面所对应桩体上的位置称之为中性点。中性点是摩擦力变化、桩土相对位移变化和轴向压力沿桩身变化的特征点。中性点以上桩身位移小于桩侧土的位移，轴力随深度递增；中性点以下桩身位移大于桩侧土的位移，轴力随深度递减。中性点位置决定了桩的最大荷载，是承受负摩阻力的桩基的一个基本特性。

由上述论述可以知道中性点有三个特征：所在断面处桩土之间相对位移为零、摩擦力为零、轴力最大。

由定义可知，中性点处桩土之间相对位移为零，因此中性点位置可根据桩的沉降 S_p 与桩侧土沉降 S_s 相等条件确定。在求出桩基与土体沉降后，即可找到桩土相对位移为零的中性点。

6.6　考虑 Biot 固结的超长桩负摩阻力计算模型

本节考虑到桩侧土体固结时横向变形的影响，采用 Biot 固结理论反映桩周土体孔隙压力消散与土骨架变形相互关系，相比于太沙基固结理论能更合理地反映土体的固结过程，比较准确地研究了土的固结所引起的桩的负摩阻力。同时，采用三折线荷载传递模型模拟桩侧土体特有的弹性阶段、软化阶段及稳定阶段工作状态。依据桩身位移平衡原理，通过考虑桩端土体在桩端荷载与桩侧摩阻力作用产生的沉降，以及桩身自身的压缩变形，本章建立了考虑 Biot 固结的超长桩负摩阻力分析模型。

6.6.1 计算模型的建立

1) 桩体单元压缩变形

当桩顶受到竖向荷载的作用时，桩体会产生压缩变形。依据胡克定律，桩的轴向变形方程为

$$E_p \pi R^2 \frac{dv}{dz} = -N \tag{6-1}$$

式中：E_p 为桩的弹性模量，kPa；N 为桩体任意截面以上桩自重与桩顶所受荷载之和，$N = P + \pi R^2 \gamma_p z$；$R$ 为桩体的半径，m。

任意深度 z 处的桩体压缩量可表示为

$$\begin{aligned} S_{pz} &= \int_z^L \frac{N}{E_p \pi R^2} dz = \int_z^L \frac{P + \pi R^2 \gamma_p z}{E_p \pi R^2} dz \\ &= \frac{P}{E_p \pi R^2}(L - z) + \frac{\gamma_p}{2E_p}(L^2 - z^2) \end{aligned} \tag{6-2}$$

式中：L 为桩长，m；P 为桩顶所受竖向荷载，N；γ_p 为桩体容重，kN/m^3。

2) 桩端荷载引起的桩端下土体沉降

将桩沿桩身等分为 N 个单元，假定第 i 个单元中点的位移为 $\omega_p(i)$，单元底部桩的轴向力为 $P(i)$，桩单元侧摩阻力为 $\tau(i)$，如图 6-3 所示。当所取单元长度较小时，可认为该单元范围内的桩侧摩阻力均匀分布。

由桩体单元力的平衡条件可知

$$P(i) = P(i-1) - U_p(i)\tau(i) \tag{6-3}$$

$$P(N) = P(0) - \sum_{i=1}^{N} U_p(i)\tau(i) \tag{6-4}$$

桩端单元底部的位移可表示为

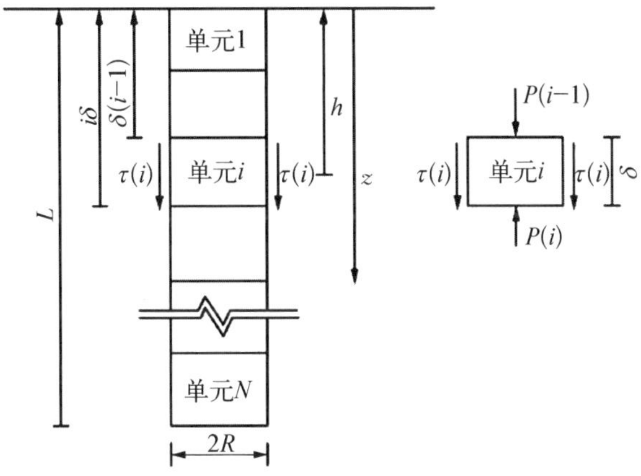

图 6-3　桩体单元受力分析

$$S_{bp}=\omega_p(N)-\frac{P(N-1)+3P(N)}{8E_pA_p}\delta \tag{6-5}$$

将式(6-3)和式(6-4)代入式(6-5)，通过整理可得桩端荷载引起的桩端下土体沉降为

$$S_{bp}=\omega_p(N)-\frac{4\left[P(0)-\sum_{i=1}^{N}U_p(i)\tau(i)\right]+U_p(N)\tau(N)}{8E_pA_p}\delta \tag{6-6}$$

式中：δ 为桩身单元长度，$\delta=L/N$；A_p 为桩体单元截面积，$A_p=\pi R^2$；$U_p(i)$为桩体单元 i 的侧表面积，$U_p(i)=2\pi R\delta$；$P(0)$即为桩顶所受荷载 P。

3) 桩周土体的 Biot 固结沉降计算

在实际工程中，土体固结时会产生横向变形，因此土体沉降计算是一个多维问题。本章采用 Biot 固结理论计算桩周土体沉降，反映了土体固结沉降的实际情况。三维轴对称情况下的 Biot 固结方程为

$$\begin{cases}\dfrac{1}{1-2\nu}\dfrac{\partial e}{\partial r}+\nabla^2 u-\dfrac{u}{r^2}-\dfrac{1}{G}\dfrac{\partial\sigma}{\partial r}=0 & (6-7)\\[2ex] \dfrac{1}{1-2\nu}\dfrac{\partial e}{\partial z}+\nabla^2\omega-\dfrac{1}{G}-\dfrac{\partial\sigma}{\partial z}=0 & (6-8)\\[2ex] k\nabla^2\sigma=\dfrac{\partial e}{\partial t} & (6-9)\end{cases}$$

式中：e 为土体的体积应变；u，ω 分别为土体径向与竖向位移；σ 为空隙水压力；ν 为土体泊松比；G 为土体剪切模量；k 为土体的渗透系数。应力以受拉为

正，受压为负。

由式(6-7)和式(6-8)推得

$$\nabla^2 \sigma = M \nabla^2 e \tag{6-10}$$

把式(6-10)代入式(6-9)，得

$$C \nabla^2 e = \frac{\partial e}{\partial t} \tag{6-11}$$

对式(6-7)～式(6-11)进行拉普拉斯(Laplace)变换，如 $\bar{\omega}(r, z, s) = \int_0^\infty \omega(r, z, t) \mathrm{e}^{-st} \mathrm{d}t$ 等，积分变换后，得到如下偏微分方程组：

$$\begin{cases} \dfrac{1}{1-2\nu} \dfrac{\partial \tilde{e}}{\partial r} + \nabla^2 \tilde{u} - \dfrac{\tilde{u}}{r^2} - \dfrac{1}{G} \dfrac{\partial \tilde{\sigma}}{\partial r} = 0 & (6-12) \\ \dfrac{1}{1-2\nu} \dfrac{\partial \tilde{e}}{\partial z} + \nabla^2 \tilde{\omega} - \dfrac{1}{G} - \dfrac{\partial \tilde{\sigma}}{\partial z} = 0 & (6-13) \\ M \nabla^2 \tilde{e} = \nabla^2 \tilde{\sigma} & (6-14) \\ \nabla^2 \tilde{e} = \dfrac{s}{C} \tilde{e} & (6-15) \end{cases}$$

当 $t=0$ 时，$e(r, z, 0)=0$。

对式(6-12)进行一阶 Hankel 变换，对式(6-13)～式(6-15)进行 0 阶 Hankel 变换。例如：零阶 Hankel 变换为 $\bar{\omega}(\varsigma, z, s) = \int_0^\infty r\tilde{\omega}(r, z, s) \mathrm{J}_0(\varsigma r) \mathrm{d}r$；一阶 Hankel 变换为 $\bar{u}(\varsigma, z, s) = \int_0^\infty r\tilde{u}(r, z, s) \mathrm{J}_1(\varsigma r) \mathrm{d}r$。利用分部积分和 Bessel 函数递推公式，可以把式(6-12)～式(6-15)化为以下常微分方程组：

$$\begin{cases} \dfrac{\mathrm{d}^2 \bar{u}}{\mathrm{d}z^2} - \zeta^2 \bar{u} - \dfrac{1}{1-2\nu} \zeta \bar{e} + \dfrac{1}{G} \zeta \bar{\sigma} = 0 & (6-16) \\ \dfrac{\mathrm{d}^2 \bar{\omega}}{\mathrm{d}z^2} - \zeta^2 \bar{\omega} + \dfrac{1}{1-2\nu} \dfrac{\mathrm{d}\bar{e}}{\mathrm{d}z} - \dfrac{1}{G} \dfrac{\mathrm{d}\bar{\sigma}}{\mathrm{d}z} = 0 & (6-17) \\ \dfrac{\mathrm{d}^2 \bar{\sigma}}{\mathrm{d}z^2} - \zeta^2 \bar{\sigma} = \dfrac{sM}{C} \bar{e} & (6-18) \\ \dfrac{\mathrm{d}^2 \bar{e}}{\mathrm{d}z^2} - q^2 \bar{e} = 0 & (6-19) \end{cases}$$

式中：$q=\sqrt{\zeta^2+\frac{s}{C}}$。

解式(6-16)～式(6-19)，得

$$
\left\{
\begin{aligned}
&\bar{e}(\zeta,\ z,\ s)=A_1\cosh qz+B_1\sinh qz && (6-20)\\
&\bar{\sigma}(\zeta,\ z,\ s)=MA_1\cosh qz+2GA_2\cosh\zeta z+MB_1\sinh qz+\\
&\qquad 2GB_2\sinh\zeta z && (6-21)\\
&\zeta\bar{\omega}(\zeta,\ z,\ s)=\frac{\zeta qC}{s}A_1\sinh qz+A_2\zeta z\cosh\zeta z+A_3\sinh\zeta z-\\
&\qquad \frac{\zeta qC}{s}B_1\cosh qz+B_2\zeta z\sinh\zeta z+B_3\cosh\zeta z && (6-22)\\
&\zeta\bar{u}(\zeta,\ z,\ s)=A_4\zeta\cosh\zeta z+B_4\zeta\sinh\zeta z-\frac{\zeta^2C}{s}A_1\cosh qz-\\
&\qquad A_2\zeta z\sinh\zeta z-\frac{\zeta^2C}{s}B_1\sinh qz+B_2\zeta z\cosh\zeta z && (6-23)
\end{aligned}
\right.
$$

式中：A_1～A_4，B_1～B_4 为任意常数，但 A_4 与 B_4 两个常数并不是独立的。

对体积应变 $e=\frac{\partial u}{\partial r}+\frac{u}{r}+\frac{\partial \omega}{\partial z}$ 进行拉普拉斯和 Hankel 变换，得

$$
\zeta\bar{u}=\bar{e}-\frac{\mathrm{d}\bar{\omega}}{\mathrm{d}z} \tag{6-24}
$$

把 $\bar{u}$，$\bar{e}$，$\bar{\omega}$ 代入式(6-24)，则可以得到 A_4，B_4 与其他常数的关系：

$$
\begin{aligned}
A_4&=-\frac{1}{\zeta}(A_2+A_3)\\
B_4&=-\frac{1}{\zeta}(B_2+B_3)
\end{aligned} \tag{6-25}
$$

由此，式(6-20)～式(6-23)中共有6个任意常数。

据物理方程，得到剪应力 τ_{zr} 和竖向正应力 σ_z 的表达式。同时引入流量 Q 的表达式：

$$
\left\{
\begin{aligned}
&\tau_{zr}=\frac{E}{2(1+\nu)}\left(\frac{\partial u}{\partial z}+\frac{\partial \omega}{\partial r}\right)=\frac{1}{G}\left(\frac{\partial u}{\partial z}+\frac{\partial \omega}{\partial r}\right) && (6-26)\\
&\sigma_z=\frac{1}{2G}\left(\frac{u}{1-2\nu}e+\frac{\partial \omega}{\partial z}\right) && (6-27)\\
&\phi=k\,\frac{\partial \sigma}{\partial z} && (6-28)
\end{aligned}
\right.
$$

应力 τ_{zr}，σ_z 及流量 Q 的变换式可通过式(6－20)～式(6－23)得

$$\begin{cases}\dfrac{\bar{\tau}_{zr}(\zeta, z, s)}{2G}=-\dfrac{\zeta qC}{s}A_1\sinh qz-A_2(\sinh\zeta z+\zeta z\cosh\zeta z)-A_3\sinh\zeta z-\\ \qquad\dfrac{\zeta qC}{s}B_1\cosh qz-B_2(\cosh\zeta z+\zeta z\sinh\zeta z)-B_3\sinh\zeta z \quad (6-29)\\ \dfrac{\bar{\sigma}_z(\zeta, z, s)}{2G}=-\dfrac{\zeta^2 C}{s}A_1\cosh qz+A_2\zeta z\sinh\zeta z+A_3\cosh\zeta z+\\ \qquad\dfrac{\zeta^2 C}{s}B_1\sinh qz+B_2\zeta z\cosh\zeta z+B_3\cosh\zeta z \quad (6-30)\\ \bar{Q}(\zeta, z, s)=qCA_1\sinh qz+\dfrac{2G\zeta C}{M}A_2\sinh\zeta z+qCB_1\cosh qz+\\ \qquad\dfrac{2G\zeta C}{M}B_2\cosh\zeta z \quad (6-31)\end{cases}$$

另式(6－20)～式(6－23)以及式(6－29)～式(6－31)左边 $z=0$，即地表面，这样上述六式变成了关于任意常数 A_1，A_2，A_3，B_1，B_2，B_3 的线性代数方程组，解出这些常数后再代入式(6－20)～式(6－23)以及式(6－29)～式(6－31)，可得单层地基中 Biot 固结的初始函数的矩阵表达式：

$$\begin{Bmatrix}\bar{u}(\zeta, z, s)\\ \bar{\omega}(\zeta, z, s)\\ \bar{\sigma}(\zeta, z, s)\\ \bar{\tau}_{zr}(\zeta, z, s)\\ \bar{\sigma}_z(\zeta, z, s)\\ \bar{Q}(\zeta, z, s)\end{Bmatrix}=\begin{bmatrix}p_{11} & p_{12} & \cdots & p_{16}\\ p_{21} & p_{22} & \cdots & p_{26}\\ \vdots & \vdots & & \vdots\\ p_{61} & p_{12} & \cdots & p_{66}\end{bmatrix}\begin{Bmatrix}\bar{u}(\zeta, 0, s)\\ \bar{\omega}(\zeta, 0, s)\\ \bar{\sigma}(\zeta, 0, s)\\ \bar{\tau}_{zr}(\zeta, 0, s)\\ \bar{\sigma}_z(\zeta, 0, s)\\ \bar{Q}(\zeta, 0, s)\end{Bmatrix} \quad (6-32)$$

式中：p_{ij} 为相关系数。

记

$$\bar{Y}(\zeta, z, s)=\begin{Bmatrix}\bar{u}(\zeta, z, s)\\ \bar{\omega}(\zeta, z, s)\\ \bar{\sigma}(\zeta, z, s)\\ \bar{\tau}_{zr}(\zeta, z, s)\\ \bar{\sigma}_z(\zeta, z, s)\\ \bar{Q}(\zeta, z, s)\end{Bmatrix},\ \bar{Y}(\zeta, 0, s)=\begin{Bmatrix}\bar{u}(\zeta, 0, s)\\ \bar{\omega}(\zeta, 0, s)\\ \bar{\sigma}(\zeta, 0, s)\\ \bar{\tau}_{zr}(\zeta, 0, s)\\ \bar{\sigma}_z(\zeta, 0, s)\\ \bar{Q}(\zeta, 0, s)\end{Bmatrix},$$

$$\Phi(\zeta, z, s)=[p_{ij}(\zeta, z, s)]_{6\times 6}$$

式(6-32)则改写成 $\bar{Y}(\zeta, z, s)=\Phi(\zeta, z, s)\bar{Y}(\zeta, 0, s)$，为单层地基 Biot 固结表达式。

超长桩由于桩长较大，入土深度较深，一般会穿越多个土层，因此桩周土层一般为多层地基。这里通过单层地基的 Biot 固结表达式，通过递推法推得多层地基的 Biot 固结沉降表达式。假定地表面作用有圆形均荷载 P，$\bar{Y}(\zeta, z, s)=\Phi(\zeta, z, s)\bar{Y}(\zeta, 0, s)$，荷载的半径为 D，将土层分为 n 层，z 深度处于第 j 层土中，如图 6-4 所示。

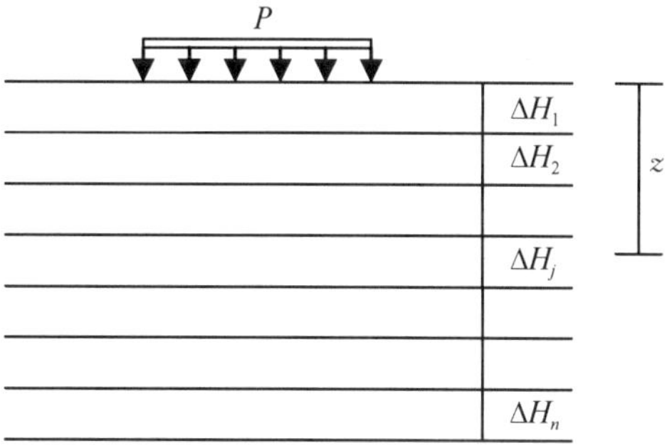

图 6-4　地基土层单元划分

令 $\Delta H_i=H_i-H_{i-1}$，把单层地基的 Biot 固结表达式应用于多层地基的每一层中，则多层地基中每层均有

$$\bar{B}(\zeta, H_1, s)=\Phi(\zeta, \Delta H_1, s)\bar{B}(\zeta, 0, s)$$

$$\bar{B}(\zeta, H_2, s)=\Phi(\zeta, \Delta H_2, s)\bar{B}(\zeta, H_1, s)$$

$$\bar{B}(\zeta, H_n, s)=\Phi(\zeta, \Delta H_n, s)\bar{B}(\zeta, H_{n-1}, s)$$

$$\bar{B}(\zeta, H_n, s)=\Phi(\zeta, \Delta H_n, s)\Phi(\zeta, \Delta H_{n-1}, s)\cdots\Phi(\zeta, \Delta H_1, s)\bar{B}(\zeta, 0, s)$$

通过矩阵传递，可得 z 深度处 Biot 固结表达式：

$$\bar{B}(\zeta, z, s)=\Phi(\zeta, z-H_{j-1}, s)\Phi(\zeta, \Delta H_{j-1}, s)\cdots\Phi(\zeta, \Delta H_1, s)\bar{B}(\zeta, 0, s) \tag{6-33}$$

式(6-33)可记作

$$\bar{B}(\zeta, H_n, s)=[f_{ij}]_{6\times6}\bar{B}(\zeta, 0, s) \tag{6-34}$$

假定地基底面不透水，顶部受直径为 D 的圆形均布荷载 q 作用，其边界条件为

$$\begin{cases}\bar{u}(\zeta, H_n, s)=\bar{\omega}(\zeta, H_n, s)=\bar{Q}(\zeta, H_n, s)=0\\ \bar{\sigma}_z(\zeta, H_n, s)=-\dfrac{qD\mathrm{J}_1(\zeta D)}{\zeta s}\\ \bar{\tau}_{rz}(\zeta, H_n, s)=\bar{\sigma}(\zeta, H_n, s)\end{cases} \tag{6-35}$$

利用式(6-34)中第 1，2，4，6 四个方程，得

$$\begin{pmatrix} f_{11} & f_{12} & f_{15} & f_{16} \\ f_{21} & f_{22} & f_{25} & f_{26} \\ f_{61} & f_{62} & f_{65} & f_{66} \end{pmatrix} \begin{bmatrix} \bar{u}(\zeta,\ 0,\ s) \\ \bar{\omega}(\zeta,\ 0,\ s) \\ -\dfrac{pDJ_1(\zeta D)}{\zeta s} \\ \bar{Q}(\zeta,\ 0,\ s) \end{bmatrix} = 0 \tag{6-36}$$

解式(6-36)，可得 $\bar{u}(\zeta,\ 0,\ s)$，$\bar{\omega}(\zeta,\ 0,\ s)$，$\bar{Q}(\zeta,\ 0,\ s)$ 的表达式。将 $\bar{u}(\zeta,\ 0,\ s)$，$\bar{\omega}(\zeta,\ 0,\ s)$，$\bar{Q}(\zeta,\ 0,\ s)$ 代入式(6-32)，可得 $\bar{\omega}(\zeta,\ 0,\ s)$。将 $\bar{\omega}(\zeta,\ 0,\ s)$ 代入式(6-33)，可得任意土层深度处竖向位移 $\bar{\omega}(\zeta,\ z,\ s)$。

求出 $\bar{\omega}(\zeta,\ z,\ s)$ 后，再对其进行拉普拉斯和 Hankel 逆变换，可以得到深度土层的竖向位移：

$$\omega(r,\ z,\ t) = \frac{1}{2\pi}\int_{Br}\int_0^{\infty} \zeta\bar{\omega}(\zeta,\ z,\ s)J_0(\zeta r)e^{st}\,d\zeta ds \tag{6-37}$$

式中：Hankel 逆变换 $\bar{\omega}(r,\ 0,\ s) = \int_0^{\infty} \zeta\bar{\omega}(\zeta,\ z,\ s)J_0(\zeta r)d\zeta$ 是无穷积分，$J_0(\zeta r)$ 是波动衰减函数，收敛速度较慢。先找出 $J_0(\zeta r)$ 的零点，取前 10 项，按辛普森积分方法计算。

拉普拉斯逆变换采取 Schapery 方法计算：

$$\omega(r,\ z,\ t) = A_1 + A_2 t + \sum_{i=1}^{m} C_i e^{-b_i t} \tag{6-38}$$

对等式两边进行拉普拉斯变换，得

$$s\tilde{\omega}(r,\ z,\ s) = A_1 + \frac{A_2}{s} + \sum_{i=1}^{m} \frac{C_i}{1 + b_i/s} \tag{6-39}$$

式中：$s = s_1,\ s_2,\ \cdots,\ s_{M-1},\ s_M$；$M = m + 2$。

前 m 组中，令 $b_i = s_i$。对于某个特定的变换参量 s_β，有

$$s_\beta\tilde{\omega}(r,\ z,\ s) = A_1 + \frac{A_2}{s_\beta} + \sum_{i=1}^{m} \frac{C_i}{1 + s_i/s_\beta} \quad (\beta = 1,\ 2,\ \cdots,\ M) \tag{6-40}$$

选定 m 值和一组 s_β，联合式 $\bar{\omega}(r,\ 0,\ s) = \int_0^{\infty} \zeta\bar{\omega}(\zeta,\ z,\ s)J_0(\zeta r)e^{st}d\zeta$ 可以计算出 $\tilde{\omega}(r,\ z,\ s)$ 以及常数 A_1，A_2，C_1，$\cdots$，C_m 等，代入式(6-38)，得到轴对称荷载作用下 Biot 固结沉降表达式 $\omega(r,\ z,\ t)$。

6.6.2 桩侧荷载传递函数

有关桩身荷载传递规律或桩土共同作用机理，国内外不少学者对此进行了一系列的研究。自 20 世纪 50 年代以来，许多学者相继取得了进展，建立了各种形式的侧摩阻力的传递函数。其中形式较为简单的线弹性模型和双折线模型计算方便，相对指数曲线模型和双曲线模型，其反映桩土共同作用不足，但曲线模型计算复杂。因此，本章在综合分析超长桩基竖向承载特性的基础上，采用三折线荷载传递模型模拟超长桩桩侧土体弹性阶段、软化阶段及残余稳定阶段的三阶段工作特性，如图 6-5 所示。

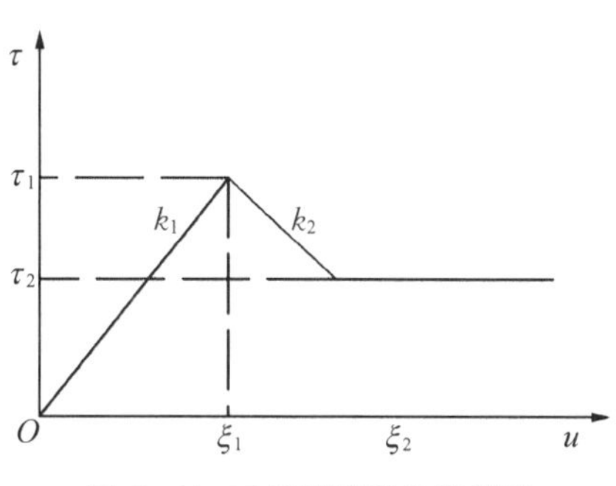

图 6-5　三折线荷载传递模型

假设 ω_p 为桩身 z 截面处的沉降，ω_s 为 z 深度处土体的固结沉降，由此可得桩侧摩阻力的荷载传递模型为

$$\tau=\begin{cases}k_1u & (u<\xi_1)\\ \tau_1+k_2(u-\xi_1) & (\xi_1\leqslant u\leqslant \xi_2)\\ \tau_2 & (u>\xi_2)\end{cases} \tag{6-41}$$

式中：k_1，τ_1，ξ_2 分别为弹性阶段桩侧摩阻力传递系数、极限侧阻力及其相应的位移；k_2，τ_2，ξ_2 分别为软化阶段桩侧摩阻力传递系数、极限侧阻力及其相应的位移；u 为桩土之间相对位移，$u=\omega_p-\omega_s$。

三折线荷载传递模型模拟了超长桩桩侧土体弹性阶段、软化阶段及残余稳定阶段的三阶段工作特性。随着桩土之间的相对位移增加，桩土之间的抗剪强度逐渐增大；当桩土相对位移达到一定值 ξ_1 时，土体的持续变形将使土体的结构发生破坏，导致土体抗剪强度的降低；当桩土间相对位移增大到 ξ_2 时，此时桩土之间产生滑移，土体抗剪强度最终保持稳定。

6.7 计算模型的矩阵传递求解

超长单桩受竖向荷载作用时，其桩顶沉降量由以下三部分组成：① 桩身在荷载作用下的压缩量 S_{pz}；② 由于桩侧摩阻力向下传递，引起桩端下土体压缩所

产生的桩端沉降 S_{bs}；③ 桩端荷载引起桩端下土体压缩所产生的桩端沉降 S_{bp}。对于中短桩，桩上部荷载主要由桩端承担，S_{bs} 引起的误差可以忽略；对于超长桩，在工作荷载下主要表现为摩擦桩的性状，上部荷载主要由桩侧摩阻力提供，因此必须考虑 S_{bs} 准确确定超长桩的承载力。超长桩体单元 i 沉降的表达式为

$$\omega_{pi} = S_{pz} + S_{bs} + S_{bp} \quad (i = 1,\ 2,\ \cdots,\ n) \tag{6-42}$$

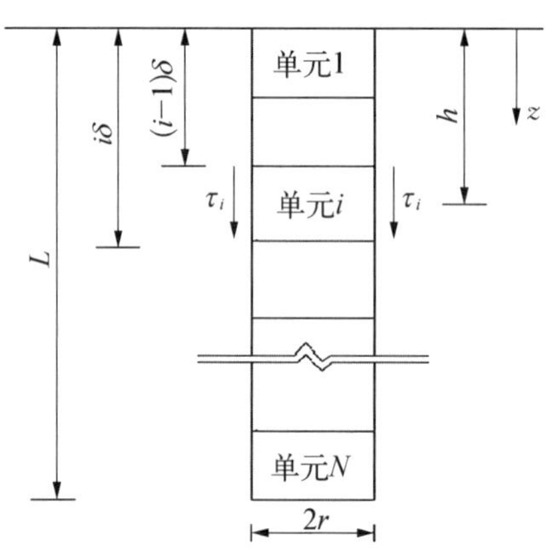

图 6-6 S_{bs} 计算模型

本章采用 Mindlin 解更准确地计算 S_{bs}。设桩长为 L，根据地层及计算需要，将桩离散为 N 个单元，每个单元长度为 δ，当所取单元长度较小时，可认为该单元范围内的桩侧摩阻力均匀分布，如图 6-6 所示。由单元 i 的桩侧摩阻力引起桩端中心点的位移为

$$S_{oi} = \int_{(i-1)\delta}^{i\delta} \int_0^{2\pi} \tau_i \rho_i r \, \mathrm{d}\theta \mathrm{d}h \tag{6-43}$$

式中：ρ_i 为单元 i 上的单位剪应力产生的桩端位移影响系数。由 Mindlin 解得

$$\rho_i = \frac{1+\nu_s}{8\pi E_s(1-\nu_s)} \left[\frac{(L-h)^2}{R_1^3} + \frac{3-4\nu_s}{R_1} + \frac{5-12\nu_s+8\nu_s^2}{R_2} + \frac{(3-4\nu_s)(L+h)^2-2Lh}{R_2^3} + \frac{6Lh(L+h)^2}{R_2^5} \right] \tag{6-44}$$

式中：E_s 和 ν_s 分别为桩端土的弹性模量和泊松比；$R_1^2 = r^2 + (L-h)^2$；$R_2^2 = r^2 + (L+h)^2$。

将式(6-44)代入式(6-43)得

$$S_{oi} = \frac{r(1+\nu_s)}{4E_s(1-\nu_s)} \left[\frac{z_1}{R_1} - 4(1-\nu_s)\ln(z_1+R_1) + 8(1-2\nu_s+\nu_s^2)\ln(z+r) + \frac{2h^2 z/R^2 - 4h - (3-4\nu_s)z}{r} + \frac{2(hR^2 - h^2 z^3/R^2)}{r^3} \right] \tag{6-45}$$

这里不考虑桩身单元之间的相互影响，则桩身全部单元桩侧摩阻力引起的桩端的土体沉降为

$$S_{bs}=\sum_{i=1}^{N}S_{oi}=2\pi r\delta\sum_{i=1}^{N}(\tau_i\rho_i) \tag{6-46}$$

将式(6-2)、式(6-6)及式(6-46)代入式(6-42)，通过整理，桩体单元 i 沉降可表示为

$$\omega_{pi}=S_{pz}+2\pi r\delta\sum_{i=1}^{N}(\tau_i\rho_i)+\omega_p(n)-\frac{4\left[P-\sum_{i=1}^{n}U_p(i)\tau(i)\right]+U_p(n)\tau(n)}{8E_pA_p}\delta$$

$$(i=1,\ 2,\ \cdots,\ n) \tag{6-47}$$

由传递模型可知，桩侧摩阻力 $\tau(i)$ 与 $(\omega_s-\omega_p)$ 呈线性关系，将 $\tau(i)$ 表示关于 $(\omega_s-\omega_p)$ 的函数，即 $\tau(i)=\varphi(\omega_s-\omega_p)$。用 A_{in} 表示 ω_{pi} 前的系数，整理式(6-47)，得

$$A_{i1}\omega_{p1}+A_{i2}\omega_{p2}+\cdots+A_{in}\omega_{pn}=S_{pz}-\frac{P\delta}{E_pA_p}+\sum_{i=1}^{n}\varphi(\omega_{si})\quad(i=1,\ 2,\ \cdots,\ n) \tag{6-48}$$

式(6-48)的矩阵形式表达式为

$$\begin{bmatrix}A_{11} & A_{21} & \cdots & A_{n1}\\ A_{12} & A_{22} & \cdots & A_{n2}\\ \vdots & \vdots & & \vdots\\ A_{1n} & A_{n2} & \cdots & A_{nn}\end{bmatrix}\begin{bmatrix}\omega_{p1}\\ \omega_{p2}\\ \vdots\\ \omega_{pn}\end{bmatrix}=\begin{bmatrix}S_{p1}-\dfrac{P\delta}{E_pA_p}+\sum_{i=1}^{n}\varphi(\omega_{si})\\ S_{p2}-\dfrac{P\delta}{E_pA_p}+\sum_{i=1}^{n}\varphi(\omega_{si})\\ \vdots\\ S_{pn}-\dfrac{P\delta}{E_pA_p}+\sum_{i=1}^{n}\varphi(\omega_{si})\end{bmatrix} \tag{6-49}$$

通过解式(6-49)，可以得到堆载作用下桩身沉降分布曲线。将各个位置的桩身沉降及土体沉降值代入式(6-41)，即可得到桩侧摩阻力沿桩身分布曲线，以及轴力沿桩身分布曲线。

6.8　实例分析与验证

以某工程试桩为例，验证本章计算方法的可靠性与适用性。试桩桩基直径 1.2 m，桩长 62 m，桩身弹性模量 $E=2.8\times10^4$ MPa。试桩场地地层从上到下依

次为淤泥、淤泥质黏土、粉质黏土、亚黏土层。桩端持力层位于亚黏土层中。各土层的物理力学参数如表 6-1 所示。

表 6-1 各土层的物理力学参数

土层编号	土层名称	土层度/m	γ/(kN×m^{-3})	c/kPa	ϕ/(°)	E_s/MPa	ν	k/(m/d)
1	淤泥	16.5	16.3	10.0	5.6	2.78	0.42	5.56×10^{-3}
2	淤泥质黏土	10.2	17.3	12.0	7.8	3.52	0.39	4.68×10^{-3}
3	粉质黏土	19.1	18.8	19.0	11.1	9.58	0.35	2.75×10^{-3}
4	亚黏土	22.8	19.1	24.0	12.2	11.1	0.30	0.89×10^{-3}

桩基施工完成以后，在桩周土体表面进行堆载。堆载的范围为 12 m。堆载共分 7 层，每层堆载加载稳定之后，再进行下一层的堆载，堆载完成后土体表面均布荷载达到 165 kPa，保持堆载半年后进行静荷载实验。堆载稳定后观测桩周土体沉降及桩身轴力变化，并由此分析桩侧摩阻力发展情况。

通过本章方法对工程算例进行计算，分析了轴力与桩侧摩阻力沿桩身变化规律，并将计算结果与实测资料进行对比分析。图 6-7、图 6-8 分别为桩轴力及桩侧摩阻力沿桩身变化曲线。

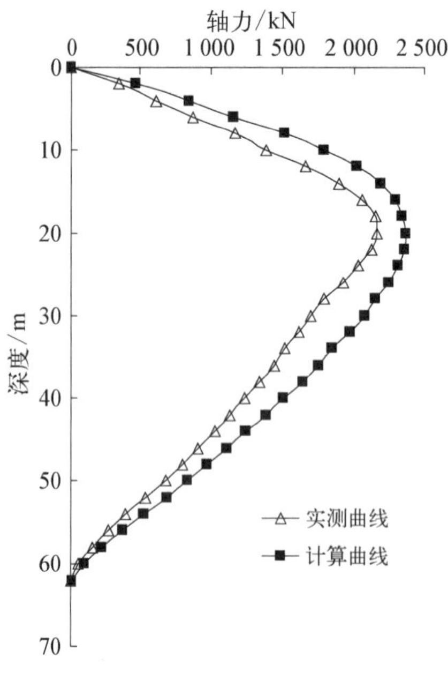

图 6-7 桩轴力沿桩身变化曲线

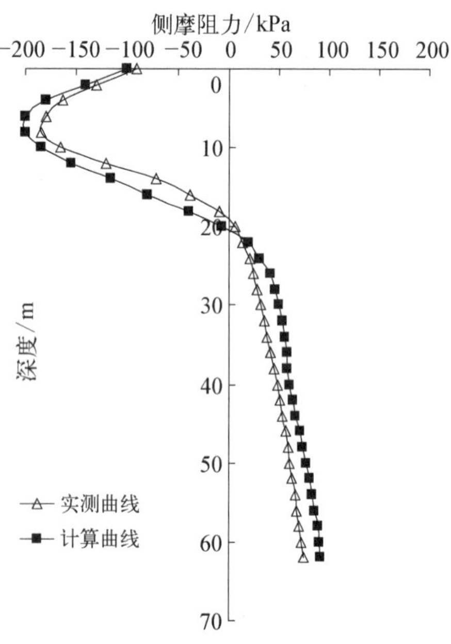

图 6-8 桩侧摩阻力沿桩身变化曲线

采用本章提出的计算模型对实例进行计算，得到了桩身轴力以及桩侧摩阻力沿深度变化规律，并与实测数据进行了比较，结果如图 6-7 和图 6-8 所示。由图 6-7 可见，理论计算所求得单桩最大轴力为 2 369 kN，较实测值 2 121 kN 偏大。理论计算结果与实测值的误差为 11.6%，本章理论计算结果与实测值较为接近。桩顶处两者轴力均较小，随着深度的增加逐渐增大，在中性点处轴力达到最大值，中性点以下轴力随深度的增加而减小，两者轴力分布规律基本一致。

由图 6-8 可知，桩侧摩阻力分为两个区，零侧摩阻力的位置为中性点，中性点之上为负摩阻力，中性点之下为正摩阻力，这是由于在堆载作用下中性点以上桩周土的固结沉降大于桩的沉降，而中性点以下土的固结沉降小于桩的沉降而产生的。从中性点的位置来看，理论计算的中性点深度为 20.5 m，实测值为 18.9 m，因此理论计算的中性点深度与实测值较为吻合。从侧摩阻力的分布来看，两者的分布规律基本一致，中性点以上桩侧负摩阻力随着深度的增加，呈现先增大后减小的分布规律，中性点以下正摩阻力随深度的增加逐渐增大，中性点大致均位于 1/3 桩长处。

造成计算值与理论值存在一定偏差的原因是计算时将相似土层进行归并，计算参数选取采用相似土层的加权平均值，与实际情况相比存在一定误差所致。但从总体上来看，采用本章模型计算的结果与实测结果较为吻合，计算结果值较真实地反映了负摩阻力作用下超长桩承载性状。

由于本章计算模型中考虑了桩顶荷载的作用，因此可以分析得到竖向荷载作用下超长桩桩侧负摩阻力分布变化规律。本算例中也通过选取不同的桩顶荷载，分析了超长桩桩侧摩阻力的分布变化规律，计算分析结果如图 6-9 所示。由图可知，桩侧摩阻力分布规律及中性点位置受桩顶竖向荷载影响明显。当桩顶荷载较大时，中性点以上负摩阻力较小，中性点的位置也较浅，这是由于当土体在堆载作用下固结稳定后，当施加了桩顶竖向荷载之后，桩体的竖向位移增大使得桩土之间的位移差减小，因此桩侧负摩阻力也随之减小；而中性点以下的正摩阻力则随着桩顶荷载的增大而增大，用

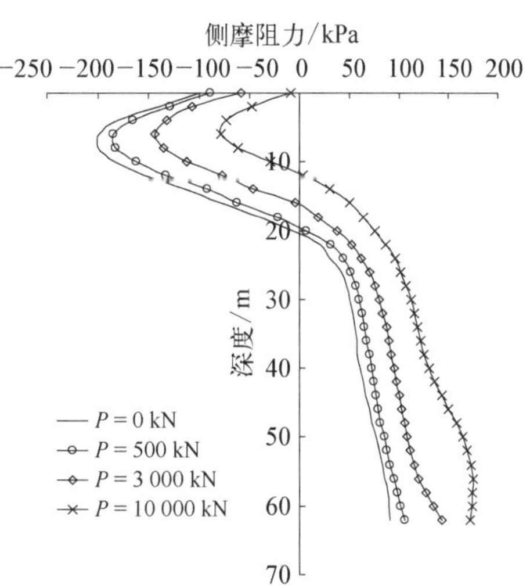

图 6-9　不同荷载下桩侧摩阻力随深度变化曲线

来抵消增加的桩顶荷载。由此可见,桩顶荷载是影响超长桩桩身负摩阻力的分布及中性点的位置的因素之一。

6.9 本章结论

(1) 通过理论计算结果与现场实测数据进行比较,结果表明采用本章模型计算的结果与实测结果较为吻合。因此,采用本章所提出的计算模型能够比较准确地描述负摩阻力作用下超长桩受力性状,可用于计算多层软土地基中超长桩的沉降和极限承载力,是一种可行的超长桩负摩阻力计算分析模型。

(2) 随着深度的增加,超长桩桩身负摩阻力呈现先增大再减小的分布规律,中性点以下正摩阻力随深度的增加逐渐增大,中性点大致位于 1/3 桩长处。地面堆载越大,则中性点位置深度越深,桩身负摩阻力也越大。

(3) 与软土地区普通桩承受负摩阻力实例相比,超长桩所受负摩阻力较大,且中性点位置也较低。因此,若超长桩基的设计和普通桩一样,不考虑负摩阻力作用,将导致承载力设计值偏大,造成桩端地基屈曲破坏、桩身破坏或结构物不均匀沉降等不利影响。

(4) 由于 Terzaghi 一维固结理论未考虑土体横向变形的影响,将会导致桩侧土体固结沉降量的计算值比真实值小,从而使桩侧负摩阻力计算值减小,承载力计算值偏大,降低了结构的安全性;而本章模型采用的 Biot 固结理论考虑了土体横向变形的影响,并且通过计算侧摩阻力向下传递引起桩端土体沉降,考虑了土体的连续性,使计算的桩侧土体固结沉降量及桩侧负摩阻力值更接近真实值,计算结果更为安全可靠。

(5) 由于采用了分层方法推导桩侧土体固结沉降及负摩阻力计算公式,因此本模型可用于分析层状软土地基中超长桩的荷载分布规律,亦可用于计算多层软土地基中超长桩的沉降和极限承载力。分层方法简单,适用性强,非常适合实际工程设计。

第 7 章 黏弹性软土再固结超孔压解析分析

7.1 引言

在软黏土中沉桩，由于挤土作用桩周土体中会产生较大的超孔隙水压力。根据有效应力原理可知，超孔隙水压力的产生和消散会对土体的应力状态产生影响，从而引起承载力的变化，即桩基的承载力存在时间效应。桩基承载力的时效性使得桩基承载力不是稳定在某一值，而是随时间逐渐变化的。同时，对施工现场的建筑物和地下管线造成不利影响，故对其消散机理的研究受到了广泛的重视。近年来众多学者都对这个问题展开广泛的研究，但桩土作用体系的复杂性，加之土体本构模型自身的多样性，使得现有的理论和分析模型不能很好反映工程中桩基的真实状况。

合理建立固结控制方程，对准确求解问题至关重要，而建立固结方程的关键在于土体本构关系的选取。研究发现土体一般都存在黏滞性，而 Burgers 模型是一种能较好反映流变体黏弹性性质的模型。加载时，它表现出瞬时弹性应变及黏滞流动和延滞弹性；卸载时，它表现出瞬时弹性恢复和弹性后效以及存在永久残余变形。同时还能够反映应力松弛现象，故能够合理地反映某些地区黏性土的特性。因此，将超孔隙水压力消散的解答推广到 Burgers 模型。假定桩周土体为饱和黏弹性介质，采用 Burgers 模型进行描述，同时考虑径向和竖向固结，采用分离变量法，结合拉普拉斯变换，得到孔隙水压力消散的级数解答，并进行不同排水条件以及主要参数分析。

7.2 问题的描述

7.2.1 计算模型及基本假设

由于土体是复杂的多相介质，土体中应力变化和超孔隙水压力的消散过程非常复杂，本章对土体做如下假设：

(1) 均质饱和。

(2) 土颗粒和孔隙水在固结过程中体积不可压缩。

(3) 孔隙水的流动满足达西定律。

(4) 考虑径向和竖向渗流。

(5) 固结过程中,超孔压分布区域内土体压缩系数和渗透系数为定值。

(6) 土体变形由孔隙水排出引起。

(7) 固结变形为小变形。

7.2.2 流变模型

本章基于 Burgers 模型建立固结控制方程,研究对象如图 7-1 所示。

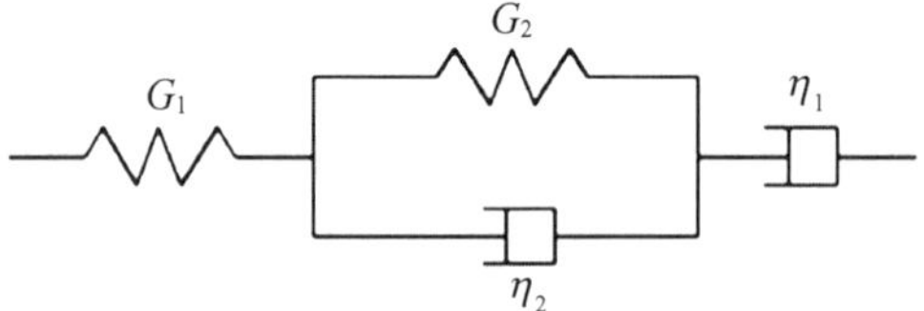

图 7-1 Burgers 模型

其蠕变柔度为

$$F(t)=\frac{1}{G_1}+\frac{1}{\eta_1}t+\frac{1}{G_2}[1-\exp(-G_2t/\eta_2)] \tag{7-1}$$

式中：G_1，G_2 分别为两弹簧的剪切模量；η_1，η_2 为黏壶的黏滞系数。

7.3 固结控制方程的建立

根据弹性平面应变、轴对称的应力应变关系可得

$$\varepsilon_r = -\frac{\partial \xi}{\partial r} = \frac{1}{2G}[(1-\nu)\delta\sigma'_r - \nu\delta\sigma'_\theta] \tag{7-2}$$

$$\varepsilon_\theta = -\frac{\xi}{r} = \frac{1}{2G}[(1-\nu)\delta\sigma'_\theta - \nu\delta\sigma'_r] \tag{7-3}$$

$$\varepsilon_z = 0 \tag{7-4}$$

由式(7-2)和式(7-3)可得

$$\varepsilon_r - \varepsilon_\theta = \frac{1}{2G}[\delta\sigma'_r - \delta\sigma'_\theta] \tag{7-5}$$

同时有如下关系：

$$\varepsilon_r - \varepsilon_\theta = \frac{\xi}{r} - \frac{\partial \xi}{\partial r} = -r\frac{\partial}{\partial r}\left(\frac{\xi}{r}\right) = r\frac{\partial \varepsilon_\theta}{\partial r} \tag{7-6}$$

由式(7-5)和式(7-6)可得

$$\frac{1}{2G}[\delta\sigma'_r - \delta\sigma'_\theta] = \frac{r}{2G}\left[-\nu\frac{\partial(\delta\sigma'_r)}{\partial r} + (1-\nu)\frac{\partial(\delta\sigma'_\theta)}{\partial r}\right] \tag{7-7}$$

那么

$$\frac{1}{r}[\delta\sigma'_r - \delta\sigma'_\theta] = -\nu\frac{\partial(\delta\sigma'_r)}{\partial r} + (1-\nu)\frac{\partial(\delta\sigma'_\theta)}{\partial r} \tag{7-8}$$

根据有效应力原理可得

$$\delta\sigma_r = \delta\sigma'_r + u - u_0 \tag{7-9}$$

$$\delta\sigma_\theta = \delta\sigma'_\theta + u - u_0 \tag{7-10}$$

将式(7-9)、式(7-10)代入式(7-2)、式(7-3)可得

$$\begin{aligned}\varepsilon_r &= \frac{1}{2G}[(1-\nu)(\delta\sigma_r + u_0 - u) - \nu(\delta\sigma_\theta + u_0 - u)] \\ &= \frac{1}{2G}[(1-\nu)\delta\sigma_r + (1-\nu)(u_0 - u) - \nu\delta\sigma_\theta - \nu(u_0 - u)] \\ &= \frac{1}{2G}[(1-\nu)\delta\sigma_r - \nu\delta\sigma_\theta + (1-2\nu)(u_0 - u)]\end{aligned} \tag{7-11}$$

同理可得

$$\varepsilon_{\theta}=\frac{1}{2G}[(1-\nu)\delta\sigma_{\theta}-\nu\delta\sigma_{\mathrm{r}}+(1-2\nu)(u_{0}-u)] \tag{7-12}$$

由式(7－11)和式(7－12)可得

$$\begin{aligned}\varepsilon_{\mathrm{v1}}=\varepsilon_{\mathrm{r}}+\varepsilon_{\theta}&=\frac{1}{2G}[(1-2\nu)\delta\sigma_{\mathrm{r}}+(1-2\nu)\delta\sigma_{\theta}+2(1-2\nu)(u_{0}-u)]\\&=\frac{1-2\nu}{G}\left[\frac{1}{2}(\delta\sigma_{\mathrm{r}}+\delta\sigma_{\theta})+(u_{0}-u)\right]\end{aligned} \tag{7-13}$$

又由于径向平衡(总应力),则有

$$\frac{\partial(\delta\sigma_{\mathrm{r}})}{\partial r}+\frac{\delta\sigma_{\mathrm{r}}-\delta\sigma_{\theta}}{r}=0 \tag{7-14}$$

整理后有

$$r\frac{\partial(\delta\sigma_{\mathrm{r}})}{\partial r}+(\delta\sigma_{\mathrm{r}}-\delta\sigma_{\theta})=0 \tag{7-15}$$

将有效应力原理式(7－9)、式(7－10)代入式(7－15)可得

$$\frac{\partial(\delta\sigma'_{\mathrm{r}})}{\partial r}+\frac{\partial(u-u_{0})}{\partial r}+\frac{1}{r}(\delta\sigma'_{\mathrm{r}}-\delta\sigma'_{\theta})=0 \tag{7-16}$$

将式(7－8)代入式(7－16)可得

$$(1-\nu)\frac{\partial(\delta\sigma'_{\mathrm{r}})}{\partial r}+\frac{\partial(u-u_{0})}{\partial r}+(1-\nu)\frac{\partial(\delta\sigma'_{\theta})}{\partial r}=0 \tag{7-17}$$

移项整理后得

$$\frac{\partial(\delta\sigma'_{\mathrm{r}}+\delta\sigma'_{\theta})}{\partial r}=-\frac{1}{(1-\nu)}\frac{\partial(u-u_{0})}{\partial r} \tag{7-18}$$

由式(7－18)可得

$$\delta\sigma'_{\mathrm{r}}+\delta\sigma'_{\theta}=-\frac{1}{(1-\nu)}(u-u_{0}) \tag{7-19}$$

将式(7－9)、式(7－10)代入式(7－19)可得

$$\frac{1}{2}(\delta\sigma_{\mathrm{r}}+\delta\sigma_{\theta})=\frac{1-2\nu}{2(1-\nu)}(u-u_{0}) \tag{7-20}$$

将式(7－20)代入式(7－13)可得

$$\varepsilon_{v1}=-\frac{1-2\nu}{2G(1-\nu)}(u-u_0) \tag{7-21}$$

由三种固结条件下的体积应变间存在的关系可知

$$\varepsilon_{v3}=3\frac{1-\nu}{1+\nu},\ \varepsilon_{v1}=-\frac{3(1-2\nu)}{2G(1+\nu)}(u-u_0) \tag{7-22}$$

式(7－22)为弹性条件下的体积应变与超孔隙水压力的关系式，可采用拉普拉斯变换将其转化为黏弹性条件下的关系式。

Burgers 模型的蠕变参数为

$$F(t)=\frac{1}{G_1}+\frac{1}{\eta_1}t+\frac{1}{G_2}[1-\exp(-G_2t/\eta_2)]$$

通过拉普拉斯变换有

$$\bar{\varepsilon}_{v3}=-\frac{3(1-2\nu)}{2(1+\nu)}(\bar{u}-\bar{u}_0)\frac{1}{\bar{G}} \tag{7-23}$$

$$\bar{F}(t)=\frac{1}{G_1}\frac{1}{s}+\frac{1}{\eta_1}\frac{1}{s^2}+\frac{1}{s(G_2+s\eta_2)} \tag{7-24}$$

对 $\bar{F}(t)$ 进行拉普拉斯变换，由数学物理方法可知 $\bar{G}$ 与 $\bar{F}(t)$ 有如下关系：

$$\bar{F}(t)=1/(s\bar{G}) \tag{7-25}$$

将式(7－25)代入式(7－23)可得

$$\begin{aligned}\bar{\varepsilon}_{v3}&=-\frac{3(1-2\nu)}{2(1+\nu)}(\bar{u}-\bar{u}_0)s\bar{F}(t)\\&=-\frac{3(1-2\nu)}{2(1+\nu)}(\bar{u}-\bar{u}_0)s\left[\frac{1}{G_1}\frac{1}{s}+\frac{1}{\eta_1}\frac{1}{s^2}+\frac{1}{s(G_2+s\eta_2)}\right]\\&=-\frac{3(1-2\nu)}{2(1+\nu)}\frac{1}{G_1}(\bar{u}-\bar{u}_0)-\frac{3(1-2\nu)}{2(1+\nu)}\frac{1}{\eta_1}\frac{1}{s}(\bar{u}-\bar{u}_0)-\\&\quad\frac{3(1-2\nu)}{2(1+\nu)}\frac{1}{G_2+s\eta_2}(\bar{u}-\bar{u}_0)\end{aligned} \tag{7-26}$$

由拉普拉斯反演，结合卷积公式可得

$$\varepsilon_{v3}=-\frac{3(1-2\nu)}{2(1+\nu)}\frac{1}{G_1}\left[(u-u_0)+G_1\int_0^t(u-u_0)\bigg|_\tau\frac{\mathrm{d}F(t-\tau)}{\mathrm{d}(t-\tau)}\mathrm{d}\tau\right] \tag{7-27}$$

式(7-27)两边对 t 求导可得

$$\frac{\partial\varepsilon_{v3}}{\partial t}=-\frac{3(1-2\nu)}{2(1+\nu)}\frac{1}{G_1}\left[\frac{\partial u}{\partial t}+G_1\int_0^t\frac{\partial u}{\partial\tau}\frac{\mathrm{d}F(t-\tau)}{\mathrm{d}(t-\tau)}\mathrm{d}\tau\right] \tag{7-28}$$

由达西定律以及土中流体的连续性可知

$$\frac{\partial\varepsilon_{v3}}{\partial t}=-\frac{k_h}{r_w}\frac{1}{r}\frac{\partial}{\partial r}\left(r\frac{\partial u}{\partial r}\right)-\frac{k_v}{r_w}\frac{\partial^2 u}{\partial z^2} \tag{7-29}$$

将式(7-28)代入式(7-29)可得

$$-\frac{3(1-2\nu)}{2(1+\nu)}\frac{1}{G_1}\left[\frac{\partial u}{\partial t}+G_1\int_0^t\frac{\partial u}{\partial\tau}\frac{\mathrm{d}F(t-\tau)}{\mathrm{d}(t-\tau)}\mathrm{d}\tau\right]=-\frac{k}{r_w}\frac{1}{r}\frac{\partial}{\partial r}\left(r\frac{\partial u}{\partial r}\right)-\frac{k_v}{r_w}\frac{\partial^2 u}{\partial z^2} \tag{7-30}$$

移项后得到固结控制方程为

$$\frac{\partial u}{\partial t}+G_1\int_0^t\frac{\partial u}{\partial\tau}\frac{\mathrm{d}F(t-\tau)}{\mathrm{d}(t-\tau)}\mathrm{d}\tau=C_h\frac{1}{r}\frac{\partial}{\partial r}\left(r\frac{\partial u}{\partial r}\right)+C_\nu\frac{\partial^2 u}{\partial z^2} \tag{7-31}$$

式中：$C_h=\frac{k_h G_1}{\gamma_w}\frac{2(1+\nu)}{3(1-2\nu)}$ 为水平向固结系数；$C_\nu=\frac{k_\nu G_1}{\gamma_w}\frac{2(1+\nu)}{3(1-2\nu)}$ 为竖向固结系数；k_h，k_v 分别为水平、竖向渗透系数；ν 为泊松比；ε_{v1}，ε_{v3} 为单向和三向体积应变。至此固结控制方程建立完成。

7.4 初始条件

沉桩再固结问题可以分为两个阶段：第一阶段为沉桩阶段，此时桩周土体视为不排水，由于挤土效应产生初始超孔隙水压力；第二阶段为消散阶段，桩周土体排水，孔隙水压力随时间变化。两个阶段的问题过往都有较系统的研究，第一阶段主要是本构关系结合圆孔扩张理论推导初始超孔隙水压力，能够为第二阶段提供一个初始条件。本章主要研究第二阶段的问题，讨论不同流变模型对孔隙水压力消散的影响，故为便于讨论第二阶段孔压消散的情况本章参考文献[3]中采用的关于初始超孔隙水压力的解答：

$$\begin{cases} u\,|_{t=0}=2c_{\mathrm{u}}\ln(R/r), & r_0\leqslant r\leqslant R \quad (7-32\mathrm{a}) \\ u\,|_{t=0}=0, & R\leqslant r\leqslant r_{\mathrm{e}} \quad (7-32\mathrm{b}) \end{cases}$$

式中：$R=r_0\sqrt{\dfrac{G_1}{c_{\mathrm{u}}}}$ 为塑性区半径；c_{u} 为桩周土体不排水剪抗剪强度；r_0 为桩径。

7.5　边界条件

考虑到桩身沉入过程中被一层黏土所覆盖，大大降低了其渗透性，本章假定桩孔孔壁为不透水边界并考虑其影响范围，可得如下径向边界条件：

$$\left.\frac{\partial u}{\partial r}\right|_{r=r_0}=0,\quad u\,|_{r=r_{\mathrm{e}}}=0 \tag{7-33}$$

式中：r_{e} 为超孔隙水压力分布半径，据 Randolph 等研究成果，r_{e} 一般取$(5\sim10)R$，其中 R 为塑性区半径。本研究单桩沉桩再固结问题，故取 $r_{\mathrm{e}}=5R$ 能够满足工程精度要求。

假设桩长为 H，竖向边界条件可分为三类：第一类地基表面为自由排水边界，桩端地基为不排水边界，如式(7－34a)；第二类地基表面为自由排水边界，桩端地基也为自由排水边界，如式(7－34b)；第三类地基表面为不排水边界，桩端地基也为不排水边界，如式(7－34c)。

$$\begin{cases} u\,|_{z=0}=0, & \left.\dfrac{\partial u}{\partial z}\right|_{z=H}=0 \quad (7-34\mathrm{a}) \\ u\,|_{z=0}=0, & u\,|_{z=H}=0 \quad (7-34\mathrm{b}) \\ \left.\dfrac{\partial u}{\partial z}\right|_{z=0}=0, & \left.\dfrac{\partial u}{\partial z}\right|_{z=H}=0 \quad (7-34\mathrm{c}) \end{cases}$$

7.6　黏弹性沉桩再固结问题解析解

7.6.1　求解过程

采用分离变量法求解固结控制方程式(7－31)，令 $u=w(r)Z(z)T(t)$，得

$$\frac{1}{T}\left[\frac{\mathrm{d}T}{\mathrm{d}t}+G_1\int_0^t\frac{\mathrm{d}T}{\mathrm{d}\tau}\frac{\mathrm{d}F(t-\tau)}{\mathrm{d}(t-\tau)}\mathrm{d}\tau\right]=C_\mathrm{h}\left(\frac{1}{r}\frac{1}{\omega}\frac{\partial\omega}{\partial r}+\frac{1}{\omega}\frac{\partial^2\omega}{\partial r^2}\right)+C_\mathrm{v}\frac{1}{z}\frac{\partial^2 Z}{\partial z^2} \tag{7-35}$$

引入常数 λ_1，λ_2，λ_3，得

$$\frac{\mathrm{d}^2 w}{\mathrm{d}r^2}+\frac{1}{r}\frac{\mathrm{d}w}{\mathrm{d}r}+\lambda_1^2 w=0 \tag{7-36}$$

$$C_\mathrm{v}\frac{1}{z}\frac{\partial^2 Z}{\partial z^2}=-\lambda_2^2 \tag{7-37}$$

$$\frac{\mathrm{d}T}{\mathrm{d}t}+G_1\int_0^t\frac{\mathrm{d}T}{\mathrm{d}\tau}\frac{\mathrm{d}F(t-\tau)}{\mathrm{d}(t-\tau)}\mathrm{d}\tau+\lambda_{3nm}^2 T=0 \tag{7-38}$$

其中：

$$\lambda_3^2=C_\mathrm{h}\lambda_1^2+\lambda_2^2 \tag{7-39}$$

式(7-36)为零阶 Bessel 函数，其通解为

$$w_n(r)=A_n\mathrm{J}_0(\lambda_{1n}r)+B_n\mathrm{N}_0(\lambda_{1n}r) \tag{7-40}$$

式中：J_0 及 N_0 分别为零阶一类和二类 Bessel 函数；λ_n 为无穷多个正根。

由边界条件式(7-34a)及 Bessel 函数性质可得

$$w_n(r)=A_n V_0(\lambda_{1n}r) \tag{7-41}$$

其中：

$$V_0(\lambda_{1n}r)=\mathrm{J}_0(\lambda_{1n}r)-\frac{\mathrm{J}_1(\lambda_{1n}r_0)}{\mathrm{N}_1(\lambda_{1n}r_0)}\mathrm{N}_0(\lambda_{1n}r) \tag{7-42}$$

由边界条件式(7-34b)可得

$$V_0(\lambda_{1n}r_\mathrm{e})=\mathrm{J}_0(\lambda_{1n}r_\mathrm{e})-\frac{\mathrm{J}_1(\lambda_{1n}r_0)}{\mathrm{N}_1(\lambda_{1n}r_0)}\mathrm{N}_0(\lambda_{1n}r_\mathrm{e})=0 \tag{7-43}$$

式中：J_1 为 1 阶一类 Bessel 函数；N_1 为 1 阶二类 Bessel 函数。

对式(7-37)进行求解：

$$Z_m(z)=D_m\sin\left(\sqrt{\frac{\lambda_{2m}^2}{C_\mathrm{v}}}z\right) \tag{7-44}$$

$$\lambda_{2m}^2=\frac{C_v M_i^2}{H^2}\quad (i=1,\ 2) \tag{7-45}$$

当为第一类边界条件式(7-34a)时,有

$$M_1=\frac{(2m-1)\pi}{2}\quad (m=1,\ 2\ \cdots) \tag{7-46}$$

当为第二类边界条件式(7-34b)时,有

$$M_2=(m-1)\pi\quad (m=1,\ 2\ \cdots) \tag{7-47}$$

当为第三类边界条件式(7-34c)时,有

$$M_3=0 \tag{7-48}$$

将式(7-38)进行拉普拉斯反演,并将 $F(t)$ 代入可得

$$G_1(s\bar{T}_{nm}-T_0)\left[s\bar{F}(s)-F(0)+\frac{1}{G_1}\right]+\lambda_{3nm}^2\bar{T}_{nm}=0 \tag{7-49}$$

当 $T_0=1$ 时,有

$$\lambda_{3nm}^2=C_h\lambda_{1n}^2+\lambda_{2m}^2 \tag{7-50}$$

得 $\bar{T}_{nm}(s)$ 表达式为

$$\bar{T}_{nm}(s)=\frac{s^2+\varphi s+\frac{G_1}{\eta_1}\frac{G_2}{\eta_2}}{s^3+(\varphi+\alpha_n^2)s^2+\left(\frac{G_1}{\eta_1}+\alpha_n^2\right)\frac{G_2}{\eta_2}s} \tag{7-51}$$

其中:

$$\varphi=\frac{G_1}{\eta_1}+\frac{G_2}{\eta_2}\left(1+\frac{G_1}{G_2}\right) \tag{7-52}$$

对 $\bar{T}_{nm}(s)$ 进行拉普拉斯反演可得

$$T_{nm}(t)=\frac{\frac{G_1}{\eta_1}\frac{G_2}{\eta_2}}{\psi_1^{nm}\psi_2^{nm}}+\frac{1}{\psi_1^{nm}-\psi_2^{nm}}\left[\left(\frac{\frac{G_1}{\eta_1}\frac{G_2}{\eta_2}}{\psi_1^{nm}}+\varphi+\psi_1^{nm}\right)e^{\psi_1^{nm}t}-\left(\frac{\frac{G_1}{\eta_1}\frac{G_2}{\eta_2}}{\psi_2^{nm}}+\varphi+\psi_2^{nm}\right)e^{\psi_2^{nm}t}\right] \tag{7-53}$$

其中：

$$\psi_1^{nm}=\frac{1}{2}\left[-(\varphi+\lambda_{3nm}^2)+\sqrt{(\varphi+\lambda_{3nm}^2)^2-4\frac{G_2}{\eta_2}\left(\frac{G_1}{\eta_1}+\lambda_{3nm}^2\right)}\right] \quad (7-54)$$

$$\psi_2^{nm}=\frac{1}{2}\left[-(\varphi+\lambda_{3nm}^2)-\sqrt{(\varphi+\lambda_{3nm}^2)^2-4\frac{G_2}{\eta_2}\left(\frac{G_1}{\eta_1}+\lambda_{3nm}^2\right)}\right] \quad (7-55)$$

综合上述分析，u 可表示为

$$u=\sum_{n=1}^{\infty}\left\{A_nV_0(\lambda_{1n}r)\sum_{m=1}^{\infty}\left[D_m\sin\left(\sqrt{\frac{\lambda_{2m}^2}{C_v}}z\right)T_{nm}(t)\right]\right\} \quad (7-56)$$

由初始条件，柱函数在$[r_0,\ r_e]$的正交性以及 $\sin\left(\sqrt{\frac{\lambda_{2m}^2}{C_v}}z\right)$ 在$[0,\ H]$的正交性可得

$$A_n=\frac{\int_{r_0}^{r_e}u_0V_0(\lambda_{1n}r)r\mathrm{d}r}{\int_{r_0}^{r_e}V_0^2(\lambda_{1n}r)r\mathrm{d}r}=\frac{4c_u}{\lambda_{1n}^2}\frac{V_0(\lambda_{1n}r_0)-V_0(\lambda_{1n}R)}{r_e^2V_1^2(\lambda_{1n}r_e)-r_0^2V_0^2(\lambda_{1n}r_0)} \quad (7-57)$$

第一类边界条件时有

$$D_m=\frac{2}{M_1}\quad (m=1,\ 2\cdots) \quad (7-58a)$$

第二类边界条件时有

$$D_m=\frac{2}{M_2}[(-1)^m+1]\quad (m=1,\ 2\cdots) \quad (7-58b)$$

第三类边界条件时有

$$\lambda_{2m}^2=0 \quad (7-58c)$$

本征值有无穷个解答，为满足工程精度要求，m，n 取前 50 项进行计算。通过求解式(7-57)得到每一个本征值对应的 A_n，再求解式(7-58)可得到每个本征值对应的 D_m，将其代入式(7-56)就可以得到桩侧超孔压消散过程中任意半径、任意深度、任意时刻的超孔隙水压力。

利用桩侧超孔压固结的解答，结合桩身分布的不同土层物理、力学性质指标，可推广到桩身不同土层在沉桩后超孔隙水压力随时间和半径的变化。

7.6.2　解答验证

当 η_1 趋于无穷时，Burgers 模型退化为 Merchant 模型，将得到的解答与文献[3]对比。由式(7-53)可得

$$T_{1nm}(t)=\frac{(\varphi+\omega_1^{1nm})\mathrm{e}^{\omega_1^{1nm}t}-(\varphi+\omega_2^{1nm})\mathrm{e}^{\omega_2^{1nm}t}}{\sqrt{(\varphi+\lambda_{3nm}^2)^2-4\dfrac{G_2}{\eta_2}\lambda_{3nm}^2}} \tag{7-59}$$

其中：

$$\psi_1^{1nm}=\frac{1}{2}\left[-(\varphi+\lambda_{3nm}^2)+\sqrt{(\varphi+\lambda_{3nm}^2)^2-4\frac{G_2}{\eta_2}\left(\frac{G_1}{\eta_1}+\lambda_{3nm}^2\right)}\right] \tag{7-60}$$

$$\psi_2^{1nm}=\frac{1}{2}\left[-(\varphi+\lambda_{3nm}^2)-\sqrt{(\varphi+\lambda_{3nm}^2)^2-4\frac{G_2}{\eta_2}\left(\frac{G_1}{\eta_1}+\lambda_{3nm}^2\right)}\right] \tag{7-61}$$

将式(7-59)代入式(7-56)中可得

$$u=\sum_{n=1}^{\infty}\left\{A_nV_0(\lambda_{1n}r)\sum_{m=1}^{\infty}\left[D_m\sin\left(\sqrt{\frac{\lambda_{2m}^2}{C_\mathrm{v}}}z\right)T_{1nm}(t)\right]\right\} \tag{7-62}$$

得到的解答与文献[4]一致，说明本章的理论解是正确的。

7.7　实例分析与验证

要准确分析土体流变条件下桩周土体固结问题，土体流变参数的确定是十分重要的。根据前述理论解答，取桩径 $r_0=0.25$ m，$r_e=12.5$ m，$H=20$ m，不排水剪抗剪切强度 $C_u=40$ kPa，并令 $a=G_1/\eta_1$，$b=G_2/\eta_2$，$c=G_1/G_2$，编制应用程序分析流变参数及排水条件变化对超孔隙水压力消散的影响。

7.7.1　程序正确性的验证

将零时刻初始超孔压理论解与本章级数解答进行对比。图 7-2 所示，m，n 分别取 10 项、20 项、30 项、50 项进行计算。可以看到随着项数的增加，理论解与级数解曲线吻合程度越来越高。经分析当项数为 20 时，其误差为 6.95%，已经能够满足工程要求。当项数为 50 时，理论解与级数解曲线吻合。

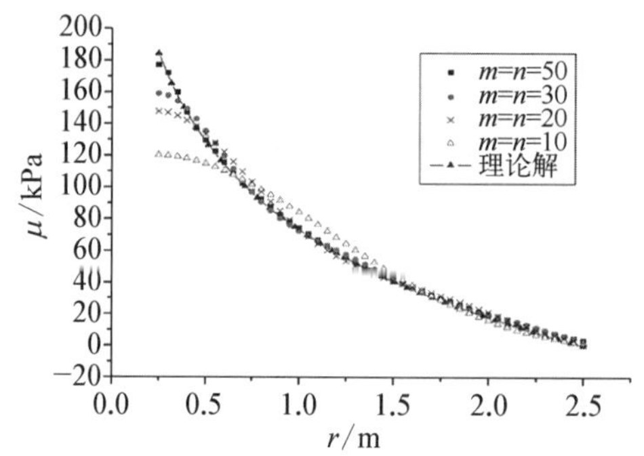

图 7-2　零时刻初始超孔压理论解与本章解对比

7.7.2　不同排水条件分析

取桩周土体参数 $G_1=4.0\ \text{MPa}$，$a=0.005/\text{d}$，$b=0.3456$，$c=0.2$，径向固结系数 $C_h=0.0432\ \text{m}^2/\text{d}$，竖向固结系数 $C_v=0.01728\ \text{m}^2/\text{d}$。讨论不同排水条件对桩周土体超孔隙水压力消散的影响：

(1) 图 7-3 为 15 d 时桩端不排水地面自由排水条件下不同深度孔压分布情况。由图中可见，在一定深度内，残余的孔压随深度的增加而增大，但超过一定范围之后，残余孔压的大小基本不随深度变化。说明桩周土体在一定深度以内，固结速度随深度增大，但超过某一范围后，固结速度趋于稳定。

(2) 图 7-4 为 15 d 时桩端及地面均自由排水条件下不同深度孔压分布情况。由图中可见，在一定范围以内，固结速度随深度同样呈现下降、稳定的趋势，但在接近桩端的某一深度以下，固结速度再次升高。同时比较两图同一深度的孔压可知，桩端自由排水比桩端不排水的稳定固结速度小。分析两者差异的原因，是由于边界条件为仅地面排水而桩端不排水时，超孔隙水压力以径向消散为

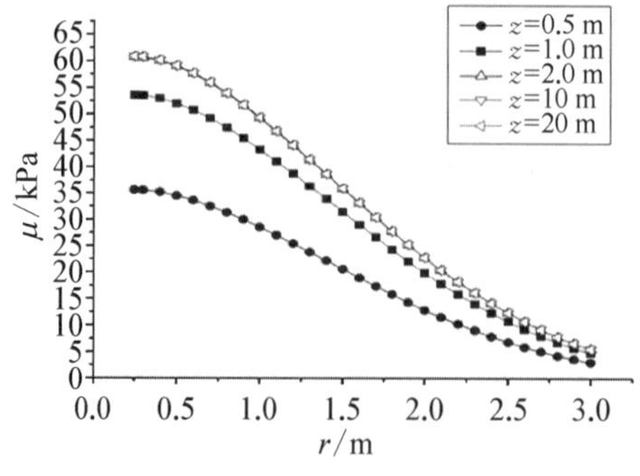

图 7-3　15 d 时桩端不排水地面自由排水条件下不同深度孔压分布情况

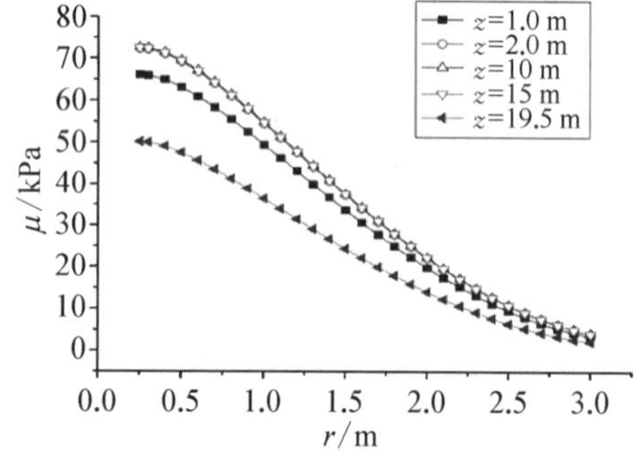

图 7-4　15 d 时桩端及地面均自由排水条件下不同深度孔压分布情况

主，桩端和地面均排水条件下，径向消散和竖向消散均为主，而竖向排水能力的加强会抑制孔压沿径向的消散，这种相互耦合的作用会导致某些深度范围内整体孔隙水压力消散速度变得缓慢。正是这种消散速度的减缓，使得在条件一致的情况下，上下边界均排水的孔压大于桩端不排水条件下的孔压。

(3) 图7-5为桩侧超孔隙水压力随时间变化情况。由图中可见，随着时间的推移，桩侧超孔隙水压力分布区域越来越大，分布也趋于平均，呈现前期消散快，中后期消散速度逐渐变慢。

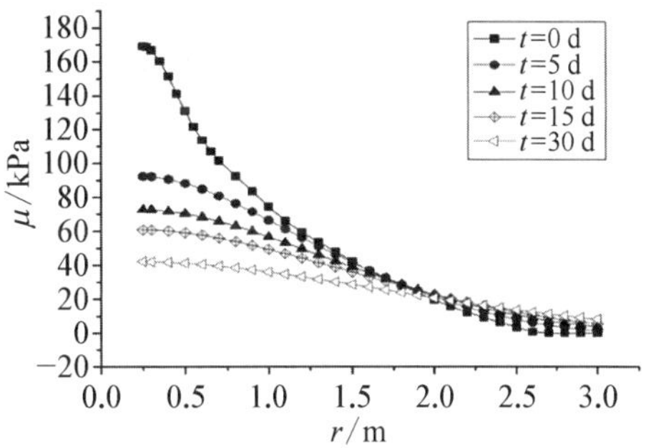

图7-5　桩侧超孔隙水压力随时间变化情况

7.7.3　蠕变参数分析

土体其他参数与前面相同，分别取参数 $a=0/\mathrm{d}$, $0.005/\mathrm{d}$, $0.01/\mathrm{d}$, $0.015/\mathrm{d}$，其中 $a=0$ 时，模型即为 Merchant 模型，比较不同土体蠕变参数情况下，$z=5$ m 处桩土界面超孔隙水压力的变化情况。

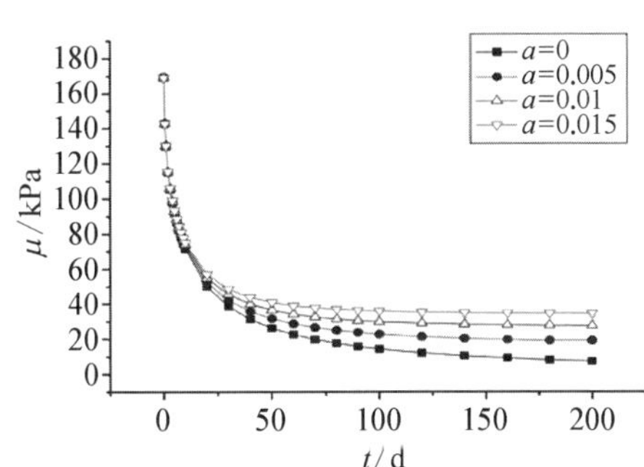

图7-6　$z=5$ m 桩土界面超孔压随时间消散

(1) 参数 $a=G_1/\eta_1$ 的影响。在该深度时，不同排水条件对孔压变化的趋势无明显影响，故仅采用第一类边界条件对蠕变参数的影响进行讨论。$z=5$ m 桩土界面超孔压随时间消散如图7-6所示，上述四种情况下30 d时桩侧超孔隙水压力消散程度分别为77.5%，75.4%，73.4%，71.5%。且其他条件不变时，随着 a 值的增加，超孔隙水压力消散的趋势不变，但最终不再趋于零，而是趋于一定值，且该值随着 a 增加而增大。

(2) 参数 $b=G_2/\eta_2$ 的影响。取蠕变参数 $b=0.034\,56$, $0.345\,6$, 3.456，比较在不同蠕变参数下 $z=5$ m 处桩土界面超孔隙水压力的变化。若此时取 $a=0.005/\mathrm{d}$, $c=1.5$，结果如图7-7所示，由于 a 值保持不变，超孔隙水压力消散趋于某一定值，且该值不受 b 值变化的影响。G_2/η_2 比值的变化对超孔隙水压力消散的速度基本无影响。

(3) 参数 $c=G_1/G_2$ 的影响。取蠕变参数 $c=0$, 0.75, 1.5，比较在不同剪

切刚度比的情况下 $z=5$ m 处桩土界面超孔隙水压力的变化。若此时取 $a=0.005$/d，$b=0.3456$/d，结果如图 7－8 所示，由于 a 值不变，超孔隙水压力消散趋于某一定值，且该值不受 c 值变化的影响。但 c 值对超孔隙水压力消散的速度有一定影响，当 c 较小时，超孔隙水压力的消散速度最快，随着 c 的增加，消散速度逐渐变慢。上述三种情况中超孔隙水压力消散程度为 80％时，所需的时间约为 35 d，65 d，90 d。

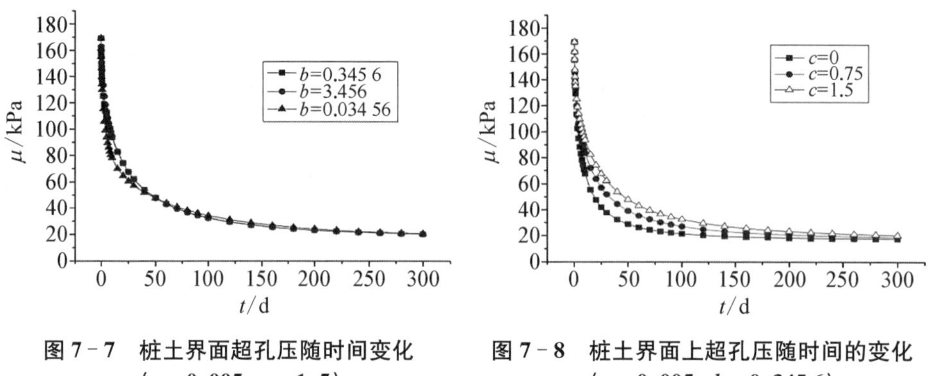

图 7－7　桩土界面超孔压随时间变化（$a=0.005$，$c=1.5$）

图 7－8　桩土界面上超孔压随时间的变化（$a=0.005$，$b=0.3456$）

7.8　本章结论

本章基于 Burgers 模型和 Terzaghi 一维固结理论，同时考虑土体竖向和径向固结，建立固结控制方程并给出固结解答。对解答进行了编程，通过实例分析与验证了不同排水条件和蠕变参数对超孔隙水压力消散的影响，得到以下结论：

(1) 地基表面自由排水、桩端不排水条件下，桩周土体在一定深度以内，固结速度随深度增加而降低，但超过某一范围后，固结速度趋于稳定；上下边界均自由排水条件下，在一定范围以内，固结速度随深度同样呈现下降、稳定的趋势，但在接近桩端的某一深度以下，固结速度再次升高。同时比较两图同一深度的孔压可知，桩端自由排水比桩端不排水的稳定固结速度小。

(2) 地基表面和桩端边界均不排水条件下，超孔隙水压力消散的速度不随深度变化，可简化为本解答仅考虑径向固结的特例。随着时间的推移，桩侧超孔隙水压力分布区域越来越大，分布也趋于平均，呈现前期消散快，中后期消散速度逐渐变慢。

(3) 土体的流变特性对超孔隙水压力消散的影响比较显著。当 G_2/η_2，

G_1/G_2 不变时，随着 G_1/η_1 的增大，超孔隙水压力随时间消散不再趋于零，而是趋于一个定值，且该值随 G_1/η_1 的增加而增大。当 G_1/η_1，G_1/G_2 不变时，G_2/η_2 的变化对超孔隙水压力随时间消散的速度基本无影响。

（4）土体的剪切刚度比值 G_1/G_2 对超孔隙水压力消散也有一定影响。当 G_1/η_1，G_2/η_2 不变时，随着 G_1/G_2 的增加，消散速度逐渐变慢。

第8章
软黏土中单桩承载力的时效性研究

8.1 引言

预制静压桩由于其单桩承载力高、无振动、无噪声、桩身质量容易保证、工期短、施工方便等优点，得到了工程界广泛青睐。大量工程资料表明，桩基承载力并不是一个确定的值，而是随时间的推移不断变化的，其达到稳定值的所需时间根据土质差异从几天到数年不等。这一现象在饱和软黏土中尤其显著，在1990年首先由Wendel观测到，并称之为桩基承载力的时间效应。

桩基承载力的时间效应受诸多因素影响，沉桩引起的土体结构性扰动、超孔隙水压力的产生和消散或是抽水引起的地下水位下降等，都有可能引起桩基承载力随时间变化。土是典型的三相材料，由气体、水和土颗粒组成。大量研究结果表明，饱和土中孔隙水的渗流会引起超孔隙水压力的变化，进而影响土中有效应力状态，是导致土体力学性质随时间变化的主要原因。桩基承载力的时效具有重要的工程意义，许多学者也对超孔隙水压力的消散规律进行了研究，但由于土体材料的复杂性，还没有得到适用于各地不同地区土质的解答。本章基于Burgers模型，推导了竖向、径向渗流条件下超孔隙水压力消散的解答，并在此基础上将单桩承载力时效性解答推广到黏弹性四元件模型。

由于桩周土体的再固结作用，桩基承载力随着时间的推移而有所提高。这一现象在大量现场实测实验中均有所反映。一些学者研究发现，桩基承载力的提高与桩周土体超静孔隙水压力的消散速度是一致的。研究桩基承载力随时间变化的规律，为桩基工程中何时检测桩基承载力，如何合理估计桩的长期承载力以及充分利用其后期承载力的问题提供一定依据，对充分发挥桩基的技术经济效益具有重要意义。

8.2　静压桩基时效的产生机制

8.2.1　静压桩时效的分类

静压桩时间效应可以归纳为三个方面：

(1) 土体的触变恢复时效。桩周土在沉桩过程中受到剧烈扰动，其结构遭严重破坏，强度降低。沉桩完成后土体在触变恢复时效的作用下，损失的强度随时间推移逐渐恢复，实验表明土的触变恢复时效与桩基承载力时效规律一致。

(2) 固结时效。在沉桩过程中，由于桩的挤土效应，桩周土体受到扰动，产生了较高的超孔隙水压力。沉桩完成之后，桩周土体中的超孔隙水压力逐渐消散，土中有效应力随之增加，其强度得以恢复，桩的承载力也将得到提高。本章主要研究的就是这一部分的时效，即桩周土体的沉桩再固结问题。

(3) 土壳效应。受沉桩过程的竖向和横向作用，桩周土体形成完全塑性区。沉桩结束后，桩的四周会随时间逐渐产生紧贴于桩身表面的硬壳层。在桩受到荷载发生位移时，该硬壳层会随桩身一起移动，由于其抗剪承载力高于周围土体，实质上是变相地增加了桩侧表面的面积，从而增大桩基的承载力。

本章从超孔隙水压力产生和消散的机理出发，分析土体的固结时效。将土体视为 Burgers 模型，通过固结控制方程的建立和求解，得到超孔隙水压力随时间、空间变化的解答，从而推导出单桩承载力的时效性理论解。

8.2.2　静压桩承载力固结时效的形成机制

根据有效应力原理可知，土体的力学性质受到有效应力的控制，桩基承载力也同样遵循其规律，所以根据超孔隙水压力的消散过程，可以将沉桩后桩基承载力的时效分为三个阶段：① 基于对数时间轴的非线性消散阶段；② 基于对数时间轴的线性消散阶段；③ 稳定阶段。承载力时效性三阶段如图 8-1 所示。

阶段 1：超孔隙水压力消散的速率是变化的，则承载力的增加也不均。随着超孔隙水压力的消散，桩周土体有效应力不断增大，沉桩后桩基承载力提高较快。本阶段持续时间主要取决于土体类型，沙土块而黏性土则可持续几天。

阶段 2：这个阶段超孔隙水压力消散速率在对数时间轴上呈现线性。

阶段 3：超孔隙水压力消散基本完成，承载力的增加与有效应力几乎无关，该现象称为老化作用。此现象使土体强度、刚度和剪胀性得到加强，而压缩性减弱。

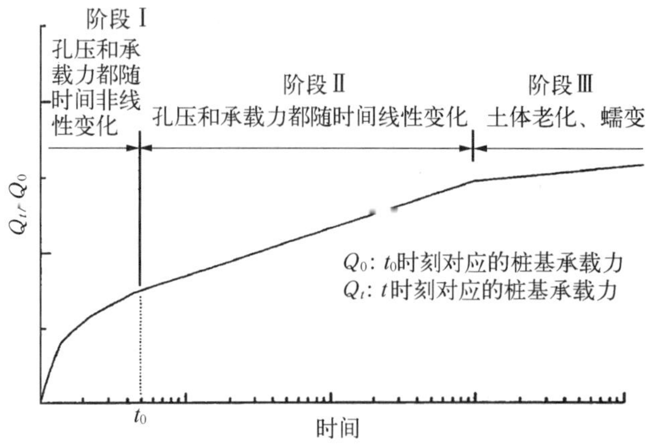

图 8-1 承载力时效性三阶段

由于场地土层的复杂性，超孔压消散的三阶段并没有明显的界限，不同深度不同位置处各阶段交替进行。

8.2.3 静压桩承载力固结时效的研究方法

鉴于桩基承载力时间效应的复杂性，科研与工程技术人员采用了多种方法对其进行研究。桩基时效性研究方法如图 8-2 所示。

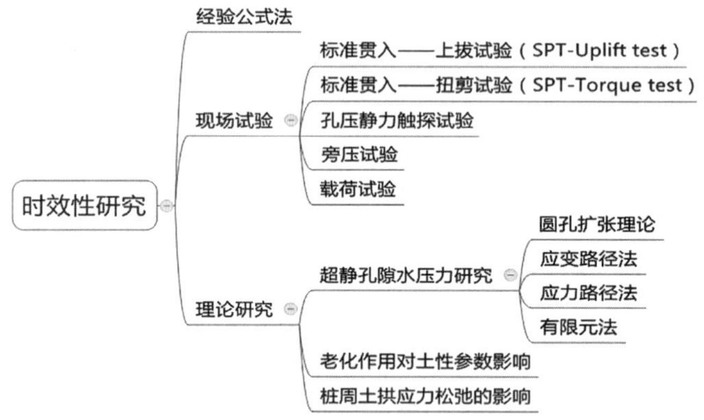

图 8-2 桩基时效性研究方法

8.3 基于侧摩阻力的承载力时效计算理论解

桩的极限承载力由极限桩端阻力和极限侧摩阻力组成，在软黏土中沉桩时，由于其侧摩阻力所占比重远大于桩端阻力，所以通常只考虑桩的侧摩阻力。此外，在沉桩结束时，桩端所产生的超孔隙水压力沿球孔消散，固结速度较快，而桩侧土体分布范围广且超孔压仅沿径向和竖向消散，消散持续时间较长。基于上述原因，对软黏土中桩基承载力的时间效应，主要考虑桩侧摩阻力的增加。

本章在第 7 章的基础上进行：

$$u=\sum_{n=1}^{\infty}\left\{A_nV_0(\lambda_{1n}r)\sum_{m=1}^{\infty}\left[D_m\sin\left(\sqrt{\frac{\lambda_{2m}^2}{C_v}}z\right)T_{1nm}(t)\right]\right\}$$

其中

$$T_{nm}(t)=\frac{\frac{G_1}{\eta_1}\frac{G_2}{\eta_2}}{\psi_1^{nm}\psi_2^{nm}}+\frac{1}{\psi_1^{nm}-\psi_2^{nm}}\left[\left(\frac{\frac{G_1}{\eta_1}\frac{G_2}{\eta_2}}{\psi_1^{nm}}+\varphi+\psi_1^{nm}\right)e^{\psi_1^{nm}t}-\left(\frac{\frac{G_1}{\eta_1}\frac{G_2}{\eta_2}}{\psi_2^{nm}}+\varphi+\psi_2^{nm}\right)e^{\psi_2^{nm}t}\right]$$

$$\psi_1^{nm}=\frac{1}{2}\left[-(\varphi+\lambda_{3nm}^2)+\sqrt{(\varphi+\lambda_{3nm}^2)^2-4\frac{G_2}{\eta_2}\left(\frac{G_1}{\eta_1}+\lambda_{3nm}^2\right)}\right]$$

$$\psi_2^{nm}=\frac{1}{2}\left[-(\varphi+\lambda_{3nm}^2)-\sqrt{(\varphi+\lambda_{3nm}^2)^2-4\frac{G_2}{\eta_2}\left(\frac{G_1}{\eta_1}+\lambda_{3nm}^2\right)}\right]$$

沉桩结束后，桩的侧摩阻力的变化可以分为三个阶段：

(1) 沉桩完成瞬间桩的侧摩阻力。由有效应力原理及桩土界面特性可知，沉桩完成瞬间桩的侧摩阻力为

$$\tau_{s(t=0)}=(\sigma-u|_{r=r_0,\ t=0})\tan\delta \tag{8-1}$$

式中：$u|_{r=r_0,\ t=0}$ 为沉桩完成时桩土界面处超孔隙水压力；σ 为相应土体中最大总应力；δ 为桩土界面的残余摩擦角；r_0 为桩径；r_e 为超孔隙水压力分布半径。

(2) 超孔隙水压力消散过程中桩的侧摩阻力为

$$\tau_{s(t)}=(\sigma-u|_{r=r_0,\ t})\tan\delta \tag{8-2}$$

式中参数的含义和形式与阶段一相同，仅仅 $u|_{r=r_0,\ t}$ 为任意时刻桩土界面处超孔隙水压力的值。故

$$\tau_{s(t)}=\left\{\sigma-\sum_{n=1}^{\infty}\left[A_nV_0(\lambda_{1n}r_0)\sum_{m=1}^{\infty}\left(D_m\sin\left(\sqrt{\frac{\lambda_{2m}^2}{C_v}}z\right)T_{1nm}(t)\right)\right]\right\}\tan\delta \tag{8-3}$$

(3) 超孔隙水压力消散完成时桩的侧摩阻力为

$$\tau_{s(t=\infty)}=\sigma\tan\delta \tag{8-4}$$

由式(8－2)与式(8－4)之间关系可知

$$\tau_{s(t)}=\tau_{s(t=\infty)}-u\left|_{r=r_0,\, t}\tan\delta\right. \tag{8-5}$$

以上即为由有效应力原理得到的桩侧摩阻力随时间变化的计算形式，根据桩侧极限承载力公式 $Q_{s(ult)}=\sum_{i=1}^{n}2\pi bl_i\cdot\tau_{s(t=\infty)i}$，$l_i$ 为不同土层厚度，可得

$$Q_{s(t)}=Q_{s(ult)}-\sum_{i=1}^{n}2\pi bl_i\cdot u_i\left|_{r=r_0,\, t}\tan\delta\right. \tag{8-6}$$

结合式(7－54)和式(8－6)，沉桩完成后任一时刻桩侧承载力的理论解为

$$Q_{s(t)}=Q_{s(ult)}-2\pi b\sum_{i=1}^{n}l_i\tan\delta_i\cdot\sum_{n=1}^{\infty}\left\{A_nV_0(\lambda_{1n}r_0)\sum_{m=1}^{\infty}\left[D_m\sin\left(\sqrt{\frac{\lambda_{2m}^2}{C_v}}z\right)T_{1nm}(t)\right]\right\} \tag{8-7}$$

利用桩侧超孔压固结的解答，结合桩身分布的不同土层物理力学性质指标，可推广到桩身不同土层在沉桩后超孔隙水压力随时间和半径的变化。将不同土层的超孔压的解答与上式结合，即能得到基于不同土层的抗剪强度对承载力变化的影响，而且可以考虑不同土层由于固结速率不同而引起的消散速率差异对承载力变化的影响，使理论公式更真实、更全面地反映桩侧的承载力变化特点。

8.4 基于固结度的承载力时间效应研究

8.4.1 四元件模型条件下的固结度级数解答

桩的承载力时效受到多方面因素的影响，但从承载力长期时效来说，桩周土体的固结时效对其影响最大，所以有必要深入研究桩周土体的固结规律。固结度是表征土固结程度的重要指标，所以本节从固结度的角度出发，通过工程实例研究各参数对桩周土体固结度的影响。

首先，定义研究区域的固结度表达式为

$$U(t)=1-\frac{\int_{r_0}^{r_e}\int_0^H u(r,\ z,\ t)r\mathrm{d}r\mathrm{d}z}{\int_{r_0}^{r_e}\int_0^H u(r,\ z,\ 0)r\mathrm{d}r\mathrm{d}z} \tag{8-8}$$

由上一章的推导可知，初始超孔隙水压力及超孔隙水压力随时间消散的级

数表达式为

$$u_0 = 2c_u \ln(R/r) = \sum_{n=1}^{\infty}\left\{A_n V_0(\lambda_{1n} r)\sum_{m=1}^{\infty}\left[D_m \sin\left(\sqrt{\frac{\lambda_{2m}^2}{C_v}} z\right)\right]\right\}$$

$$u = \sum_{n=1}^{\infty}\left\{A_n V_0(\lambda_{1n} r)\sum_{m=1}^{\infty}\left[D_m \sin\left(\sqrt{\frac{\lambda_{2m}^2}{C_v}} z\right) T_{1nm}(t)\right]\right\}$$

将上两式代入固结度的表达式中有

$$U(t) = 1 - \frac{\int_{r_0}^{r_e}\int_0^H \sum_{n=1}^{\infty}\left\{A_n V_0(\lambda_{1n} r)\sum_{m=1}^{\infty}\left[D_m \sin\left(\sqrt{\frac{\lambda_{2m}^2}{C_v}} z\right) T_{1nm}(t)\right]\right\} r\,\mathrm{d}r\,\mathrm{d}z}{\int_{r_0}^{r_e}\int_0^H \sum_{n=1}^{\infty}\left\{A_n V_0(\lambda_{1n} r)\sum_{m=1}^{\infty}\left[D_m \sin\left(\sqrt{\frac{\lambda_{2m}^2}{C_v}} z\right)\right]\right\} r\,\mathrm{d}r\,\mathrm{d}z} \tag{8-9}$$

利用数值分析软件编制一些简单的程序,即可通过上式分析不同竖向渗透系数、径向渗透系数、泊松比、蠕变参数(a, b, c)、桩径、桩长等参数对固结度计算的影响。

8.4.2　各参数对固结度计算的影响分析

取桩径 $r_0 = 0.25$ m,不排水剪抗剪切强度 $C_u = 40$ kPa,弹簧刚度 $G_1 = 4.0$ MPa,由塑性区半径 $R = r_0\sqrt{\frac{G_1}{C_u}}$ 与超孔隙水压力分布半径的关系得 $r_e = 25$ m, $r_0 = 12.5$ m,并令 $a = G_1/\eta_1$, $b = G_2/\eta_2$, $c = G_1/G_2$, 讨论第一类边界条件(地基表面为自由排水边界,桩端地基为不排水边界)下各参数变化对固结度计算的影响。本节的讨论是基于上一章超孔隙水压力消散的级数解答,故有效性已经得到保证。

图 8-3 为其他参数不变的条件下,取径向固结系数 $C_h = 0.01\ \mathrm{m^2/d}$, $0.05\ \mathrm{m^2/d}$, $0.1\ \mathrm{m^2/d}$, 桩周土固结度的变化情况。从图中可以看出,上述三种情况下 400 d 时桩周土的固结度分别为 0.457, 0.724, 0.827,说明径向固结系数的变化对固结度有较大影

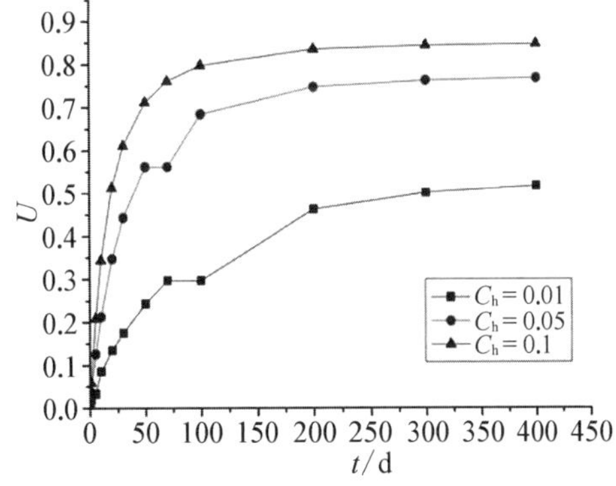

图 8-3　径向渗透系数变化对固结度的影响

响，随着径向固结系数的增加，一定时间内桩周土体达到更大的固结程度。同时这与之前学者研究得到的沉桩再固结问题中孔隙水压力主要沿径向消散的结论相吻合，从侧面反映了本研究基于 Burgers 模型固结度表达式的正确性。

图 8-4 为竖向固结系数 $C_v = 0\ m^2/d$, $0.001\ m^2/d$, $0.1\ m^2/d$ 条件下，桩周土体固结度的变化情况。从图中可以看出，虽然竖向固结系数在量级上有变化，但实际上对固结度的影响很小。这是因为沉桩再固结问题的实质是孔隙水的渗流问题，当孔隙水沿竖向渗流时，虽然某一深度的孔压是减小的，但其他深度由于孔隙水的渗入孔压有所提升，所以这种情况下对桩周土体的总体固结的影响是不大的。

图 8-5 为桩长 $H=10$ m, 20 m, 30 m 条件下，桩周土体固结度的变化情况。从图中可以看出，随着桩长的增加，400 d 时桩周土体的固结度为 0.832, 0.689, 0.654，说明在第一类边界条件时，随着桩长的增加，一定时间内桩周土体达到的固结程度逐渐变小，但这种趋势随着桩长的增加也逐渐减弱。

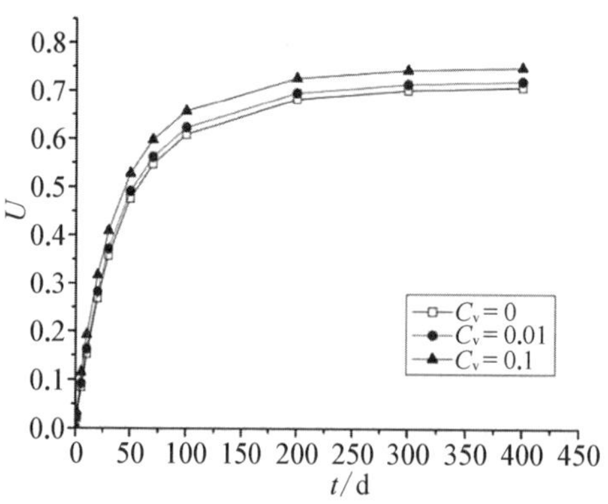

图 8-4　竖向固结系数变化对固结度的影响

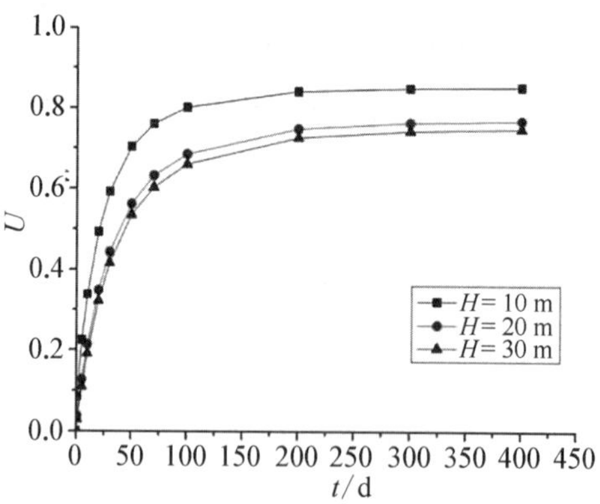

图 8-5　桩长变化对固结度的影响

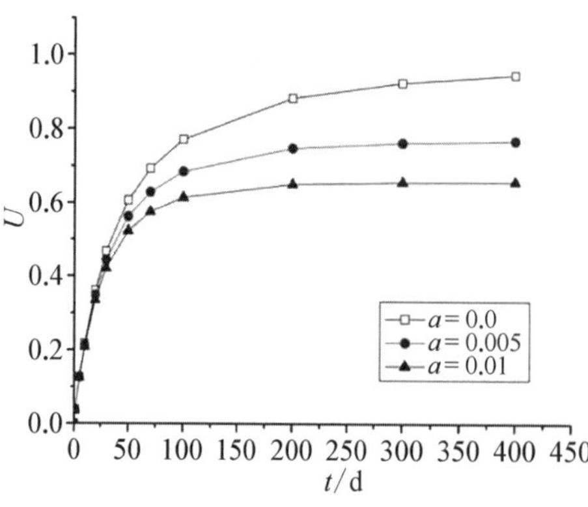

图 8-6　蠕变参数 *a* 变化对固结度的影响

图 8-6～图 8-8 为蠕变参数 a, b, c 变化的条件下，桩周土体固结度的变化情况。从图 8-6 可以看出，a 值取 0/d, 0.005/d, 0.01/d 时，桩周土体 400 d 时的固结度分别为 0.867, 0.785, 0.623，说明蠕变参数 $a=G_1/\eta_1$ 的增加会使桩周土体的总体固结速度减慢，且总体固结速度对 a 值的敏感度较高。从图 8-7 可以看出，随着 b 值的变化，桩周土体 400 d 时的总

体固结程度基本不变，说明 Burgers 模型中蠕变参数 G_2/η_2 对桩周土体的固结速度影响较小。图 8－8 为蠕变参数 $c=G_1/G_2$ 变化情况下，桩周土体固结度的变化情况。从图中可以看出，桩周土体在 400 d 时的固结程度基本相同，但 400 d 期间总体固结速度随着 c 值的增加而降低。

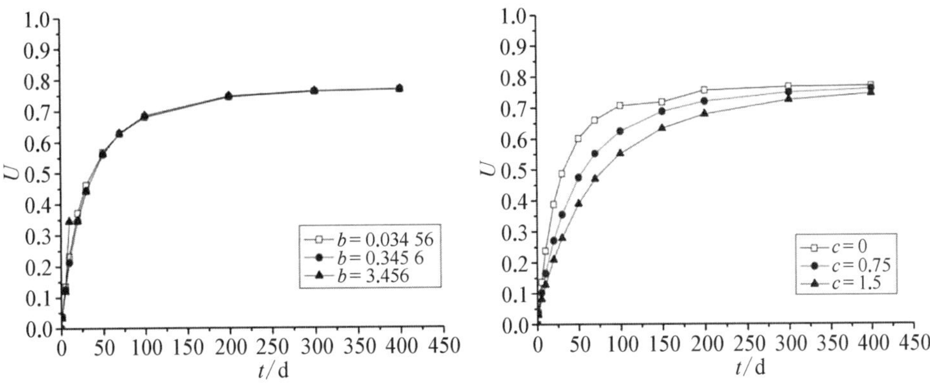

图 8－7　蠕变参数 b 变化对固结度的影响　　**图 8－8　蠕变参数 c 变化对固结度的影响**

8.5　本章结论

本章对单桩承载力的时效性进行了研究，着重讨论固结时效对承载力的影响，并将 Burgers 模型条件下推导的超孔隙水压力消散解答与侧摩阻力结合起来，得到了基于侧摩阻力的承载力时效性计算理论解。同时，本章将级数解答代入固结度表达式中，讨论各参数对固结度计算的影响，得到以下结论：

(1) 其他参数不变的条件下，径向固结系数的变化对固结度有较大影响，随着径向固结系数的增加，一定时间内桩周土体达到更大的固结程度。同时这与之前学者研究得到的沉桩再固结问题中孔隙水压力主要沿径向消散的结论相吻合，从侧面反映了基于 Burgers 模型固结度表达式的正确性。

(2) 竖向固结系数对固结度的影响很小。这是因为沉桩再固结问题的实质是孔隙水的渗流问题，当孔隙水沿竖向渗流时，虽然某一深度的孔压是减小的，但是其他深度由于孔隙水的渗入孔压有所提升，所以这种情况下对桩周土体的总体固结的影响是不大的。

(3) 在第一类边界条件时，随着桩长的增加，一定时间内桩周土体达到的固结程度逐渐变小，但这种趋势随着桩长的增加也逐渐减弱。

(4) 蠕变参数对固结度也有一定影响。蠕变参数 $a=G_1/\eta_1$ 的增加会使桩周土体的总体固结速度减慢，且总体固结速度对 a 值的敏感度较高。在其他条件不变的情况下，随着 b 值的变化，桩周土体 400 d 时的总体固结程度基本不变，说明 Burgers 模型中蠕变参数 G_2/η_2 对桩周土体的固结速度影响较小。蠕变参数 $c=G_1/G_2$ 变化情况下，桩周土体在 400 d 时的固结程度基本相同，但在 400 d 期间总体固结速度随着 c 值的增加而降低。

第 9 章
无量纲荷载传递及软化-强化模型

9.1 引言

本章根据超长桩桩身上部侧摩阻力会发生软化这一特性，基于前面第 3 章中新的双曲线荷载传递函数，由该模型编程得到的非线性的子程序与ABAQUS 接口对接，得到了更加吻合实际工程的超长桩桩侧摩阻力函数曲线和荷载沉降关系。进一步将函数曲线进行拟合与无量纲化，得到更加普适的桩侧摩阻力函数曲线，再通过引入无量纲函数曲线改进目前深厚软土地区沉降及有效桩长计算方法，利用该法计算得到超长桩桩身轴力分布、桩顶沉降及有效桩长。

此外，基于实验得到的新发现，即超长桩受荷时桩侧摩阻力深处还会发生强化的现象，提出一种桩侧摩阻力软化-强化的荷载传递模型，并引入桩身混凝土的非线性模型，建立了改进的荷载传递叠代分析法。该方法假设桩顶发生微小位移开始进行叠代，区别于以往假设桩端发生位移，能够考虑到有时超长桩偏下部分桩侧摩阻力尚未发挥的情况。

9.2 数值模拟

依据上海某工程实例的试桩实验进行建模，桩长 70 m，桩径 850 mm，桩身采用 C40 混凝土，弹性模量 $E=33$ GPa，泊松比取 0.2，密度 $\rho=2\ 400$ kg/m^3。土体采用 Mohr-Coulomb 弹塑性本构模型，土体共分为 11 层，模型中的软化初始刚度 $1/a_2$、起始剪切刚度 $1/a_1$、破坏比 R_f 和软化度 m 的数值大小均由现场试桩实验数据拟合得到。具体参数及考虑软化后的控制参数如表 9 - 1 所示。

表 9-1　具体参数及考虑软化后的控制参数

层号	岩土名称	厚度/m	重度/(kN/m³)	c/kPa	ϕ/(°)	弹性模量 E/MPa	泊松比	摩擦系数 μ	初始刚度 $1/a_1$	软化初始刚度 $1/a_2$	破坏比 R_f	软化度 m
1	黏质粉土	2	1 840	20	18.0	15.0		0.15	2.11×10^6	-9.85×10^5	0.50	0.27
2	淤泥质粉质黏土	5	1 770	10	22.5	12.0		0.27	1.09×10^6	-9.40×10^5	0.65	0.25
3	淤泥质黏土	8	1 670	14	11.5	7.5		0.27	2.19×10^6	-1.34×10^6	0.70	0.40
4	黏土	4	1 760	16	14.0	15.0		0.35	2.95×10^6	-1.94×10^6	0.75	0.65
5	粉质黏土	5	1 840	15	22.0	15.0		0.4	4.95×10^6	-2.02×10^6	0.80	0.80
6	粉质黏土	4	1 980	45	17.0	22.5	0.3	0.42	6.83×10^6	-3.50×10^6	0.90	0.90
7	砂质粉土夹粉砂	11	1 870	3	32.5	37.5		0.42	1.05×10^7	-3.75×10^6	0.90	0.90
8	粉细砂	26	1 920	0	35.0	46.5		0.45	1.86×10^7		0.90	1.00
9	粉砂	5	1 910	2	34.0	37.5		0.45	2.00×10^7		0.90	1.00
10	砂质粉土	7	1 910	5	32.0	48.0		0.45				
11	粗砂夹粗中砂	43	2 020	0	35.0	51.0		0.45				

图 9-1 为桩顶的荷载-沉降曲线对比，从图中可知，利用 ABAQUS 自带接触(不考虑软化)计算得到的桩顶荷载-沉降曲线在极限荷载加载之前几乎表现为线性特征，而本章考虑软化后的荷载-沉降曲线表现为非线性特性，与实际情况也更加吻合。图 9-2～图 9-5 分别为不同桩顶竖向荷载作用下的桩侧摩阻力对比。

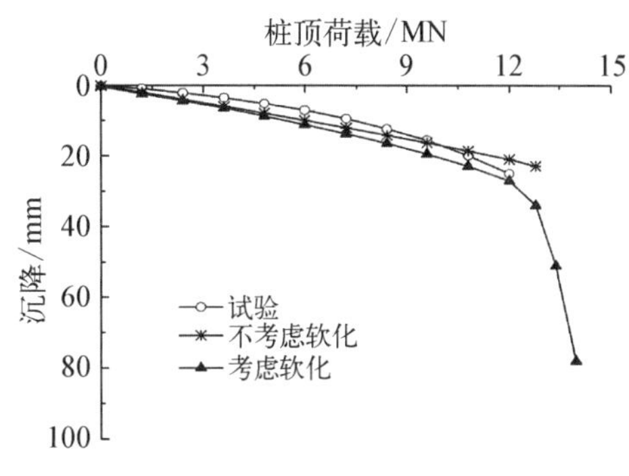

图 9-1　桩顶荷载-沉降曲线对比

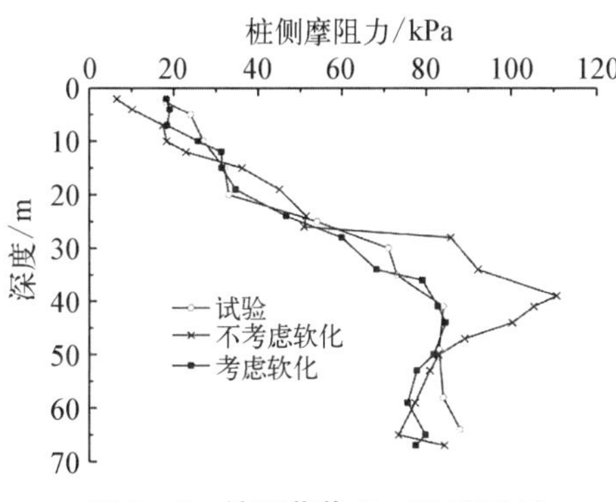

图 9-2　桩顶荷载 P=12 000 kN 桩侧摩阻力对比

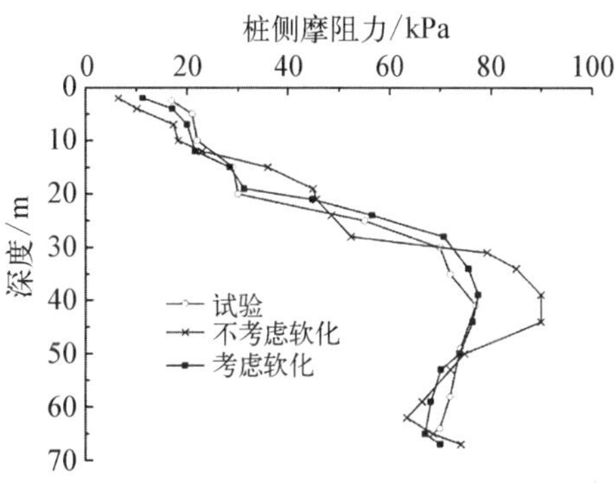

图 9-3　桩顶荷载 P=10 800 kN 桩侧摩阻力对比

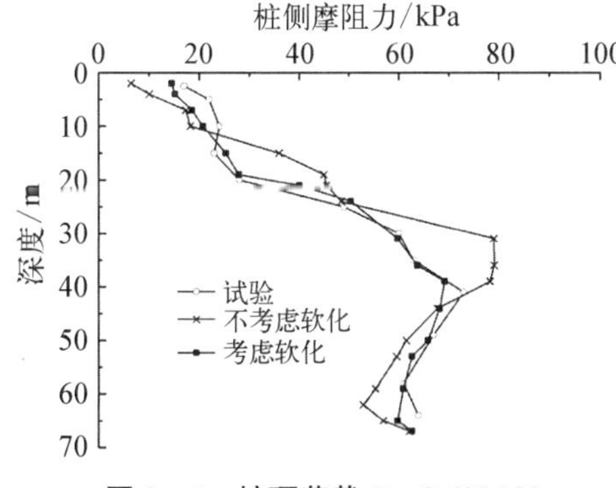

图 9-4　桩顶荷载 P=9 600 kN 桩侧摩阻力对比

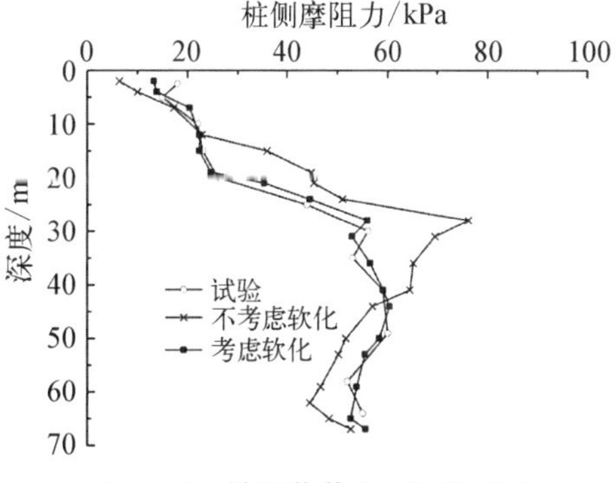

图 9-5　桩顶荷载 P=8 400 kN 桩侧摩阻力对比

由图 9-2～图 9-5 的对比分析可知，利用 ABAQUS 自带接触并不能较好地模拟桩土相互作用时的桩侧摩阻力分布，从桩身顶部到端部的侧摩阻力在各级荷载作用下与实验不能吻合，特别是在桩深度的中下部，曲线的分布和侧摩阻力的数值均与实验差异很大。利用本研究发展的子程序模拟桩侧摩阻力的分布规律和走势与实验情况吻合。当桩顶竖向荷载逐渐减小时,利用 ABAQUS 自带接触对模拟的桩侧摩阻力与实际试桩实验的结果的误差逐步减小,说明在桩顶荷载减小的过程中,桩侧摩阻力的软化程度也在逐渐减弱,与实际情况吻合。

9.3 软化侧摩阻力函数拟合与无量纲化

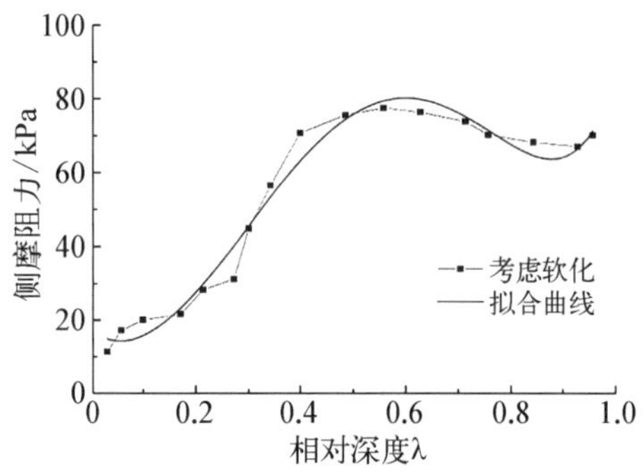

图 9-6 桩顶竖向荷载 P=10 800 kN 时桩侧摩阻力与相对深度拟合前后的曲线变化

为了使拟合的侧摩阻力函数曲线具有更高的普适性,本章引入无因次参数 λ,令 $\lambda=Z/L_a$,其中 Z 为桩身距离桩顶的深度,L_a 为超长桩有效桩长,并称 λ 为相对深度。

拟合曲线选用桩顶竖向荷载 $P=$ 10 800 kN 时并考虑软化后的结果,以相对深度 λ 为横坐标,桩侧摩阻力 f_z 为纵坐标。拟合得到桩侧摩阻力随相对深度函数的关系式为式(9-1),拟合前后的曲线变化如图 9-6 所示。

$$f_z=1.7\times10^4 e^{3.884\,14\lambda}-1.48\times10^6\lambda^3+9.07\times10^5\lambda^2-1.69\times10^5\lambda \tag{9-1}$$

由曲线拟合的结果可知,此次曲线拟合的优度判定系数 $R^2\approx0.977$,其中 R^2 值介于 0~1 之间,它体现了回归模型中自变量的变异在因变量的变异中所占的比例,R^2 值越接近于 1,表明拟合效果越好。将 $\lambda=Z/L_a$ 代入式(9-1),可以得到桩侧摩阻力与深度和桩长的关系,见式(9-2)。

$$f_z=1.7\times10^4 e^{3.884\,14\frac{Z}{L_a}}-1.48\times10^6\left(\frac{Z}{L_a}\right)^3+9.07\times10^5\left(\frac{Z}{L_a}\right)^2-1.69\times10^5\left(\frac{Z}{L_a}\right) \tag{9-2}$$

对上式的桩侧摩阻力曲线沿着桩深度进行积分,再乘以桩周长,即可得到超长桩沿着桩深度的总摩阻力 F_Z,见式(9-3)。且理论上当不考虑桩自重和桩端承载力时,对于此工程中 $L_a=70$ m, $D=0.85$ m 时,应满足 $F_Z=P=10\,800$ kN。

$$F_Z=\pi D\int_0^Z f_z\mathrm{d}Z=\pi D\int_0^Z\left[1.7\times10^4 \mathrm{e}^{3.884\,14\frac{Z}{L_a}}-1.48\times10^6\left(\frac{Z}{L_a}\right)^3+9.07\times10^5\left(\frac{Z}{L_a}\right)^2-1.69\times10^5\left(\frac{Z}{L_a}\right)\right]\mathrm{d}Z \tag{9-3}$$

将 $L_a=70$ m，$D=0.85$ m 代入上式可得到超长桩桩侧总摩阻力 $F_Z=10\,520$ kN，与桩顶荷载 $P=10\,800$ kN 的误差在可接受的范围内，再一次验证了此拟合曲线的正确性。此曲线仅为 $P=10\,800$ kN 的超长桩桩侧摩阻力与其深度变化规律，不同工况下的桩顶荷载是不相同的，因此若要求得不同桩顶荷载作用下，不同桩长的桩身侧摩阻分布，还需对上式进行变换推导。

9.4　不同荷载作用下桩侧摩阻力函数

9.4.1　函数的推导

观察图 9-2～图 9-5 中试桩实验和考虑软化后的超长桩桩侧摩阻力曲线发现，在相邻等级桩顶竖向荷载条件下，虽然桩侧摩阻力大小各异，但它们的曲线沿着深度变化时对应的侧摩阻力值接近，而且对应点的切线方向也是接近的，相邻的两条曲线具有“一阶接近度”。因此，当桩顶荷载变化时，可以构造以拟合函数为自变量的泛函如下：

$$J^*\left(\frac{Z}{L_a},\ \varepsilon\right)=J_0\left(\frac{Z}{L_a},\ 0\right)+\varepsilon\eta\left(\frac{Z}{L_a}\right) \tag{9-4}$$

式中：ε 是任意小的参数；$J_0(Z/L_a,\ 0)$ 为式(9-3)的拟合曲线；$\eta(Z/L_a)$ 是任意给定的可微函数。

令

$$\eta\left(\frac{Z}{L_a}\right)=J_0\left(\frac{Z}{L_a},\ 0\right) \tag{9-5}$$

则

$$J^*\left(\frac{Z}{L_a},\ \varepsilon\right)=(1+\varepsilon)J_0\left(\frac{Z}{L_a},\ 0\right) \tag{9-6}$$

$$P_0=\int_0^{L_a}J_0\left(\frac{Z}{L_a},\ 0\right)\mathrm{d}Z \tag{9-7}$$

$$P^{*}=\int_{0}^{L_a} J^{*}\left(\frac{Z}{L_a}, 0\right) dZ=\int_{0}^{L_a}(1+\varepsilon) J_{0}\left(\frac{Z}{L_a}, 0\right) dZ=(1+\varepsilon) P_{0} \quad (9-8)$$

由式(9－8)可求出 ε，并将 ε 和式(9－2)代入式(9－6)即可求出不同桩长且桩顶受到不同等级竖向荷载作用下超长桩的桩侧摩阻力曲线。

9.4.2　函数的正确性验证

对于本工程，当桩顶作用竖向荷载 $P^{*}=9\,600$ kN 时，由式(9－8)可求得 $\varepsilon=-0.111\,11$，并将式(9－2)和 ε 代入式(9－6)求得此时的桩侧摩阻力曲线为

$$f_z^{*}=1.511\times10^{4}e^{3.884\,14\frac{Z}{L_a}}-1.316\times10^{6}\left(\frac{Z}{L_a}\right)^{3}+8.062\times10^{5}\left(\frac{Z}{L_a}\right)^{2}-1.502\times10^{5}\left(\frac{Z}{L_a}\right) \quad (9-9)$$

将式(9－8)中的各控制参数及函数反代入函数拟合软件 Origin 中，观察由式(9－9)得到的曲线和图 9－6 中利用子程序数值模拟得到的 $P=9\,600$ kN 时桩侧摩阻力曲线拟合情况，让软件自己进行拟合及叠代计算，得到 e 的指数项为 3.884 12，与式(9－9)中的 3.884 14 几乎完全相等，且 $R^2\approx0.977$，与式(9－1)的拟合精度相同，从而证明了函数的正确性。本章函数与利用子程序得到的 $P=9\,600$ kN 时桩侧摩阻力曲线拟合图如图 9－7 所示。

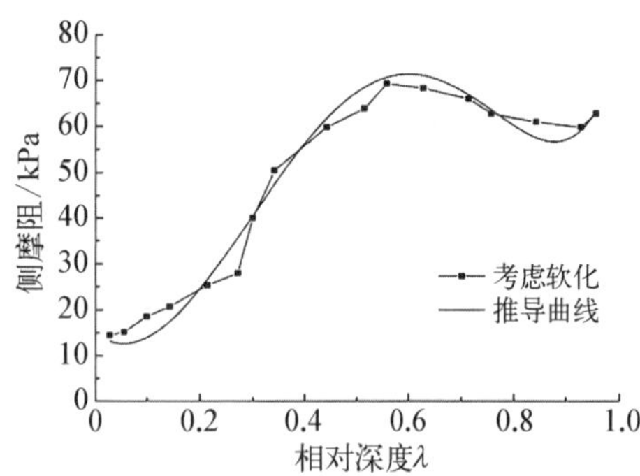

图 9－7　本章函数与利用子程序得到的 $P=$ 9 600 kN 时桩侧摩阻力曲线拟合图

当桩顶荷载分别为 $P=12\,000$ kN，8 400 kN，7 200 kN，6 000 kN 时，用同样的方法分别求得其函数，再将本函数与用子程序数值模拟得到的桩身侧摩阻曲线进行对比，为节省篇幅，此处只列出曲线拟合的优度判定系数 R^2 值，如表 9－2 所示。

表 9－2　各工况下推导曲线与数值模拟结果对比

桩顶荷载/kN	拟合精度 R^2
12 000	0.93
8 400	0.96

续　表

桩顶荷载/kN	拟合精度 R^2
7 200	0.87
6 000	0.95

9.5　改进的沉降、有效桩长计算方法

计算桩基础桩长的普遍方法主要有承载力控制法和沉降控制法，然而对于深厚软土地区的超长桩而言，其上部结构往往对沉降要求极为敏感，桩顶的容许沉降量成为控制桩基承载能力的首要指标，因此把超长桩的有效桩长与桩顶沉降量联系起来，更具有工程意义。

对于普通桩而言，在竖向荷载作用下，桩顶最终总沉降应由桩身的弹性压缩变形量 S_c 和桩端以下持力层的压缩沉降量 S_b 组成，但对于深厚软土地区而言，该地区的超长桩在承受上部正常工作荷载时，桩端提供的承载力很小，几乎都由侧摩阻力提供，且侧摩阻力出现软化也是一个普遍现象，表现为纯摩擦桩的特性，桩顶沉降几乎都来自桩身压缩，从而可忽略其端部的沉降，而超长桩的桩长往往过长，因而在计算其沉降时，桩身自重也是不容忽视的因素。

本章通过利用考虑软化后的新的双曲线荷载传递模型编写的 UMAT 子程序，将之与 ABAQUS 接口对接，来模拟得到更符合工程实际的桩侧摩阻力分布，在此基础上推导出不同桩长不同竖向荷载作用下的桩侧摩阻力函数曲线，同时考虑超长桩自重后，根据杆件压缩的经典胡克定律推导得到的沉降表达式如式(9－10)。

$$
\begin{aligned}
S = S_c &= \frac{1}{EA_p}\left[\int_0^{L_a}(N - F_Z)\mathrm{d}Z + \int_0^{L_a}\gamma_c AZ\mathrm{d}Z\right] \\
&= \frac{1}{EA_p}\int_0^{L_a}(N + \gamma_c AZ - F_Z)\mathrm{d}Z \qquad (9-10)
\end{aligned}
$$

式中：γ_c 为桩身混凝土的容重；F_Z 为桩身距桩顶深度 Z 处的总侧摩阻力。由式(9－7)得

$$
P_0 = \int_0^{L_a} J_0\left(\frac{Z}{L_a},\ 0\right)\mathrm{d}Z = \int_0^{L_a}\left[1.7\times 10^4 \mathrm{e}^{3.884\,14\frac{Z}{L_a}} - 1.48\times 10^6\left(\frac{Z}{L_a}\right)^3 + \right.
$$

$$9.07\times 10^5\left(\frac{Z}{L_a}\right)^2-1.69\times 10^5\left(\frac{Z}{L_a}\right)\Bigg]dZ \tag{9-11}$$

计算桩侧总摩阻力时，在充分考虑深厚软土地区超长桩的桩端力后，引入端阻比系数β，结合软土地区各试桩实验数据可令$\beta=0.06$，由式(9-8)可知，当考虑端阻比系数β时，此时桩侧总摩阻力$F_Z^*=P^*(1-\beta)=N(1-\beta)$，将式(9-11)代入式(9-8)，可求ε。

$$\begin{aligned}\varepsilon&=\frac{P^*(1-\beta)}{P_0}-1\\&=\frac{N(1-\beta)}{\int_0^{L_a}\left[1.7\times 10^4 e^{3.88414\frac{Z}{L_a}}-1.48\times 10^6\left(\frac{Z}{L_a}\right)^3+9.07\times 10^5\left(\frac{Z}{L_a}\right)^2-1.69\times 10^5\left(\frac{Z}{L_a}\right)\right]dZ}-1\end{aligned} \tag{9-12}$$

将ε代入式(9-6)求得任意桩顶荷载N作用下的侧摩阻力分布曲线f_Z^*：

$$\begin{aligned}f_Z^*=&(1+\varepsilon)\Bigg[1.7\times 10^4 e^{3.88414\frac{Z}{L_a}}-1.48\times 10^6\left(\frac{Z}{L_a}\right)^3+\\&9.07\times 10^5\left(\frac{Z}{L_a}\right)^2-1.69\times 10^5\left(\frac{Z}{L_a}\right)\Bigg]\end{aligned} \tag{9-13}$$

则

$$\begin{aligned}F_Z^*&=\pi D\int_0^{L_a}f_Z^*\,dZ\\&=\pi D\int_0^{L_a}(1+\varepsilon)\Bigg[1.7\times 10^4 e^{3.88414\frac{Z}{L_a}}-1.48\times 10^6\left(\frac{Z}{L_a}\right)^3+\\&\quad 9.07\times 10^5\left(\frac{Z}{L_a}\right)^2-1.69\times 10^5\left(\frac{Z}{L_a}\right)\Bigg]dZ\end{aligned} \tag{9-14}$$

将式(9-14)代入式(9-15)，得

$$S=\frac{1}{EA_p}\int_0^{L_a}\left[N+\gamma_c AZ-\pi D\int_0^{L_a}(1+\varepsilon)J_0\left(\frac{Z}{L_a},0\right)dZ\right]dZ \tag{9-15}$$

式中：ε由式(9-12)求得；$J_0(Z/L_a,0)$为式(9-2)的初始拟合曲线。当控制桩顶的容许沉降后，可利用试算法求得在设计荷载下深厚软土区超长桩的有效桩长。

利用上海中心大厦试桩 SYZB02 的原始数据，试桩桩径为 1 m，桩长 $L_a = 88$ m，桩身混凝土强度等级为 C50，取其弹性模量 $E = 34.5$ GPa。当桩顶作用竖向荷载 $P = 28\,000$ kN 时，桩顶沉降 $S = 69.4$ mm，桩底沉降仅为 4 mm，占总沉降的 5.8%，因此总沉降几乎都来自桩身压缩。

由于桩身上部有 25 m 的双层钢套管用来隔离桩与土体的接触，这部分桩身的混凝土自重和弹性压缩量也不可忽略($P^* = 16$)。

$$P_Z = P^* + \gamma_c A(25 + Z) - \pi D\int_0^Z (1+\varepsilon) f_Z \mathrm{d}Z \tag{9-16}$$

将此公式及数值用 Matlab 进行编程，当分别考虑和不考虑端阻比系数时，可计算得到两条桩身轴力曲线，并将之与文献中的试桩数据进行对比，如图 9-8 所示。假设桩身轴力为倒三角分布的传统方法和利用本章计算方法求得的沉降和有效桩长对比，如表 9-3 所示。

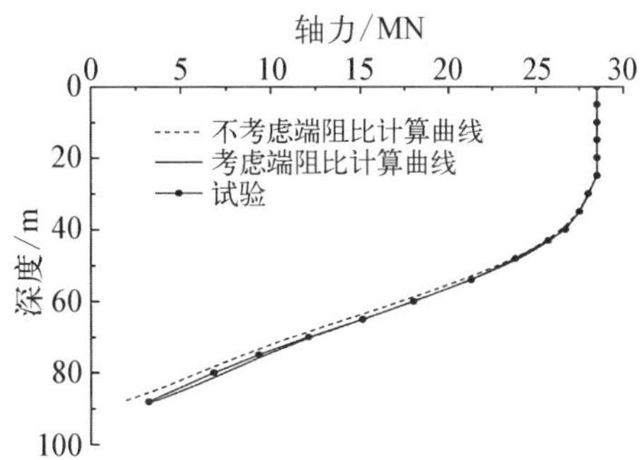

图 9-8　轴力计算曲线与实验结果对比

表 9-3　传统方法与本章计算方法结果对比

类　型	沉降/mm	有效桩长/m
传统方法	58.3	109.4
不考虑端阻比	67.1	92.8
考虑端阻比	68.9	89.1
实验	69.4	88

由图 9-8 可知，本章计算方法充分考虑了桩侧摩阻力的软化和实际侧摩阻力的分布，计算得到的桩身轴力分布与试桩实验有很好的一致性，对于深厚软土区的超长桩而言，继续应用传统的桩身轴力为倒三角分布时进行各项计算都会产生很大的误差。实际工程中超长桩的桩端仍然提供较小的承载力，本章在计算时考虑这一因素，引入端阻比系数，因此桩底轴力的计算值与实际值更加接近，轴力计算曲线与实际曲线也更加贴合。由表 9-3 不难发现，当用传统方法计算深厚软土地区超长桩的沉降和有效桩长时，其误差分别为 16.0% 和 24.3%，不考虑端阻比系数时计算误差分别为 3.31% 和 5.45%，考虑端阻比系

数后的沉降和有效桩长的计算误差分别为 0.72%和 1.25%,从而再一次验证了本章计算方法的正确性和有效性。

9.6 基于桩侧摩阻力软化及强化的沉降计算方法

9.6.1 荷载传递软-强化模型

国内外学者通过实验均发现超长桩在深部土层侧摩阻力存在强化效应,因此,本章综合考虑超长桩侧摩阻力上部土层软化及深部土层侧摩阻力强化,进一步提出新的侧摩阻力软-强化模型。引入残余摩阻力与极限摩阻力的比值参数“λ”,$\lambda<1$ 时发生软化现象,$\lambda>1$ 时发生强化现象,$\lambda=1$ 时既不发生软化也不发生强化现象,强化模型见式(9-17)。

$$\tau=\begin{cases}A_1\sin[\arctan(C_1\cdot s_z)] & (S\leqslant s_u)\\ A_1+A_2\sin\{\arctan[C_2\cdot(s_z-s_u)]\} & (S>s_u)\end{cases}\tag{9-17}$$

式中:s_u 为桩土的极限位移;A_1,A_2,C_1,C_2 为待定参数。

A_1 和 A_2 的取值,分别可用 $A_1=\tau_{zu}=R_f\times\tau_u$,$A_2=\tau_{st}-\tau_{zu}$ 计算。τ_{st} 为强化极限摩阻力;τ_{zu} 为开始发生强化的极限摩阻力。τ_{zu} 可以取规范值或勘测值,桩周土层的初始剪切刚度 $K=\arctan(A_1C_1)$ 或 $\arctan(A_2C_2)$,由 $\tau-z$ 曲线拟合可以得到 K 值,因此 C_1 和 C_2 也容易得到。

9.6.2 模型验证

软土地区某商业建筑,高度 150 m,设置 4 层地下室,其中试桩 S1 桩径 1.2 m,桩长约 72.3 m。桩端进入持力层约 3.3 m。由沈晓梅等的研究可知,在埋深 40~60 m 土层范围内发生明显的桩侧摩阻力强化现象,因此选取此范围内的土层⑧$_1$ 黏土、⑧$_{2-1}$ 粉质黏土对本章提出的强化模型进行适用性分析。现场地基土的物理力学指标如表 9-4 所示。

表 9-4 现场地基土的物理力学指标

土层名称	层底埋深/m	γ/(kN/m^3)	e	w/%	比贯入阻力/MPa	E_s/MPa
⑧$_1$ 黏土	52.0~52.5	17.8	1.089	38	1.86	4.39
⑧$_{2-1}$ 粉质黏土	57.0~57.7	18.2	0.952	32.8	2.59	4.87

图 9-9 对比了本节提出的强化模型计算得到的 $\tau-z$ 曲线与文献[4]的实验实测曲线。从图中可以看出，⑧$_1$ 和⑧$_{2-1}$ 土层中的桩侧摩阻力实测值表现为明显的“强化现象”。对比本章计算值，实测值与计算值吻合良好，说明提出的强化模型可以较好地模拟桩身下部土层中桩侧摩阻力强化的应力应变关系，计算值与实验值具有较好的一致性，表明了提出的强化模型良好的合理性和适用性。

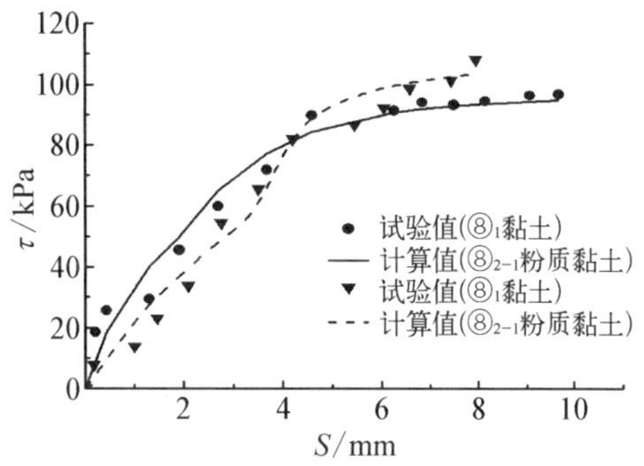

图 9-9　侧阻强化模型计算值与实测值比较

9.6.3　改进的叠代分析法

一般桩基在低水平荷载作用下，桩身主要表现为弹性压缩。由于超长桩长度比较大，在高水平荷载作用下桩身混凝土会出现较大的塑性变形。以往理论分析都假定桩身钢筋混凝土为弹性压缩，但研究发现高荷载水平下桩身混凝土处于弹塑性状态。当桩体到达弹塑性阶段时，桩身的弹性模量会逐渐减小。因此，在计算过程中有必要考虑桩身材料的非线性变化。超长桩属于细长结构，在有较大轴向荷载作用时，相对而言桩侧土体对桩的横向约束力较小，可以将轴向荷载下的超长桩当作一个单轴受压构件。常用的桩身混凝土受压弹塑性模型如表 9-5 所示。

表 9-5　常用的桩身混凝土受压弹塑性模型

学　者	计 算 模 型	应力应变关系式
过镇海模型		$\sigma_c=\begin{cases}\sigma_0\left[\dfrac{2\varepsilon}{\varepsilon_0}-\left(\dfrac{\varepsilon}{\varepsilon_0}\right)^2\right] & \varepsilon\leqslant\varepsilon_0\\ \sigma_0\left[1-\dfrac{\alpha\left(\dfrac{\varepsilon}{\varepsilon_0}-1\right)^2}{\alpha\left(\dfrac{\varepsilon}{\varepsilon_0}-1\right)^2+\dfrac{\varepsilon}{\varepsilon_0}}\right] & \varepsilon_0\leqslant\varepsilon\leqslant\varepsilon_{cu}\end{cases}$ 式中：α 是与水泥标号有关的参数。

续 表

学 者	计 算 模 型	应力应变关系式
Rusch 模型	σ, E_0, σ_0, 0, ε_0, ε_{cu}, ε	$\sigma_c=\begin{cases}\sigma_0\left[\dfrac{2\varepsilon}{\varepsilon_0}-\left(\dfrac{\varepsilon}{\varepsilon_0}\right)^2\right] & \varepsilon\leqslant\varepsilon_0\\ \sigma_0 & \varepsilon_0\leqslant\varepsilon\leqslant\varepsilon_{cu}\end{cases}$ 式中：ε_{cu} 为非均匀受压时的极限压应变值。
E. Hognestad 模型	ε_c, f_c, 0.15f_c, E_c, 0, $\varepsilon_0/2$, ε_0, ε_{cu}, ε_c	$\sigma_c=\begin{cases}f_c\left[\dfrac{2\varepsilon_c}{\varepsilon_0}-\left(\dfrac{\varepsilon_c}{\varepsilon_0}\right)^2\right] & \varepsilon_c\leqslant\varepsilon_0\\ f_c\left[1-\dfrac{0.15(\varepsilon_c-\varepsilon_0)}{\varepsilon_{cu}-\varepsilon_0}\right] & \varepsilon_0\leqslant\varepsilon_c\leqslant\varepsilon_{cu}\end{cases}$ 式中：f_c 为峰值应力，值为轴心抗压强度；ε_c 为桩身混凝土的应变。

从表 9-5 中可以看出，三种混凝土弹塑性计算模型不尽相同，但在 $\varepsilon\leqslant\varepsilon_0$ 的阶段，三个模型的应力应变关系表达式是一致的。在工作荷载下，超长桩桩身混凝土一般不会超过其设计承载力，因此本章中只考虑 $\varepsilon\leqslant\varepsilon_0$ 的情况。

$$\sigma_c=\sigma_0\left[\frac{2\varepsilon}{\varepsilon_0}-\left(\frac{\varepsilon}{\varepsilon_0}\right)^2\right] \tag{9-18}$$

式中：σ_c 为桩身混凝土应力；σ_0 为应力峰值，均匀受压时，为轴心抗压强度 f_c；ε_0 为对应于应力峰值的应变值，是均匀受压的极限应变值，$\varepsilon_0=0.002$。

在工作荷载下，钢筋混凝土桩中的钢筋和混凝土协调变形，纵筋配筋率为 ρ_{sv}，钢筋弹性模量为 E_{sv}，取 $E_s=2.0\times10^5\ \text{N/mm}^2$，则桩身任一截面处应力可以用下式表示：

$$\sigma=\sigma_c+\rho_{sv}E_{sv}\varepsilon \tag{9-19}$$

若桩身材料初始弹性模量为 E_0，那么 $E_0=\left.\dfrac{d\sigma}{d\varepsilon}\right|_{\varepsilon=0}=\dfrac{2\sigma_0}{\varepsilon_0}+\rho_{sv}E_s$。桩身混凝土破坏前，桩身弹性模量 E 可以用下式表示：

$$E=\frac{d\sigma}{d\varepsilon}=\frac{2\sigma_0}{\varepsilon_0}\left(1-\frac{\varepsilon}{\varepsilon_0}\right)+\rho_{sv}E_{sv} \tag{9-20}$$

下面对改进的荷载传递叠代分析法进行具体分析。对于超长桩来说，桩顶荷载水平比较低时，临界桩长下部的桩侧摩阻力并未发挥，所以传统的假设桩端发生一个小位移求解桩顶沉降的计算方法存在较大误差。因此，针对上述问题，本节改进了位移协调法，假设超长桩桩顶一个微小位移进行叠代求解，并考虑超长桩桩体自重，利用二分法连续调整桩顶的位移，使计算结果与实测值在允许的精度范围内。具体计算过程如下：

(1) 沿桩全长将桩分为 n 段。

(2) 假设桩段 1 的桩顶荷载为 P_{t1}，产生的桩段 1 的桩顶位移为 S_{t1}。

(3) 忽略桩段 1 中侧摩阻力的影响，由下式计算桩段 1 的桩身变形量：

$$S_{c1}=\frac{P_{t1}\Delta L_1}{A_p E_0} \tag{9-21}$$

式中：A_p 和 E_0 为超长桩桩身横截面积和桩身初始弹性模量；ΔL_1 为桩段 1 的长。

(4) 桩段 1 的桩身应变值为

$$\varepsilon_1=S_{c1}/\Delta L_1=\frac{P_{t1}}{A_p E_0} \tag{9-22}$$

将 ε_1 代入式(9-17)得到 E_{p1}，代入式(9-18)得到 S'_{c1}。需要注意的是，为了降低叠代次数，使结果较快收敛。初次假定的桩身应变值不宜太大。基于欧式范数的收敛判别思路计算桩身应变与初始桩身应变的应变增量 $|S'_{c1}-S_{c1}|$。当应变增量超过计算精度控制时，令 $S_{c1}=S'_{c1}$，重复上述计算，直到 $|S'_{c1}-S_{c1}|\leqslant 10^{-5}$，得到 S'_{c1} 和 E_{p1}。

(5) 计算桩段 1 中点位移：

$$S_1=S_{t1}-\frac{1}{2}S'_{c1} \tag{9-23}$$

(6) 将 S_1 代入式(9-17)，得到桩段 1 的剪应力 τ_1，则桩段 1 的总侧摩阻力为

$$T_1=2\pi r_0\Delta L_1\tau_1 \tag{9-24}$$

(7) 计算桩段 1 的底部荷载：

$$P_{b1}=P_{t1}+\gamma_c A_p\Delta L_1-T_1 \tag{9-25}$$

式中：γ_c 为桩身混凝土的容重。

(8) 计算桩段 1 的平均荷载：

$$P_1=\frac{1}{2}(P_{t1}+P_{b1}) \tag{9-26}$$

(9) 修正 S''_{c1}。把 P_1 代入式(9-27)，计算得到 S''_{c1} 与 S'_{c1} 比较，重复上述计

算，直到 $|S''_{c1}-S'_{c1}|\leqslant 10^{-5}$。

(10) 桩段 1 的底部位移：

$$S_{b1}=S_{t1}-S''_{c1} \tag{9-27}$$

由位移协调和力平衡，桩段 2 的桩顶荷载和桩顶位移分别为：$P_{t2}=P_{b1}$，$S_{t2}=S_{b1}$。

(11) 重复上述步骤，可得到桩段 i 的桩顶荷载 P_{ti} 和桩顶位移 S_{ti}。当 $P_{ti}\leqslant 0$ 或 $S_{bi}\leqslant 0$ 时，计算停止。

(12) 计算桩侧剪力承担的总荷载：

$$T=T_1+T_2+\cdots+T_i \tag{9-28}$$

或

$$T=T_1+T_2+\cdots+P_b \tag{9-29}$$

式中：P_b 为桩端力。若计算的 T 与假设的桩段 1 的桩顶荷载 P_{t1} 差值在允许范围内，则 S_{t1} 就是桩顶荷载为 P_{t1} 时对应的桩顶位移。

(13) 再假定一个桩段 1 的桩顶位移 S''_{t1}(若 T 大于假定的桩顶荷载 P_{t1}，则第二次假定的 $S'_{t1}<S_{t1}$；反之，假定 $S'_{t1}>S_{t1}$)，则桩顶平均位移为

$$S^{a}_{t1}=\frac{1}{2}(S_{t1}+S'_{t1}) \tag{9-30}$$

重复上述计算过程，得到桩侧剪力承担的总荷载 T'。

(14) 若 $|P_{t1}-T'|$ 小于限定值 0.1 kN，那么 S^{a}_{t1} 就是桩顶荷载为 P_{t1} 时的桩顶沉降；若 $(P_{t1}-T')(P_{t1}-T)$ 小于 0，那么 $S'_{t1}=S^{a}_{t1}$，重复上述步骤。若 $(P_{t1}-T')(P_{t1}-T)$ 大于 0，那么 $S_{t1}=S^{a}_{t1}$，重复上述步骤，直到 $|P_{t1}-T'|$ 小于限定值。

(15) 重新假定不同的桩顶荷载，重复上述步骤，可以得到不同荷载等级下超长桩的位移值。

9.7 实例分析与验证

算例 1：选取仅发生软化的工程实例进行分析，验证桩侧摩阻力的软化模型计算单桩沉降的效果。温州某工程地上 28～32 层，地下室 2 层，建筑面积 42 432 m^2。基础采用钻孔灌注桩，持力层为中风化凝灰岩，其中 S2 试桩桩径

1 m，桩的入土深度 95.14 m。S2 桩身设置有 11 组钢筋应力计，采用慢速维持荷载法进行静载实验。场地地基土的具体计算参数如表 9-6 所示。

表 9-6　场地地基土的具体计算参数

层号	土质	深度/m	层厚/m	$\gamma/(kN\cdot m^{-3})$	τ_u/kPa
1	人工填土	1.7	1.7	17.3	5
2	黏土	2.3	0.6	18.2	10
3	淤泥	25.6	23.3	16.3	38.9
4	淤泥质黏土	42.8	17.2	17.4	42.3
5	粉质黏土	55.1	12.3	20.3	125.3
6	黏土	65.1	10	19.3	63.7
7	淤泥质黏土	76.6	11.5	18.5	35.7
8	黏土	86.4	9.8	18.9	116.8
9	黏土	92.4	6	19	120
10	粉质黏土	94.5	2.1	19.7	160
11	全风化凝灰岩	96.8	2.3	18.9	65

图 9-10 是桩顶作用荷载分别为 4 968 kN 和 8 964 kN 时，本章方法计算的沿深度方向的轴力与实测值以及文献计算值的对比。一方面与实验值吻合良好，另一方面相比文献[5]未考虑桩侧摩阻力特性，并且假设较小的桩端位移的叠代方法计算结果，本叠代计算的结果更接近实测数据，更能反映超长桩的受力性状，如图 9-11 所示。

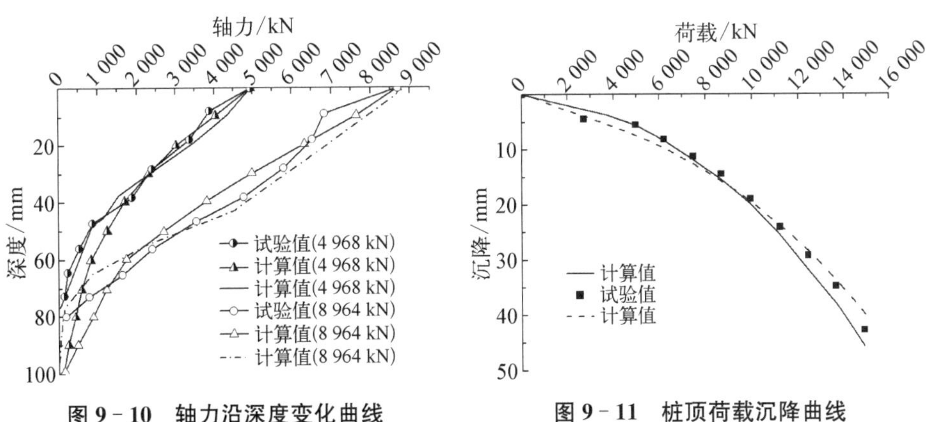

图 9-10　轴力沿深度变化曲线

图 9-11　桩顶荷载沉降曲线

算例 2：选取某软土地区的工程实例，分析超长单桩在荷载作用下上部土体软化、下部强化的受力性状。上海中心大厦 SYZA02 超长单桩桩径 1 m，桩长 88 m，采用 25 m 钢套管分离土体与桩身，计算时考虑钢套管重量和桩体自重。现场地基土体的具体参数如表 9－7 所示。

表 9－7 现场地基土体的具体参数

层号	土层名称	层厚/m	γ/(kN·m^{-3})	c/kPa	ϕ/(°)	E_s/MPa	ν	λ	R_f
1	黏质粉土	1	18.4	20	18	15		—	—
2	淤泥质粉质黏土	4.9	17.7	10	22.5	12		—	—
3	淤泥质黏土	8.1	16.7	14	11.5	7.5		—	—
4	黏土	4	17.6	16	14	15		—	—
5	粉质黏土	4.8	18.4	15	22	15		—	—
6	粉质黏土	3.6	19.8	45	23.7	22.5	0.3	<1	0.30
7	砂质粉土夹粉砂	9.7	18.7	3	32.5	11.5		<1	0.45
8	粉细砂	26	19.2	0	35	48.0		<1	0.40
9	粉砂	5	19.1	2	37	45.0		>1	0.90
10	砂质粉土	7	19.1	5	36	45.0		>1	0.90
11	粉砂夹中粗砂	20.4	20.2	0	39	47.6		>1	0.90

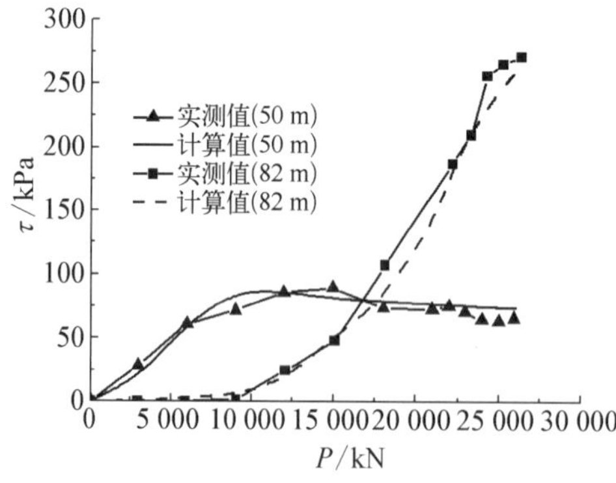

图 9－12 侧摩阻力随荷载的变化曲线

图 9－12 是不同埋深时超长桩桩侧摩阻力随桩顶荷载的变化曲线。实验结果表明在埋深 50 m 和 82 m 时桩侧摩阻力分别发生软化现象和强化现象，因此本节取这两个深度作为研究对象。对比桩体埋深 50 m 和 82 m 处的实验数据和本节方法计算值，可以看出本节提出的桩侧摩阻力软化和强化模型能较好地模拟桩侧摩阻力随桩顶荷载的变化特性，计算结果很接近实测值。同时进一步验证了本节提出的软化和强化模型的适用性和准确性。

图 9－13 和图 9－14 分别是桩顶施加荷载为 12 000 kN 和 25 000 kN 时沿桩

身深度 Z 的侧摩阻力变化曲线。桩顶有长度 25 m 的套筒，隔离了桩土作用，因此在深度 0～25 m 范围内桩侧摩阻力为 0。

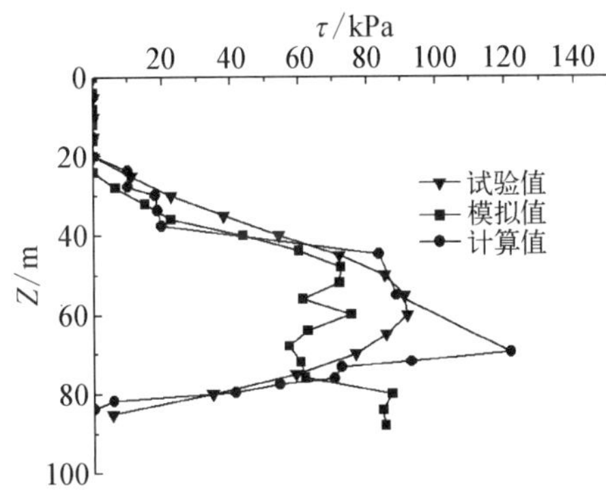

图 9－13　12 000 kN 时桩侧摩阻力曲线

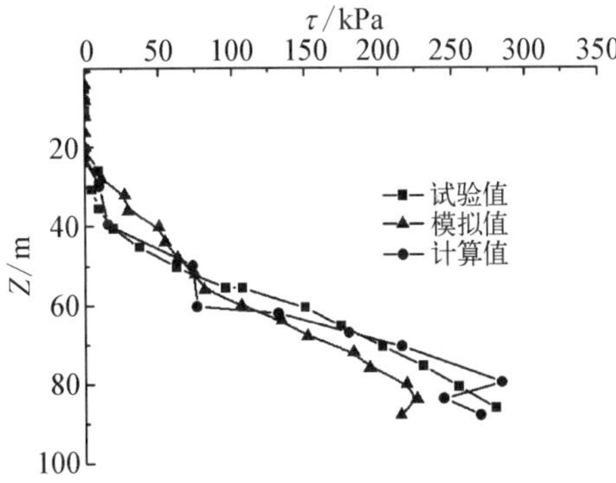

图 9－14　25 000 kN 桩侧摩阻力曲线

两图对比了本节计算结果、实验数据和文献[6]等方法的模拟值。从图中可以看出：桩顶荷载为 12 000 kN 时，桩身上半部分的桩侧摩阻力随着深度的增加而增大，而桩身下部靠近桩端附近，桩侧摩阻力随着深度继续增加而减小。本节计算结果与实验结果趋势一致，在桩身下部摩阻力有一个明显的下降段，而模拟结果则没有。在靠近桩端部分，本章计算值与实验值的整个曲线吻合较好，模拟值和实验值却存在着较大的差异。这是由于模拟值仅考虑了桩身桩侧摩阻力的软化，未考虑桩身下部桩侧摩阻力的强化，而本节计算结果同时考虑桩体上部侧摩阻力软化及下部侧摩阻力的强化。因此，模拟值在桩身中下部与实验值出现了很大差异。这正说明了本章桩侧摩阻力强化计算模型的合理性。

当桩顶荷载为 25 000 kN 时，桩侧摩阻力均随深度的增加不断增大，桩端附近摩阻力增大明显。计算结果与模拟结果都与此趋势一致，但相比只考虑软化的模拟结果，同时考虑下部土体强化的计算结果更接近实验值。

对比实验数据、徐旭等仅考虑软化有限单元法和本章同时考虑软化和强化的理论计算值，桩顶荷载沉降曲线如图 9－15 所示。从图中可以看出，在桩顶荷载不超过 20 000 kN 时，本章计算值介于实验实测值和只考虑软化的 ABAQUS 模拟计算结果之间，并且更接近实测值。当桩顶荷载超过 20 000 kN

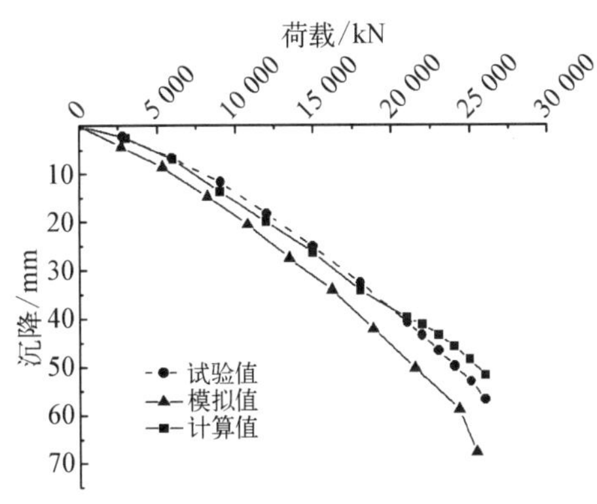

图 9－15　桩顶荷载沉降曲线

时，计算值要略小于实测值，但相比仅考虑软化的有限单元法，与实测值更接近。

针对类似的工程情况，考虑超长桩上部桩侧摩阻力软化下部强化的计算方法更符合超长桩侧摩阻力变化情况，也可以更准确地估计超长桩的受力性状。

9.8 本章结论

计算桩体位移精度的关键是确定科学合理的桩土间荷载传递函数。本章以此为突破点，进行了一系列相关的研究，主要得到如下结论：

(1) 本章利用考虑软化后新的双曲线荷载传递模型，并将编制而成的子程序与 ABQUS 接口对接，与 ABAQUS 自带接触对模拟超长桩的承载性状相比，采用由新的双曲线荷载传递函数编制的子程序可以充分考虑桩侧摩阻力发挥过程中的软化特性和桩土相对位移的非线性特性，能更加准确计算得到深厚软土地区超长桩的承载能力。

(2) 超长桩桩侧摩阻力的发挥是一个异步的过程，本章得到的侧摩阻力曲线更加符合实际工程的桩侧摩阻力分布，由曲线拟合的验证结果可知，引入无因次参数 λ 后，推导得到的桩侧摩阻力函数曲线能够普遍适用于计算实际工程中不同工况的桩侧摩阻力。同时桩身轴力分布与试桩实验结果吻合度很高，故桩的沉降和有效桩长的计算结果更精确。

(3) 考虑超长桩桩侧摩阻力发生软化和强化的特性，本章提出了一种新的荷载传递模型。通过超长桩工程实测数据对本章提出的超长桩桩侧摩阻力软化模型和强化模型进行了验证。结果表明：本章提出的荷载传递模型计算的桩侧摩阻力与相对位移关系曲线和现场实测曲线表现出良好的一致性，证明了软-强化模型的合理性和适用性。

(4) 考虑桩身混凝土弹塑性与侧阻软化和强化特性，基于位移协调法，本章改进了竖向荷载作用下超长桩非线性叠代计算方法。通过与工程实例对比，表明本章的计算方法能够准确反映超长桩的实际受力性状：超长桩桩侧摩阻力随着深度的增加而增大，而靠近桩端附近，桩侧摩阻力随深度增加而减小，具有明显的下降段；随着荷载继续增加，桩端附近摩阻力增大明显，呈现逐渐展开的变化形态。该结果吻合桩身侧阻软化和强化特性。

第 10 章
改进相互作用系数法群桩沉降

10.1 引言

群桩基础的变形研究在岩土工程领域备受关注，常用的群桩分析方法主要有数值分析法、荷载传递法、剪切位移法等。但这些方法或计算复杂，或参数难以确定，都存在一定的局限性。简化分析法由此产生，并得以推广。其中，相互作用系数法求解群桩变形由于力学模型的简化，在岩土工程中被广泛应用。群桩中的基桩在荷载作用下，使邻桩产生附加剪应力，而附加剪应力表现为桩与桩之间的加筋效应。本章基于同心圆筒薄环剪切模型和弹性理论，对竖向荷载下群桩变形性状进行了深入研究。在双桩相互作用基础上，提出群桩计算模型，改进了群桩中相互作用系数的求解公式，推导出既能充分考虑竖向荷载下超长群桩之间的相互加筋效应，又能考虑其他邻桩存在的相互作用系数和群桩变形的理论解析解。

10.2 剪切模型及桩土弹性刚度

10.2.1 同心圆筒薄环剪切模型

本章引入实验证实的等截面桩桩周土变形模式为桩体为轴心的土体剪切变形。同心圆筒薄环剪切变形模型如图 10－1 所示。环状土单元如图 10－2 所示。下面基于同心圆筒薄环剪切模型分析竖向荷载下超长桩桩周土的变形。

P 为作用在桩顶的竖向荷载。$\tau(r, z)$ 与 $\tau(r+\mathrm{d}r, z)$ 分别为环状土单元两侧的剪应力。由于桩周土的剪应力增长远大于竖向应力 σ_z，因此仅考虑剪应力的平衡。令 $\tau(r_0, z)=\tau_0(r_0, z)$，根据平衡条件有

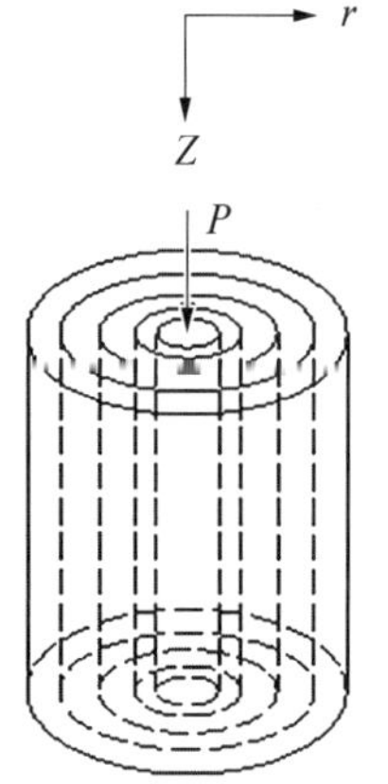

图 10-1　同心圆筒薄环剪切变形模型

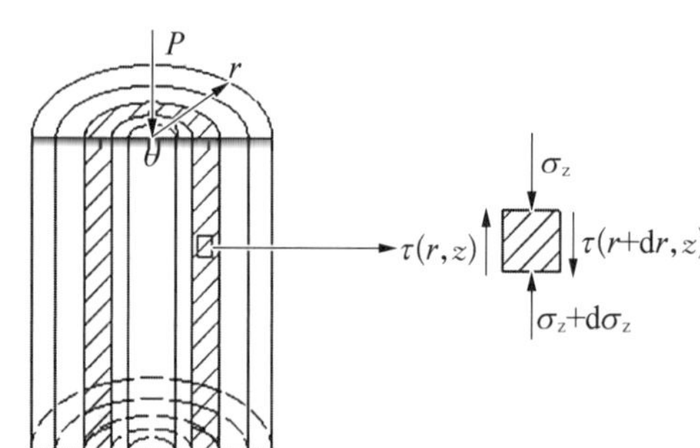

图 10-2　环状土单元

$$\tau(r, z)=\frac{\tau_0(r_0, z)r_0}{r} \tag{10-1}$$

式中：r_0 为桩的半径。$\tau_0(r_0, z)$ 是桩土界面的剪应力。

在荷载 P 作用下，忽略径向位移，距桩轴中心线水平距离 r 处土单元的剪应变为

$$\gamma=\frac{\tau(r, z)}{G}=\frac{\mathrm{d}w(r, z)}{\mathrm{d}r} \tag{10-2}$$

式中：$w(r, z)$ 为深度 z 处桩侧土体的竖向位移。沿桩身剪应力 τ 是与 r，z 相关的数值，用下式表示为：

$$\tau(r, z)=G\frac{\mathrm{d}w(r, z)}{\mathrm{d}r} \tag{10-3}$$

式中：G 为土的剪切模量。

将式(10-1)代入式(10-3)得

$$\mathrm{d}w(r, z)=\frac{\tau(r, z)}{G}\mathrm{d}r=\frac{\tau_0(r_0, z)r_0}{G}\frac{\mathrm{d}r}{r} \tag{10-4}$$

假设为匀质土，对上式积分：

$$\begin{cases} w(r, z)=\dfrac{\tau_0(r_0, z)r_0}{G}\ln\left(\dfrac{r_m}{r}\right) & (r_0 \leqslant r \leqslant r_m) \\ w(r, z)=0, \ r>r_m \end{cases} \tag{10-5}$$

令 $r=r_0$，则桩土界面的相对位移为

$$w(r_0, z)=\frac{\tau_0(r_0, z)r_0}{G}\ln\left(\frac{r_m}{r_0}\right) \tag{10-6}$$

桩基础具有较高的抗压承载力，桩身材料在工作荷载下一般为弹性状态，则根据弹性压缩条件，桩身在深度 z 处的应力应变关系为

$$\frac{\partial w(r_0, z)}{\partial z}=-\frac{P(z)}{\pi r_0^2 E} \tag{10-7}$$

结合式(10－7)及剪应力平衡条件，得

$$\frac{\partial^2 w(r_0, z)}{\partial^2 z}=\frac{2\tau_0(r_0, z)}{r_0 E_p} \tag{10-8}$$

将式(10－6)代入式(10－8)得到控制微分方程为

$$\frac{\partial^2 w(r_0, z)}{\partial^2 z}=\frac{2G}{r_0^2 E\ln\left(\frac{r_m}{r_0}\right)}w(r_0, z) \tag{10-9}$$

10.2.2　桩土弹簧刚度

将桩体视为弹性材料，竖向荷载下，桩体会产生变形。假定桩与土体通过弹性弹簧连接，如图 10－3 所示，k_s 为桩土弹簧刚度。

由力的平衡条件得

$$\mathrm{d}P(z)=-2\pi r_0 k_s w(z)\mathrm{d}z \tag{10-10}$$

桩在深度 z 处的力和位移关系为

$$P(z)=-EA_p\frac{\mathrm{d}w(z)}{\mathrm{d}z} \tag{10-11}$$

对式(10－11)微分：

$$\frac{\mathrm{d}P(z)}{\mathrm{d}z}=-EA_p\frac{\mathrm{d}^2 w(z)}{\mathrm{d}z^2} \tag{10-12}$$

将式(10－10)代入式(10－12)，得

$$EA_p\frac{\mathrm{d}^2 w(z)}{\mathrm{d}z^2}-2\pi r_0 k_s w(z)=0 \tag{10-13}$$

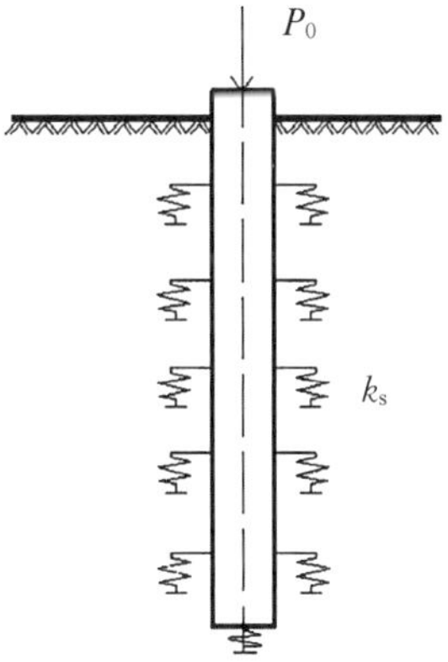

P_0

k_s

图 10－3　桩土弹簧示意图

式(10－9)和式(10－13)的方程形式不同，但它们通解的结果是一致的。为结合荷载传递法求解桩的沉降，这里令桩侧弹簧刚度为

$$k_s = \frac{G}{r_0 \ln\left(\frac{r_m}{r_0}\right)} \tag{10-14}$$

10.3 竖向荷载下群桩位移解答

10.3.1 群桩模型

本章假定桩与桩之间的相互作用仅发生在同一水平土层内，并且假定桩与桩周土没有相对位移。以往文献研究加筋效应时，往往会忽略主动桩的存在对主动桩桩侧土位移的折减作用。本章考虑上述情况并充分考虑桩与桩之间的相互加筋作用和中间桩的影响，得到较为合理的超长群桩的沉降解答。根据前述分析，本章研究的流程如图 10－4 所示。

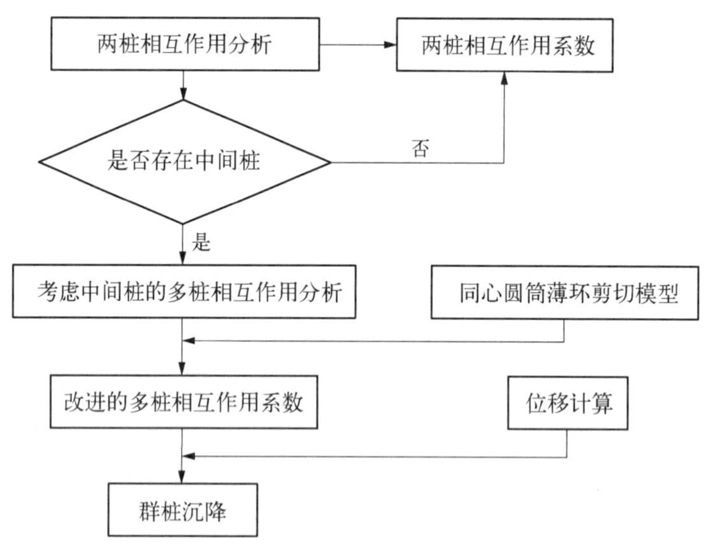

图 10－4 群桩沉降分析流程

具体推导如下：某抗压群桩包含 n 根等径等长桩，各基桩的材料、桩距与入土深度均相等。桩 i，j，k 为群桩中的任意三根桩，假定桩 k 为桩 i 与桩 j 之间的任意中间桩，且三根桩不在同一直线上。桩 i、桩 j 和桩 k 上分别作用有荷载

P_i，P_j 和 P_k。r_0 是桩体半径。S_{ij}，S_{ik} 和 S_{kj} 分别表示桩 i 与桩 j、桩 i 与桩 k、桩 j 与桩 k 之间的距离。群桩计算模型如图 10-5 所示。

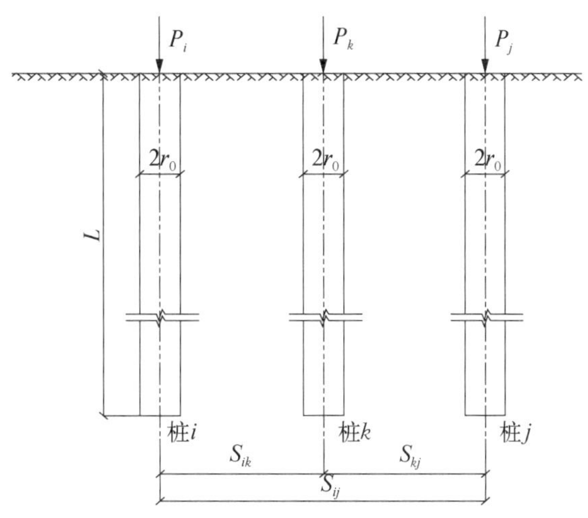

图 10-5　群桩计算模型

桩 i 的桩顶作用荷载为 P_i，桩 k 的桩顶作用荷载为 P_k，桩 j 的桩顶作用荷载为 P_j。选取任意桩 i，则桩 i 的竖向位移组成如下：

(1) 桩 i 桩顶作用竖向荷载 P_i 而桩 k、桩 j 不存在时，桩 i 在荷载 P_i 作用下的自身位移为 w_{ii}。

(2) 桩 i 桩顶作用荷载 P_i，桩 k、桩 j 存在但桩顶未作用荷载，考虑桩 j 对桩 i 和中间桩桩 k 对桩 i 的加筋效应，使桩 i 产生折减位移 w_{iji}，w_{iki}。考虑桩 j 与中间桩桩 k 之间的相互加筋效应后，分别又对桩 i 产生附加位移 w'_{iji}，w'_{iki}，使桩 i 的实际向下的位移为 w'_{ii}。同时，在这一情况下，考虑桩 i 对桩 j 和桩 k 的加筋效应，将分别使桩 j 被动位移 w_{ji} 产生折减位移 w_{kii}，使桩 k 被动位移 w_{ki} 产生折减位移 w_{jii}。

(3) 桩 i、桩 k 无荷载状态下，仅桩 j 承受荷载 P_j 时，桩 j 方向向下的主动位移 w_{jj} 使桩 i 与桩 k 分别产生被动位移 w_{ij}，w_{kj}；考虑桩 i 和桩 k 对桩 j 的加筋效应，将使桩 j 分别产生方向向上的折减位移 w_{jij}，w_{jkj}。考虑桩 i 与桩 k 之间的相互加筋效应，分别又对桩 j 产生附加位移 w'_{jij}，w'_{jkj}，使桩 j 的实际向下的位移为 w'_{jj}。同时，在这一情况下，考虑桩 j 对桩 i 和桩 k 的加筋效应，将分别使桩 i 被动位移 w_{ij} 产生折减位移 w_{ijj}，桩 k 被动位移 w_{kj} 产生折减位移 w_{kjj}。

(4) 桩 i、桩 j 无荷载状态下，仅桩 k 承受荷载 P_k 时，桩 k 方向向下的主动

位移 w_{kk} 使桩 i 与桩 j 分别产生被动位移 w_{ik}，w_{jk}；考虑桩 i 和桩 j 对桩 k 的加筋效应，将使桩 k 分别产生方向向上的折减位移 w_{kik}，w_{kjk}。考虑桩 i 与桩 j 之间的相互加筋效应，分别又对桩 k 产生附加位移 w'_{kik}，w'_{kjk}，使桩 k 的实际向下的位移为 w'_{kk}。同时，在这一情况下，考虑桩 k 对桩 i 和桩 j 的加筋效应，将分别使桩 i 被动位移 w_{ik} 产生折减位移 w_{ikk}，桩 j 被动位移 w_{jk} 产生折减位移 w_{jkk}。

由上述位移分析可知，抗压群桩中桩 i 的竖向位移可以表示为

$$w_i(z)=w'_{ii}(z)+w'_{ij}(z) \tag{10-15}$$

其中：

$$w'_{ii}(z)=w_{ii}(z)-w_{iji}(z)-w_{iki}(z)+w'_{iki}(z)+w'_{iji}(z) \tag{10-16}$$

$$w'_{ij}(z)=w_{ij}(z)-w_{ijj}(z)-w_{ikj}(z) \tag{10-17}$$

以上分析选取桩 i 为例，分析其他桩时，只需调换位移相应下标即可。在上述分析中考虑了荷载作用下桩 i 和桩 j 各自位移发展过程中，桩 i 与桩 j 的相互加筋效应，同时也考虑了任意中间桩桩 k 对桩 i 和桩 j 的相互加筋效应，使桩 i、桩 j 与桩 k 之间的群桩分析更加全面。目前的群桩沉降分析中并未充分考虑群桩之间的相互作用对位移的影响。本章就这一问题进行了理论推导。

10.3.2 位移计算

桩 i 桩顶作用压力荷载 P_i 时，桩 k、桩 j 存在且无荷载作用时，设 τ_{i0} 为桩 i 深度 z 处的摩阻力，则 τ_{i0} 在深度 z 处引起桩 i 桩周土体位移为

$$w_{ii}(z)=\frac{\tau_{i0}r_0}{G}\ln\left(\frac{r_{\mathrm{m}}}{r_0}\right) \tag{10-18}$$

式中：r_{m} 为影响半径。由薄壁同心圆筒剪切变形模式，知桩 i 桩周的摩阻力 τ_{i0} 沿径向向外传递，则在桩 k、桩 j 的同一深度 z 处的摩阻力分别为

$$\tau_{ki}(z)=\frac{\tau_{i0}r_0}{S_{ik}}\quad(r_0\leqslant S_{ik}\leqslant r_{\mathrm{m}}) \tag{10-19}$$

$$\tau_{ji}(z)=\frac{\tau_{i0}r_0}{S_{ij}}\quad(r_0\leqslant S_{ij}\leqslant r_{\mathrm{m}}) \tag{10-20}$$

上述桩侧摩阻力将在桩 k、桩 j 桩周分别产生大小相等、方向向上的反作用力 τ'_{ki}，τ'_{ji}，则 τ'_{ki}，τ'_{ji} 引起的桩 i 相同深度土体中的方向向上的位移为

$$w_{iki}(z)=\frac{\tau_{i0}r_0}{S_{ik}}\frac{r_0}{G}\ln\left(\frac{r_m}{S_{ik}}\right)\quad(r_0\leqslant S_{ik}\leqslant r_m)\tag{10-21}$$

$$w_{iji}(z)=\frac{\tau_{i0}r_0}{S_{ij}}\frac{r_0}{G}\ln\left(\frac{r_m}{S_{ij}}\right)\quad(r_0\leqslant S_{ij}\leqslant r_m)\tag{10-22}$$

由于桩 k、桩 j 存在及它们对桩 i 的加筋效应，上述桩侧摩阻力分别使桩 i 产生的位移为

$$w'_{iki}(z)=\frac{\tau_{i0}r_0}{S_{ij}}\frac{r_0}{S_{kj}}\frac{r_0}{G}\ln\left(\frac{r_m}{S_{ik}}\right)\quad(r_0\leqslant S_{ik}\leqslant r_m)\tag{10-23}$$

$$w'_{iji}(z)=\frac{\tau_{i0}r_0}{S_{ik}}\frac{r_0}{S_{kj}}\frac{r_0}{G}\ln\left(\frac{r_m}{S_{ij}}\right)\quad(r_0\leqslant S_{ik}\leqslant r_m)\tag{10-24}$$

充分考虑相互加筋效应后，桩 i 桩顶作用荷载 P_i 引起的深度 z 处的实际位移为

$$\begin{aligned}w'_{ii}(z)&=w_{ii}(z)-w_{iji}(z)-w_{iki}(z)+w'_{iki}(z)+w'_{iji}(z)\\&=\frac{\tau_{i0}r_0}{G_s}\left[\ln\left(\frac{r_m}{r_0}\right)-\frac{r_0}{S_{ik}}\ln\left(\frac{r_m}{S_{ik}}\right)-\frac{r_0}{S_{ij}}\ln\left(\frac{r_m}{S_{ij}}\right)+\right.\\&\left.\quad\frac{r_0^2}{S_{ij}S_{kj}}\ln\left(\frac{r_m}{S_{ik}}\right)+\frac{r_0^2}{S_{ik}S_{kj}}\ln\left(\frac{r_m}{S_{ij}}\right)\right]\end{aligned}\tag{10-25}$$

同理，当只有桩 j 桩顶作用荷载 P_j 时，设 τ_{j0} 为桩 j 深度 z 处桩侧摩阻力，则其引起的桩 i 同一深度的位移可表示为

$$w_{ij}(z)=\frac{\tau_{j0}r_0}{G}\ln\left(\frac{r_m}{S_{ij}}\right)\tag{10-26}$$

同时，考虑此时桩 j、桩 k 对桩 i 的加筋效应，分别计算两者对桩 i 的位移折减：

$$w_{ijj}(z)=\frac{\tau_{j0}r_0}{G}\frac{r_0^2}{S_{ik}S_{kj}}\ln\left(\frac{r_m}{r_0}\right)\tag{10-27}$$

$$w_{ikj}(z)=\frac{\tau_{j0}r_0}{G}\frac{r_0}{S_{ij}}\ln\left(\frac{r_m}{r_0}\right)\tag{10-28}$$

桩 j 作用荷载引起的桩 i 位移为

$$\begin{aligned}w'_{ij}(z)&=w_{ij}(z)-w_{ijj}(z)-w_{ikj}(z)\\&=\frac{\tau_{j0}r_0}{G}\left[\ln\left(\frac{r_m}{S_{ij}}\right)-\frac{r_0^2}{S_{ik}S_{kj}}\ln\left(\frac{r_m}{r_0}\right)-\frac{r_0}{S_{ij}}\ln\left(\frac{r_m}{r_0}\right)\right]\end{aligned}\tag{10-29}$$

式中：r_m 是桩侧土剪切变形影响半径，本计算取实验得到的 $r_m=10d$。

10.3.3 改进相互作用系数

传统的相互作用系数法假定桩的存在不影响桩侧土的自由位移场，没有考虑加筋和遮帘效应，使得理论计算结果明显高于实测值。因此，如何合理地考虑群桩效应的相互作用系数是利用相互作用法计算群桩沉降的关键。

相互作用系数 α_{ij} 定义如下：由桩 j 作用单位荷载、考虑各基桩之间相互加筋效应后引起桩 i 的附加沉降与由桩 j 作用单位荷载引起的自身最终沉降的比值。

$$\alpha_{ij}=\frac{w'_{ij}(z)}{w'_{jj}(z)} \tag{10-30}$$

在群桩模型中，充分考虑桩与桩之间的相互加筋效应。将式(10-25)和式(10-29)代入式(10-30)，得到相互作用系数推导公式为

$$\alpha_{ij}=\frac{w'_{ij}(z)}{w'_{jj}(z)}=\frac{\ln\left(\frac{r_m}{S_{ij}}\right)-\frac{r_0}{S_{ij}}\ln\left(\frac{r_m}{r_0}\right)-\frac{r_0^2}{S_{ik}S_{kj}}\ln\left(\frac{r_m}{r_0}\right)}{\ln\left(\frac{r_m}{r_0}\right)-\frac{r_0}{S_{jk}}\ln\left(\frac{r_m}{S_{jk}}\right)-\frac{r_0}{S_{ij}}\ln\left(\frac{r_m}{S_{ij}}\right)+\frac{r_0^2}{S_{ik}S_{ij}}\ln\left(\frac{r_m}{S_{jk}}\right)+\frac{r_0^2}{S_{ik}S_{kj}}\ln\left(\frac{r_m}{S_{ij}}\right)} \tag{10-31}$$

令 n 为影响半径范围内总桩数，n_k 为中间桩桩数。将修正的 α_{ij} 推广至群桩中，则群桩中任意桩的相互作用系数可表示为

$$\alpha_{ij}=\frac{\ln\left(\frac{r_m}{S_{ij}}\right)-\frac{r_0}{S_{ij}}\ln\left(\frac{r_m}{r_0}\right)-\sum_{k=0,\,k\neq i\neq j}^{n_k}\frac{r_0^2}{S_{ik}S_{kj}}\ln\left(\frac{r_m}{r_0}\right)}{\ln\left(\frac{r_m}{r_0}\right)-\sum_{j=1,\,j\neq i}^{n}\left\{\frac{r_0}{S_{ij}}\ln\left(\frac{r_m}{S_{ij}}\right)-\sum_{k=0,\,k\neq i\neq j}^{n_k}\left[\frac{r_0}{S_{jk}}\ln\left(\frac{r_m}{S_{jk}}\right)-\ln\left(\frac{r_m}{S_{jk}}\right)-\frac{r_0^2}{S_{ik}S_{kj}}\ln\left(\frac{r_m}{S_{ij}}\right)\right]\right\}} \tag{10-32}$$

当仅存在两桩时，即中间桩桩数 $n_k=0$ 时，上式可以退化为充分考虑相互加筋效应的双桩模型的相互作用系数。实际上，群桩中任意两桩之间的相互作用系数是不对等的，即 $\alpha_{ij}\neq\alpha_{ji}$。这是因为两桩所处的位置并不是完全对称的，其他桩对其的综合影响也不一样。以往双桩模型未能定量地考虑到这一影响，这与工程实际是不相符的。本章考虑以上情况提出的修正相互作用系数可以很好

地反映中间桩所处位置不同对相互作用系数的影响。

将 Poulos 理论模型、实验结果、有限单元模拟和本章群桩模型等不同计算方法得到的相互作用系数进行对比，比较结果如图 10 - 6 所示。由图 10 - 6 可发现 Poulos 理论模型得到的相互作用系数最大，考虑桩土接触的有限单元法次之。实测结果最小，本章提出的群桩模型计算结果次之，也最为接近实验数据。因此群桩模型充分考虑了基桩间的相互加筋效应和其他中间桩存在对相互作用系数的影响，更加合理也更符合实际情况。

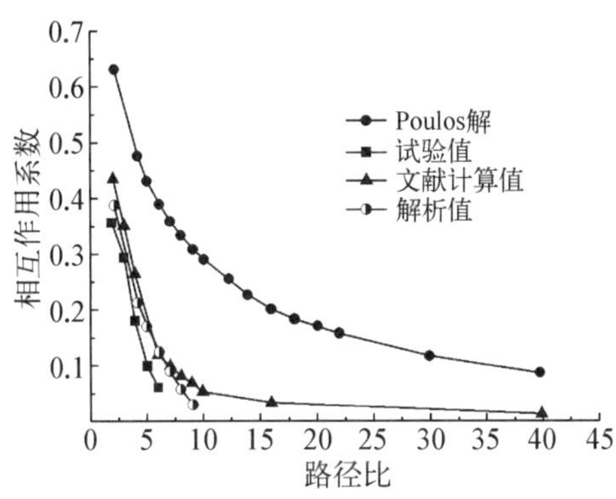

图 10 - 6　不同方法的相互作用系数对比

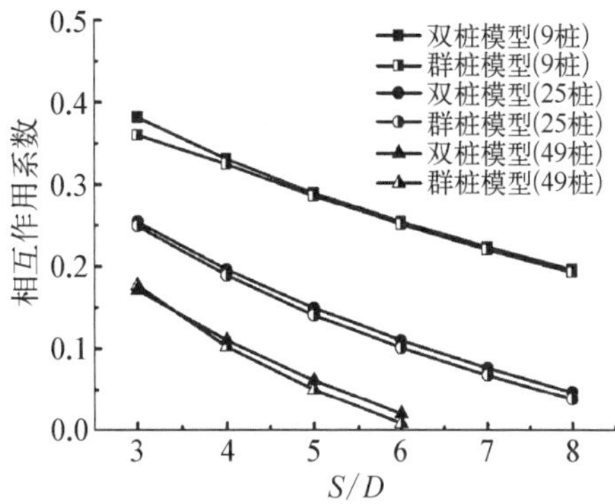

图 10 - 7　不同规模群桩 α 随 S/D 变化

图 10 - 7 对比了不同规模群桩(9 桩、25 桩、49 桩)的相互作用系数随距径比 S/D 的变化。计算参数选择均质土中长径比为 50，泊松比取 0.4。从图中可以看出，在 9 桩群桩基础上，利用双桩模型和本章群桩模型计算的相互作用系数基本一致。在 25 桩群桩基础时，相互作用系数差异增加。当桩数增加到 49 桩时，差异明显增大。随着群桩规模的增大，双桩模型与群桩模型的相互作用系数差异不断增大，对于大规模群桩，随之导致的沉降误差也增大。因此，本计算方法不仅适用于小规模群桩，对于大规模群桩具有更强的实用性。

10.3.4　群桩位移解答

由式(10 - 13)得到桩 i 位移控制方程为

$$EA_{\mathrm{p}}\frac{\mathrm{d}^2 w'_{ii}(z)}{\mathrm{d}z^2}-2\pi r_0 k_{ii} w'_{ii}(z)=0 \tag{10-33}$$

式中：k_{ii} 为桩 i 桩侧 z 深度的等效弹簧刚度。根据边界条件，可得到两个方程：

$$\begin{cases} EA_{\mathrm{p}} \dfrac{\mathrm{d}w'_{ii}(z)}{\mathrm{d}z}\bigg|_{z=0} = -P_i \\ EA_{\mathrm{p}} \dfrac{\mathrm{d}w'_{ii}(z)}{\mathrm{d}z}\bigg|_{z=l} = -k_{\mathrm{b}} w'_{ii}(z)\big|_{z=l} \end{cases} \tag{10-34}$$

式中：k_{b} 是桩端土的等效刚度系数。基于 Mindlin 解，作用在弹性半无限体内竖向集中力 P_{b} 引起的竖向位移 w_{b} 为

$$w_{\mathrm{b}} = \frac{P_{\mathrm{b}}(1+\mu)}{8\pi E(1-\nu_{\mathrm{s}})}\left[\frac{3-4\mu}{R_1} + \frac{8(1-\mu)^2-(3-4\mu)}{R_2} + \frac{(z-L)^2}{R_1^3} + \frac{(3-4\mu)(z+L)^2-2Lz}{R_2^3} + \frac{6Lz(z+L)^2}{R_2^5}\right] \tag{10-35}$$

$$R_1 = \sqrt{x^2+y^2+(z-L)^2},\ R_2 = \sqrt{x^2+y^2+(z+L)^2}$$

式中：z 为计算点距地表深度；L 为桩的入土深度；E 为土的弹性模量；μ 为土的泊松比。计算桩端变形 w_{b} 时为避免 Mindlin 解在桩中心线处出现突变，取 $\sqrt{x^2+y^2} = \dfrac{2r_0}{3}$。桩端单位荷载作用下引起的桩端影响系数为 $\zeta_{\mathrm{b}ij} = 2r_0/\pi s_{ij}$。桩端土的等效刚度系数可由下式计算得到：

$$k_{\mathrm{b}} = \frac{w_{\mathrm{b}}}{P_{\mathrm{b}}} = \frac{(1-\mu)\omega}{4r_0 G\left(1-R_{\mathrm{fb}}\dfrac{P_{\mathrm{b}}}{P_{\mathrm{bu}}}\right)^2}(1+\zeta_{\mathrm{b}ij}) \tag{10-36}$$

求解方程式(10-36)，其解答为

$$w'_{ii}(z) = \beta_1 \mathrm{e}^{\lambda_{ii} z} + \beta_2 \mathrm{e}^{\lambda_{ii} z} \tag{10-37}$$

式中：$\lambda_{ii} = \sqrt{\dfrac{k_{ii}}{EA_{\mathrm{p}}}}$；$k_{ii} = \dfrac{2\pi G(z)}{\ln\left(\dfrac{r_{\mathrm{m}}}{r_0}\right) - \sum_{j=1,\ i\neq j}^{n} \dfrac{r_0}{S_{ij}}\ln\left(\dfrac{r_{\mathrm{m}}}{S_{ij}}\right)}$；

$$\beta_1 = \frac{P_i \mathrm{e}^{-\lambda_{ii} l}(1-k_{\mathrm{b}}\lambda_{ii}/k_{ii})}{2[EA_{\mathrm{p}}\lambda_{ii}\sinh(\lambda_{ii} l) + k_{\mathrm{b}}\cosh(\lambda_{ii} l)]};\ \beta_2 = \frac{P_i \mathrm{e}^{\lambda_{ii} l}(1+k_{\mathrm{b}}\lambda_{ii}/k_{ii})}{2[EA_{\mathrm{p}}\lambda_{ii}\sinh(\lambda_{ii} l) + k_{\mathrm{b}}\cosh(\lambda_{ii} l)]}。$$

同理，桩 j 桩顶作用压力荷载 P_j 时，引起的深度 z 处位移为

$$w'_{jj}(z) = \beta_3 \mathrm{e}^{\lambda_{jj} z} + \beta_4 \mathrm{e}^{-\lambda_{jj} z} \tag{10-38}$$

式中：$\lambda_{jj}=\sqrt{\dfrac{k_{jj}}{EA_{\mathrm{p}}}}$；$k_{jj}=\dfrac{2\pi G(z)}{\ln\left(\dfrac{r_{\mathrm{m}}}{r_0}\right)-\sum_{j=1,\ i\neq j}^{n}\dfrac{r_0}{S_{ij}}\ln\left(\dfrac{r_{\mathrm{m}}}{S_{ij}}\right)}$；

$\beta_3=\dfrac{P_j\mathrm{e}^{-\lambda_{jj}l}(1-k_{\mathrm{b}}\lambda_{jj}/k_{jj})}{2\left[EA_{\mathrm{p}}\lambda_{jj}\sinh\left(\dfrac{\lambda_{jj}}{l}\right)+k_{\mathrm{b}}\cosh(\lambda_{jj}l)\right]}$；$\beta_4=\dfrac{P_j\mathrm{e}^{\lambda_{jj}l}(1+k_{\mathrm{b}}\lambda_{jj}/k_{\mathrm{s}jj})}{2[EA_{\mathrm{p}}\lambda_{jj}\sinh(\lambda_{jj}l)+k_{\mathrm{b}}\cosh(\lambda_{jj}l)]}$。

考虑竖向荷载下群桩相互加筋效应和其他邻桩的影响，将相互作用系数的表达式(10－32)代入下面方程，得到桩 i 的最终位移解答为

$$
\begin{aligned}
w_i(z)&=w_{ii}'(z)+\sum_{j=1,\ j\neq i}^{n}w_{ij}'(z)=w_{ii}'(z)+\sum_{j=1,\ j\neq i}^{n}\alpha_{ij}w_{jj}'(z)\\
&=w_{ii}'(z)+\frac{\ln\left(\dfrac{r_{\mathrm{m}}}{S_{ij}}\right)-\dfrac{r_0}{S_{ij}}\ln\left(\dfrac{r_{\mathrm{m}}}{r_0}\right)-\sum\limits_{k=0}^{n_k}\dfrac{r_0^2}{S_{ik}S_{kj}}\ln\left(\dfrac{r_{\mathrm{m}}}{r_0}\right)}{\ln\left(\dfrac{r_{\mathrm{m}}}{r_0}\right)-\sum\limits_{j=1,\ j\neq i}^{n}\left\{\dfrac{r_0}{S_{ij}}\ln\left(\dfrac{r_{\mathrm{m}}}{S_{ij}}\right)-\sum\limits_{k=0}^{n_k}\left[\dfrac{r_0}{S_{jk}}\ln\left(\dfrac{r_{\mathrm{m}}}{S_{jk}}\right)-\ln\left(\dfrac{r_{\mathrm{m}}}{S_{jk}}\right)-\dfrac{r_0^2}{S_{ik}S_{kj}}\ln\left(\dfrac{r_{\mathrm{m}}}{S_{ij}}\right)\right]\right\}}w_{jj}'(z)
\end{aligned}
\tag{10-39}
$$

如果已知桩基承台顶端竖向荷载为 P，当群桩承台为刚性承台时，可通过以下方程得到各桩位移($S_{ij}\leqslant r_{\mathrm{m}}$)：

$$
\begin{cases}
w_i\big|_{z=0}=w_j\big|_{z=0} & (1\leqslant i\leqslant n)\\
\sum P_i=P
\end{cases}
\tag{10-40}
$$

当承台为柔性承台时，可以通过以下方程得到各桩桩顶位移($S_{ij}\leqslant r_{\mathrm{m}}$)：

$$
\begin{cases}
P_i=P/n & (1\leqslant i\leqslant n)\\
z=0
\end{cases}
\tag{10-41}
$$

10.4　实例分析与验证

算例 1：基于桩基模型实验。桩基为混凝土桩，桩长 4.5 m，E_{p} 约为 20 GPa，土的变形模量为 8.2 MPa，桩距为 3 倍桩径。桩基布置图如图 10－8 所示，实验场地土体参数如表 10－1 所示，

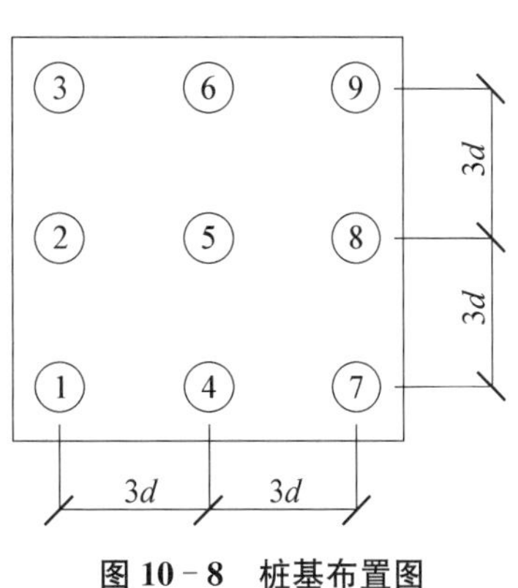

图 10－8　桩基布置图

表 10-1 实验场地土体参数

土体名称	层厚/m	密度/(g·cm^{-3})	G_s/MPa	泊松比	c/kPa	φ/(°)
粉土	8	1 840	8.2	0.35	4	33.2

表 10-2 给出了本方法计算值和实验实测值,并与文献[7]的计算结果进行了对比。当桩顶荷载为 657 kN 时,文献计算值与实验值的相对误差仅为 3.8%。当桩顶荷载为 940 kN 时,实验值与文献计算值之间的相对误差是 16.6%。本章方法得到的计算值与实验值的相对误差仅为 2.7%。可见,本计算结果更吻合实测值。

表 10-2 不同方法实测值与计算值对比

S/mm	桩顶荷载/kN	实测值	文献计算值	实验值
G16	657	2.90		2.79(−3.8%)
G16	940	4.10	4.78(16.6%)	3.99(−2.7%)

注:括号内是计算值与实测值的相对误差,"+"表示计算结果大于实测值,"−"表示小于实测值

本模型得到沉降计算值略小。这是由于本模型充分考虑了各基桩间的相互加筋效应,计算得到的相互作用系数值较小,从而得出的沉降计算结果较两者而言偏小。本模型群桩模型是符合工程实际的,因此与实测值更为接近。这正说明了本章提出群桩模型是切实可行的。

算例 2:苏通大桥主航道桥采用主跨 1 088 m 的双塔斜拉桥,主塔基础为大直径超长灌注桩群桩基础。桥位区第四系地层厚为 300 m 左右,超大型索塔群桩基础置于第四系土层中,而不能以基岩作为持力层。设计竖向荷载分别为承台竣工 979.32 MN,裸塔竣工 1 721.43 MN,成桥阶段 2 066.49 MN。桩顶标高为−7.0 m,南塔桩底高程为−121 m。桩径为 2.5 m,桩距横向为 6.75 m,桩距纵向为 6.41 m。

基于南京水利科学研究院对苏通长江大桥主桥南塔群桩基础的实验研究。综合考虑各种影响因素,选取离心模型实验模型比尺为 1∶160。具体的场地土体性质如表 10-3 所示。群桩基础的布置情况如图 10-9 所示。

表 10-3 场地土体性质

土层名称	厚度/m	含水量/%	密度/(g·cm^{-3})	弹性模量/MPa	泊松比	黏聚力/kPa	内摩擦角/(°)
亚黏土	5.7	35	1 810	18.9	0.43	9.5	9.1
粉细砂	43.8	22	2 000	43.8	0.33	13.8	32.1

续　表

土层名称	厚度/m	含水量/%	密度/$(g\cdot cm^{-3})$	弹性模量/MPa	泊松比	黏聚力/kPa	内摩擦角/(°)
中砂	32.3	13	2 120	55.7	0.32	18.7	33.6
亚黏土	28.3	23	2 050	64.3	0.33	37.3	23.2

对比实验数据、文献[8]的计算结果与本章的计算结果，得到荷载-沉降曲线如图 10-10 所示。修正相互作用系数得到的理论计算值与模型实验的结果趋势一致，相比双桩模型计算结果更接近实测值。文献[8]中相互作用系数是基于双桩模型，即地基土只存在两根桩计算的，并且忽略了其他基桩存在及对地基土位移场的影响，低估了群桩刚度，使得沉降值相对实验值偏大。本章计算方法考虑上述情况，改进了双桩模型的部分不足，因此计算值更接近实验值。

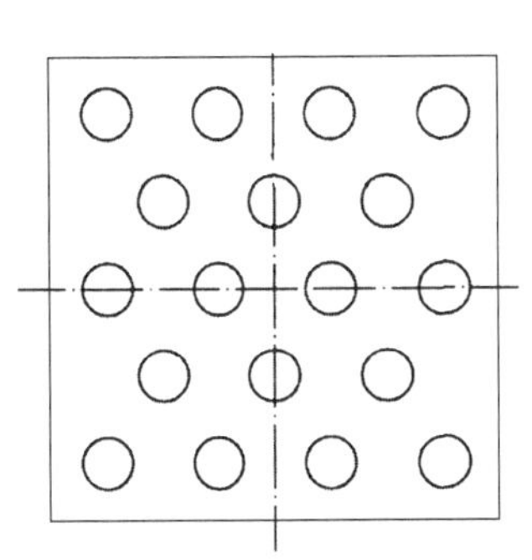

图 10-9　群桩基础的布置情况

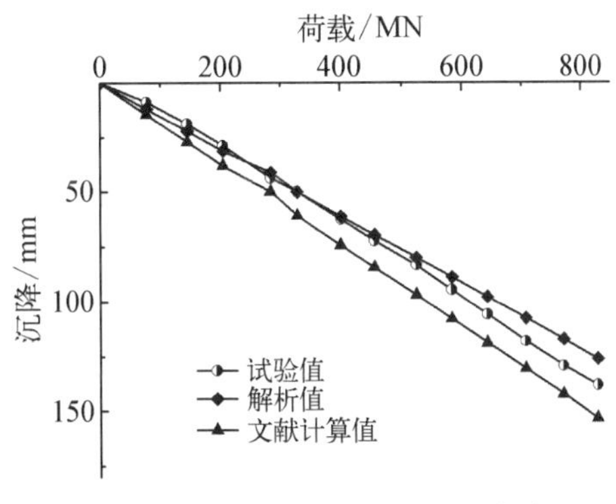

图 10-10　18 根桩荷载-沉降曲线

表 10-4 是不同荷载阶段下的沉降计算结果。可见，双桩模型、群桩模型的沉降计算值与实验的误差分别为 41.55%和−16.67%，两者较实验值均偏大，但群桩模型误差更小。随着承台荷载不断增大，误差不断减小。群桩模型的计算值与实验值的绝对误差最大值仅为 16.67%，显著小于相同条件下的双桩模型计算值。计算值与实验值的误差比传统模型减小 25%。这进一步验证了本计算方法分析群桩变形性状的准确性及实用性。

表 10-4　不同荷载阶段下的沉降计算结果

模　　型	承台竣工	裸塔竣工	成桥阶段	2 倍使用荷载
实验值/mm	19.4	36.0	43.6	91.1
双桩模型计算值/mm	27.46	45.31	52.51	102.82

续 表

模　　型	承台竣工	裸塔竣工	成桥阶段	2 倍使用荷载
误差/%	41.55	25.85	20.44	12.86
群桩模型计算值/mm	22.63	37.34	43.28	84.74
误差/%	16.67	3.73	−0.73	−6.98

10.5　本章结论

本章提出能充分考虑其他邻桩存在和各基桩间相互加筋效应的群桩计算模型，改进了群桩相互作用系数的计算公式，进而推导出能充分考虑桩与桩之间相互加筋效应的群桩沉降解析解。对比本章解析解结果与实验值，表明模型准确。

随着群桩规模的增大，双桩模型与实验值的误差为 41.55%。群桩模型的计算值与实验值的误差最大值为 16.67%，显著小于相同条件下的双桩模型计算值。

本章提出的群桩模型由于充分考虑了邻桩存在时群桩间的相互加筋效应，与以往群桩位移计算模型相比，更吻合实际工程群桩的工作性状。

第 11 章 长短桩组合桩基础的变形性状研究

11.1 引言

工程实际中广泛应用的等长桩布置形式虽然可以满足承载力的要求，但变形量难以控制。为了有效利用较浅持力层的承载力和减小上述地基土层长桩的用量，长短桩组合桩基础应运而生。长短桩组合桩基础是一种近十几年发展起来的新型基础。这一新型基础是依靠长桩和短桩协同作用来达到控制群桩变形的作用。长短桩组合桩基础能较好地适应上部结构的不规则性，并且具有良好的经济性和可行性。长短桩组合桩基础能够充分发挥长桩控制沉降和短桩充分利用地基承载力的优势。与等长群桩基础相比，长短桩组合桩基础减少了桩身材料的用量，具有较好的经济性。

由于超长桩沉降变形特性和作用机理复杂，而超长桩基础和长短桩组合桩基础的系统作用机理更为复杂，因此，长短桩组合桩基础的研究还存在不足。不同的基桩布置形式和不同桩数都会对承载力和沉降产生很大的影响。由于桩基础沉降受到诸如桩长、桩距、桩基规模、桩周土性质、桩体制作水平和时间效应等因素的影响，现有的计算方法或过于简化，难以保证计算精度；或如有限单元般过于复杂，计算量过大且烦琐。

本章分析了长短桩组合桩基础的相互作用机理。运用理论分析，本章系统研究了长短桩组合桩基础的变形性状。传统的等代墩基法和分层总和法均不适用于长短桩组合桩基础的沉降计算。本章提出改进的长短桩相互作用系数计算方法，研究了不同参数变化对长短桩之间相互作用系数的影响。基于虚土桩概念，结合混合法，本章分析了桩端应力对群桩沉降计算的影响，提出了长短桩组合桩基础的沉降计算方法，并与实验数据进行了对比。

11.2 长短桩组合桩相互作用分析

11.2.1 长短桩组合桩基础的作用机理

长短桩组合桩与普通等长群桩相比，减少了桩体材料的用量。由于桩长存在差异，其作用机理也与一般的等长群桩基础不同。长短桩组合桩基础的长桩主要控制整体的沉降量，短桩位于浅层地基土中，主要提供承载力。为了进一步说明长短桩组合桩基础的作用机理，将其沿竖直方向分为三个工作区，如图 11-1 所示。

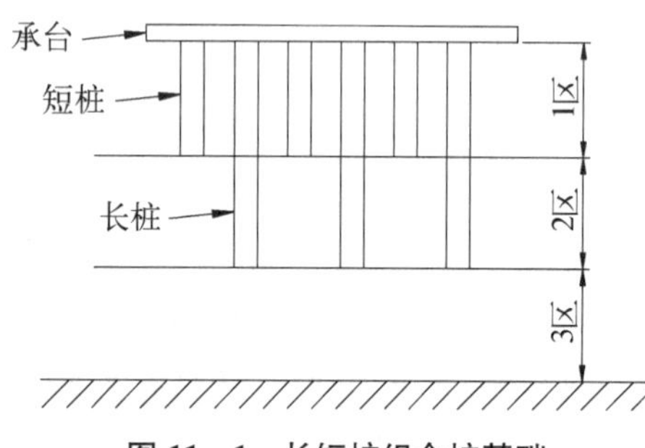

图 11-1 长短桩组合桩基础

短桩桩底平面和长桩桩底平面是划分长短桩组合桩基础的两条分界线。区域 1 称为长短桩联合作用区，其主要作用是提高承载力；区域 2 称为长桩单独作用区，主要作用是减小沉降量；区域 3 称为无桩区，主要承担桩体传递的荷载。三个区域发挥的作用相互辅助，协调发挥作用，从而达到提高浅层地基承载力、减少地基沉降量的效果。在长短桩组合桩基础上的长桩和短桩发挥着各自不同的作用。

(1) 群桩基础上长桩发挥的作用。长短桩组合桩基础上长桩的主要作用是将受到的荷载逐渐传递到地基深处，有效地控制地基土沉降，减小土层的压缩变形量，从而提高整体的承载性能。长短对短桩起到“护桩”的效果，并与短桩共同联合作用，防止地基的隆起。在长短桩联合作用区，与等长桩的作用机理类似，有明显的遮帘和加筋效应，桩与桩间土共同沉降。在长桩单独作用区，桩距增大，遮帘与加筋效应减弱。桩与桩间土没有共同沉降，长桩的桩端对桩底土存在刺入现象。

(2) 群桩基础上短桩发挥的作用。长短桩组合桩基础上的短桩的主要作用主要有两个方面：当基底下方存在厚度不大的软弱地基土时，短桩可以加固相应区域的地基土并提高其基底的承载力；当地基底部以下存在上下两层较理想的桩端持力层时，将短桩设置在上层持力层中，将长桩设置在上下两层持力层中。这样可以充分利用两层持力层的承载力，利用长桩使沉降量减小，利用短桩提高地基土的承载力。

11.2.2　相互作用系数

等长桩的相互作用系数定义为：桩 i 不受荷时，仅邻桩 j 受荷的情况下，考虑两桩相互加筋效应后，在相同深度处桩 i 与桩 j 的位移比。

$$\alpha_{ij}=\frac{w_{ij}}{w_{jj}} \tag{11-1}$$

式中：α_{ij} 为桩与桩之间的相互作用系数；w_{ij} 为考虑桩 j 影响后，桩 i 的位移；w_{jj} 为桩 j 在自身荷载作用下的位移。

当桩身轴线间距离不超过影响半径 r_{m} 时，考虑桩与桩之间的相互作用；当桩体轴线间距离大于影响半径 r_{m} 时，则可以忽略桩与桩之间的相互作用。式(11-1)是基于群桩基础是等长桩的情况下分析的。

基于图 11-2，长短桩组合桩基础上不同长度两根桩之间相互作用系数可以近似表达为

$$\alpha_{ij}\approx\frac{\alpha_{ii}+\alpha_{jj}}{2}\quad(l_i>l_j) \tag{11-2}$$

$$\alpha_{ij}=\alpha_{jj}\quad(l_i<l_j) \tag{11-3}$$

式中：α_{ii} 和 α_{jj} 分别表示两根完全相同的桩 i 与两根完全相同的桩 j 各自的相互作用系数。

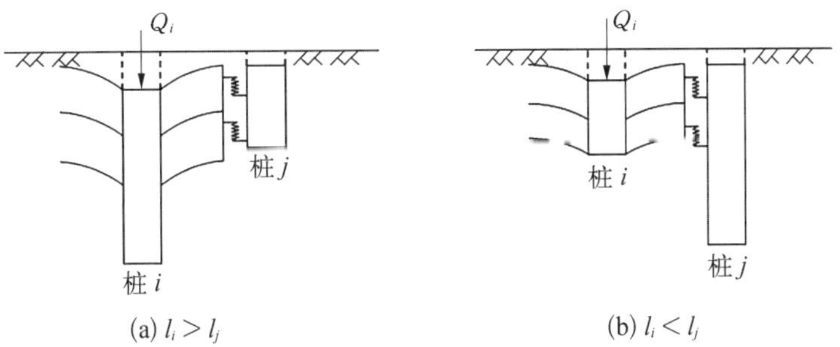

图 11-2　长短桩组合桩基础相互作用模型

本章进一步引入修正系数 f_{1s}，f_{s1}，以及 R_{1s}^K，R_{1s}^L，R_{s1}^K，R_{s1}^L，可得到长短桩之间的相互作用修正公式：

$$\alpha_{ij}=\frac{\alpha_{ii}+\alpha_{jj}}{f_{1s}\cdot R_{1s}^K\cdot R_{s1}^L}\quad(l_i>l_j) \tag{11-4}$$

$$\alpha_{ij}=\frac{\alpha_{jj}}{f_{s1}\cdot R_{s1}^{K}\cdot R_{s1}^{L}}\quad (l_i<l_j) \tag{11-5}$$

式中：l_i 表示桩 i 的长度；l_j 表示桩 j 的长度；α_{ii} 表示桩长均为桩 i 长度的等长桩时，桩间的相互作用系数；α_{jj} 表示桩长均为桩 j 长度的等长桩时，桩间的相互作用系数；f_{1s} 和 f_{s1} 是与距径比、长度差和弹性刚度比有关的修正系数；R_{1s}^{K}，R_{1s}^{L}，R_{s1}^{K}，R_{s1}^{L} 是与桩土刚度比和长径比有关的修正系数，具体计算公式如下：

$$f_{1s}=\frac{A\cdot\ln(D_j/s)+B}{1\times10^{5}} \tag{11-6}$$

$$A=\exp\left\{\frac{A_n(E_s/E_b)^{4-n}}{1\times10^{4}}\right\}\ (n=1,2,3,4),\ A_n=\alpha_{A_n}(h/L_1)^2+\beta_{A_n}(h/L_1)+m_{A_n}$$

$$B=B_n(E_s/E_b)^{3-n}(n=1,2,3),\ B_n=\alpha_{B_n}(h/L_1)^2+\beta_{B_n}(h/L_1)+m_{B_n}$$

式中：D_j 表示较长桩的直径；s 表示桩距；E_s 和 E_b 分别表示桩侧土和桩端土的弹性模量；h 和 L_1 分别表示桩长差和较长桩的桩长；$\begin{bmatrix}\boldsymbol{\alpha}_{A_n}\\ \boldsymbol{\beta}_{A_n}\\ \boldsymbol{m}_{A_n}\end{bmatrix}=$ $\begin{bmatrix}5\,517 & -136\,431 & 25\,882 & 21\,419\\ -128\,817 & 266\,509 & -69\,907 & 4\,437.5\\ 55\,215 & -108\,536 & 26\,987 & 93\,903\end{bmatrix}$；$\begin{bmatrix}\boldsymbol{\alpha}_{B_n}\\ \boldsymbol{\beta}_{B_n}\\ \boldsymbol{m}_{B_n}\end{bmatrix}=\begin{bmatrix}-109\,113 & -42\,487 & 660\,219\\ 46\,376 & -179\,552 & 51\,276\\ 167\,406 & -366\,847 & 413\,296\end{bmatrix}$。

$$f_{s1}=\frac{C\cdot\ln(s/D_j)^2+D\cdot\ln(s/D_j)+E}{1\times10^{6}} \tag{11-7}$$

式中：$C=\exp\left\{\frac{C_n(E_s/E_b)^{3-n}}{1\times10^{4}}\right\}\ (n=1,2,3,4)$，$C_n=\beta_{C_n}\cdot\ln(h/L_1)+m_{C_n}$；

$D=-\exp\left\{\frac{D_n(E_s/E_b)^{3-n}}{1\times10^{4}}\right\}\ (n=1,2,3,4)$，$D_n=\beta_{D_n}\cdot\ln(h/L_1)+m_{D_n}$；

$E=E_n(E_s/E_b)^{3-n}(n=1,2,3)$，$E_n=\beta_{E_n}\cdot\ln(h/L_1)+m_{E_n}$；

$\begin{bmatrix}\boldsymbol{\beta}_{C_n}\\ \boldsymbol{m}_{C_n}\end{bmatrix}=\begin{bmatrix}4\,610.7 & 2\,776.8 & 398.01\\ -23\,868 & 22\,090 & 101\,847\end{bmatrix}$；$\begin{bmatrix}\boldsymbol{\beta}_{D_n}\\ \boldsymbol{m}_{D_n}\end{bmatrix}=\begin{bmatrix}1\,864.6 & 5\,127.9 & 91.189\\ -17\,566 & 12\,117 & 118\,549\end{bmatrix}$；

$\begin{bmatrix}\boldsymbol{\beta}_{E_n}\\ \boldsymbol{m}_{E_n}\end{bmatrix}=\begin{bmatrix}-61\,156 & 100\,166 & -72\,270\\ -611\,439 & 1\,099\,260 & 431\,828\end{bmatrix}$。

对于 $L_i > L_j$，有

$$R_{1s}^{K} = \frac{A_{1s_n}^{K} \cdot (K_p)^{3-n}}{1 \times 10^5} \tag{11-8}$$

$$A_{1s_n}^{K} = \alpha_{1s_n}^{K}(E_s/E_b)^2 + \beta_{1s_n}^{K}(E_s/E_b) + m_{1s_n}^{K}$$

式中：K_p 表示桩身材料与桩底土的弹性模量的比值；$\begin{bmatrix} \boldsymbol{\alpha}_{1s_n}^{K} \\ \boldsymbol{\beta}_{1s_n}^{K} \\ \boldsymbol{m}_{1s_n}^{K} \end{bmatrix} = \begin{bmatrix} 0.026 & -213.86 & 34\,988 \\ -0.006 & 24.8 & 182\,174 \\ -0.000\,2 & 8.89 & 44\,702 \end{bmatrix}$。

$$R_{1s}^{L} = \frac{A_{1s_n}^{L} \cdot (D_j/L_j)^{4-n}}{1 \times 10^5} \tag{11-9}$$

$$A_{1s_n}^{L} = \beta_{1s_n}^{L}(E_s/E_b) + m_{1s_n}^{L}$$

$A_{1s_n}^{L}$ 中各分项系数分为两种情况计算：当 $E_s/E_b \geqslant 0.1$ 时，有 $\begin{bmatrix} \boldsymbol{\beta}_{1s_n}^{L} \\ \boldsymbol{m}_{1s_n}^{L} \end{bmatrix} = \begin{bmatrix} 320\,596 & -4\,366 & -186 & 2.04 \\ 215\,675 & -10\,732 & 190 & -0.05 \end{bmatrix}$；当 $E_s/E_b \leqslant 0.1$ 时，有 $\begin{bmatrix} \boldsymbol{\beta}_{1s_n}^{L} \\ \boldsymbol{m}_{1s_n}^{L} \end{bmatrix} = \begin{bmatrix} 2\,953\,632 & -133\,883 & 1\,123 & -0.7 \\ -47\,629 & 2\,219 & 60 & 0.3 \end{bmatrix}$。

对于 $L_i < L_j$，有

$$R_{s1}^{K} = \frac{A_{s1_n}^{K} \cdot (K_p)^{3-n}}{1 \times 10^5} \tag{11-10}$$

$$A_{s1_n}^{K} = \alpha_{s1n}^{K}(E_s/E_b)^2 + \beta_{s1_n}^{K}(E_s/E_b) + m_{s1_n}^{K}$$

式中：$\begin{bmatrix} \boldsymbol{\alpha}_{s1_n}^{K} \\ \boldsymbol{\beta}_{s1_n}^{K} \\ \boldsymbol{m}_{s1_n}^{K} \end{bmatrix} = \begin{bmatrix} -0.028 & 506 & -2\,140\,959 \\ -0.01 & -166 & 667\,228 \\ -0.000\,05 & -4.7 & 133\,632 \end{bmatrix}$。

$$R_{s1}^{L}=\frac{A_{s1_n}^{L}\cdot(L_j/D_j)^2}{1\times10^6} \tag{11-11}$$

$$A_{s1_n}^{L}=\alpha_{s1_n}^{L}(E_s/E_b)^2+\beta_{s1_n}^{L}(E_s/E_b)+m_{s1_n}^{L}$$

式中：$\begin{bmatrix}\boldsymbol{\alpha}_{s1_n}^{L}\\ \boldsymbol{\beta}_{s1_n}^{L}\\ \boldsymbol{m}_{s1_n}^{L}\end{bmatrix}=\begin{bmatrix}313 & -194\,002 & 15\,685\,521\\ -77 & 52\,583 & -4\,252\,896\\ -4 & 1\,678 & 874\,788\end{bmatrix}$。

式(11-4)与式(11-5)中，未考虑等长桩之间的相互加筋效应。为进一步准确地反映长短桩间的相互作用，本章对上述公式中等长桩的相互作用系数进行修正。

等长群桩中某桩的最终沉降值由两部分组成：某桩在自身桩顶荷载作用下，考虑邻桩的加筋与遮帘效应而产生的沉降；邻桩在自身荷载作用下，考虑相互加筋与遮帘效应引起的某桩的沉降。具体分析如下：

(1) 当桩 i 独立存在且桩顶作用压力荷载 P_i 时，设 τ_{i0} 为桩 i 深度 z 处的摩阻力，产生的沉降为 w_{ii}。

(2) 桩 i 受荷载 P_i 作用且桩桩 j 顶无荷载时，考虑桩 i 对桩 j 的加筋效应，使桩 j 位移 w_{ji} 产生方向向上的折减位移 w_{jii}。考虑桩 j 对桩 i 的加筋效应，使桩 i 位移 w_{ii} 产生方向向上的折减位移 w_{iji}。桩 i 的实际位移为 w'_{ii}。

(3) 当桩 i 无荷载，桩 j 作用压力荷载 P_j 时，桩桩 j 侧剪应力 τ_{j0} 使桩 j 产生沉降 w_{jj}。τ_{j0} 沿径向传递，使桩 i 产生方向向下的被动沉降 w_{ij}，同时，考虑桩 i 对桩 j 的加筋效应，使桩 j 位移 w_{jj} 产生方向向上的折减 w_{jij}，桩 j 实际位移为 w'_{ii}；考虑桩 j 对桩 i 加筋效应，使桩 i 位移 w_{ij} 产生方向向上的折减位移 w_{ijj}，桩 i 的实际位移为 w'_{ij}。

群桩中基桩 i 的最终位移可表示为

$$w_i(z)=w'_{ii}(z)+w'_{ij}(z) \tag{11-12}$$

其中：

$$w'_{ii}(z)=w_{ii}(z)-w_{iji}(z) \tag{11-13}$$

$$w'_{ij}(z)=w_{ij}(z)-w_{ijj}(z) \tag{11-14}$$

同理，基桩 j 的最终位移为

$$w_j(z)=w'_{jj}(z)+w'_{ji}(z) \tag{11-15}$$

其中：

$$w'_{jj}(z)=w_{jj}(z)-w_{iji}(z) \tag{11-16}$$

$$w'_{ji}(z)=w_{ji}(z)-w_{jii}(z) \tag{11-17}$$

在式(11－13)至式(11－17)中的 $w_{iji}(z)$，$w_{ijj}(z)$，$w_{iji}(z)$ 和 $w_{jii}(z)$ 即为邻桩存在时，由于相互加筋效应引起的折减沉降。上述分析只考虑了一根邻桩的情况，实际上，在某桩的影响半径范围内，周围邻桩不止一根。因此，只需将各邻桩的相互加筋效应进行相应的叠加，就可以得到周围桩的存在引起的总沉降折减值。

桩 i 桩顶作用压力荷载 P_i 时，桩 j 存在且无荷载作用时，设 τ_{i0} 为桩 i 深度 z 处的摩阻力，则 τ_{i0} 在深度 z 处引起桩 i 桩周土体位移为

$$w_{ii}(z)=\frac{\tau_{i0}r_0}{G}\ln\left(\frac{r_m}{r_0}\right) \tag{11-18}$$

式中：r_m 为影响半径。由薄壁同心圆筒剪切变形模式，知桩 i 桩周的摩阻力 τ_{i0} 沿径向向外传递，则在桩 j 的同一深度 z 处的摩阻力可表示为

$$\tau_{ji}(z)=\frac{\tau_{i0}r_0}{S_{ij}}\quad(r_0\leqslant S_{ij}\leqslant r_m) \tag{11-19}$$

由于桩 j 存在及它们对桩 i 的加筋效应，上述桩侧摩阻力将在桩 j 桩周产生大小相等、方向向上的反作用力 τ'_{ji}，则 τ'_{ji} 引起桩 i 相同深度土体中向上的位移为

$$w_{iji}(z)=\frac{\tau_{i0}r_0}{S_{ij}}\frac{r_0}{G}\ln\left(\frac{r_m}{S_{ij}}\right)\quad(r_0\leqslant S_{ij}\leqslant r_m) \tag{11-20}$$

充分考虑相互加筋效应后，桩 i 桩顶作用荷载 P_i 引起的深度 z 处的实际位移为

$$w'_{ii}(z)=w_{ii}(z)-w_{iji}(z)=\frac{\tau_{i0}r_0}{G}\left[\ln\left(\frac{r_m}{r_0}\right)-\frac{r_0}{S_{ij}}\ln\left(\frac{r_m}{S_{ij}}\right)\right] \tag{11-21}$$

当桩 j 桩顶作用荷载为 P_j 时，设桩 j 的桩侧摩阻力为 τ_{j0}，则引起的桩 i 深度 z 处的位移可以表示为

$$w_{ij}(z)=\frac{\tau_{j0}r_0}{G}\ln\left(\frac{r_m}{S_{ij}}\right) \tag{11-22}$$

桩 j 的桩侧摩阻力 τ_{j0} 传递到桩 i 减小为 τ_{ij}，由于桩 i 的加筋效应，桩 i 桩侧将产生与 τ_{ij} 大小相等、方向相反的反作用力，其将在桩 i 桩侧产生位移：

$$w_{ijj}(z)=\frac{\tau_{j0}r_0}{S_{ij}}\frac{r_0}{G}\ln\left(\frac{r_m}{r_0}\right)\quad(r_0\leqslant S_{ij}\leqslant r_m)\tag{11-23}$$

综上，考虑桩 j 的相互加筋后，桩 i 的实际位移为

$$w'_{ij}(z)=w_{ij}(z)-w_{ijj}(z)=\frac{\tau_{j0}r_0}{G}\left[\ln\left(\frac{r_m}{S_{ij}}\right)-\frac{r_0}{S_{ij}}\ln\left(\frac{r_m}{r_0}\right)\right]\tag{11-24}$$

由式(11－21)充分考虑桩 i 对桩 j 的加筋效应后，桩 j 的实际位移为

$$w'_{jj}(z)=w_{jj}(z)-w_{iji}(z)=\frac{\tau_{j0}r_0}{G_s}\left[\ln\left(\frac{r_m}{r_0}\right)-\frac{r_0}{S_{ij}}\ln\left(\frac{r_m}{S_{ij}}\right)\right]\tag{11-25}$$

根据相互作用系数的概念，考虑周围其他基桩，充分考虑桩与桩之间相互加筋效应后的等长桩间相互作用系数计算公式为

$$\alpha_{ij}=\frac{w'_{ij}}{w'_{jj}}=\frac{\ln\left(\frac{r_m}{S_{ij}}\right)-\frac{r_0}{S_{ij}}\ln\left(\frac{r_m}{r_0}\right)}{\ln\left(\frac{r_m}{r_0}\right)-\sum\limits_{i=1,\ i\neq j}^{n_m}\frac{r_0}{S_{ij}}\ln\left(\frac{r_m}{S_{ij}}\right)}\tag{11-26}$$

式中：n_m 表示桩 i 影响半径范围内的有效基桩数。

综上，修正后长短桩的相互作用系数可表示为

$$\alpha'_{ij}=\frac{\alpha'_{ii}+\alpha'_{jj}}{f_{1s}\cdot R_{1s}^K\cdot R_{1s}^L}\quad(l_i>l_j)\tag{11-27}$$

$$\alpha'_{ij}=\frac{\alpha'_{jj}}{f_{s1}\cdot R_{s1}^K\cdot R_{s1}^L}\quad(l_i<l_j)\tag{11-28}$$

式中：α'_{ii} 和 α'_{jj} 可由式(11－26)计算。

11.2.3 参数敏感性分析

长短桩之间相互作用系数对不同的参数具有不同的参数敏感性，本节对此进行了相关研究。本节中设长短桩组合桩基础上较长桩的桩长为 l_i，桩径为 D_i，短桩的桩长为 l_j，桩径为 D_j。D_i 与 D_j 相等。桩身弹性模量为 30 GPa，桩侧土与桩底土的弹性模量比为 E_s/E_b。地基土为两层土，分界面是较长桩的桩

底水平面。下面具体分析桩侧土与桩底土的弹性模量比为 E_s/E_b、桩长差 h 和桩身与桩底土的弹性模量比 $K_p=E_p/E_s$ 对长短桩组合桩基础相互作用系数的影响。

1）桩侧与桩底土的弹性模量比 E_s/E_b 对相互作用系数的影响

假设长桩的桩长为 60 m，短桩长度为 40 m，桩侧土弹性模量为 4 MPa。分析桩底土弹性模量分别为 4 MPa，12 MPa，20 MPa，40 MPa，400 MPa 几种不同工况下，E_s/E_b 的值对相互作用系数的影响。长短桩不同工况示意图如图 11－3 所示。E_s/E_b 变化时的相互作用系数如图 11－4 所示。

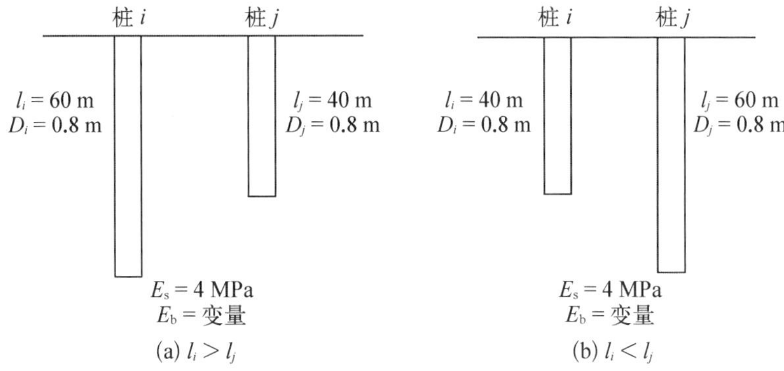

图 11－3　长短桩不同工况示意图

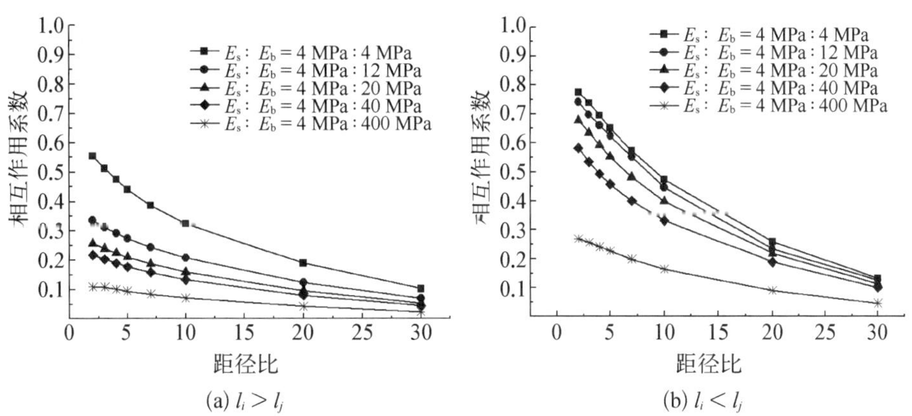

图 11－4　E_s/E_b 变化时的相互作用系数

从图 11－4 中可以看出，长桩对短桩的影响与短桩对长桩是不相同的，长短桩之间的相互作用系数均随着距径比 S/D 的增大而逐渐减小。当 S/D 低于 10 时，相互作用系数显著减小；当距径比大于 10 时，减小的趋势逐渐趋于平缓。随着桩侧土与桩端土弹性模量比值 E_s/E_b 的增加，无论是长桩对短桩还是短桩对长桩的相互作用系数均逐渐增大。

2）短桩长度对相互作用系数的影响

假定长桩的长度为 60 m，并保持不变。将短桩长度分别设置为 20 m，30 m，40 m 和 50 m 几种不同的长度值时，分析短桩长度对相互作用系数的影响，不同工况示意图如图 11－5 所示。短桩桩长不同时的相互作用系数变化如图 11－6 所示。

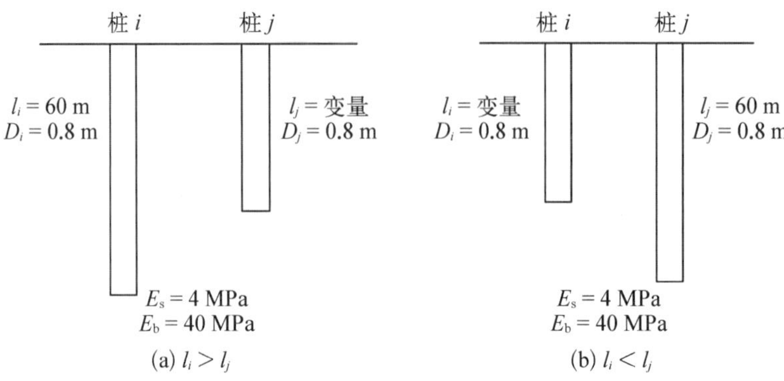

图 11－5　长短桩不同工况示意图

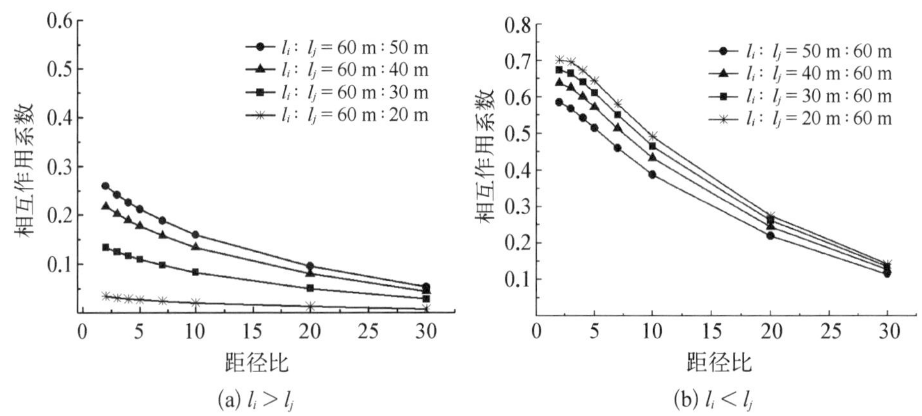

图 11－6　短桩桩长不同时的相互作用系数变化

从图 11－6 中可以看出：短桩长度不同，桩与桩之间的相互作用系数也会随之变化。随着桩距的增加，长短桩之间的相互影响是逐渐变弱的。对于 $l_i > l_j$，随着短桩长度的增加，长桩对短桩的相互作用系数逐渐增大。短桩长度从 20 m 增至 50 m 时，长桩对短桩的相互作用系数最大值由 0.046 增加到 0.268。对于 $l_i < l_j$，两桩的相互作用系数随着短桩长度的增加而明显减小。短桩桩长从 20 m 增加到 50 m 时，相互作用系数的最大值减小了 20.06%。可以看出，短

桩长度的变化对长桩对短桩的相互作用系数影响更为显著。

3）桩身与桩底土的弹性模量比 $K_p = E_p/E_s$ 对相互作用系数的影响

该分析中仍假定长短桩组合桩基础上的长桩桩长 60 m，短桩桩长 40 m，桩身弹性模量 30 GPa，保持不变。桩底土弹性模量取 4 MPa，桩侧土弹性模量 E_s 为变量。分别研究 K_p 为 7 500，2 500 和 1 500 时，即 E_s 分别为 4 MPa，12 MPa 和 20 MPa 时相互作用系数的变化。长短桩不同工况示意图如图 11－7 所示，K_p 变化时的相互作用系数如图 11－8 所示。

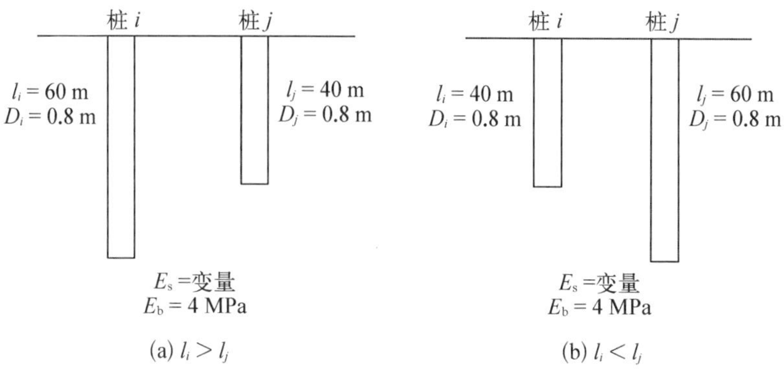

图 11－7　长短桩不同工况示意图

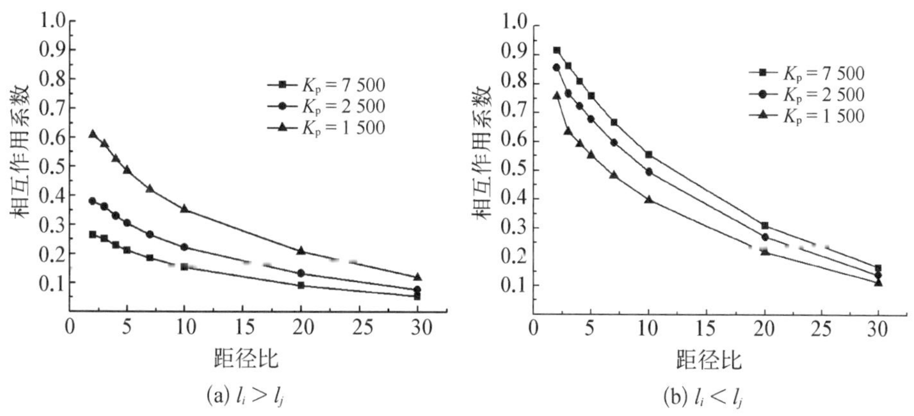

图 11－8　K_p 变化时的相互作用系数

图 11－8 揭示了长短桩之间的相互作用系数随桩土刚度比 K_p 的变化规律。对于 $l_i > l_j$ 的情况，长桩对短桩的相互作用系数随着桩土刚度比 K_p 的增大而减小。当桩土刚度比 K_p 从 1 500 增加到 7 500 时，长桩对短桩的相互作用系数的最大值从 0.607 6 减小到了 0.263 6，减小了 56.62%，说明桩土刚度比对长桩对短桩的相互作用系数影响更显著。对于 $l_i < l_j$ 的情况，短桩对长桩的相互作

用系数随着桩土刚度比的增大而增大。当桩土刚度比 K_p 从 1 500 增加到 7 500 时，不同两桩的相互作用系数最大值从 0.756 3 逐渐增加到 0.915 5，增加了 21.05%。

11.3 基于虚土桩的长短桩组合桩沉降分析

11.3.1 虚土桩计算模型

传统研究将桩端土体与桩的作用简化为弹性弹簧，弹簧可以设置成折线、非线性等不同的弹簧参数。但桩端土体的弹簧模型不能考虑桩底土体的成层性和土体性质变化对桩体位移的影响。虚土桩模型的提出能很好地反映层状桩端土体对桩体位移的影响。

在饱和均质地基土中，将桩端正下方至基岩与桩身半径相同的圆柱土体看作“土桩”，即“虚土桩”。该虚土桩的弹性模量等参数与原位置的实际土体参数一致。虚土桩的桩顶与实体桩的桩端紧密接触，这意味着实体桩的桩端力就是虚土桩的桩顶力，且实体桩的桩端位移等于虚土桩的桩顶位移。单桩的虚土桩力学模型如图 11 - 9 所示。图中符号 l_i 表示实体桩的桩长，l_v 表示虚土桩的长度，P 表示桩顶作用荷载，τ 表示桩侧摩阻力。

结合单桩沉降分析，将虚土桩模型应用于长短桩组合桩基础的沉降分析中，计算模型如图 11 - 10 所示。某长短组合群桩共 N 根桩，取群桩中的任意两根相邻的长桩 i 和短桩 j 进行分析。

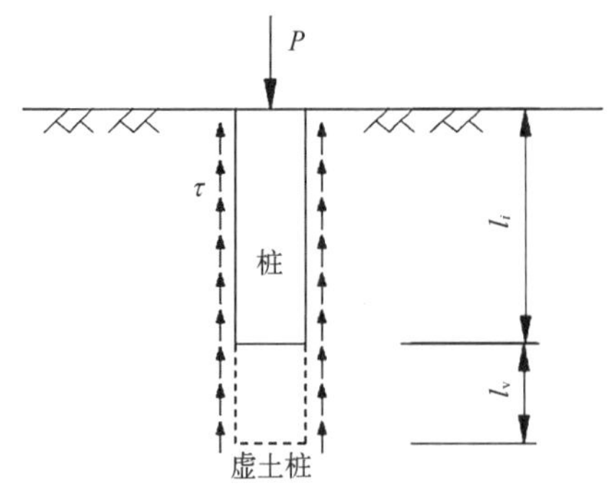

图 11 - 9 单桩的虚土桩力学模型

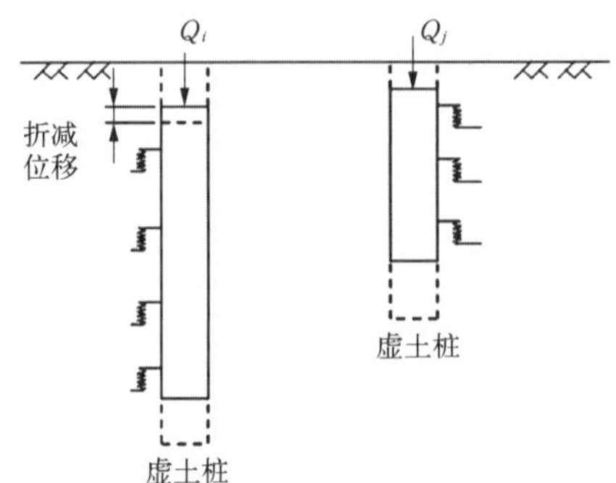

图 11 - 10 长短桩组合桩的虚土桩计算模型

图中长桩 i 的长度为 l_i，长桩桩端的虚土桩长度为 l_{iv}。短桩 j 的长度为 l_j，短桩桩端的虚土桩长度为 l_{jv}。S_{ij} 为桩 i 与桩 j 轴线间距离。对图 11 - 10

的计算模型做以下基本假设：

(1) 实体桩与虚土桩交界面间是完全接触的，交界面处的位移与应力是连续的，满足连续性条件。

(2) 桩周土体为各向均质弹性介质，不考虑土体的径向位移，仅考虑竖向位移。

(3) 研究的桩体为等截面圆柱桩，且桩土界面不发生相对滑动。

(4) 桩体某深度处的位移仅由该点的桩侧摩阻力引起。

(5) 虚土桩桩底处不发生位移，即 $S_{l_i+l_{iv}}=S_{l_j+l_{jv}}=0$。

11.3.2　位移计算

长短桩组合桩位移计算模型如图 11-11 所示。

由荷载传递法，桩身位移与轴力间关系及桩身的基本微分方程为

$$\begin{cases}\dfrac{\mathrm{d}w'_{ii}(z)}{\mathrm{d}z}=-\dfrac{Q_{ii}(z)}{EA_{\mathrm{p}}}\\ EA_{\mathrm{p}}\dfrac{\mathrm{d}^2w'_{ii}(z)}{\mathrm{d}z^2}-k_{ii}w'_{ii}(z)=0\end{cases}\tag{11-29}$$

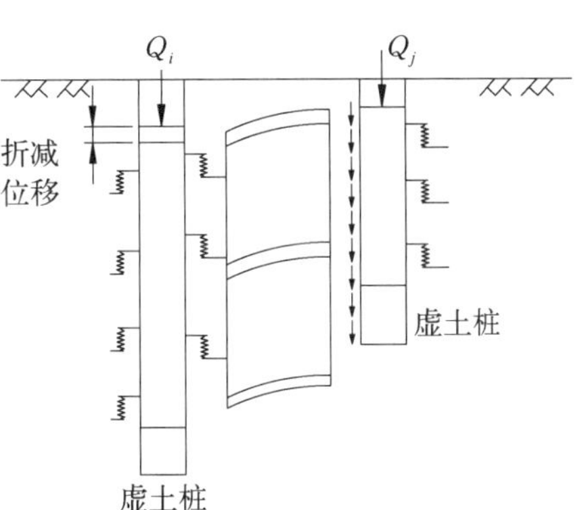

图 11-11　长短桩组合桩位移计算模型

式中：A_{p} 为桩体的横截面面积；E 为桩体弹性模量；G 为土体的剪切模量；r_0 表示桩身半径；r_{m} 为影响半径，即可以忽略桩周土剪应力的范围半径；k_{ii} 为桩 i 深度 z 处，桩侧单位厚度土的等效桩土弹簧刚度。

由式(11-21)可得，群桩基础上某桩 i 的实际沉降为

$$w'_{ii}(z)=w_{ii}(z)-\sum_{i=1,\ i\neq j}^{n_{\mathrm{m}}}w_{iji}(z)=\frac{\tau_{i0}r_0}{G_{\mathrm{s}}}\left[\ln\left(\frac{r_{\mathrm{m}}}{r_0}\right)-\sum_{i=1,\ i\neq j}^{n_{\mathrm{m}}}\frac{r_0}{S_{ij}}\ln\left(\frac{r_{\mathrm{m}}}{S_{ij}}\right)\right]\tag{11-30}$$

将式(11-30)进行改写，得到桩 i 桩侧单位厚度土的等效桩土弹簧刚度为

$$k_{ii}=\frac{2\pi G}{\ln\left(\dfrac{r_{\mathrm{m}}}{r_0}\right)-\displaystyle\sum_{i=1,\ i\neq j}^{n_{\mathrm{m}}}\frac{r_0}{S_{ij}}\ln\left(\frac{r_{\mathrm{m}}}{S_{ij}}\right)}\tag{11-31}$$

当地基土为单层均质土体时,求解式(11-29),可以得到桩身位移 $w'_{ii}(z)$ 与轴力 $Q_{ii}(z)$ 的通解为

$$\begin{cases} w'_{ii}(z)=c_1 e^{\lambda_{ii}z}+c_2 e^{-\lambda_{ii}z} \\ Q_{ii}(z)=-EA_p\lambda_{ii}(c_1 e^{\lambda_{ii}z}-c_2 e^{-\lambda_{ii}z}) \end{cases} \tag{11-32}$$

式中: c_1 和 c_2 为待定系数; λ_{ii} 可由下式计算。

$$\lambda_{ii}=\sqrt{k_{ii}/EA_p}=\sqrt{\frac{2\pi G_s}{\ln\left(\frac{r_m}{r_0}\right)-\sum_{i=1,\ i\neq j}^{n_m}\frac{r_0}{S_{ij}}\ln\left(\frac{r_m}{S_{ij}}\right)}\Bigg/EA_p} \tag{11-33}$$

将桩顶与桩底的边界条件以及力的平衡代入式(11-32),可以求出待定系数 c_1 和 c_2 的值,也就可以得到均质地基中桩身任一截面处的位移和轴力。

当研究成层地基时,将桩沿深度方向按土体分层分为连续的 n 段,任选其中的某一桩段 m 进行分析。将桩段 m 代入式(11-32),并改写成矩阵表达式,则第 m 桩段的桩顶与桩底的位移与轴力关系可表示为

$$\begin{Bmatrix} w'_{im}(0) \\ Q_{im}(0) \end{Bmatrix}=[T_m]\begin{Bmatrix} w'_{im}(l_m) \\ Q_{im}(l_m) \end{Bmatrix} \tag{11-34}$$

式中: $w'_{im}(0)$ 和 $w'_{im}(l_m)$ 分别为第 m 桩段桩顶和桩端的位移; $Q_{im}(0)$ 和 $Q_{im}(l_m)$ 分别表示第 m 桩段桩顶和桩端的轴力; l_m 为第 m 桩段的长度。

第 m 桩段桩顶与桩底的传递矩阵为

$$[T_m]=\begin{bmatrix} \cosh(\lambda_{ii}l_m) & \dfrac{1}{EA_p\lambda_{ii}}\sinh(\lambda_{ii}l_m) \\ EA_p\lambda_{ii}\sinh(\lambda_{ii}l_m) & \cosh(\lambda_{ii}l_m) \end{bmatrix} \tag{11-35}$$

根据荷载传递法原理,将 n 个桩段依次递推,可以得到桩顶与桩端沉降与轴力的表达式为

$$\begin{Bmatrix} w'_{ii}(0) \\ Q_i(0) \end{Bmatrix}=[T]_e\begin{Bmatrix} w'_{ii}(l_i) \\ Q_i(l_i) \end{Bmatrix} \tag{11-36}$$

式中: $w'_{ii}(0)$和 $w'_{ii}(l_i)$分别为桩 i 桩顶和桩端的位移; $Q_i(0)$ 和 $Q_i(l_i)$ 分别表示桩 i 桩顶和桩端的轴力; l_i 为桩 i 的长度;其中 $[T]_e=[T_1][T_2]\cdots[T_n]=\begin{bmatrix} t_1 & t_2 \\ t_3 & t_4 \end{bmatrix}$。

然后,对虚土桩进行分析。虚土桩是与实体桩半径相同的圆柱体。实体桩桩顶作用为 Q_i 时,在深度 z 处的虚土桩桩侧产生侧摩阻力 τ_{si}。各基桩的虚土桩之间没有相互作用,由剪切位移法基本原理,侧摩阻力 τ_{si} 引起的虚土桩沉降为

$$w_{iv}(z)=\frac{\tau_{si}r_0}{G}\ln\left(\frac{r_m}{r_0}\right) \tag{11-37}$$

假定虚土桩的桩底位移为0。虚土桩之间不产生相互作用。将虚土桩作为弹性模量为 E_s 的实体桩进行分析。由荷载传递法可得虚土桩位移与轴力微分方程:

$$\begin{cases}\dfrac{\mathrm{d}w_{iv}(z)}{\mathrm{d}z}=-\dfrac{Q_{iv}(z)}{E_sA_s}\\ E_sA_s\dfrac{\mathrm{d}^2w_{iv}(z)}{\mathrm{d}z^2}-k_{sii}w_{iv}(z)=0\end{cases} \tag{11-38}$$

式中:A_s 表示虚土桩的横截面面积,与实体桩横截面积相等,即 $A_s=A_p$;$w_{iv}(z)$ 表示虚土桩桩顶的沉降;$Q_{iv}(z)$ 表示桩 i 桩顶作用荷载为 Q_i 时,深度 z 处虚土桩的桩身轴力;E_s 表示桩底土体的弹性模量;r_0 表示虚土桩的半径;k_{sii} 为虚土桩的桩侧单位厚度土体的弹簧等效刚度系数。

k_{sii} 可用式(11-39)计算:

$$k_{sii}=\frac{2\pi G}{\ln\left(\dfrac{r_m}{r_0}\right)} \tag{11-39}$$

求解式(11-38),得到深度 z 处虚土桩的位移与轴力通解为

$$\begin{aligned}w_{iv}(z)&=c_3\mathrm{e}^{\lambda_{iv}z}+c_4\mathrm{e}^{-\lambda_{iv}z}\\ Q_{iv}(z)&=-E_sA_s\lambda_{iv}(c_3\mathrm{e}^{\lambda_{iv}z}-c_4\mathrm{e}^{-\lambda_{iv}z})\end{aligned} \tag{11-40}$$

式中:c_3 和 c_4 为待定系数;λ_{iv} 可由式(11-41)计算。

$$\lambda_{iv}=\sqrt{\frac{2\pi G}{\ln\left(\dfrac{r_m}{r_0}\right)}\Big/E_sA_p} \tag{11-41}$$

当虚土桩部分处在成层地基中时,按土体分层将虚土桩部分沿轴向分为 n

段。虚土桩桩顶与桩底的沉降与轴力关系可用以下的矩阵表达式表示：

$$\begin{bmatrix} w_{iv}(l_i) \\ Q_{iv}(l_i) \end{bmatrix} = [T'_n]_e \begin{bmatrix} w_{iv}(l_i + l_{iv}) \\ Q_{iv}(l_i + l_{iv}) \end{bmatrix} \tag{11-42}$$

式中：$[T'_n]_e = [T'_1][T'_2]\cdots[T'_n] = \begin{bmatrix} t'_1 & t'_2 \\ t'_3 & t'_4 \end{bmatrix}$。

$$[T'_m] = \begin{bmatrix} \cosh(\lambda'_{im} l'_{im}) & \dfrac{\sinh(\lambda'_{im} l'_{im})}{E_s A_s \lambda'_{im}} \\ E_s A_s \lambda'_{im} \sinh(\lambda'_{im} l'_{im}) & \cosh(\lambda'_{im} l'_{im}) \end{bmatrix} \tag{11-43}$$

根据实体桩桩底与虚土桩桩顶之间的位移协调和边界条件以及实体桩桩顶和虚土桩桩底的边界条件，可以得到边界方程如下：

$$\begin{cases} Q_{ii}(l_i) = Q_{iv}(l_i) \\ w'_{ii}(l_i) = w_{iv}(l_i) \\ Q_{ii}(0) = Q_i \\ w_{iv}(l_i + l_{iv}) = 0 \end{cases} \tag{11-44}$$

联立式(11－36)、式(11－42)、式(11－44)，实体桩桩顶与虚土桩桩底的矩阵关系式为

$$\begin{bmatrix} t_1 & t_2 \\ t_3 & t_4 \end{bmatrix} \begin{bmatrix} w'_{ii}(0) \\ Q_i \end{bmatrix} = \begin{bmatrix} t'_1 & t'_2 \\ t'_3 & t'_4 \end{bmatrix} \begin{bmatrix} 0 \\ Q_{iv}(l_i + l_{iv}) \end{bmatrix} \tag{11-45}$$

对式(11－45)进行求解，则桩 i 的桩顶荷载与位移的关系可由下式计算：

$$w'_{ii}(0) = \frac{t'_2 t_4 - t_2 t'_4}{t_1 t'_4 - t'_2 t_3} Q_i \tag{11-46}$$

利用相互作用系数法求解长短桩组合桩基础的沉降时，只需将相互作用系数和式(11－46)代入相应的公式即可。将修正的相互作用系数代入桩身控制微分方程，得到长短桩组合桩基础上桩 i 的桩顶沉降值为

$$\begin{aligned} w_i(z) &= w'_{ii}(z) + \sum_{j=1,\ j\neq i}^{n_m} w'_{ij}(z) \\ &= w'_{ii}(z) + \sum_{j=1,\ j\neq i}^{n_1} \alpha'_{ij} w'_{jj}(z) + \sum_{j=1,\ j\neq i}^{n_2} \alpha'_{ii} w'_{jj}(z) \end{aligned} \tag{11-47}$$

式中：n_{m} 为桩 i 影响半径范围内的有效基桩数量；n_1 表示桩 i 影响半径范围内的不等长桩数量；n_2 表示桩 i 影响半径范围内等长桩的数量。$n_{\mathrm{m}}=n_1+n_2$。

如果已知承台承担竖向荷载 Q，当群桩承台为刚性承台时，承台承担的总荷载由各基桩共同承担，各基桩的位移相同。群桩基础的沉降（$S_{ij}\leqslant r_{\mathrm{m}}$）为

$$\begin{cases} w_i\big|_{z=0}=w_j\big|_{z=0} \quad (1\leqslant i\leqslant n) \\ \sum Q_i=Q \end{cases} \tag{11-48}$$

式中：Q 为承台承担的总荷载；Q_i 为基桩 i 的桩顶荷载；n 为基桩数量。

当承台为柔性承台时，承台承受的荷载均匀地传递给各基桩。各基桩的桩顶荷载均相等。各桩桩顶位移（$S_{ij}\leqslant r_{\mathrm{m}}$）为

$$\begin{cases} Q_i=Q/n \quad (1\leqslant i\leqslant n) \\ z=0 \end{cases} \tag{11-49}$$

11.3.3　虚土桩长度取值

虚土桩的桩端边界条件是虚土桩桩端不发生沉降，即 $w_{i\mathrm{v}}(l_i+l_{i\mathrm{v}})=0$。在桩顶荷载作用下引起的桩端某一深度处沉降近似为零或该深度处产生的沉降占桩顶沉降的比例非常小，一般将该深度值当作虚土桩的临界深度。在计算中，将此临界深度当作虚土桩长度进行取值，虚土桩的长度变化对荷载位移曲线几乎没有影响。因此，虚土桩的计算长度可取为虚土桩的临界深度。

虚土桩长度取值会受到桩端土体性质和桩端应力情况的影响。虚土桩长度的取值会对长短桩组合桩的沉降计算产生影响。如果取值较小，就无法反映桩底土体的实际变形情况；取值较大则会加大计算难度，同时对勘察的要求也很高。虚土桩的长度即为桩端土体的压缩深度。

引入考虑距径比（l_{a}/d）的虚土桩的计算长度为

$$\begin{cases} z_n=B\left[1.2-0.3\left(\ln\dfrac{B}{10}+\ln\dfrac{l/d}{50}+\ln\dfrac{l_{\mathrm{a}}/d}{6}\right)\right] \\ \sigma_z\geqslant 50\ \mathrm{kPa} \end{cases} \tag{11-50}$$

11.4　实例分析与验证

算例 1：郭院成等以某郑州市工程为背景，进行了长短桩组合四桩的模型实

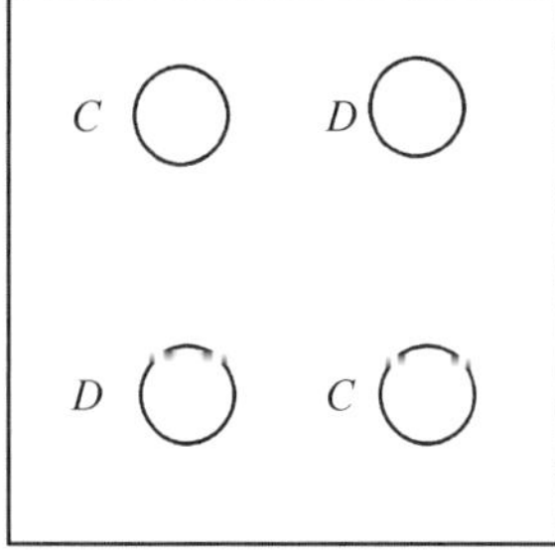

图 11-12　桩体具体布置

验。实验参数如表 11-1 所示。采用 400 mm×400 mm×30 mm 的承压板进行加载实验。承压板与地基土的相对刚度为 15.9，因此认为该承压板是刚性的。四根桩体呈梅花形布置，桩体具体布置如图 11-12 所示。较长桩的桩长为 4 000 mm，短桩的桩长为 2 500 mm。桩径 100 mm，通过立方体抗压强度实验得到桩身混凝土强度等级为 C55，桩身混凝土的弹性模量为 24 GPa。

表 11-1　实验参数

土层	c/(kPa)	ϕ	ρ/(kg/m^3)	w	E/MPa	v
参数	18	30.1	1 900	12.17	40.38	0.3

图 11-12 中，C 表示长桩，D 表示短桩。设 h 为长桩与短桩的桩长差，l_c 为较长桩的桩长。经过计算，得到与 E_s/E_b 和 h/l_c 相关的修正系数 $f_{1s}=2.638\,6$，$f_{s1}=0.929\,0$。相互作用系数计算值如表 11-2 所示。

表 11-2　相互作用系数计算值

桩号 i	α_{1i}	α_{2i}	α_{3i}	α_{4i}
1	—	0.708 9	0.435 9	0.708 9
2	0.327 0	—	0.327 0	0.435 9
3	0.435 9	0.708 9	—	0.708 9
4	0.327 0	0.435 9	0.327 0	—

采用本章提出的虚土桩方法，计算长短桩组合桩基沉降。由式(11-50)确定较长桩的虚土桩长度为 1.02 m，短桩的虚土桩长度为 1.08 m。承台承受极限承载力为 550 kN 时，郭院成等测得的长短桩组合桩基础的沉降值为 58.26 mm，沉降为 60.97 mm，两者的误差为 4.65%。本章方法计算值与实测值相近，表明提出的沉降计算方法是合理的且具有较好的准确性。

算例 2：基于九根桩的长短桩组合桩基础的室内模型实验，桩周土采用的土体类型为粉质黏土，土体的基本物理性质参数如表 11-3 所示。

表 11-3　土体的基本物理性质参数

土体	重度/(kN/m^3)	压缩模量/MPa	泊松比	内摩擦角/(°)	黏聚力/kPa	含水量/%
参数	18.3	6.3	0.3	17.8	11.0	25.7

该长短桩组合桩基础上包含 5 根长桩、4 根短桩。长桩与短桩桩径相等，均为 35 mm。长桩桩长为 600 mm，短桩桩长为 300 mm。桩体容重为 23 kN/m^3。桩距取 3 倍的桩体直径。承台尺寸为 360 mm×360 mm×20 mm。桩体呈梅花形分布，群桩布置示意图如图 11－13 所示，图中○表示长桩，●表示短桩。桩体基本物理性质如表 11－4 所示。

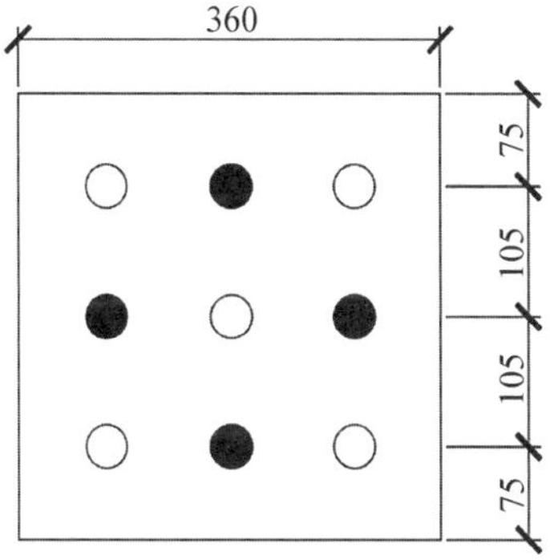

图 11－13　群桩布置示意图

该例采用作者基于 ABAQUS 建立的有限单元数值模型计算，桩侧土选用 Mohr-Coulomb 弹塑性模型，单元类型选择 C3D8R（八节点线性六面体单元）三维有限单元模型及网格划分如图 11－14 所示。

表 11－4　桩体基本物理性质

类　型	混凝土强度等级	抗压强度/MPa	弹性模量/GPa
长桩	C20	20.2	21.3
短桩	C15	14.9	15.2

图 11－15 为不同方法计算得到的荷载沉降曲线。从图中可知本章的理论方法计算得到的解析值与实验值和模拟值都随着荷载等级的增大而增大，三条曲线十分接近，且沉降速率均由慢变快。解析解及数值模拟计算结果两者均稍大于实验测得的沉降值。这主要是因为在实际实验过程中存在着褥垫层的作用，褥垫层分担了一小部分上部传递来的荷载，而在模拟和解析计算中忽略了褥垫层的作用，假设全部荷载都作用于桩基础，因此计算结果稍大。上述结果说明，本章解析方法能较好地反映长短桩组合桩基础的变形性能，精度满足要求。

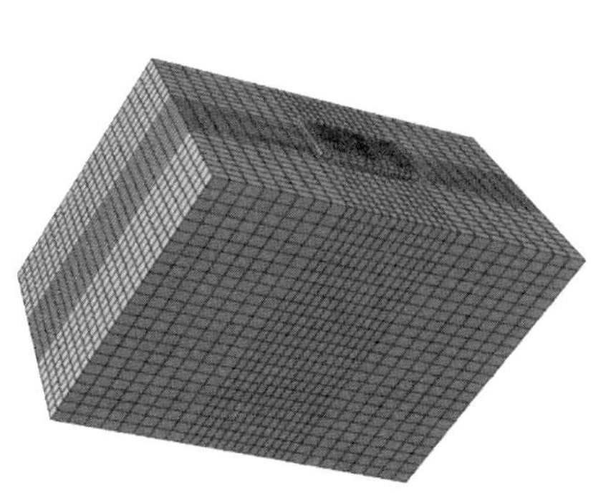

图 11－14　有限单元模型及网格划分

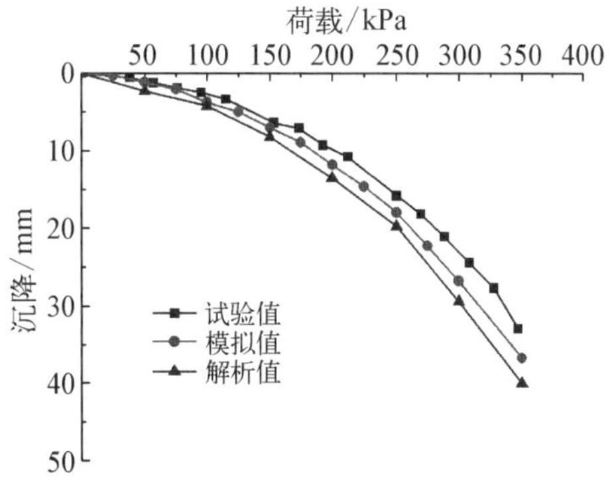

图 11－15　荷载沉降曲线

11.5 本章结论

在研究长短桩组合桩基础的相互作用机理基础上，充分考虑桩与桩之间的相互加筋效应，推导了适合长短桩组合桩基础上的两根等长桩之间相互作用系数。进而改进了长短桩相互作用系数近似计算公式。进行了长短桩间相互作用系数的参数敏感性分析，研究了桩长差、桩距和桩土模量比等不同因素对长短桩间的相互作用系数的影响。结果表明：长桩对短桩的相互作用系数和短桩对长桩的相互作用系数是不相同的，长桩对短桩的作用要强于短桩对长桩的作用；随着长短桩之间的桩长差逐渐增大，长桩对短桩的作用有所增加，而短桩对长桩的作用有所减小；随着桩距的增加，长短桩之间的相互作用均减小。

将桩端虚土桩模型应用于分析长短桩组合桩基础的变形分析中。利用边界条件和连续性假设，推导了实体桩桩顶与虚土桩桩底之间的轴力和位移传递矩阵。基于剪切位移法基本原理，充分考虑了长短桩之间的相互加筋效应，结合长短桩组合桩的工作性状和桩端虚土桩模型，提出了基于虚土桩模型的长短桩组合桩基础的沉降计算方法。通过与算例的对比发现，本章提出的沉降计算方法是合理的且具有较好的准确性。

第 12 章 波浪及船舶撞击下单桩动力稳定性分析

12.1 引言

随着人类对资源的需求，海洋资源的开发越来越受到重视。开发海洋资源就需要在海水中建设各种各样的设施和建筑方便海洋资源的开采和利用，如深水港口、海上钻井石油平台、海上风力发电基础以及跨海大桥等。海上的建筑和设施相比于陆地承受的环境荷载要更加复杂多变，具体表现为海上的建筑要承受海流荷载、地震荷载、风荷载、波浪荷载，以及波流荷载等所导致的对桩周土体的冲刷作用等的影响。这些荷载的作用既可能直接导致结构破坏，也可能导致结构承载能力下降从而发生失稳破坏，结构的失稳破坏相比于直接破坏更加难以察觉，造成的结果会更加严重。

海洋中的建筑除了自身的荷载之外，大多数时间承受的是波浪荷载的作用，而波浪的产生主要是由于海水受海风和气压、地壳运动等的影响，促使它离开原来的平衡位置，发生向前、向后、向上、向下的运动。波浪是一种有规律的周期性的起伏运动，当波浪运动到海上建筑和设施所在的区域时，受到建筑物的阻挡，流速会迅速减小而波幅会急剧增加，从而对海上建筑物产生巨大的冲击作用，且由于波浪荷载为一种周期性的荷载，这种冲击是循环作用，海上的建筑物要承受多次的波浪冲击作用，直到波浪的能量消耗殆尽，这对海上的建筑是一个比较大的挑战。在这种波浪的连续的有规律的冲击作用下，海上建筑物很容易发生破坏，尤其是当碰到极端的海啸、地震等自然灾害时，发生破坏的概率更会呈几何倍数上升。

波浪荷载除了会对建筑产生持续的冲击作用外，在波浪周期性的冲击作用下，建筑基础侧边的地基土也会被冲刷掉一部分，在长时间的持续冲刷中，会把建筑周边的地基土大量地冲刷掉，对建筑的承载能力产生巨大的威胁。例如，美国的洛克西海湾大桥的破坏，就是由于严重的冲刷作用将桥梁桩基础周边的土体大量地冲刷掉，从而导致桩基的侧向土体约束作用减弱，桩身承载能力不足，大桥在正常的荷载作用下发生严重破坏，在事发后的勘测现场，可以明显地看到桩基础周围的冲刷坑。

海上建筑所处的环境恶劣，承受的荷载多变且复杂，因此桩基础也是它们的首选的基础形式。海上建筑不仅要承受波浪、海流、地震等的作用，在某些时候还可能会受到船舶的撞击作用，尽管这种事件发生的概率较小，但是一旦发生将会对海上的建筑带来巨大的安全风险。目前的研究中普遍会将波浪荷载的作用和船舶的撞击作用分开，而在一些特殊的情况下可能会发生两种荷载同时冲击到桩身的情况，此时对于桩基来说将会有很大的安全风险，给上部建筑带来巨大的危害。因此，还需研究同时受到船舶和波浪荷载冲击时的动力稳定问题。

12.2 波浪荷载下模型建立及参数选取

12.2.1 模型建立

本书的桩基在海水中的动力稳定性模型如图 12-1 所示，图中分为两部分：一部分为桩身处于水中的部分，承受水平向波浪荷载作用，另一部分为桩身处于土体中的部分，该部分承受水平向的土体约束作用。其中有如下假设：

(1) 研究过程中忽略桩基的竖向振动，仅考虑横向振动。

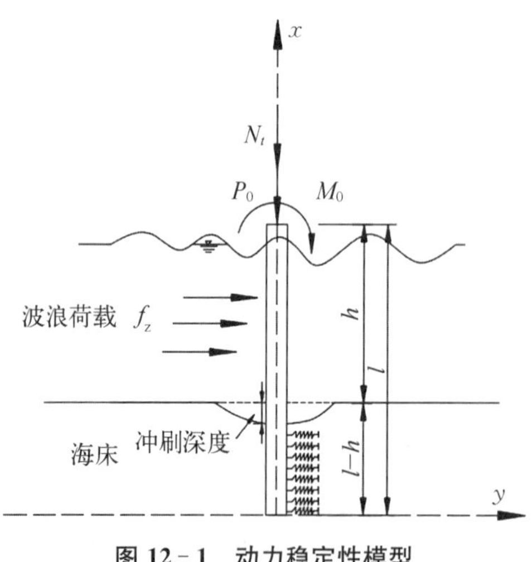

图 12-1 动力稳定性模型

(2) 采用线性波理论模拟波浪，假定水介质为不可压缩的无黏性理论流体，并作无旋运动。

(3) 桩基视为均匀的圆柱体，具有均匀的抗弯刚度和质量。

(4) 桩基边界条件视为下端嵌固，上端自由。

设桩基所承受的竖向荷载为 $P_0+N_t\cos(\theta t)$，P_0 为竖向静荷载，$N_t\cos(\theta t)$ 为竖向的简谐荷载；桩基横向荷载为波浪荷载 f_z，本章中波浪荷载采用绕射理论进行计算，波浪荷载按下式计算：

$$f_z = \frac{2\rho g H}{K} \cdot \frac{\cosh(Kz_1)}{\cosh(Kd_L)} f_A \cdot \cos(\omega t) \tag{12-1}$$

式中：$k = \frac{2\pi}{L}$，L 为波长；$\omega = \frac{2\pi}{T}$，T 为波浪的周期；ρ 为海水的密度，取 1 030 kg/m^3；g 为重力加速度，取 9.8 m/s^2；H 为波高；α 为相位角；z_1 为水深，d_L 为桩身入水深度(不包括入土部分)；$f_A = \frac{1}{\sqrt{[J_1'(\pi D/L)]^2 + [Y_1'(\pi D/L)]^2}}$，$J_1'$ 为一阶第一类贝塞尔函数，Y_1' 为一阶第二类贝塞尔函数。

桩侧土体的地基反力采用双参数法中 Pasternak 地基模型来确定，之前的研究中大多选择 Winkler 弹性地基反力法来计算，即认为地基表面任意一点的压力 p 与该点的位移 u 成正比，而与其他点的应力状态没有关系，该模型的实质就是把地基简化为许多相互之间不影响并且相互之间独立的线弹性弹簧。该方法的求解过程比较简单，比较适用于抗剪强度比较低的土体或者基础底面下塑性区相对比较大的地基土，但对于剪切刚度比较大的土体如果仍然使用 Winkler 地基模型法来进行计算，则会产生比较大的误差，而且 Winkler 地基模型无法考虑到地基土中应力的扩散和变形的影响，在实际应用中也会有比较多的限制，因此本章选择采用双参数地基模型法来计算地基反力(本章中双参数地基模型均指 Pasternak 地基模型)。地基反力 $q(x)$ 的表达式为

$$q(x) = ky - G_p \frac{\partial^2 y}{\partial x^2} \tag{12-2}$$

式中：$k = m_0 b_1$，$G_p = Gb_1$；m_0 为桩侧土体的抗力系数；G 为土体的剪切刚度；b_1 为计算宽度，当桩径 $d \geqslant 1$ 时 $b_1 = 0.9(d+1)$，当桩径 $d < 1$ 时 $b_1 = 0.9(1.5d + 0.5)$。

12.2.2　参数选取

由于桩基在波浪简谐荷载作用下发生振动，桩身在循环荷载下的振动会导致桩侧土体的软化或者退化，而规则波下的波浪荷载为一种周期性的循环荷载，因此对于桩侧土体抗力系数 m_0，本章采用实验得到的桩侧土体退化刚度公式计算：

$$m_0 = [0.938\,1e^{(-T_N/4.701\,1)} + 1.252\,9] \cdot [1.582\,3e^{(-N/417.248)} + 0.237\,8] \cdot m_0' \tag{12-3}$$

式中：T_N 为加载的周期；N 为荷载的循环次数；m_0' 取值参照规范推荐的公式：

$$m_0' = \frac{0.2\varphi^2 - \varphi + c}{\nu_b} \tag{12-4}$$

式中：φ 为土体的内摩擦角；ν_b 为横向位移。当地基土为分层土时，m_0' 值可以取不同土层的层厚加权平均值。

G 为土体的剪切刚度，G 的取值采用剪切刚度公式：

$$G = \frac{Eh_g}{6(1+\nu_s)} \tag{12-5}$$

式中：ν_s 为地基土的泊松比；E 为地基土的弹性模量；h_g 为地基土的剪切层厚度。本章依据对桩土相互作用数值分析结果，取 11 倍的桩径作为地基土的剪切层厚度。实际上，对于不同土体参数的地基，其剪切层厚度并不是完全相同的，剪切层的厚度会随着土壤参数的变化而变化，本章主要研究海床地基深厚软土中的桩基动力稳定问题，因此对这方面不作具体深入的探讨。当 $G_p = 0$ 时，双参数地基模型即退化为 Winkler 地基模型。

本章中桩基的边界条件简化为上部自由，下端嵌固，假设桩身横向位移挠曲函数为

$$y(x, t) = \sum_{i=1}^{n} f(t)\left[1 - \cos\frac{(2i-1)\pi x}{2l}\right] \tag{12-6}$$

该挠曲函数满足边界条件的要求，本章中选择 $i = 1$ 进行桩身位移计算。

12.3 能量控制方程

12.3.1 竖向简谐荷载情况下的能量方程

当仅考虑纵向简谐荷载时，即 $f_z = 0$，此时根据能量原理可以得到桩身的能量控制方程为

$$\Pi = U + V + T + D \tag{12-7}$$

式中：U 为桩土体系的内力势能，$U = U_s + U_p$，U_p 为桩身应变能，U_s 为桩侧土体应变能，采用 Pasternak 地基模型计算。

$$U_{p}=\frac{EI}{2}\int_{0}^{l}\left(\frac{\partial^{2}y}{\partial x^{2}}\right)^{2}\mathrm{d}x \tag{12-8}$$

$$U_{s}=\frac{1}{2}\int_{0}^{l-h}\left[k(l-h-x)y-G_{p}\frac{\partial^{2}y}{\partial x^{2}}\right]y\mathrm{d}x \tag{12-9}$$

V 为外力势能,包括桩顶荷载势能 V_{p},静水压力势能 V_{q0},以及桩顶的弯矩势能 V_{M_0}(M_0 为桩顶的初始弯矩)三部分,即

$$V_{p}=\frac{P_{0}+N_{t}\cos(\theta t)}{2}\int_{0}^{l}\left(\frac{\partial y}{\partial x}\right)^{2}\mathrm{d}x \tag{12-10}$$

$$V_{M_0}=M_{0}\cos(\theta t) \tag{12-11}$$

$$V_{q0}=\int_{l-h}^{l}\frac{l-x}{h}q_{0}y\mathrm{d}x \tag{12-12}$$

T 为动能,此处仅考虑桩身横向振动的动能,所以动能 T 为

$$T=\frac{1}{2}\int_{0}^{l}m\left(\frac{\partial y}{\partial t}\right)^{2}\mathrm{d}x \tag{12-13}$$

式中: m 为桩长的质量;l 为桩长。

阻尼势能:

$$D=\frac{1}{2}\int_{0}^{l}C\left(\frac{\partial y}{\partial t}\right)^{2}\mathrm{d}x \tag{12-14}$$

式中: C 为阻尼参数。

经过整理后桩身的能量方程如下所示:

$$\begin{cases} U=-\frac{EI}{2}\int_{0}^{l}\left(\frac{\partial^{2}y}{\partial x^{2}}\right)^{2}\mathrm{d}x-\frac{k}{2}\int_{0}^{l-h}(l-h-x)y^{2}\mathrm{d}x+\frac{G_{p}}{2}\int_{0}^{l-h}\left(\frac{\partial^{2}y}{\partial x^{2}}\right)y\mathrm{d}x \\ V=\frac{P_{0}+N_{t}\cos(\theta t)}{2}\int_{0}^{l}\left(\frac{\partial y}{\partial x}\right)^{2}\mathrm{d}x+M_{0}\cos(\theta t)+\int_{l-h}^{l}\frac{l-x}{h}q_{0}y\mathrm{d}x \\ T=\frac{1}{2}\int_{0}^{l}m\left(\frac{\partial y}{\partial t}\right)^{2}\mathrm{d}x \\ D=\frac{1}{2}\int_{0}^{l}C\left(\frac{\partial y}{\partial t}\right)^{2}\mathrm{d}x \end{cases} \tag{12-15}$$

由哈密顿原理可以得到

$$W(t)=T(t)-U(t),\ \frac{\mathrm{d}}{\mathrm{d}t}\left(\frac{\partial W}{\partial f'}\right)-\frac{\partial W}{\partial f}+\frac{\partial D}{\partial f'}=0 \tag{12-16}$$

将式(12-15)代入式(12-16)中,可以得到如下形式的微分动力方程:

$$f''(t)+\xi f'(t)+\Omega^2[1-2\mu\cos(\theta t)]f(t)=r_0+r\cos(\theta t) \tag{12-17}$$

式中:$\xi=C/m$;$\Omega^2=\lambda^2(1-P_0/\rho_1)$;$\lambda^2=\gamma/0.23ml$;$q_0$ 为静水压力,$q_0=\rho gh$。

$$\gamma=\frac{\pi^4 EI}{32l^3}+k\left[\frac{3(l+h)^2}{4}-\frac{l^2\sin^2\left(\frac{\pi h}{2l}\right)-8l^2\sin\left(\frac{\pi h}{2l}\right)+7l^2}{\pi^2}\right]-\frac{G_{\mathrm{p}}b_1\pi^2\left[l^2\pi^2+h^2+4l^2\cos\left(\frac{\pi h}{2l}\right)^2-2lh\pi^2\right]}{64l^4} \tag{12-18}$$

$$\rho_1=\frac{8l}{\pi^2}\cdot\left\{\frac{\pi^4 EI}{32l^3}+\frac{k}{2}\left[\frac{3(l+h)^2}{4}-\frac{l^2\sin^2\left(\frac{\pi h}{2l}\right)-8kl^2\sin\left(\frac{\pi h}{2l}\right)+7l^2}{\pi^2}\right]\right\} \tag{12-19}$$

$$\mu=\frac{P_{\mathrm{t}}}{2(\rho_1-P_0)} \tag{12-20}$$

$$r=\frac{1}{0.23ml}\frac{\pi M_0}{2l} \tag{12-21}$$

$$r_0=\frac{1}{0.23ml}\left[\frac{hq_0}{2}+\frac{2lq_0\cos\left(\frac{\pi h}{2l}\right)}{\pi}-\frac{4l^2q_0\sin\left(\frac{\pi h}{2l}\right)}{h\pi^2}\right] \tag{12-22}$$

式(12-17)即为动力稳定微分方程,此式很难得到精确解,故由方程的类依据半逆解法可得到近似解为

$$f(t)=a_0+a\sin(\theta t)+b\cos(\theta t) \tag{12-23}$$

式中:a_0, a, b 为方程的参数,将其代入式(12-17)中,通过合并同类项,可以得到如下的参数表达式:

$$\begin{cases}\Omega^2 a_0 + 0 \cdot a - \mu \Omega^2 b = r_0 \\ 0 \cdot a_0 + (\Omega^2 - \theta^2) a + \xi \theta b = 0 \\ 2\mu \Omega^2 a_0 + \xi \theta a + (\Omega^2 - \theta^2) b = r\end{cases} \tag{12-24}$$

求解上述非齐次线性方程组得

$$\begin{cases}a_0 = \dfrac{r_0}{\Omega^2} - \dfrac{\mu(r - 2\mu r_0)}{\left[\Omega^2(1 - 2\mu^2) - \theta^2 + \dfrac{\xi^2\theta^2}{\Omega^2 - \theta^2}\right]} \\ a = \dfrac{2\xi\theta(r - 2\mu r_0)}{(\Omega^2 - \theta^2)\left[\Omega^2(1 - 2\mu^2) - \theta^2 + \dfrac{\xi^2\theta^2}{\Omega^2 - \theta^2}\right]} \\ b = \dfrac{r - 2\mu r_0}{\Omega^2(1 - 2\mu^2) - \theta^2 + \dfrac{\xi^2\theta^2}{\Omega^2 - \theta^2}}\end{cases} \tag{12-25}$$

则振幅为

$$A = \sqrt{a^2 + b^2} = \frac{r - 2\mu r_0}{\Omega^2(1 - 2\mu^2) - \theta^2 + \dfrac{\xi^2\theta^2}{\Omega^2 - \theta^2}} \sqrt{\frac{\xi^2\theta^2}{(\Omega^2 - \theta^2)} + 1} \tag{12-26}$$

此时的激振参数的荷载临界频率为 $\theta = \Omega$。

12.3.2　波浪荷载作用下的桩身方程

当仅考虑横向简谐荷载时，纵向简谐荷载 $N_t\cos(\theta t) = 0$，此时式(12－7)发生变化，式(12－7)中的 V 外力势能一项中增加水平波浪荷载势能，竖向荷载势能去除简谐荷载项势能，V 变为

$$V = V_{p1} + V_b + V_{q0} + V_{M_0} \tag{12-27}$$

式中：V_{p1} 为不含简谐项的竖向荷载势能；V_b 为波浪荷载势能；剩余两项同上。

$$V_{p1} = -\frac{P}{2}\int_0^l \left(\frac{\partial y}{\partial x}\right)^2 dx \tag{12-28}$$

$$V_b = -\int_{l-h}^{l} f_z y \mathrm{d}x \tag{12-29}$$

此时桩身的能量方程变为

$$\begin{cases} U = -\dfrac{EI}{2}\displaystyle\int_0^l \left(\dfrac{\partial^2 y}{\partial x^2}\right)^2 \mathrm{d}x - \dfrac{k}{2}\displaystyle\int_0^{l-h} (l-h-x) y^2 \mathrm{d}x + \\ \quad \dfrac{G_p}{2}\displaystyle\int_0^{l-h} \left(\dfrac{\partial^2 y}{\partial x^2}\right) y \mathrm{d}x \\ V = \dfrac{P_0}{2}\displaystyle\int_0^l \left(\dfrac{\partial y}{\partial x}\right)^2 \mathrm{d}x + M_0 \cos(\theta t) + \displaystyle\int_{l-h}^{l} \dfrac{l-x}{h} q_0 y \mathrm{d}x + \\ \quad \displaystyle\int_{l-h}^{l} \left[\dfrac{2\rho g H}{K} \cdot \dfrac{\cosh(Kz)}{\cosh(Kd_1)} f_A \cdot \cos(\omega t)\right] y \mathrm{d}x \\ T = \dfrac{1}{2}\displaystyle\int_0^l m \left(\dfrac{\partial y}{\partial t}\right)^2 \mathrm{d}x \\ D = \dfrac{1}{2}\displaystyle\int_0^l C \left(\dfrac{\partial y}{\partial t}\right)^2 \mathrm{d}x \end{cases} \tag{12-30}$$

其余过程同上，而此时动力微分方程变为

$$f''(t) + \xi f'(t) + \Omega^2 f(t) = r_0 + r_1 \cos(\omega t) \tag{12-31}$$

此时式中的 r 变为 r_1：

$$r_1 = \frac{2\rho g H}{K} \cdot \frac{\cosh(Kz)}{\cosh(Kd)} + \frac{1}{0.23ml} \frac{\pi M_0}{2l} \tag{12-32}$$

此时的动力微分方程变为二阶非齐次线性常微分方程，可设 $f(t)$ 为

$$f(t) = a_{h0} + a_h \sin(\omega t) + b_h \cos(\omega t) \tag{12-33}$$

将式(12-33)代入式(12-31)可以得到

$$\begin{cases} a_{h0} = \dfrac{r_0}{\Omega^2} \\ a_h = \dfrac{r(\Omega^2 - \omega^2)}{\omega^4 - 2\omega^2\Omega^2 + \omega^2\xi^2 + \Omega^4} \\ b_h = \dfrac{-\omega\xi r}{\omega^4 - 2\omega^2\Omega^2 + \omega^2\xi^2 + \Omega^4} \end{cases} \tag{12-34}$$

此时振幅为

$$A_{\mathrm{h}}=\sqrt{a_{\mathrm{h}}^{2}+b_{\mathrm{h}}^{2}}=\frac{\sqrt{r^{2}(\Omega^{2}-\omega^{2})^{2}+\omega^{2}\xi^{2}r^{2}}}{\omega^{4}-2\omega^{2}\Omega^{2}+\omega^{2}\xi^{2}+\Omega^{4}} \tag{12-35}$$

参数共振的荷载临界频率为 $\omega=\Omega$，但此时振幅有所不同。

12.3.3　相同荷载频率下波浪和竖向简谐荷载共同作用的方程

此时的控制方程中同时考虑了竖向简谐荷载和水平的波浪荷载作用，能量控制方程中的外力势能 V 变为

$$V=V_{\mathrm{p}}+V_{\mathrm{b}}+V_{\mathrm{q0}}+V_{\mathrm{M_0}} \tag{12-36}$$

此时的桩身能量方程为

$$\begin{cases}U=-\dfrac{EI}{2}\displaystyle\int_0^l\left(\frac{\partial^2 y}{\partial x^2}\right)^2\mathrm{d}x-\frac{k}{2}\int_0^{l-h}(l-h-x)y^2\mathrm{d}x+\frac{G_{\mathrm{p}}}{2}\int_0^{l-h}\left(\frac{\partial^2 y}{\partial x^2}\right)y\mathrm{d}x\\ V=\dfrac{P_0+N_{\mathrm{t}}\cos(\theta t)}{2}\displaystyle\int_0^l\left(\frac{\partial y}{\partial x}\right)^2\mathrm{d}x+M_0\cos(\theta t)+\int_{l-h}^{l}\frac{l-x}{h}q_0y\mathrm{d}x+\\ \quad\displaystyle\int_{l-h}^{l}\left[\frac{2\rho gH}{K}\cdot\frac{\cosh(Kz)}{\cosh(Kd_1)}f_{\mathrm{A}}\cdot\cos(\theta t)\right]y\mathrm{d}x\\ T=\dfrac{1}{2}\displaystyle\int_0^l m\left(\frac{\partial y}{\partial t}\right)^2\mathrm{d}x\\ D=\dfrac{1}{2}\displaystyle\int_0^l C\left(\frac{\partial y}{\partial t}\right)^2\mathrm{d}x\end{cases} \tag{12-37}$$

此时的动力微分方程整理后为

$$f''(t)+\xi f'(t)+\Omega^2[1-2\mu\cos(\theta t)]f(t)=r_0+r_2\cos(\theta t) \tag{12-38}$$

此时

$$r_2=\frac{2\rho gH}{K}\cdot\frac{\cosh(Kz)}{\cosh(Kd)}+\frac{1}{0.23ml}\left(f_z+\frac{\pi M_0}{2l}\right) \tag{12-39}$$

设此时的动力微分方程解为

$$f(t)=a_{00}+a_{11}\sin(\theta t)+b_{11}\cos(\theta t) \tag{12-40}$$

将式(12-40)代入式(12-38)，得

$$\begin{cases} a_{00}=\dfrac{r_0}{\Omega^2}-\dfrac{\mu r_1+2\mu^2 r_0}{\Omega^2(1-2\mu^2)-\theta^2+\dfrac{\xi^2\theta^2}{\Omega^2-\theta^2}} \\ a_{11}=\dfrac{r_1+2\mu r_0}{\Omega^2(1-2\mu^2)-\theta^2+\dfrac{\xi^2\theta^2}{\Omega^2-\theta^2}}\cdot\dfrac{\xi\theta}{\Omega^2-\theta^2} \\ b_{11}=\dfrac{r_1+2\mu r_0}{\Omega^2(1-2\mu^2)-\theta^2+\dfrac{\xi^2\theta^2}{\Omega^2-\theta^2}} \end{cases} \tag{12-41}$$

此时振幅为

$$A_{11}=\sqrt{a_{11}^2+b_{11}^2}=\frac{r_1+2\mu r_0}{\Omega^2(1-2\mu^2)-\theta^2+\dfrac{\xi^2\theta^2}{\Omega^2-\theta^2}}\cdot\sqrt{1+\left(\frac{\xi\theta}{\Omega^2-\theta^2}\right)^2} \tag{12-42}$$

由式(12-42)可知,当荷载的频率 $\theta=\Omega$ 时,将发生参数共振,此时的 $\theta=\Omega$ 即为临界频率,但此时的振幅相比前两种情况也不相同。

12.3.4 不同荷载频率下波浪和竖向简谐荷载共同作用的方程

能量控制方程形式与前相同,但横向波浪荷载的频率变为 ω, $\omega\neq 0$, 此时的桩身能量方程为

$$\begin{cases} U=-\dfrac{EI}{2}\displaystyle\int_0^l\left(\frac{\partial^2 y}{\partial x^2}\right)^2\mathrm{d}x-\frac{k}{2}\int_0^{l-h}(l-h-x)y^2\mathrm{d}x+\frac{G_\mathrm{p}}{2}\int_0^{l-h}\left(\frac{\partial^2 y}{\partial x^2}\right)y\mathrm{d}x \\ V=\dfrac{P_0+P_\mathrm{t}\cos(\theta t)}{2}\displaystyle\int_0^l\left(\frac{\partial y}{\partial x}\right)^2\mathrm{d}x+M_0\cos(\theta t)+\int_{l-h}^{l}\frac{l-x}{h}q_0 y\mathrm{d}x+ \\ \qquad\displaystyle\int_{l-h}^{l}\left[\frac{2\rho g H}{K}\cdot\frac{\cosh(Kz)}{\cosh(Kd_l)}f_\mathrm{A}\cdot\cos(\omega t)\right]y\mathrm{d}x \\ T=\dfrac{1}{2}\displaystyle\int_0^l m\left(\frac{\partial y}{\partial t}\right)^2\mathrm{d}x \\ D=\dfrac{1}{2}\displaystyle\int_0^l C\left(\frac{\partial y}{\partial t}\right)^2\mathrm{d}x \end{cases} \tag{12-43}$$

运动微分方程形式也与前一小节相同,只是系数不同,求解后结果如下:

$$f''(t)+\xi f'(t)+\Omega^2[1-2\mu\cos(\theta t)]f(t)=r_0+r_1\cos(\omega t) \quad (12-44)$$

根据方程类型和半逆解法可得此时的方程近似解为

$$f(t)=a_{012}+a_{12}\sin(\theta t)+b_{12}\cos(\theta t)+c_{12}\sin(\omega t)+d_{12}\cos(\omega t) \quad (12-45)$$

将式(12-45)代入式(12-44)，得

$$\begin{cases} a_{012}=\dfrac{r_0(4\xi^2\theta^2+\theta^4-2\theta^2\Omega^2+\Omega^4)}{\Omega^2(\xi^2\theta^2+\theta^4+2\theta^2\Omega^2\mu^2-2\theta^2\Omega^2-2\Omega^4\mu^2+\Omega^4)} \\ a_{12}=\dfrac{2\xi\theta\mu r_0}{\xi^2\theta^2+\theta^4+2\theta^2\Omega^2\mu^2-2\theta^2\Omega^2-2\Omega^4\mu^2+\Omega^4} \\ b_{12}=\dfrac{-2\mu r_0(\theta^2-\Omega^2)}{\xi^2\theta^2+\theta^4+2\theta^2\Omega^2\mu^2-2\theta^2\Omega^2-2\Omega^4\mu^2+\Omega^4} \\ c_{12}=\dfrac{\xi\omega r}{\xi^2\omega^2+\Omega^4-2\Omega^2\omega^2+\omega^4} \\ d_{12}=\dfrac{r(\Omega^2-\omega^2)}{\xi^2\omega^2+\Omega^4-2\Omega^2\omega^2+\omega^4} \end{cases} \quad (12-46)$$

此时振幅为

$$\begin{aligned} A_{12}&=\sqrt{a_{12}^2+b_{12}^2+c_{12}^2+d_{12}^2} \\ &=\sqrt{\dfrac{4\xi^2\theta^2\mu^2r_0^2+4\mu^2r_0^2(\theta^2-\Omega^2)^2}{(\Omega^2-\theta^2)\left[\Omega^2(1-2\mu^2)-\theta^2+\dfrac{\xi^2\theta^2}{\Omega^2-\theta^2}\right]}+\dfrac{4\xi^2\omega^2r^2+r^2(\Omega^2-\omega^2)^2}{(\xi^2\omega^2+\Omega^4-2\Omega^2\omega^2+\omega^4)^2}} \end{aligned} \quad (12-47)$$

由式(12-47)可知当荷载的频率 $\theta=\Omega$ 或者 $\omega=\Omega$ 时，桩基将发生参数共振，与前面相同，但此时的振幅不同。

12.4　波浪荷载下单桩模型验证

为了验证理论解的准确性，本章采用有限单元软件 ABAQUS 进行了动态仿真分析，并将有限单元仿真结果与解析解的结果进行了对比，验证了推论的正确性。模型中桩土模型均采用三维实体单元，单元类型为 C3D8R，采用减缩积

分进行计算。单元划分总数为 89 345 个。边界条件设置如下：土的底面限制 x，y，z 3 个方向的位移；x 方向限制 x 方向的位移；y 方向限制 y 方向的位移；设置桩与土之间的接触。模型中，参数设置如下：桩长 $l=40$ m，桩径 $d=0.6$ m，$E=3\times10^4$ MPa，$I=\pi d^4/64$。土体采用莫尔-库仑模型，竖向荷载设为 $P_0=1\,000$ kN，$P_t=500\cos(\theta t)$，波浪荷载作为横向简谐荷载施加在桩身上。为了更真实地模拟桩土之间的相互作用关系，并且使得软件的计算过程能更快地收敛，在划分有限单元模型的网格时，将距离桩体较近的网格单元划分得更密更精准，而距离桩身单元较远的网格单元划分则相对较为稀疏。图 12-2 和图 12-3 是有限单元模型图，图 12-4 是理论解与有限单元解对比验证。

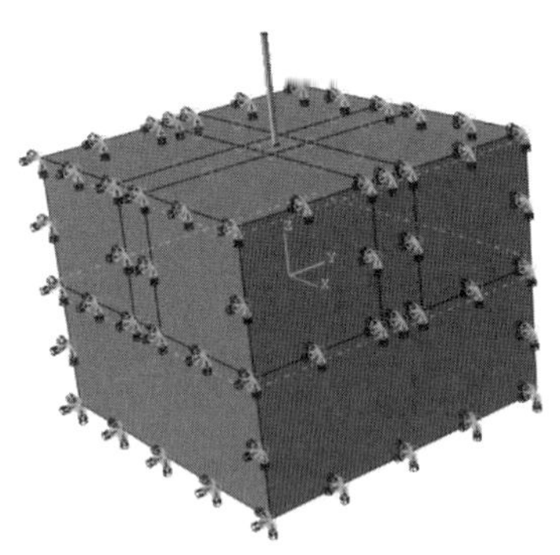

图 12-2　有限单元模型

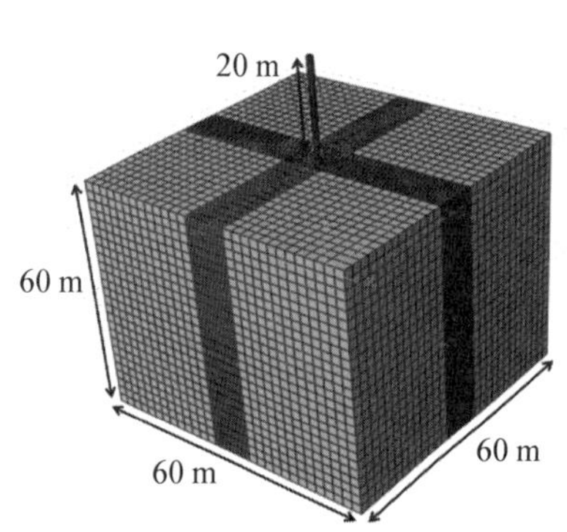

图 12-3　有限单元模型和网格划分

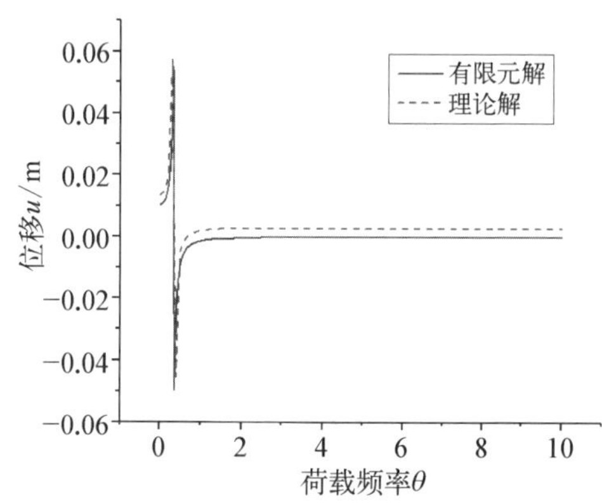

图 12-4　理论解与有限单元解对比验证

由图 12-4 可以看到，本章所推导的临界频率的理论解与有限单元解非常接近，共振区域基本相同，说明本理论推论是正确的。

12.5　波浪荷载下单桩失稳荷载计算

通过前面的能量方程可以得到关于振幅的计算公式，公式中含有参数桩顶的竖向荷载 N_t，通过对振幅的公式变换，可以得到简谐荷载作用下的失稳荷载，此处选择的振幅为式(12-42)，通过变换可以得到关于失稳荷载的公式，当

N_t 达到临界荷载时，振幅趋于无穷大，失稳荷载的表达式为

$$N_{tcr}=2(\rho_1-P_0)\sqrt{\frac{(\Omega^2-\theta^2)^2+\xi^2\theta^2}{2\Omega^2\mid\Omega^2-\theta^2\mid}} \tag{12-48}$$

由式(12-48)可知，失稳荷载与以下因素有关：Ω，θ，ρ_1，P_0。接下来，选取几个重要因素来分析失稳荷载。下面首先分析的是桩顶静荷载对 P_0 失稳荷载的影响，具体如图 12-5 所示，采用不同地基模型计算下的失稳荷载随 P_0 的变化。

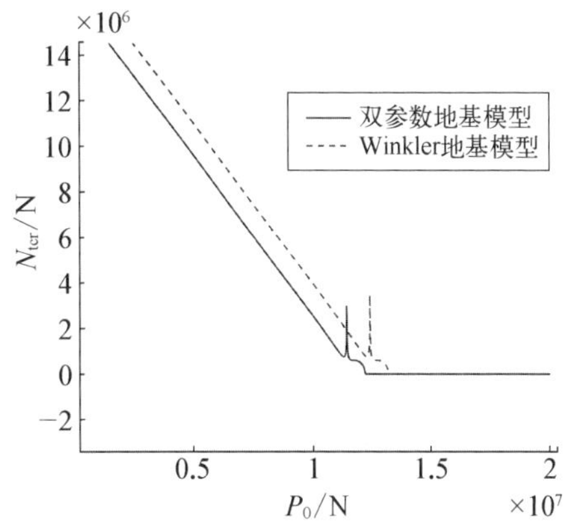

图 12-5　失稳荷载 N_{tcr} 随桩顶竖向静荷变化

图 12-5 显示了失稳荷载 N_{tcr} 与竖向静荷载 P_0 之间的关系。从图中可以看出，失稳荷载 N_{tcr} 随着 P_0 的增加呈线性减小；当 P_0 增大到一定值时，曲线发生突变，突变发生后，失稳荷载 N_{tcr} 瞬间减小到接近 0。通过分析发现，曲线出现突变的原因是此时突变处发生了参数共振，即荷载频率与临界频率相同，桩身处于不稳定区，此时，仅需要很小的力就可能导致桩基发生失稳，这对桩基的稳定性是非常不利的。

接下来进一步探讨了参数共振产生的原因，发现了一些有趣的现象：随着 P_0 的增加，临界荷载频率在降低，这与平时所接触的一般的共振现象不同，此时桩基的临界频率的取值不仅取决于桩本身的参数，还取决于许多其他因素，在下一部分的参数分析中，将会分析临界频率的具体影响因素。曲线突变过后，失稳荷载 N_{tcr} 的值瞬间趋于 0，然后随着 P_0 的持续增加，N_{tcr} 始终为 0。此时，这部分曲线不再具有实际意义，因为当它变为 0 时，桩已经不再稳定并很有可能发生了失稳破坏。此外，图中还比较了双参数地基模型和 Winkler 地基模型两种不同的地基模型下所计算的失稳荷载，通过对比发现采用双参数地基模型计算所得到的失稳荷载要小一些，这是由于在计算中采用 Pasternak 地基模型后，考虑了土体的剪切刚度后的结果，这表明相比于 Winkler 地基模型，双参数地基模型更加符合工程实际，采用双参数地基模型计算得到的结果会更加安全。

图 12-6 显示了 N_{tcr} 随桩身在水中的深度 h_0 的变化。从图中可以看出，随着 h_0 的增加，失稳荷载 N_{tcr} 先是迅速下降，下降的速度逐渐减慢，最后逐渐趋于平缓。实际上，h_0 的变化在一定程度上反映了波浪冲刷的作用，在恒定水深条

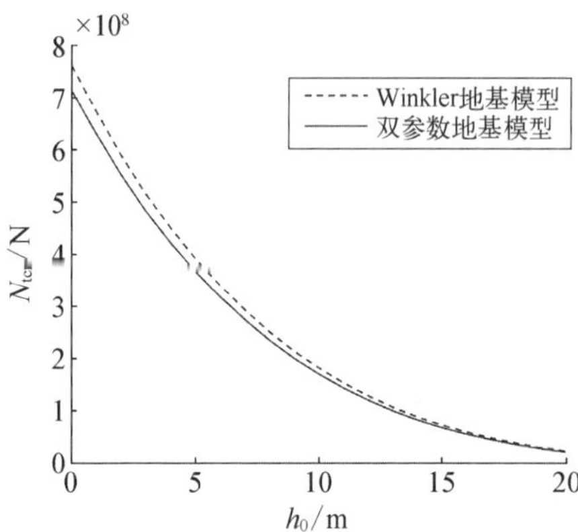

图 12-6 N_{tcr} 随桩身在水中深度 h_0 的变化

件下，随着波浪的不断冲刷，桩侧土体逐渐减少，桩基侧向的约束减弱，桩身自由长度增加，从而导致失稳荷载开始下降，稳定性降低。对比图中的两条曲线，双参数地基模型计算下的失稳荷载比 Winkler 地基模型计算下的要小，这再次表明采用考虑了剪切刚度后的双参数地基模型计算所得到的结论更加安全。

图 12-7 显示了 N_{tcr} 随桩侧水平阻力系数 k 不断增大时的变化。从中可以看出，当 k 很小时，失稳荷载 N_{tcr} 为 0，而随着 k 的增加，N_{tcr} 的值发生突变，突变过后，N_{tcr} 瞬间减小，之后又随 k 的增大而呈线性增大。通过分析后发现，这种情况的发生是由于当 k 值较小时，桩侧土体对桩身的约束作用很小，导致在竖向简谐荷载还没有施加的时候，仅在波浪荷载和竖向静荷载共同作用下，桩身就已经处于不稳定状态了；而随着 k 的不断增大，桩周土体的约束效应也逐渐增大，桩身的稳定性提高，且参数共振的频率也随之增大。当临界频率增大到与荷载频率相同时，桩身发生参数共振，出现不稳定区，即图中曲线突变处。当参数共振频率超过荷载频率时，随着 k 值的增大，失稳荷载又开始呈现线性增加，桩身的稳定性也逐渐开始提高。

此外，从桩顶位移 u 随时间 t 和桩顶荷载 N_t 的三维变化曲线图中也可以比较清楚地看出失稳荷载，如图 12-8 所示。从图中可以看出位移 u 突变的地方，

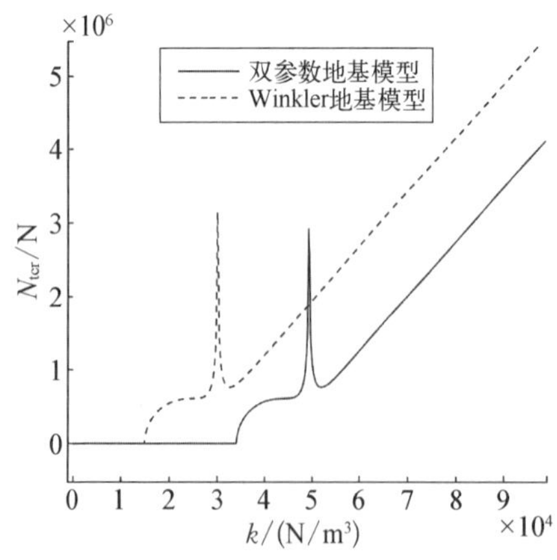

图 12-7 N_{trc} 随桩侧土体水平抗力系数 k 不断增大时的变化

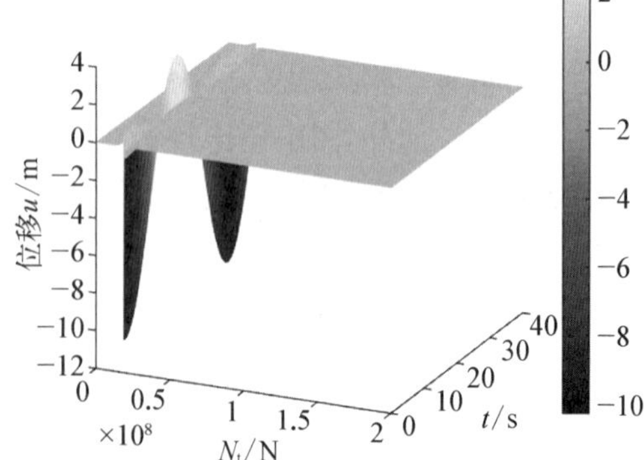

图 12-8 位移随 t 和桩顶荷载 N_t 变化曲线

所对应的 N_t 值就是失稳荷载，其他 N_t 值所对应的位移都在正常范围内。

12.6　波浪荷载下单桩参数分析

上述公式推导的过程表明，桩基础的动力响应与许多参数有关，如 Ω，μ，θ，f_z 和 m。选取几个对频率和振幅影响较大的因素进行了参数分析。根据工程实际，选取桩身参数如下：桩长 $l=45$ m，$h=15$ m，桩径 $d=0.6$ m，$E=3\times10^4$ MPa，$I=\pi d^4/64$，桩顶荷载为 $P_0=1\,000$ kN 和 $N_t=1\,000\cos(\theta t)$。根据海港水文资料，分析的初始波浪参数为波高 $H=3$ m，波长 $L=10$ m，波浪荷载频率 $\omega=0.2$，水深 h_0 为 15 m，波浪为规则波。在本章的参数分析中主要聚焦在公式推导中的四种情况，在下文中简称为情形 1、情形 2、情形 3 和情形 4，按顺序分别对应前面控制方程推导的四种情况：情形 1——对于仅承受桩顶竖向简谐荷载；情形 2——仅承受波浪荷载(水平向简谐荷载)；情形 3——同时承受竖向简谐荷载和水平向波浪荷载作用且荷载频率相同；情形 4——同时承受竖向简谐荷载和水平向波浪荷载作用但荷载频率不同。

12.6.1　临界频率影响因素分析

由前面的推导可知，临界荷载的频率为 Ω。首先，比较两个地基模型即 Winkler 地基模型和双参数地基模型对临界频率的影响，看两种模型计算下的桩身临界频率的差异，如图 12－9 所示。

图 12－9 中显示了情形 3(竖向简谐荷载和波浪荷载同时存在且荷载频率相同)下由双参数地基模型和 Winkler 地基模型计算的振幅随荷载频率增加的变化曲线。从图中可以清楚地看到振幅随荷载频率的变化，当振幅达到最大值时，相应的荷载频率即为参数共振频率，由于阻尼的存在，当荷载频率趋向于参数共振频率的时候，振幅没有趋于无穷大。另外，从图 12－9 中还可以看到不稳定区域

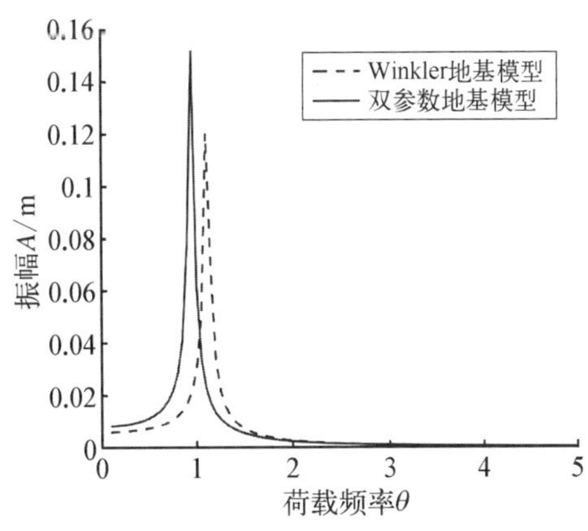

图 12－9　两种地基模型下临界频率对比

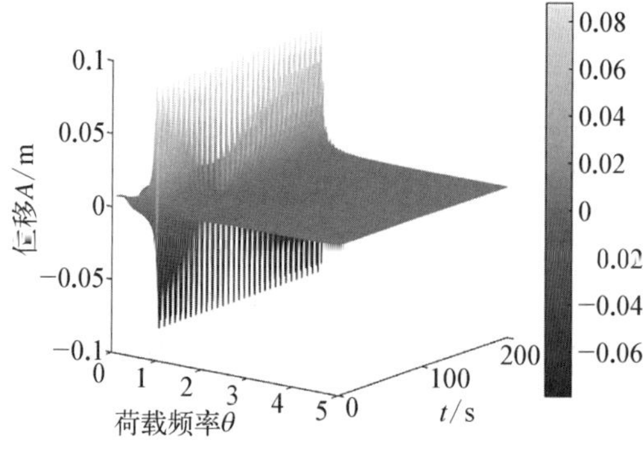

图 12-10 位移随荷载频率和时间的变化

主要存在临界频率相邻的 $|\delta|$ 范围之内，当跨越这个区域后，随着频率的变化振幅又逐渐趋于稳定状态。通过比较图中的两条曲线，可以看到双参数地基模型计算下的临界频率要低于 Winkler 地基模型计算下的临界频率，这与前面的失稳荷载计算时的结论是相同的。三维状态下的位移随时间和频率的变化曲线如图 12-10 所示，其中不稳定区域可以更直观地看到。

下面一部分将要分析桩土刚度比对临界频率的影响，桩土刚度比也是一个对桩身稳定性比较重要的影响因素。桩土刚度比采用以下推荐公式确定：

$$k_0=\sqrt{\frac{E}{G}}\frac{d}{l} \tag{12-49}$$

其中，桩土刚度比不仅与桩的弹性模量和土的剪切刚度有关，还与桩径 d 和桩长 l 有关。假定桩径 d 和桩长 l 是固定的，由于本书采用了 Pasternak 地基模型来计算土体的反力，因此该部分将通过改变地基土的剪切模量来改变桩土刚度比的比值大小，具体分析如图 12-11 所示。

图 12-11 是临界频率随桩土刚度比变化的曲线。图中显示，随着桩土刚度比的增大，临界频率呈非线性增加，且随着刚度比的增大，其速度也越来越快。这表明，提高桩土刚度比有利于提高桩基的临界频率，而提高临界频率对桩基的稳定性有比较重要的影响，这种影响可以用一个实例来说明：在上述波浪分析中，对于一般的波浪荷载，周期较大，频率较小，增大桩身的临界频率意味着波浪荷载的频率不容易达到与临界频率相同的值，从而降低了发生参数共振的风险，因此，换一句话说，提高临界频率就相当于提高了桩基的稳定性。

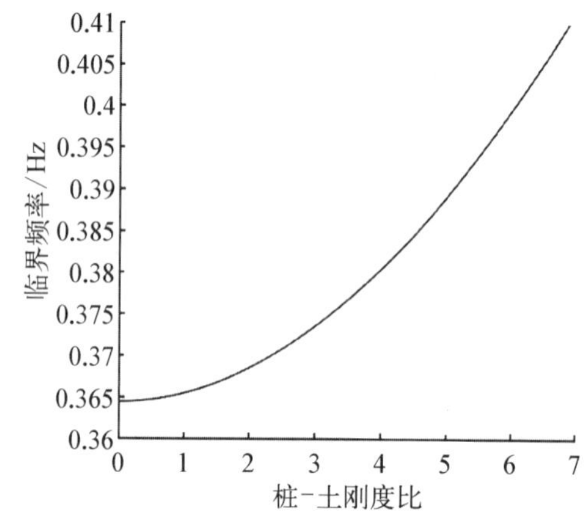

图 12-11 临界频率随桩土刚度比变化的曲线

图 12-12 显示了临界频率与质量 m 的关系。图中曲线表明，随着 m 的增加，临界频率迅速下降，随后下降的速度开始快速减缓，最后逐渐趋于平缓。如图 12-12 所示，临界频率曲线的变化表明，在一定范围内增加质量 m 可以有效地降低临界频率，但同时发现了此举存在有潜在的风险，这种风险来自当临界频率随质量 m 的增加而降低到与简谐荷载相同的频率时，容易发生参数共振，从而导致桩的失稳。因此，在实际工程的桩基设计过程中，需要考虑控制桩身质量 m 在一个合适的范围内，不宜过大也不宜过小，尽量避免这种意外情况的发生。

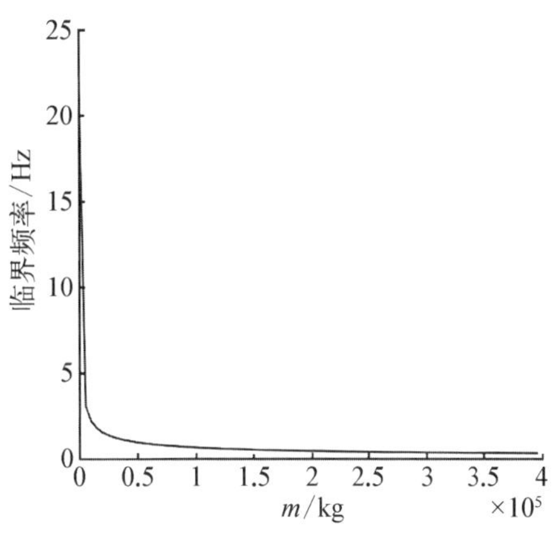

图 12-12　临界频率与质量 m 的关系

接下来主要分析桩侧土体水平抗力系数 k 和剪切刚度 G 对临界频率的影响。在前面的失稳荷载分析中，发现桩侧土体抗力系数 k 对临界频率有很大的影响，在这一节的分析中，可以更清楚地看到它是如何影响临界频率的。如图 12-13 所示，在一开始曲线中有一段临界频率值为 0。经分析发现，曲线出现临界频率为 0 直线段的原因是当 k 值较小时，土体的约束作用较小，桩基在波浪荷载和竖向荷载作用下已经发生失稳，之后，随着 k 值的增加，桩侧土的约束作用增强，临界频率逐渐增大。另外，图中两条曲线的比较再次证明了双参数法的优越性。如图 12-14 所示为剪切刚度 G 对临界频率的影响。图中曲线显示，随着 G 的不断增大，临界频率逐渐减小，几乎呈线性减小。比较图 12-13 和图 12-14，在相

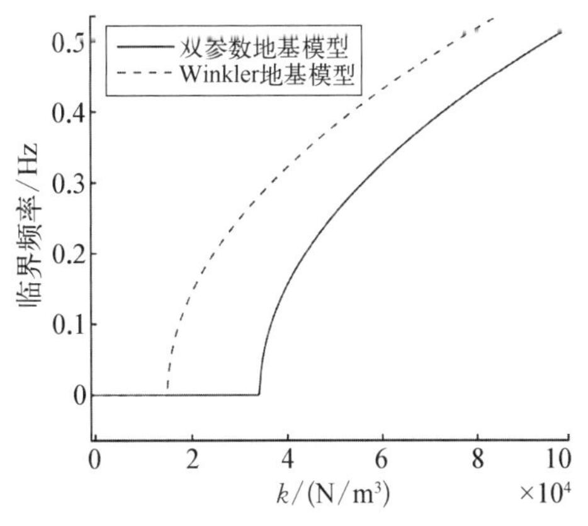

图 12-13　临界频率随 k 的变化

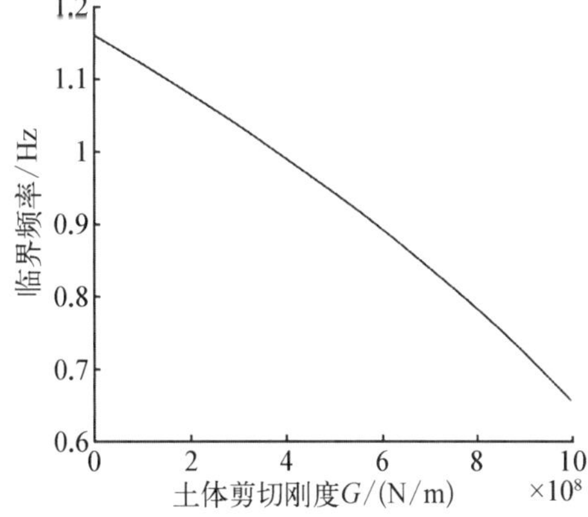

图 12-14　临界频率随土体剪切刚度的变化

同增量的情况下，剪切刚度 G 对频率的影响远小于桩侧土体抗力系数 k 的影响。

综合前面分析的内容，可以发现桩侧土体对桩的临界频率有很大的影响，桩侧土体的存在会增大桩的侧向约束作用，增大桩的临界频率和失稳荷载，进而有效地提高桩基的稳定性。因此，这也再一次说明，在实际工程中，采用双参数地基模型会更加安全，在实际的工程设计中应重点注意桩周土体的作用，并采取有效措施减少波浪荷载对桩周土的侵蚀冲刷，保持桩侧土的约束不受破坏，以保证桩身的稳定。

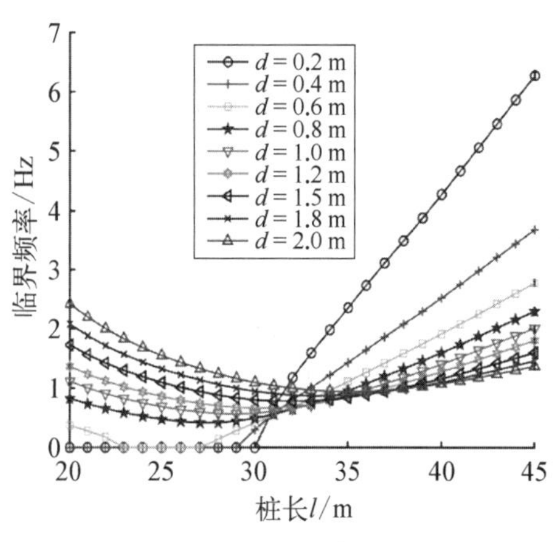

图 12-15　桩长 l 和桩径 d 对临界频率的影响

桩长和桩径作为桩基的重要组成因素，它的改变对桩身稳定也有比较大的影响，下面将要分析桩长和桩径的改变对临界频率的影响。在接下来的分析中，桩长 l 的增加是指地下部分桩长的增加，即桩进入海床深度的增加，而桩在海床外裸露的自由长度保持不变。桩长 l 的增加对频率影响如图 12-15 所示。

在图 12-15 的曲线中有一个有趣的现象，之前笔者推测临界频率会随着桩长的增加而降低，但是如图 12-15 中所示的曲线我们看到，当桩长较短时，随着桩长的增加临界频率在降低，然而当桩长增加到一定程度时，临界频率开始随着桩长的增加而逐渐增加。

通过研究发现，产生这种现象的原因是，当桩深入土中的长度较小时，土体对桩身的约束作用较小，对临界频率的提高作用也很小，而桩长的增加所导致的临界频率降低的作用却更为明显；随着桩长的增加，土体对桩基础的约束作用逐渐增大，当达到某一点时，两种作用达到平衡状态。随后，随着桩长的增加，土体深处的弹性模量增大，土体对桩身的约束作用越来越大，而桩长增加导致的临界频率降低作用相比土体的约束作用越来越小。因此，临界频率之后会随之开始增大。

另外，在曲线的前半部分，桩径 d 越大，对应的临界频率越大；而后半部分桩径 d 越小，临界频率越大。经过分析，出现这种情况的原因是当桩长达到一定长度时，桩径 d 越大，相同桩长下的质量越大，质量的增加对临界频率的降低作用更加明显(这在前面的分析中已得到证明),因此导致曲线后半段,桩径 d 越大,临界频率越低。所以,为了提高桩基础的稳定性,应选择合适的桩长和桩径来控制参数共振的临界频率,使其尽可能地远离经常出现的荷载的频率范围,避免发生参数共振。当桩径 d 较小时,随着桩长的增加,临界频率的值一部分变为 0,当曲线为 0 时,表示桩身已失稳,说明桩基的长径比不宜过大,否则桩身在自重荷载和静荷载的作用下可能会发生失稳。

在失稳荷载的研究中,我们提到了 P_0 对临界频率有一定的影响。在下面的研究中,将具体研究 P_0 对临界频率的影响,如图 12 - 16 所示。由图可知,随着 P_0 的增加,临界频率迅速下降,这证明了 P_0 的增加确实会影响临界频率的结论。增加 P_0 对临界频率的影响类似于桩身质量 m 对临界频率的影响,这两个因素都会降低临界频率,但影响的方式不同,随着 m 的增加,临界频率迅速下降,之后缓慢降低;而 P_0 对临界频率的影响则是随着 P_0 的增加,临界频率下降的速度越来越快,最终桩身失稳,临界频率变为 0 的直线段。

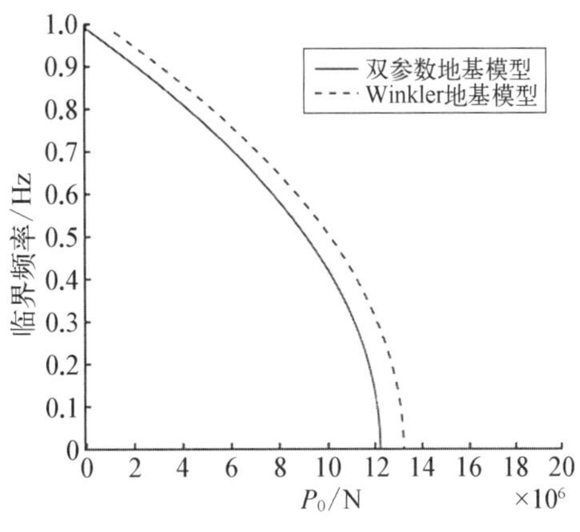

图 12 - 16　临界频率随 P_0 的变化

12.6.2　振幅影响因素分析

对于桩基的动力稳定性分析,不仅要考虑临界频率的影响,还要考虑其振幅的大小。当桩身的振幅过大时,可能会导致桩基础和桩周土体在荷载频率达到临界频率之前被破坏。因此本节将具体研究影响振幅的因素。

前面分析了桩土刚度比对临界频率的影响,事实上,桩土刚度比不仅影响桩身的临界频率,而且会影响桩身的振幅。

如图 12 - 17 所示为桩土刚度比对振幅的影响。图中显示,随着桩土刚度比的增大,振幅呈下降趋势,说明桩土刚度比对振幅有一定影响,具体影响的大小可以通过振幅减小的百分比来确定。由于桩身振幅较小,振幅减小的绝对值似乎不大,但就振幅减小百分比而言,桩土刚度比的影响相对较大。当桩土刚度比从 0 增大到 8 时,振幅减小约 30%,随着刚度比的增大,振幅将继续减小,最终趋于 0。分析表明,桩土刚度比对振幅还是有比较重要的影响,增大桩土刚度比也是降低振幅的重要措施之一。图中还比较了四种情况下的振幅变化。除了只有垂直简谐荷载的情况，振幅相对较小外，其他三种情况的振幅都相对大一些，这说明波浪荷载的存在对振幅还是有比较大的影响。

如图 12-18 所示为桩径 d 对振幅的变化图。曲线显示了四种情况下振幅随桩径 d 的变化趋势。在初始阶段，随着桩径 d 的增大，桩身振幅迅速减小，之后随着 d 的不断增大，振幅减小的速度开始减缓，四种情况下的振幅逐渐接近并趋近于 0，这说明增大桩径是减小振幅、提高桩身稳定性的一种比较有效的措施。比较四种情况下的振幅，情形 3 的振幅最大，且振幅随桩径 d 的增加而减小的速度逐渐减慢。情形 2 的振幅低于情形 3，高于情形 4，情形 1 的振幅最小。对比情形 4 和情形 2，发现随着桩径的增大，竖向简谐荷载和水平向波浪荷载同时存在但荷载频率不同时，竖向简谐荷载的存在会削弱桩身的振动幅值；比较情形 2、情形 3 和情形 4，当垂直简谐荷载和水平波浪荷载具有相同的频率时，由频率共振引起的振幅增加远大于由垂直简谐荷载导致的振幅降低。因此，尽量避免在实际工程中出现情形 3 这种情况。对比情形 1 和情形 2 的曲线，发现水平简谐荷载作用下桩的振幅远大于竖向简谐荷载作用下的振幅，说明水平波浪简谐荷载的存在对桩的水平振动起主要作用。

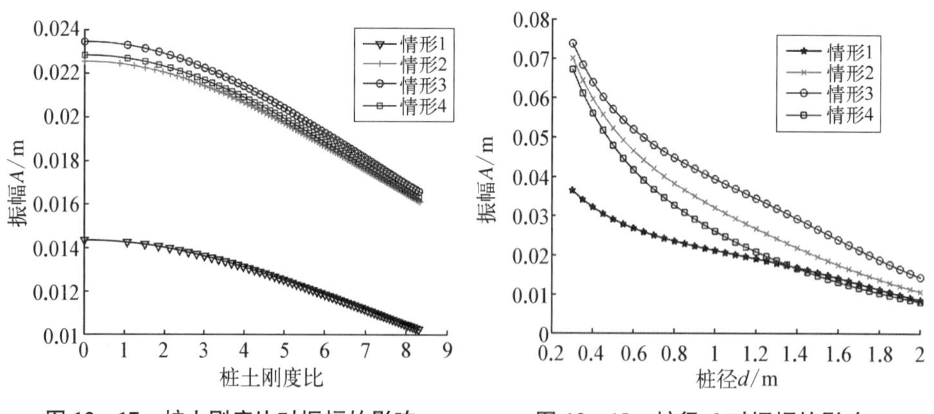

图 12-17　桩土刚度比对振幅的影响　　**图 12-18　桩径 d 对振幅的影响**

下面将分析波浪参数波高和波长对振幅的影响。在本小节中，由于情形 1 不涉及波浪荷载，因此仅分析其他三种情况。图 12-19 所示为振幅随波高的变化曲线(波长 $L=12$ m，波浪周期 $T=6$ s，水深 15 m)。

如图 12-19 所示，振幅随波高的增加主要呈现出线性增加的趋势，比较三种曲线的斜率，可以发现情形 3 的振幅增长速度最快，其次是情形 4，而情形 2 的增幅最慢；通过比较三种情况下的振幅增长速度，我们发现随着波高的增加，竖向简谐荷载的存在会引起振幅的轻微增加，振幅增加的速度也会增加，这与前面分析桩径 d 对振幅的影响时曲线相互之间的位置关系略有不同，在分析桩径 d 时，竖向简谐荷载的存在导致了振幅的减小，具体的原因在下面的波长分析中一同给出。

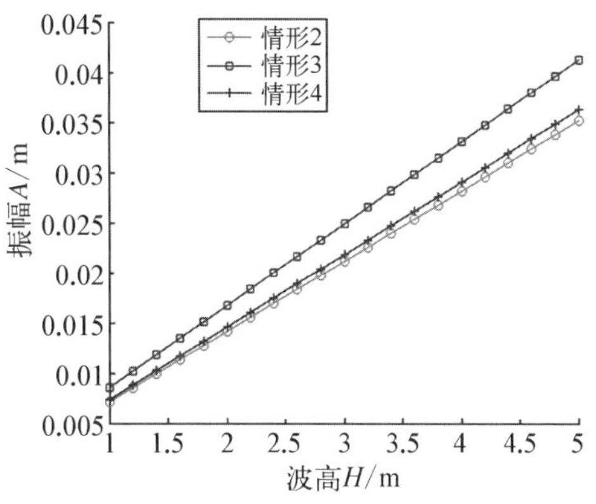

图 12－19　振幅随波浪的变化曲线

波长 L 对振幅的影响不同于波高 H，振幅不再是随波长 L 的增加而线性增加，而是呈现一种非线性增加的趋势，且振幅增加的速度越来越快。图 12－20 所示为振幅随波长 L 的增加而变化的曲线，图中三条曲线之间的关系与波高 H 的分析相同(波高 $H=0.6$ m，波浪周期 $T=6$ s，水深为 15 m)，但与前面分析桩径 d 对振幅的影响时竖向简谐荷载的存在对不同情形下振幅的位置关系影响也略有不同。结合前面的内容和该部分的两幅图分析后发现，出现这种情况的原因是在分析桩径 d 对振幅的影响时，随着桩径 d 的增大，不仅振幅会变化，同时桩径 d 的增大也改变了桩基的临界频率，而在分析振幅随波高和波长的变化中，临界频率没有发生任何变化，当分析波高和波长的影响时，如果选择的垂直简谐荷载的频率接近临界频率，就会出现如图 12－19、图 12－20 所示的与前面桩径分析时曲线的位置关系不一样的情况，这也说明了参数共振频率对桩基的稳定的重要性。

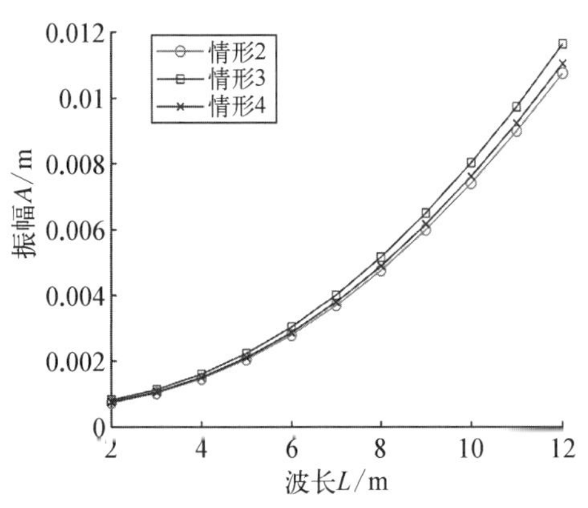

图 12－20　振幅随波长 L 的增加而变化的曲线

12.7　船舶撞击下单桩动力稳定性分析

12.7.1　结构模型

桩基模型简化如图 12－21 所示，图中，P 为桩顶的竖向荷载，M_0^t 为上部结构的简化质量块，f_{b1} 为波浪荷载，$(s-h)$为波浪荷载作用的高度范围，计算方法与上章相同，此处不再赘述；q_1 为船舶的撞击荷载，(h_0-s) 为船舶撞击荷载的作用范围，此处将 q_1 视为矩形荷载；土层中地基的反力采用双参数地基模型来计算，将土体的反力简化为互不影响的线性弹簧，同时考虑剪切作用的影响，s 为土层的厚度；图中的 $w(z,t)$ 为桩身的横向位移，$u(z,t)$ 为桩身的竖向位移。

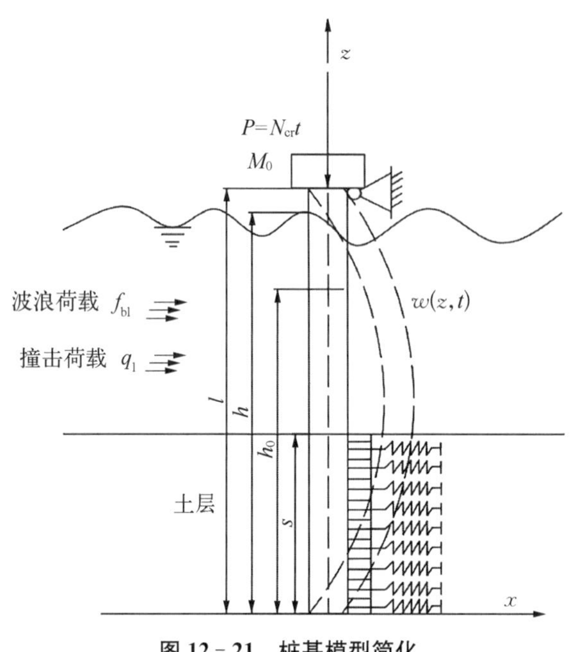

图 12-21　桩基模型简化

模型中的位移表达为

$$u(x,z,t)=u^0(z,t)-zw_{,x}(z,t) \tag{12-50}$$

$$w(x,z,t)=w^0(z,t) \tag{12-51}$$

式中：$u^0(t)$，$w^0(t)$ 分别为桩基的中面竖向位移和横向位移。

考虑几何的非线性应变分量可以表示为

$$\varepsilon_z=u_{,z}-xw_{,zz}+\frac{1}{2}\alpha w_x^2 \tag{12-52}$$

其余方向的应变为 0，α 为参数因子，当 $\alpha=0$ 时，即为不考虑几何非线性；当 $\alpha=1$，表示考虑几何非线性。

材料的应力-应变关系采用图 12-22 所示的线性关系。

$\sigma = E_e \varepsilon$，此处仅考虑弹性本构，即考虑 $\sigma < \sigma_s$ 的情况，$E_e \equiv E$。

通过本构方程和应力与内力之间的关系可知

$$N = EA\left(u_{,z} + \frac{1}{2}w_{,z}^2\right) \tag{12-53}$$

$$M = EIw_{,zz} \tag{12-54}$$

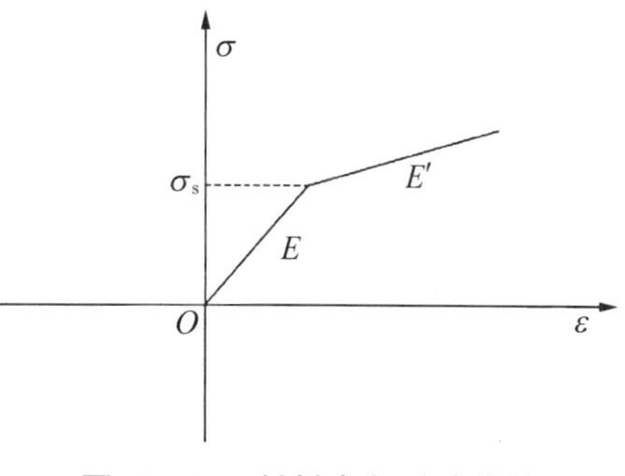

图 12-22 材料应力-应变曲线

式中：M 为桩身内的弯矩；N 为桩身的轴力；E 为桩身的弹性模量；A 为桩身的截面积；I 为桩身的截面惯性矩。

12.7.2 动力学方程建立

取桩身结构的部分进行内力分析，如图 12-23 所示。

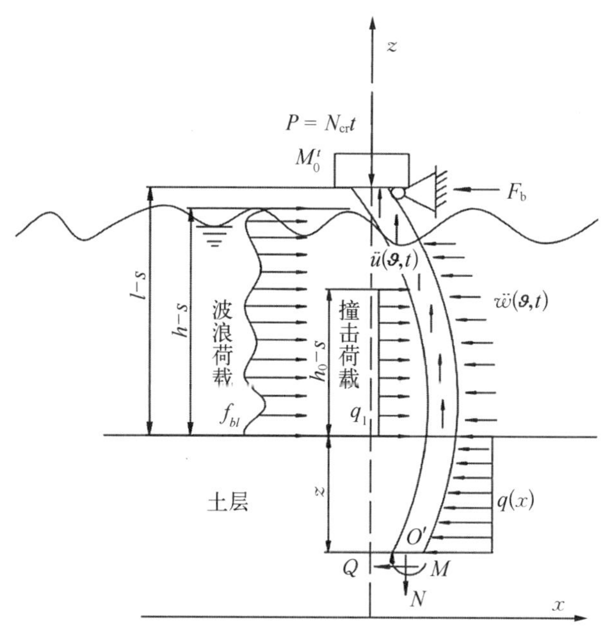

图 12-23 桩身部分结构计算模型图

图 12-23 中，M_0^t 为桩顶的等效质量块；P 为桩顶的竖向荷载；ϑ 为截取的桩身长度；$\ddot{w}_{zz}$ 为对 z 方向求二阶导；ρ 为桩身质量密度；A 为桩身截面积；f_{bl} 为波浪荷载的幅值，计算公式同前述；q_1 为船舶的撞击荷载。此处假设桩基顶

端为铰接，底部为固结，根据图 12－23 的桩身部分结构图，利用求解简单超静定梁的方法可以得到桩顶的支座反力 F_b 的计算如下：

$$F_b=\frac{1}{8l^3}\Big[-4\int_0^s[kw(z,t)-G\ddot{w}_{xx}(z,t)]z^2(3l-z)\mathrm{d}z+4\rho A\int_0^l\ddot{w}(z,t)z^2(3l-z)\mathrm{d}z+4\int_s^h f_{bl}(x)z^2(3l-z)\mathrm{d}z+4\int_s^{h_0}q_1z^2(3l-z)\mathrm{d}z\Big] \tag{12-55}$$

取某个任意的时刻桩身任意的一个 z 截面的上部进行分析，如图 12－23 所示，考虑桩身 z 方向的受力平衡和绕 O' 点的力矩平衡，得到如下的平衡方程：

$$M_0^t[g+\ddot{u}(l,t)]+P+\int_z^l\rho A\ddot{u}(\vartheta,t)\mathrm{d}\vartheta+EA\left[\frac{\partial u}{\partial z}+\frac{1}{2}\left(\frac{\partial w}{\partial z}\right)^2\right]=0 \tag{12-56}$$

$$\{M_0^t[g+\ddot{u}(l,t)]+P\}w(z,t)+EI\ddot{w}_{zz}+\left[\int_z^s kw(\vartheta,t)-G\ddot{w}(\vartheta,t)\right]\vartheta\mathrm{d}\vartheta-\int_s^h f_{bl}(\vartheta)\vartheta\mathrm{d}\vartheta-\int_s^{h_0}q_1\vartheta\mathrm{d}\vartheta-\int_z^l\rho A\ddot{w}(\vartheta,t)\vartheta\mathrm{d}\vartheta+\frac{1}{8l^3}\Big\{-4\int_0^s[kw(z,t)-G\ddot{w}(z,t)]z^2(3l-z)\mathrm{d}z+4\rho A\int_0^l\ddot{w}(z,t)z^2(3l-z)\mathrm{d}z+4\int_s^h f_{bl}(z)z^2(3l-z)\mathrm{d}z+4\int_s^{h_0}q_1z^2(3l-z)\mathrm{d}x\Big\}(l-z)=0 \tag{12-57}$$

根据桩身的位移边界条件，得

$$z=0,\ w(0,t)=0,\ w_{,z}(0,t)=0,\ u(0,t)=0 \tag{12-58}$$

$$z=l,\ w(l,t)=0,\ w_{,zz}(l,t)=0,\ N(l,t)=-M_0^tg-P \tag{12-59}$$

假设桩身在受到船舶和波浪撞击之前为静止状态，则方程的初始条件为

$$\dot{u}(z)\big|_{t=0}=0,u(z)\big|_{t=0}=0,\dot{w}(z)\big|_{t=0}=0,w(z)\big|_{t=0}=0 \tag{12-60}$$

根据初始条件和位移边界条件，结合前面的非线性动力微分方程可以将 u 和 w 求解得到，但是由于方程的复杂性，无法得到上述微分方程精确解，因此将采用数值计算方法求解。

12.7.3 数值求解

本节的数值计算方法将采用伽辽金方法和龙格-库塔法相结合的方式求解式(12-56)、式(12-57)。首先假设方程有如下形式的函数解：

$$u(z,t)=U(t)\sin\frac{\pi z}{2l}-\frac{(M_0^t g+P)z}{EA} \tag{12-61}$$

$$w(z,t)=W(t)\left(\cos\frac{\pi z}{2l}-\cos\frac{3\pi z}{2l}\right) \tag{12-62}$$

这两个形函数的解满足上述的位移边界条件式(13-9)、式(13-10)，将两个形函数解代入式(12-56)、式(12-57)中，得

$$M_0^t g+M_0^t\ddot{u}(t)+P+\int_z^l \rho A\left[\ddot{u}(t)\sin\frac{\pi\vartheta}{2l}-\frac{(M_0^t g+P)\vartheta}{EA}\right]\mathrm{d}\vartheta+ EA\left[U(t)\frac{\pi}{2l}\cos\frac{\pi z}{2l}-\frac{(M_0^t g+P)}{EA}\right]+\frac{EA}{2}\left[W(t)\left(\frac{3\pi}{2l}\right)\sin\frac{3\pi z}{2l}-\frac{\pi}{2l}\sin\frac{\pi z}{2l}\right]^2=0 \tag{12-63}$$

$$\begin{aligned}&[M_0^t g+M_0^t\ddot{u}(l,t)+P]\left[W(t)\left(\cos\frac{\pi z}{2l}-\cos\frac{3\pi z}{2l}\right)\right]+\\&\int_z^s\left\{kW(t)\left(\cos\frac{\pi\vartheta}{2l}-\cos\frac{3\pi\vartheta}{2l}\right)-GW(t)\left[\left(\frac{3\pi}{2l}\right)^2\cos\frac{3\pi\vartheta}{2l}-\left(\frac{\pi\vartheta}{2l}\right)^2\cos\frac{\pi\vartheta}{2l}\right]\vartheta\mathrm{d}\vartheta-\right.\\&\int_s^{h_0}q_1\vartheta\mathrm{d}\vartheta-\int_s^h f_{\mathrm{bl}}(\vartheta)\vartheta\mathrm{d}\vartheta+EI\left[W(t)\left(\left(\frac{3\pi}{2l}\right)^2\cos\frac{3\pi z}{2l}-\left(\frac{\pi z}{2l}\right)^2\cos\frac{\pi z}{2l}\right)\right]-\\&\int_z^l\rho A\left[\ddot{W}(t)\left(\cos\frac{\pi\vartheta}{2l}-\cos\frac{3\pi\vartheta}{2l}\right)\right]\vartheta\mathrm{d}\vartheta+\frac{1}{8l^3}\left[-4\int_0^s\left[kW(t)\left(\cos\frac{\pi z}{2l}-\cos\frac{3\pi z}{2l}\right)-\right.\right.\\&\left.GW(t)\left(\left(\frac{3\pi z}{2l}\right)^2\cos\frac{3\pi z}{2l}-\left(\frac{\pi z}{2l}\right)^2\cos\frac{\pi z}{2l}\right)\right]z^2(3l-z)\mathrm{d}z+\\&4\rho A\int_0^l\ddot{W}(t)\left(\cos\frac{\pi z}{2l}-\cos\frac{3\pi z}{2l}\right)z^2\cdot(3l-z)\mathrm{d}z+4\int_s^h f_{\mathrm{bl}}(z)z^2(3l-z)\mathrm{d}z+\\&\left.4\int_s^{h_0}q_1z^2(3l-z)\mathrm{d}z\right\}(l-z)=0\end{aligned} \tag{12-64}$$

将上述的两个方程采用伽辽金方法进行处理后可以得到如下仅含有时间变量的非线性动力微分控制方程：

$$\lambda_1\ddot{U}(t)+\lambda_2 U(t)+\lambda_3 W^2(t)=0 \tag{12-65}$$

$$\lambda_4 W(t)+\lambda_5\ddot{U}(t)W(t)+\lambda_6\ddot{W}(t)=\lambda_7 \tag{12-66}$$

其中$\lambda_1\sim\lambda_7$为通过伽辽金方法积分后所得到的微分方程的系数，该系数主要通过前面的方程来进行计算，计算公式为

$$\lambda_1=\int_0^l \sin\frac{\pi z}{2l}\left[M_0+\int_{z_1}^l \rho A\left(\sin\frac{\pi\vartheta}{2l}\right)\mathrm{d}\vartheta\right]\mathrm{d}x \tag{12-67}$$

$$\lambda_2=\int_0^l \sin\frac{\pi z}{2l}\left(EA\,\frac{\pi}{2l}\cos\frac{\pi z}{2l}\right)\mathrm{d}x \tag{12-68}$$

$$\lambda_3=\int_0^l \sin\frac{3\pi z}{2l}\left[\frac{EA}{2}\left(\frac{3\pi}{2l}\sin\frac{3\pi z}{2l}-\frac{\pi}{2l}\sin\frac{\pi z}{2l}\right)^2\right]\mathrm{d}z \tag{12-69}$$

$$\begin{aligned}\lambda_4=&\int_0^l (M_0 g+p)\left(\cos\frac{\pi z}{2l}-\cos\frac{3\pi z}{2l}\right)\left(\cos\frac{\pi z}{2l}-\cos\frac{3\pi z}{2l}\right)\mathrm{d}z+\\&\int_0^l EI\left[\left(\frac{3\pi}{2L}\right)^2\cos\frac{3\pi z}{2L}-\left(\frac{\pi}{2L}\right)^2\cos\frac{\pi z}{2L}\right]\left(\cos\frac{\pi z}{2l}-\cos\frac{3\pi z}{2l}\right)\mathrm{d}z+\\&\int_0^l\int_{z_1}^s\left\{k\left(\cos\frac{\pi\vartheta}{2l}-\cos\frac{3\pi\vartheta}{2l}\right)-G\left[\left(\frac{3\pi\vartheta}{2l}\right)^2\cos\frac{3\pi\vartheta}{2l}-\left(\frac{\pi\vartheta}{2l}\right)^2\cos\frac{\pi\vartheta}{2l}\right]\right\}\cdot\\&\vartheta\mathrm{d}\vartheta\left(\cos\frac{\pi z}{2l}-\cos\frac{3\pi z}{2l}\right)\mathrm{d}z-\int_0^l\int_0^l\left\{\frac{(l-z)}{2l^3}\left[k\left(\cos\frac{\pi z}{2l}-\cos\frac{3\pi z}{2l}\right)-\right.\right.\\&\left.\left.G\left(\left(\frac{3\pi z}{2l}\right)^2\cos\frac{3\pi z}{2l}-\left(\frac{\pi z}{2l}\right)^2\cos\frac{\pi z}{2l}\right)\right]z^2(3l-z)\mathrm{d}z\right\}\cdot\left(\cos\frac{\pi z}{2l}-\cos\frac{3\pi z}{2l}\right)\mathrm{d}z\end{aligned} \tag{12-70}$$

$$\lambda_5=\int_0^l\left[M_0\left(\cos\frac{\pi z}{2l}-\cos\frac{3\pi z}{2l}\right)\right]\left(\cos\frac{\pi z}{2l}-\cos\frac{3\pi z}{2l}\right)\mathrm{d}z \tag{12-71}$$

$$\begin{aligned}\lambda_6=&\int_0^l\frac{\rho A(l-z_1)}{2l^3}\left[\int_0^l\left(\cos\frac{\pi z}{2l}-\cos\frac{3\pi z}{2l}\right)z^2(3l-z)\mathrm{d}z\right]\left(\cos\frac{\pi z}{2l}-\cos\frac{3\pi z}{2l}\right)\mathrm{d}z-\\&\int_0^l\int_z^l\rho A\left(\cos\frac{\pi\vartheta}{2l}-\cos\frac{3\pi\vartheta}{2l}\right)\vartheta\mathrm{d}\vartheta\left(\cos\frac{\pi z}{2l}-\cos\frac{3\pi z}{2l}\right)\mathrm{d}z\end{aligned} \tag{12-72}$$

$$\begin{aligned}\lambda_7=&\int_0^l\left(\cos\frac{\pi z}{2l}-\cos\frac{3\pi z}{2l}\right)\left[\int_s^{h_0}q_1\vartheta\mathrm{d}\vartheta+\int_s^h f_{\mathrm{bl}}(\vartheta)\vartheta\mathrm{d}\vartheta-\frac{l-z}{2l^3}\int_s^h f_{\mathrm{bl}}(z)z^2(3l-z)\mathrm{d}z-\right.\\&\left.\frac{l-z}{2l^3}\int_s^{h_0}q_1 z^2(3l-z)\right]\mathrm{d}z\end{aligned} \tag{12-73}$$

通过对式(12-67)、式(12-68)进行数值计算即可得到 U 和 W 的数值解，然后将其代回到函数解式(12-61)和式(12-62)中，即可以得到桩身的位移响应函数 $u(z,t)$，$w(z,t)$。该小节的数值计算部分采用四阶的龙格-库塔方法进行计算，得到桩身的位移响应函数之后，通过绘制出桩身的位移时程曲线，然后根据 B-R 准则(结构在微小冲击作用增量下引起剧烈响应增量，则认为结构发生屈曲失稳破坏)判断得到桩身的失稳荷载。

12.8 船舶撞击下单桩模型验证

本节采用 ABAQUS 有限单元软件进行了建模分析并验证理论解的正确性。桩身和土体模型单元均采用三维实体单元，单元类型为 C3D8R，减缩积分，沙漏控制，总单元数为 30 458；模型尺寸取为桩长 $l=55$ m，桩径 $d=2$ m，土体模型为 60 m×50 m×60 m 的立方体。参数选取为：桩身弹性模量 $E=30$ GPa，泊松比为 0.2，桩身嵌入土体的深度为 30 m，$\rho=2.6\times10^3$ kg/m^3；模型边界条件设置为底端固定，x 方向限制 x 方向的位移，y 方向限制 y 方向的位移；波浪荷载和船舶的撞击荷载均通过计算后直接施加到桩身的相应位置处，桩土界面处设置接触。为了更真实地模拟桩土之间的相互作用关系，并且使得软件的计算过程能更快地收敛，在划分有限单元模型的网格时，将距离桩体较近的网格单元划分得更密更精准，而距离桩身单元较远的网格单元划分则相对较为稀疏，这样的网格划分有助于提高数值分析的精度并加快有限单元计算过程的收敛速度。有限单元模型的荷载施加和网格划分具体如图 12-24 和图 12-25 所示。

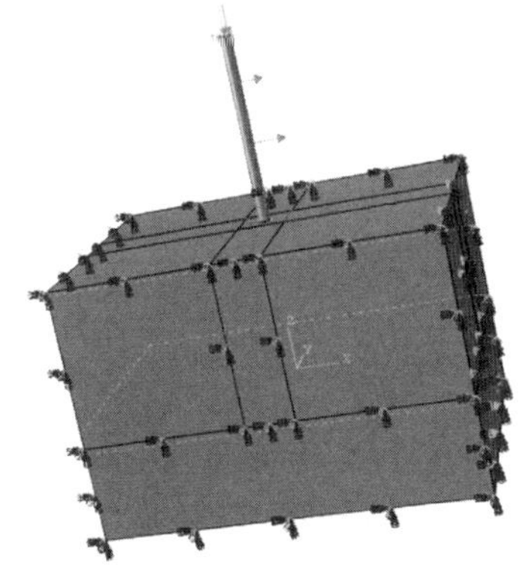

图 12-24 有限单元模型的荷载施加

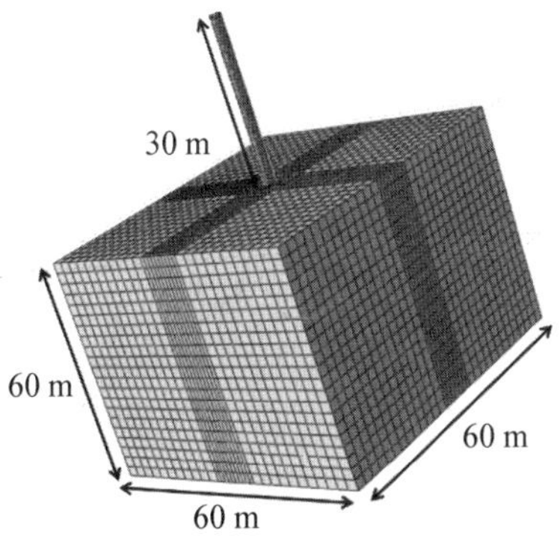

图 12-25 有限单元模型的网格划分

从图 12-24 中可以看到，模型主要承受竖向的静荷载和水平向的冲击荷载作用，水平向冲击荷载由两部分组成，一部分为船舶的撞击荷载，一部分为波浪的抨击荷载；土体划分为几个几何实例，在靠近桩基部分网格进行了加密，如图 12-25 所示，从图中可以清楚地看到网格加密的部分。

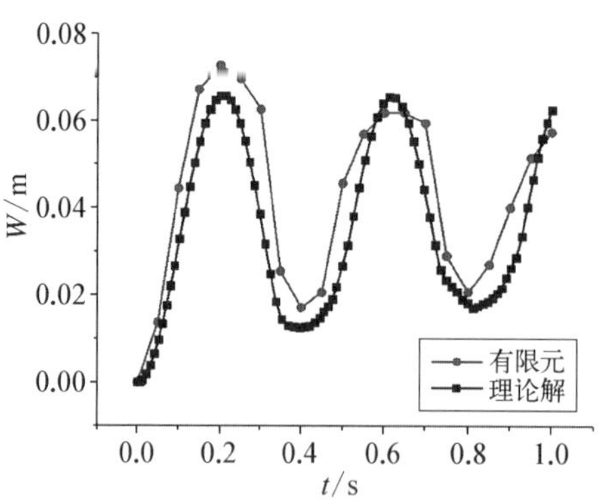

图 12-26　理论解与有限单元解对比图

通过有限单元模拟，得到了桩身的位移时程曲线，与前述理论解的结果对比，得到如图 12-26 所示结果。

从图中可以看出，理论解与有限单元模拟的结果吻合相对较好，这表明了前述的理论推导的正确性，因此下面将会利用理论推导的结果来进行具体的失稳荷载计算和参数分析。

12.9　船舶撞击下单桩参数分析

本节选取桩长 $l=55$ m，桩径 $d=1.8$ m 的圆截面桩进行分析，$E=30$ GPa，$I=\pi d^4/64$，$\nu=0.2$，$\rho=2.6\times10^3$ kg/m^3，桩身柔度 $\lambda=85.6$。根据所给的参数通过前面的函数方程可得到桩身的位移时程曲线，如图 12-27 所示。图中所示的 q_c 为船舶和波浪分布荷载之和，其中波浪荷载按照波浪参数计算，在分析中波浪荷载保持不变，q_c 的增加主要指船舶撞击荷载的增加。

从图中可以看到，当船舶和波浪的共同撞击荷载 $q_c<2\ 345$ kN 时，桩身的位移处于稳定的振动状态；随着荷载的增大，桩身的位移逐渐增大，当冲击的荷载增大到一定程度时，桩身不再处于稳定的振动状态，位移持续增大，这时表明桩身已经在冲击荷载作用下失稳了。另外，从图中我们还可以发现一个有趣的现象，随着荷载的增大，当 $q_c=2\ 945$ kN 时，桩身一开始做稳态振动，当时间 t 为 0.8 s 左右时，桩身的位移发生突变，不再做稳定的振动，位移开始朝着无穷大发展，这是第一次

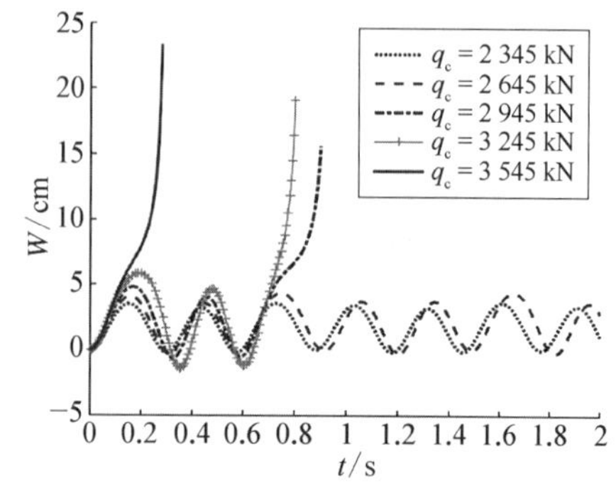

图 12-27　不同冲击荷载作用下桩身位移-时程曲线

出现桩身失稳，即此时的荷载为桩身失稳的最小荷载；而之后随着荷载的继续增大，当取 $q_c = 3\ 245$ kN 时，桩身失稳的时间提前了，而当 $q_c = 3\ 545$ kN 时，桩身的位移一开始就朝着无穷大而去，桩身直接开始失稳，之前的一些研究会将此时的荷载视为失稳荷载，而从图中可以看到，其实在这之前的荷载作用下桩身已经失稳了，与此时的失稳不同的是第一次出现失稳桩身会先稳态振动一段时间，之后位移才会趋向于无穷大，而当 $q_c = 3\ 545$ kN 时，桩身位移会直接趋向于无穷大。这也说明了当荷载超过最小的失稳荷载之后，桩身失稳的速度会越来越快。

图 12－28 为两种地基模型计算下的桩身位移响应对比，从图中可以看出，采用双参数地基模型，考虑土体的剪切刚度后，桩身的位移明显减小了，且相应的桩身的失稳荷载相比于 Winkler 地基模型所计算的也明显提高了，这也表明，在计算冲击荷载作用下的桩身稳定时，采用双参数地基模型计算的结果会更加符合实际，而 Winkler 地基模型为一种传统的地基模型，为工程设计带来了极大的便捷，但是在本章所研究的情况中 Winkler 地基模型对土体的简化太多，与实际情况偏离较多，不适宜使用。

前面在研究波浪荷载作为一种简谐荷载作用下桩身的稳定性时发现桩侧的土体抗力参数 k 对于稳定性有比较大的影响，而在冲击荷载作用下，土体抗力系数 k 是否对桩基的稳定性仍有相同的影响，下面将会做具体的研究，分析在冲击荷载作用下的 k 对桩身稳定性的影响，如图 12－29 所示。

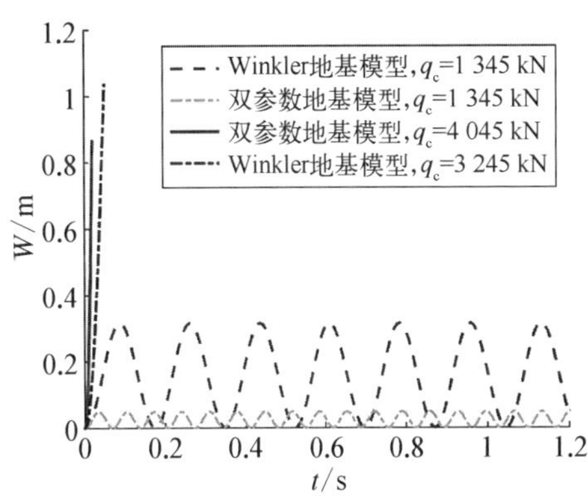

图 12－28　两种地基模型计算下的桩身位移对比

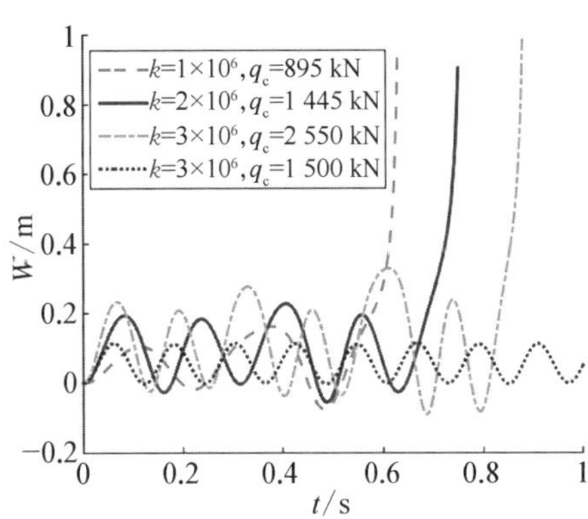

图 12－29　土体参数 k 对失稳荷载的影响

研究中取了三种不同的地基参数值 k，从图中可以看到，当 k 比较小时，失稳荷载也相对比较小，而且桩身失稳出现的时间也要早一些，稳态振动的时间要短一些；而随着 k 值增大，稳态振动的时间也增加了，失稳的时间延后了，相应的最小失稳荷载也在快速增大，当 k 值增大为原来的 3 倍时，失稳荷载则增大为原来的 2.84 倍，接近 3 倍；另外，从图中可以看到，当 $k=3\times10^6$ 时，取冲击荷载 $q_c=1\ 500$ kN 时，桩身的稳态振动位移相比于三种 k 值下的失稳荷载出现时的振动曲线位移明显是比较小的，这说明在当荷载达到失稳荷载时，尽管桩身也会先经历一段稳态的振动，但此时的振动幅度也要比正常情况下的振动大，预示了后面将要发生失稳。通过对上图的分析，桩侧土体抗力系数 k 对于冲击荷载作用下的桩身稳定性仍然起到了十分重要的作用。

下面分析桩顶质量块 M_0^t 对失稳荷载的影响，如图 12－30、图 12－31 所示。

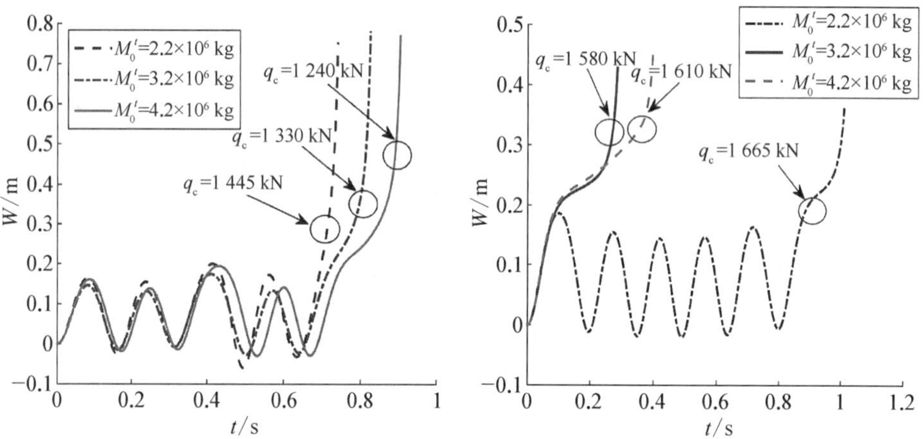

图 12－30　桩顶质量块 M_0^t 对失稳荷载的影响($\lambda=110$)

图 12－31　桩顶质量块 M_0^t 对失稳荷载的影响($\lambda=70$)

从图 12－30 中可看到，随着质量块 M_0^t 的增大，临界失稳荷载也随之增大，且失稳出现的时间也随质量块的增大而略微增加；而从图 12－31 中可看到，当 $\lambda=70$ 时，即桩身的柔度减小后，随着桩身质量的增加，临界失稳荷载减小，且桩身发生失稳的时间也提前了。通过分析发现，当桩身的柔度偏大时，桩顶的质量的增加有利于桩身的稳定，而当桩身的柔度较小时，则随着质量的增加，临界失稳荷载也在减小，对桩身的稳定带来不利的影响。

12.10　本章结论

本章应用变分原理研究了波浪荷载及船舶撞击下桩基的动力稳定性。在桩侧土阻力计算中，采用了双参数地基模型进行计算，并考虑了循环荷载对土体刚度的削弱作用。通过对公式的推导，得到了四种情况下的动力稳定微分方程，并通过求解方程得到了失稳荷载和临界频率。四种情况包括：① 竖向和水平谐波荷载同时存在，且荷载频率相同；② 竖向和水平谐波荷载同时存在，但荷载频率不同；③ 只有水平简谐荷载（波浪荷载）存在；④ 只有垂直简谐荷载存在。最后，分析了影响失稳荷载和临界频率的因素。

（1）随着桩顶静荷载 P_0 的增大，失稳荷载呈线性减小，当 P_0 增大到一定程度，且简谐荷载频率与结构参数共振频率相同时，失稳荷载会突然变化，瞬间减小，桩身开始失稳。双参数地基模型计算下的失稳荷载和失稳临界频率比 Winkler 地基模型所计算的要更加安全。

（2）随着桩身处在水中的深度 h_0 的增加，失稳荷载迅速减小，之后逐渐趋于稳定。同时，h_0 的增加也会降低临界频率；随着桩侧土水平抗力系数 k 的增加，失稳荷载呈线性增加。

（3）桩土刚度比对桩基的稳定影响很大。提高桩土刚度比可以有效地提高桩基的稳定性。桩侧土体的水平抗力参数 k 对临界频率也有较大影响，增大 k 可以有效提高临界频率，提高桩基的稳定性；桩体质量 m 对临界频率的影响也较大，随着 m 的增大，临界频率迅速降低，土体抗剪刚度 G 对临界频率的影响相对较小。

（4）桩长对临界频率的影响与桩侧土体有关。在初始阶段，土体的约束作用较弱，随着桩身在土中长度的增加，临界频率逐渐减小，而当土体的约束作用逐渐增大时，临界频率会随桩长的增加而增大；随着桩径 d 的增大，临界频率增大，而振幅会减小；波高和波长的增加都会增加振幅，不同的是，波高的增加对振幅呈线性的影响，而波长的增加对振幅呈非线性的影响，且振幅随着波长的增加而增加的速度越来越快。

（5）四种情况下的幅值关系描述如下：当垂直和水平简谐和同时存在且荷载的频率相同时，幅值最大，其次是仅有水平简谐荷载的情况，最小幅值为仅有竖向简谐荷载的情况。垂直简谐荷载的存在在某些情况下会对桩身的振幅有一定的抑制作用，振幅的增加主要来自水平简谐荷载。

本章利用了伽辽金方法和龙格-库塔方法相结合的方式求解了非线性动力稳定微分方程，得到了桩身的位移函数的数值解，并通过该位移函数绘制出了桩身的位移时程曲线，根据该曲线，利用 B－R 准则得到了桩身的临界失稳荷载，最后对几个影响因素进行了相应的参数分析。

（6）考虑桩侧土体作用后，在冲击荷载达到临界失稳荷载时，桩身会先经历一段稳态振动然后位移发生突变，位移快速增大，桩身失稳；当冲击荷载超过失稳荷载继续增大时，稳态振动段会逐渐减小至消失，即荷载一施加，桩身的位移便快速增大，桩身直接失稳。

(7) 双参数地基模型相比于传统的 Winkler 地基模型更加符合实际，且利用双参数地基模型计算所得到的桩身位移时程曲线相比于 Winkler 地基模型位移幅值要小，所得到的临界失稳荷载要大。

(8) 桩侧的土体抗力系数 k 对桩身的稳定起到重要作用，随着 k 的增大，桩身的临界失稳荷载也相应增加。

(9) 随着桩顶质量的增加，桩身在一定的柔度范围内，临界失稳荷载增加，稳定性提高；而当桩身柔度过大时，临界失稳荷载则会随着质量的增加逐渐减小，对桩身稳定不利。

第 13 章 波浪荷载下群桩的动力响应分析

13.1 引言

第 12 章研究了单桩在简谐荷载作用和冲击荷载作用下的动力稳定性，本章研究群桩。相比于单桩，群桩的动力分析要复杂许多，需要考虑其他相邻的桩基对其自身的影响作用，即群桩效应。考虑群桩效应就要涉及桩-土-桩之间的相互作用问题，而在本章中主要研究的是动力问题，因此主要研究的是桩土之间的动力相互作用。分析土层中的桩土动力相互作用是进一步研究桩基动力响应的基础。目前国内外关于这方面的研究主要有几种方法，分别为有限单元法、边界元法、边界积分法和动力相互因子叠加法。有限单元法的适用范围比较广泛，但是计算过程复杂，计算量大，在一些复杂的结构中还存在一些困难而且计算太慢；边界元法的推导过程相对比较复杂，而且前期和后期的计算量也比较大；边界积分法与边界元法相差不多，推导同样较为复杂，且计算量也相对较大；动力相互作用因子叠加法，相比前几种方法，计算量小，是目前来说一种比较适合的计算群桩动力响应和动力阻抗的方法，因此本章采用动力相互作用因子叠加法。之前的一些研究中普遍采用 Winkler 地基模型来模拟土体的抗力，但由于 Winkler 未考虑土体之间的连续特性，不吻合土体特性。因此，本章考虑土体之间的连续特性，采用了改进的 Vlasov 地基模型计算土体的地基反力。

13.2 群桩中的单桩方程推导

13.2.1 参数选取

桩-土-桩之间的动力相互作用是分析群桩动力响应的重要部分。通过对群桩之间动力相互作用的分析，可以得到主动桩-土-被动桩之间的关系，从而分析群桩的动力响应。而动力相互作用的分析首先要从主动桩开始。

图 13-1 所示为主动桩 A 的模型示意图，图中 N_0 为桩顶的竖向静荷载，$Q_0 e^{i\omega t}$ 为桩顶的初始水平简谐荷载，$M_0 e^{i\omega t}$ 为桩顶的初始弯矩，f_z 为波浪荷载。

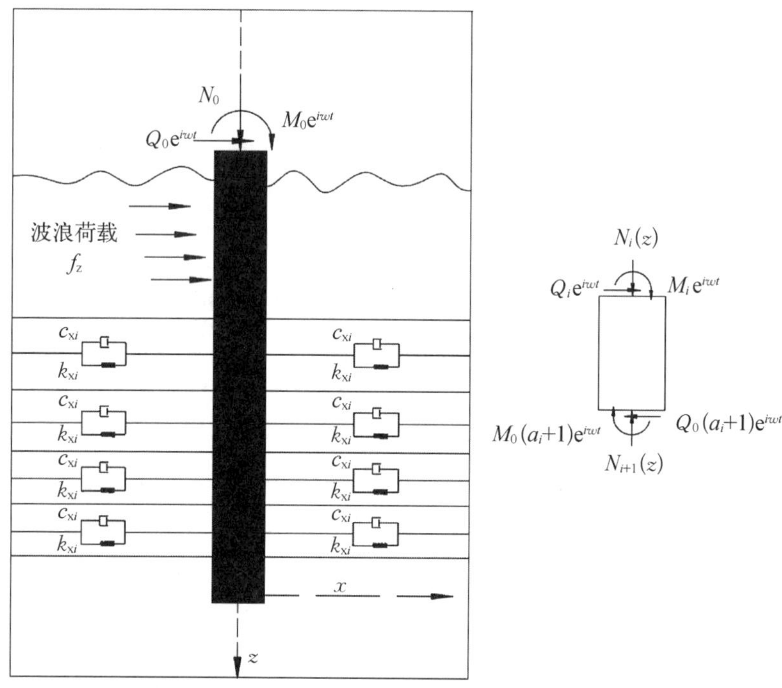

图 13-1　主动桩 A 的模型示意图

根据图 13-1 所示的模型，可以得到土层的运动平衡方程为

$$\begin{cases}\dfrac{\partial Q_{ai}(z, t)}{\partial z}-\left[k_{xi}U_{ai}(z, t)+c_{xi}\dfrac{\partial U_{ai}(z, t)}{\partial t}-t_{gxi}\dfrac{\partial^2 U_{ai}(z, t)}{\partial z^2}+\right.\\ \left.N_0\dfrac{\partial^2 U_{ai}(z, t)}{\partial z^2}\right]=\rho_p A_p\dfrac{\partial^2 U_{ai}(z, t)}{\partial t^2}\\ \dfrac{\partial M_{ai}(z, t)}{\partial z}+Q_{ai}(z, t)=f_z(z, t)\end{cases} \tag{13-1}$$

式中：k_{xi} 为桩侧土体的刚度系数；t_{gxi} 为桩侧土体的连续性系数；c_{xi} 为土体的

阻尼系数；A_p 为桩的圆截面面积；ρ_p 为桩的体密度；$Q_{ai}(z, t)$，$M_{ai}(z, t)$ 分别为主动桩的截面剪力和弯矩。

由于群桩涉及桩-土-桩之间的动力相互作用，为了更精确地描述桩土之间的相互作用，本节采用双参数法中的第二种，基于连续介质模型推导而来的 Vlasov 地基模型来模拟土体的抗力。Vlasov 地基模型桩土相互作用模型如图 13-2 所示。

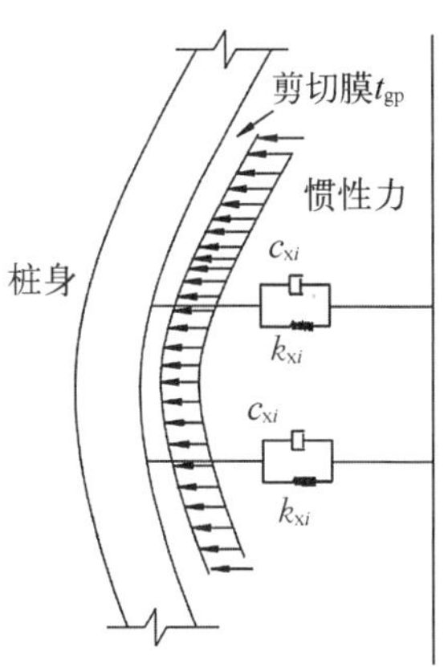

图 13-2　Vlasov 地基模型桩土相互作用模型

具体的计算公式如下所示：

$$q(x)=k_i w(x)-2t_{gi}w''(x) \tag{13-2}$$

式中：

$$k_i=\frac{E_0}{1-v_0^2}\int_0^H\left[\frac{\mathrm{d}h(z)}{\mathrm{d}z}\right]^2\mathrm{d}z \tag{13-3}$$

$$t_{gi}=\frac{E_0}{4(1-v_0^2)}\int_0^H h(z)^2\mathrm{d}z \tag{13-4}$$

式中：$h(z)$ 为竖向位移的衰减函数，该函数参数的确定较为困难，因此 Vallabhan 和 Das 通过使用另一个新的参数 γ 把位移函数和衰减函数相互联系起来，得到了位移函数和衰减函数的准确表达式，即改进的 Vlasov 地基模型。本章将采用改进的 Vlasov 地基模型进行地基反力的计算，由此桩基横向位移下的地基模型参数为

$$k_V=\pi(\eta^2+1)G\left\{2\gamma\frac{K_1(\gamma)}{K_0(\gamma)}-\gamma^2\left[\left(\frac{K_1(\gamma)}{K_0(\gamma)}\right)^2-1\right]\right\} \tag{13-5}$$

$$t_{gp}=\pi G\left\{\frac{\gamma^2}{K_0(\gamma)^2}[K_1(\gamma)^2-K_0(\gamma)^2]^2-2\gamma K_1(\gamma)K_0(\gamma)\right\} \tag{13-6}$$

式中：η 为 lamé 常数；G 为土体的剪切模量；γ 为衰减参数。通过叠代法计算，叠代过程如图 13-3 所示。$K_0(\cdot)$ 为第二类 0 阶修正贝塞尔函数；$K_1(\cdot)$ 为第二类一阶修正贝塞尔函数。

图中，$h(\gamma)=\dfrac{K_0(2\gamma r/D)}{K_0(\gamma)}$，$r$ 为柱坐标中的变量。

地基土反力为

$$q(x)=k_V u(x)-2t_{gp}u''(x) \tag{13-7}$$

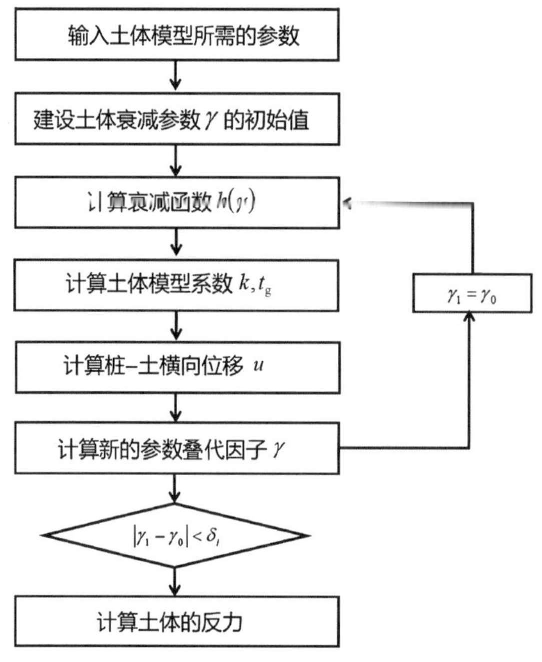

图 13－3　叠代计算流程图

土体的阻尼 c_{xi} 计算如下所示：

$$c_{xi} \approx 6\rho_i \mathrm{d}V_{si} / \sqrt[4]{a_0} + 2\xi_i k_{xi} / \omega \tag{13-8}$$

式中：ρ_i 为土体的密度；d 为桩径；V_{si} 为土体中的剪切波速；ξ_i 为土体中的阻尼比；ω 为振动的圆频率；$a_0 = 2\pi fd / V_{si}$；f 为荷载的频率。从式(13－8)中可以看到，c_{xi} 是由两部分组成的。换句话说，能量的损失来源于两部分：一部分为材料的阻尼，即 $6\rho_i dV_{si} / \sqrt[4]{a_0}$；另一部分为桩身在振动过程中由于应力波在土中的传播从而造成的损失，即 $2\xi_i k_{xi} / \omega$。

13.2.2　单桩方程推导

通过式(13－1)可以得到桩身的稳态振动方程的一般形式为

$$EI \frac{\partial U_{ai}(z, t)}{\partial z^4} + k_{xi} U_{ai}(z, t) + \rho_p A_p \frac{\partial^2 U_{ai}(z, t)}{\partial t^2} + c_{xi} \frac{\partial U_{ai}(z, t)}{\partial t} + [N_i(z) - t_{gxi}] \frac{\partial^2 U_{ai}(z, t)}{\partial z^2} = 0 \tag{13-9}$$

由于本章所考虑桩基为部分嵌固到土体中，桩身处于水中的部分要承受波浪荷载的作用，没有土体的约束作用，所以将其桩身分为两部分。桩身处于土体中的部分振动方程如式(13-9)所示，而桩身露出土体的部分振动方程为

$$EI\frac{\partial U_{ai}(z,t)}{\partial z^4}+\rho_p A_p\frac{\partial^2 U_{ai}(z,t)}{\partial t^2}+c'_{xi}\frac{\partial U_{ai}(z,t)}{\partial t}+N_i(z)\frac{\partial^2 U_{ai}(z,t)}{\partial z^2}=f_z(z) \tag{13-10}$$

为了计算方便，将桩身的位移 $U_{ai}(z,t)$ 表示为 $U_{ai}(z,t)=u_{ai}(z)e^{i\omega t}$，则振动方程如下。

桩身深入土体部分：

$$\frac{d^4u_{ai}(z)}{dz^4}-m_1\frac{d^2u_{ai}(z)}{dz^2}-m_2u_{ai}(z)=0 \tag{13-11}$$

桩身处于水中部分：

$$\frac{d^4u_{ai}(z)}{dz^4}-m_3\frac{d^2u_{ai}(z)}{dz^2}-m_4u_{ai}(z)=m_5\cosh[k_f(d_L-z)] \tag{13-12}$$

式中：$m_1=\frac{\delta_i^2}{h_i^2}$，$m_2=\frac{\vartheta_i^4}{h_i^4}$，$m_3=\frac{N_i(z)}{E_pI_p}$，$m_4=\frac{\rho_pA_pw^2-c'_{xi}iw}{E_pI_p}$，$m_5=\frac{2\rho gH_i}{k_{fz}E_pI_p}f_A$，$d_L$ 为水深；$\delta_i=h_i\sqrt{\frac{(t_{gxi}-N_i)}{E_pI_p}}$，$\vartheta_i=h_i\sqrt[4]{\frac{\rho_pA_p\omega^2-k_{xi}-ic_{xi}\omega}{E_pI_p}}$，$c'_{xi}=6\rho_i dV_{si}/\sqrt[4]{a_0}$，$h_i$ 为第 i 层土的厚度。

通过求解上述的高阶振动微分方程式可以得到如下形式的通解。

式(13-11)的通解为

$$U_{1i}(z)=A_{1i}\cosh\left(\frac{\zeta_{1i}}{h_i}z\right)+B_{1i}\sinh\left(\frac{\zeta_{1i}}{h_i}z\right)+C_{1i}\cos\left(\frac{\zeta_{2i}}{h_i}z\right)+D_{1i}\sin\left(\frac{\zeta_{2i}}{h_i}z\right) \tag{13-13}$$

式中：$\zeta_{1i}=\sqrt{\frac{\delta_i^2}{2}+\sqrt{\frac{\delta_i^4}{4}+\bar{\omega}_i^4}}$；$\zeta_{2i}=\sqrt{-\frac{\delta_i^2}{2}+\sqrt{\frac{\delta_i^4}{4}+\bar{\omega}_i^4}}$；$A_{1i}$，$B_{1i}$，$C_{1i}$，$D_{1i}$ 为未待定的系数，可以由边界条件来确定。

式(13-12)的通解为

$$U'_{1i}(z)=A'_{1i}\cosh(\sigma_1 z)+B'_{1i}\sinh(\sigma_1 z)+C'_{1i}\cos(\sigma_2 z)+D'_{1i}\sin(\sigma_2 z)+E_1\cosh[k_{\mathrm{fz}}(d_{\mathrm{L}}-z)] \tag{13-14}$$

式中：$\sigma_1=z\sqrt{\dfrac{m_3}{2}+\dfrac{\sqrt{m_3^2+4m_4}}{2}}$；$\sigma_2=z\sqrt{\dfrac{\sqrt{m_3^2+4m_4}}{2}-\dfrac{m_3}{2}}$；$A'_{1i}$，$B'_{1i}$，$C'_{1i}$，$D'_{1i}$，$E_1$ 同样为待定的通解系数，可以由桩身的边界条件来确定；E_1 为波浪荷载参数，可以通过直接计算得到。

首先研究桩身露出土体的部分，即承受波浪荷载的桩身部分。将其部分视为一个单元层，类似于土层的划分，将其视为一层，对于该部分的截面转角 $\varphi'(z)$，桩身的剪力 $Q'(z)$，桩身弯矩 $M'(z)$ 与桩身的水平位移有如下的关系：

$$\varphi'_{1i}(z)=A'_{1i}\sigma_1\sinh(\sigma_1 z)+B'_{1i}\sigma_1\cosh(\sigma_1 z)-C'_{1i}\frac{\zeta_{2i}}{h_i}\sin(\sigma_2 z)+D'_{1i}\sigma_2\cos(\sigma_2 z)-k_{\mathrm{fz}}E_1\sinh[k_{\mathrm{f}}(d_{\mathrm{L}}-z)] \tag{13-15}$$

$$Q'_{1i}(z)=E_{\mathrm{p}}I_{\mathrm{p}}\{\sigma_1^3[A'_{1i}\sinh(\sigma_1 z)+B'_{1i}\cosh(\sigma_1 z)]+\sigma_2^3[C'_{1i}\sin(\sigma_2 z)-D'_{1i}\cos(\sigma_2 z)]-k_{\mathrm{f}}^3E_1\sinh[k_{\mathrm{f}}(d_{\mathrm{L}}-z)]\} \tag{13-16}$$

$$M'_{1i}(z)=E_{\mathrm{p}}I_{\mathrm{p}}\{\sigma_1^2[A'_{1i}\cosh(\sigma_1 z)+B'_{1i}\sinh(\sigma_1 z)]-\sigma_2^2[C'_{1i}\cos(\sigma_2 z)+D'_{1i}\sin(\sigma_2 z)]+k_{\mathrm{f}}^2E_1\sinh[k_{\mathrm{f}}(d_{\mathrm{L}}-z)]\} \tag{13-17}$$

将其整理为矩阵的形式：

$$\begin{Bmatrix}U'_{ai}\\ \varphi'_{ai}\\ Q'_{ai}\\ M'_{ai}\end{Bmatrix}=n_i^a\begin{Bmatrix}A'_{1i}\\ B'_{1i}\\ C'_{1i}\\ D'_{1i}\end{Bmatrix}+\begin{bmatrix}E_{\mathrm{u}}\\ E_{\varphi}\\ E_{\mathrm{Q}}\\ E_{\mathrm{M}}\end{bmatrix}\Rightarrow\begin{Bmatrix}U'_{ai}-E_{\mathrm{u}}\\ \varphi'_{ai}-E_{\varphi}\\ Q'_{ai}-E_{\mathrm{Q}}\\ M'_{ai}-E_{\mathrm{M}}\end{Bmatrix}=n_i^a\begin{Bmatrix}A'_{1i}\\ B'_{1i}\\ C'_{1i}\\ D'_{1i}\end{Bmatrix} \tag{13-18}$$

$$n_i^a=\begin{bmatrix}\cosh(\sigma_1 z) & \sinh(\sigma_1 z) & \cos(\sigma_2 z) & \sin(\sigma_2 z)\\ \sigma_1\sinh(\sigma_1 z) & \sigma_1\cosh(\sigma_1 z) & -\sigma_2\sin(\sigma_2 z) & \dfrac{\zeta_{2i}}{h_i}\cos\left(\dfrac{\zeta_{2i}}{h_i}z\right)\\ E_{\mathrm{p}}I_{\mathrm{p}}\sigma_1^3\sinh(\sigma_1 z) & E_{\mathrm{p}}I_{\mathrm{p}}\sigma_1^3\cosh(\sigma_1 z) & E_{\mathrm{p}}I_{\mathrm{p}}\sigma_2^3\sin(\sigma_2 z) & -E_{\mathrm{p}}I_{\mathrm{p}}\sigma_2^3\cos(\sigma_2 z)\\ E_{\mathrm{p}}I_{\mathrm{p}}\sigma_1^2\cosh(\sigma_1 z) & E_{\mathrm{p}}I_{\mathrm{p}}\sigma_1^2\sinh(\sigma_1 z) & -E_{\mathrm{p}}I_{\mathrm{p}}\sigma_2^2\cos(\sigma_2 z) & -E_{\mathrm{p}}I_{\mathrm{p}}\sigma_2^2\sin(\sigma_2 z)\end{bmatrix} \tag{13-19}$$

$$\begin{bmatrix} E_{u} \\ E_{\varphi} \\ E_{Q} \\ E_{M} \end{bmatrix} = E_{1}\begin{bmatrix} \cosh[k_{f}(d_{L}-z)] \\ -k_{f}\cdot\sinh[k_{f}(d_{L}-z)] \\ -E_{p}I_{p}k_{f}^{3}\sinh[k_{f}(d_{L}-z)] \\ E_{p}I_{p}k_{f}^{2}\cosh[k_{f}(d_{L}-z)] \end{bmatrix} \tag{13-20}$$

$$E_{1} = \frac{-2\sqrt{2}\sqrt{m_{3}+\sqrt{m_{3}^{2}+4m_{4}}}}{\sqrt{m_{3}^{2}+4m_{4}}\left[4k_{f}^{2}-2(m_{3}+\sqrt{m_{3}^{2}+4m_{4}})\right]\sigma_{1}} + \frac{-2\sqrt{2}\sqrt{m_{3}-\sqrt{m_{3}^{2}+4m_{4}}}}{\sqrt{m_{3}^{2}+4m_{4}}\left[4k_{f}^{2}-2(m_{3}+\sqrt{m_{3}^{2}+4m_{4}})\right]\sigma_{2}} \tag{13-21}$$

取桩顶的 $z=0$,得

$$\begin{Bmatrix} A'_{1i} \\ B'_{1i} \\ C'_{1i} \\ D'_{1i} \end{Bmatrix} = \mathrm{inv}\begin{bmatrix} 1 & 0 & 1 & 0 \\ 0 & \sigma_{1} & 0 & \sigma_{1} \\ 0 & E_{p}I_{p}\sigma_{1}^{3} & 0 & -E_{p}I_{p}\sigma_{2}^{3} \\ E_{p}I_{p}\sigma_{1}^{2} & 0 & -E_{p}I_{p}\sigma_{1}^{2} & 0 \end{bmatrix}\begin{Bmatrix} U'_{ai}(0)-E_{u}(0) \\ \varphi'_{ai}(0)-E_{\varphi}(0) \\ Q'_{ai}(0)-E_{Q}(0) \\ M'_{ai}(0)-E_{M}(0) \end{Bmatrix}$$

$$=[n_{i}^{a}]_{z=0}^{-1}\begin{Bmatrix} U'_{ai}(0)-E_{u}(0) \\ \varphi'_{ai}(0)-E_{\varphi}(0) \\ Q'_{ai}(0)-E_{Q}(0) \\ M'_{ai}(0)-E_{M}(0) \end{Bmatrix} \tag{13-22}$$

桩身处于水中的部分与土层的交界处,令 $z=h_i$,得

$$\begin{Bmatrix} U'_{ai}(h_{i})-E_{u}(h_{i}) \\ \varphi'_{ai}(h_{i})-E_{\varphi}(h_{i}) \\ Q'_{ai}(h_{i})-E_{Q}(h_{i}) \\ M'_{ai}(h_{i})-E_{M}(h_{i}) \end{Bmatrix} = [n_{i}^{a}]_{z=h_{i}}\begin{Bmatrix} A'_{1i} \\ B'_{1i} \\ C'_{1i} \\ D'_{1i} \end{Bmatrix} = [n_{i}^{a}]_{z=h_{i}}[n_{i}^{a}]_{z=0}^{-1}\begin{Bmatrix} U'_{ai}(0)-E_{u}(0) \\ \varphi'_{ai}(0)-E_{\varphi}(0) \\ Q'_{ai}(0)-E_{Q}(0) \\ M'_{ai}(0)-E_{M}(0) \end{Bmatrix}$$

$$=\bar{N}^{a}\begin{Bmatrix} U'_{ai}(0)-E_{u}(0) \\ \varphi'_{ai}(0)-E_{\varphi}(0) \\ Q'_{ai}(0)-E_{Q}(0) \\ M'_{ai}(0)-E_{M}(0) \end{Bmatrix} \tag{13-23}$$

$$\bar{N}^{a} = [n_{i}^{a}]_{z=h_{i}}[n_{i}^{a}]_{z=0}^{-1} \tag{13-24}$$

通过变换矩阵后,可以将桩身露出土体部分的桩顶位移和水土交界处的位

移相联系起来，得

$$\begin{Bmatrix} U'_{ai}(h_i)-E_u(h_i) \\ \varphi'_{ai}(h_i)-E_\varphi(h_i) \\ Q'_{ai}(h_i)-E_Q(h_i) \\ M'_{ai}(h_i)-E_M(h_i) \end{Bmatrix}=\bar{N}^a\begin{Bmatrix} U'_{ai}(0)-E_u(0) \\ \varphi'_{ai}(0)-E_\varphi(0) \\ Q'_{ai}(0)-E_Q(0) \\ M'_{ai}(0)-E_M(0) \end{Bmatrix} \tag{13-25}$$

假设露出土体部分的桩长为 L_1，露出土体部分的桩底位移、转角、剪力和弯矩为

$$\begin{Bmatrix} U'_a(L_1)-E_u(L_1) \\ \varphi'_a(h_i)-E_\varphi(L_1) \\ Q'_a(h_i)-E_Q(L_1) \\ M'_a(h_i)-E_M(L_1) \end{Bmatrix}=\bar{N}^a\begin{Bmatrix} U'_a(0)-E_u(0) \\ \varphi'_a(0)-E_\varphi(0) \\ Q'_a(0)-E_Q(0) \\ M'_a(0)-E_M(0) \end{Bmatrix} \tag{13-26}$$

下面将要研究的是桩身处于土体中的部分，由于桩身处于土体中的部分涉及了土体的约束作用和土体的分层问题，所以相比于桩身处于水中部分的位移，它的计算过程要稍微复杂一些，具体计算步骤如下：

由前述可知桩身处于土体部分的位移 $U_{ai}(z)$ 为

$$U_{ai}(z)=A_{1i}\cosh\left(\frac{\zeta_{1i}}{h_i}z\right)+B_{1i}\sinh\left(\frac{\zeta_{1i}}{h_i}z\right)+C_{1i}\cos\left(\frac{\zeta_{2i}}{h_i}z\right)+D_{1i}\sin\left(\frac{\zeta_{2i}}{h_i}z\right) \tag{13-27}$$

此时桩顶部的位移就变为了水-土交界面处的位移，桩底位移即为实际的桩底位移。土层单元内的剪力，弯矩与桩身水平位移的关系如下：

$$\begin{aligned}\varphi_{ai}(z)=&A_{1i}\frac{\zeta_{1i}}{h_i}\sinh\left(\frac{\zeta_{1i}}{h_i}z\right)+B_{1i}\frac{\zeta_{1i}}{h_i}\cosh\left(\frac{\zeta_{1i}}{h_i}z\right)-\\&C_{1i}\frac{\zeta_{2i}}{h_i}\sin\left(\frac{\zeta_{2i}}{h_i}z\right)+D_{1i}\frac{\zeta_{2i}}{h_i}\cos\left(\frac{\zeta_{2i}}{h_i}z\right)\end{aligned} \tag{13-28}$$

$$\begin{aligned}Q_{ai}(z)=&E_pI_p\frac{\zeta_{1i}^3}{h_i^3}\left[A_{1i}\sinh\left(\frac{\zeta_{1i}}{h_i}z\right)+B_{1i}\cosh\left(\frac{\zeta_{1i}}{h_i}z\right)\right]+\\&E_pI_p\frac{\zeta_{2i}^3}{h_i^3}\left[C_{1i}\sin\left(\frac{\zeta_{2i}}{h_i}z\right)-D_{1i}\cos\left(\frac{\zeta_{2i}}{h_i}z\right)\right]\end{aligned} \tag{13-29}$$

$$M_{ai}(z)=E_pI_p\frac{\zeta_{1i}^2}{h_i^2}\left[A_{1i}\cosh\left(\frac{\zeta_{1i}}{h_i}z\right)+B_{1i}\sinh\left(\frac{\zeta_{1i}}{h_i}z\right)\right]-$$

$$E_pI_p\frac{\zeta_{2i}^2}{h_i^2}\left[C_{1i}\cos\left(\frac{\zeta_{2i}}{h_i}z\right)+D_{1i}\sin\left(\frac{\zeta_{2i}}{h_i}z\right)\right] \tag{13-30}$$

将上述公式整理为矩阵形式如下：

$$\begin{Bmatrix}U_{ai}\\ \varphi_{ai}\\ Q_{ai}\\ M_{ai}\end{Bmatrix}=\begin{bmatrix}\cosh\frac{\zeta_{1i}}{h_i}z & \sinh\frac{\zeta_{1i}}{h_i}z & \cos\frac{\zeta_{2i}}{h_i}z & \sin\frac{\zeta_{2i}}{h_i}z\\ \frac{\zeta_{1i}}{h_i}\sinh\frac{\zeta_{1i}}{h_i}z & \frac{\zeta_{1i}}{h_i}\cosh\frac{\zeta_{1i}}{h_i}z & -\frac{\zeta_{2i}}{h_i}\sin\frac{\zeta_{2i}}{h_i}z & \frac{\zeta_{2i}}{h_i}\cos\frac{\zeta_{2i}}{h_i}z\\ E_pI_p\frac{\zeta_{1i}^3}{h_i^3}\sinh\frac{\zeta_{1i}}{h_i}z & E_pI_p\frac{\zeta_{1i}^3}{h_i^3}\cosh\frac{\zeta_{1i}}{h_i}z & E_pI_p\frac{\zeta_{2i}^3}{h_i^3}\sin\frac{\zeta_{2i}}{h_i}z & -E_pI_p\frac{\zeta_{2i}^3}{h_i^3}\cos\frac{\zeta_{2i}}{h_i}z\\ E_pI_p\frac{\zeta_{1i}^2}{h_i^2}\cosh\frac{\zeta_{1i}}{h_i}z & E_pI_p\frac{\zeta_{1i}^2}{h_i^2}\sinh\frac{\zeta_{1i}}{h_i}z & -E_pI_p\frac{\zeta_{2i}^2}{h_i^2}\cos\frac{\zeta_{2i}}{h_i}z & -E_pI_p\frac{\zeta_{2i}^2}{h_i^2}\sin\frac{\zeta_{2i}}{h_i}z\end{bmatrix}\begin{Bmatrix}A_{1i}\\ B_{1i}\\ C_{1i}\\ D_{1i}\end{Bmatrix} \tag{13-31}$$

令：

$$[\widetilde{m}_i^a]=\begin{bmatrix}\cosh\frac{\zeta_{1i}}{h_i}z & \sinh\frac{\zeta_{1i}}{h_i}z & \cos\frac{\zeta_{2i}}{h_i}z & \sin\frac{\zeta_{2i}}{h_i}z\\ \frac{\zeta_{1i}}{h_i}\sinh\frac{\zeta_{1i}}{h_i}z & \frac{\zeta_{1i}}{h_i}\cosh\frac{\zeta_{1i}}{h_i}z & -\frac{\zeta_{2i}}{h_i}\sin\frac{\zeta_{2i}}{h_i}z & \frac{\zeta_{2i}}{h_i}\cos\frac{\zeta_{2i}}{h_i}z\\ E_pI_p\frac{\zeta_{1i}^3}{h_i^3}\sinh\frac{\zeta_{1i}}{h_i}z & E_pI_p\frac{\zeta_{1i}^3}{h_i^3}\cosh\frac{\zeta_{1i}}{h_i}z & E_pI_p\frac{\zeta_{2i}^3}{h_i^3}\sin\frac{\zeta_{2i}}{h_i}z & -E_pI_p\frac{\zeta_{2i}^3}{h_i^3}\cos\frac{\zeta_{2i}}{h_i}z\\ E_pI_p\frac{\zeta_{1i}^2}{h_i^2}\cosh\frac{\zeta_{1i}}{h_i}z & E_pI_p\frac{\zeta_{1i}^2}{h_i^2}\sinh\frac{\zeta_{1i}}{h_i}z & -E_pI_p\frac{\zeta_{2i}^2}{h_i^2}\cos\frac{\zeta_{2i}}{h_i}z & -E_pI_p\frac{\zeta_{2i}^2}{h_i^2}\sin\frac{\zeta_{2i}}{h_i}z\end{bmatrix} \tag{13-32}$$

假设此时的桩顶处即土体的表面处 $z=0$，得

$$\begin{Bmatrix}A_{1i}\\ B_{1i}\\ C_{1i}\\ D_{1i}\end{Bmatrix}=\mathrm{inv}\begin{bmatrix}1 & 0 & 1 & 0\\ 0 & \frac{\zeta_{1i}}{h_i} & 0 & \frac{\zeta_{2i}}{h_i}\\ 0 & E_pI_p\frac{\zeta_{1i}^3}{h_i^3} & 0 & -E_pI_p\frac{\zeta_{2i}^3}{h_i^3}\\ E_pI_p\frac{\zeta_{1i}^2}{h_i^2} & 0 & -E_pI_p\frac{\zeta_{2i}^2}{h_i^2} & 0\end{bmatrix}\begin{Bmatrix}U_{ai}(0)\\ \varphi_{ai}(0)\\ Q_{ai}(0)\\ M_{ai}(0)\end{Bmatrix}$$

$$=[\widetilde{m}_i^a]_{z=0}^{-1}\begin{Bmatrix}U_{ai}(0)\\ \varphi_{ai}(0)\\ Q_{ai}(0)\\ M_{ai}(0)\end{Bmatrix} \tag{13-33}$$

同样地，在桩基下部取 $z=h_i$，得

$$\begin{Bmatrix}U_{ai}(h_i)\\ \varphi_{ai}(h_i)\\ Q_{ai}(h_i)\\ M_{ai}(h_i)\end{Bmatrix}=[\widetilde{m}_i^a]_{z=h_i}\begin{Bmatrix}A_{1i}\\ B_{1i}\\ C_{1i}\\ D_{1i}\end{Bmatrix}=[\widetilde{m}_i^a]_{z=h_i}[\widetilde{m}_i^a]_{z=0}^{-1}\begin{Bmatrix}U_{ai}(0)\\ \varphi_{ai}(0)\\ Q_{ai}(0)\\ M_{ai}(0)\end{Bmatrix}=[\widetilde{M}_i^a]\begin{Bmatrix}U_{ai}(0)\\ \varphi_{ai}(0)\\ Q_{ai}(0)\\ M_{ai}(0)\end{Bmatrix} \tag{13-34}$$

式中：

$$[\widetilde{M}^a]=[\widetilde{m}_i^a]_{z=h_i}[\widetilde{m}_i^a]_{z=0}^{-1} \tag{13-35}$$

如果将土体分为多层，根据土体的连续性原则，得 $u_i(0)=u_{i-1}(h_{i-1})$，$\varphi_i(0)=\varphi_{i-1}(h_{i-1})$，$Q_i(0)=Q_{i-1}(h_{i-1})$，$M_i(0)=M_{i-1}(h_{i-1})$，因此可以使用传递矩阵法来将土层之间的位移、剪力、转角和弯矩等通过参数传递矩阵相互连接起来，如下所示：

$$\begin{Bmatrix}U_a(L_2)\\ \varphi_a(L_2)\\ Q_a(L_2)\\ M_a(L_2)\end{Bmatrix}=[\widetilde{M}_n^a][\widetilde{M}_{n-1}^a][\widetilde{M}_i^a]\cdots[\widetilde{M}_1^a]\begin{Bmatrix}U_a(0)\\ \varphi_a(0)\\ Q_a(0)\\ M_a(0)\end{Bmatrix} \tag{13-36}$$

式中：L_2 为桩身处于土体中的长度；$[\widetilde{M}^a]=[\widetilde{M}_n^a][\widetilde{M}_{n-1}^a][\widetilde{M}_i^a]\cdots[\widetilde{M}_1^a]$ 为传递矩阵。

令：

$$[\widetilde{M}^a]=\begin{bmatrix}\widetilde{M}_{11}^a & \widetilde{M}_{12}^a\\ \widetilde{M}_{21}^a & \widetilde{M}_{22}^a\end{bmatrix} \tag{13-37}$$

则式(13-36)可以表示为如下的形式：

$$\begin{Bmatrix}U_a(L_2)\\ \varphi_a(L_2)\end{Bmatrix}=[\widetilde{M}_{11}^a]\begin{Bmatrix}u_a(0)\\ \varphi_a(0)\end{Bmatrix}+[\widetilde{M}_{12}^a]\begin{Bmatrix}Q_a(0)\\ M_a(0)\end{Bmatrix} \tag{13-38}$$

$$\begin{Bmatrix}Q_a(L_2)\\ M_a(L_2)\end{Bmatrix}=[\widetilde{M}_{21}^a]\begin{Bmatrix}u_a(0)\\ \varphi_a(0)\end{Bmatrix}+[\widetilde{M}_{22}^a]\begin{Bmatrix}Q_a(0)\\ M_a(0)\end{Bmatrix} \tag{13-39}$$

假设桩底的边界条件为固定端,桩顶为自由端,则

$$\begin{Bmatrix} U_a(L_2) \\ \varphi_a(L_2) \end{Bmatrix} = \begin{Bmatrix} 0 \\ 0 \end{Bmatrix} \tag{13-40}$$

将式(13-40)代入式(13-38)中,得

$$\begin{Bmatrix} U_a(0) \\ \varphi_a(0) \end{Bmatrix} = [-\widetilde{M}_{11}^{a}]^{-1}[\widetilde{M}_{12}^{a}] \begin{Bmatrix} Q_a(0) \\ M_a(0) \end{Bmatrix} = [K_S] \begin{Bmatrix} Q_a(0) \\ M_a(0) \end{Bmatrix} \tag{13-41}$$

$$[K_S] = -[\widetilde{M}_{11}^{a}]^{-1}[\widetilde{M}_{12}^{a}] \tag{13-42}$$

$[K_S]$ 为桩顶的阻抗函数矩阵,即

$$[K_S] = \begin{bmatrix} K_{S11} & K_{S12} \\ K_{S21} & K_{S22} \end{bmatrix} \tag{13-43}$$

根据式(13-41)和式(13-43),得

$$U_a(0) = K_S(1, 1)Q_a(0) + K_S(1, 2)M_a(0) \tag{13-44}$$

$$\varphi_a(0) = K_S(2, 1)Q_a(0) + K_S(2, 2)M_a(0) \tag{13-45}$$

当计算桩顶的总位移和总转角时,可以将处于土体部分的桩顶位移 $U_a(0)$ 和 $\varphi_a(0)$ 视为桩身露出土体部分的桩底位移,然后通过代入式(13-26),得

$$\begin{Bmatrix} U'_a(0) - E_u(0) \\ \varphi'_a(0) - E_\varphi(0) \\ Q'_a(0) - E_Q(0) \\ M'_a(0) - E_M(0) \end{Bmatrix} = [\bar{N}^a]^{-1} \begin{Bmatrix} U_a(0) - E_u(L_1) \\ \varphi_a(0) - E_\varphi(L_1) \\ Q_a(0) - E_Q(L_1) \\ M_a(0) - E_M(L_1) \end{Bmatrix} \tag{13-46}$$

上式为结合两部分桩身动力响应后得到的最终桩顶位移、转角、剪力和弯矩。

根据单桩水平阻抗的定义,可以得到如下所示的单桩阻抗计算公式:

$$R_K = \frac{Q_a(0)}{u_a(0)} = \frac{Q_a(0)}{K_S(1, 1)Q_a(0) + K_S(1, 2)} = K_K + \mathrm{i}a_0 C_K \tag{13-47}$$

式中:阻抗 R_K 由实部和虚部组成,实部 K_K 为单桩的水平方向动刚度,虚部部分 C_K 为单桩水平的动阻尼。

13.3 群桩模型

13.3.1 方程推导

群桩模型的建立主要是基于单桩的模型来进行延伸。首先根据单桩模型计算主动桩在荷载作用下的桩身动力特性；之后，考虑主动桩在荷载作用下的振动，通过土体以应力波的形式传递给被动桩，在传递过程中应用衰减函数考虑土体应力波的衰减；最后，将被动桩本身所承受的荷载和土体应力波衰减后传递过来的动力作为被动桩的初始扰动，计算被动桩的动力特性。

相互因子的计算，主要是指被动桩在承受主动桩所传过来的干扰力作用下所产生的位移与主动桩在自身所承受的荷载作用下的位移之比。

群桩的模型示意图如图 13-4 所示。图中的 $\psi(s,\theta)$ 为土体应力波的衰减函数，f'_z 为被动桩所承受的波浪荷载，其余参数与单桩相同。衰减函数 $\psi(s,\theta)$ 为

$$\psi(s,\theta)=\psi(s,0)\cos^2\theta+\psi\left(s,\frac{\pi}{2}\right)\sin^2\theta \tag{13-48}$$

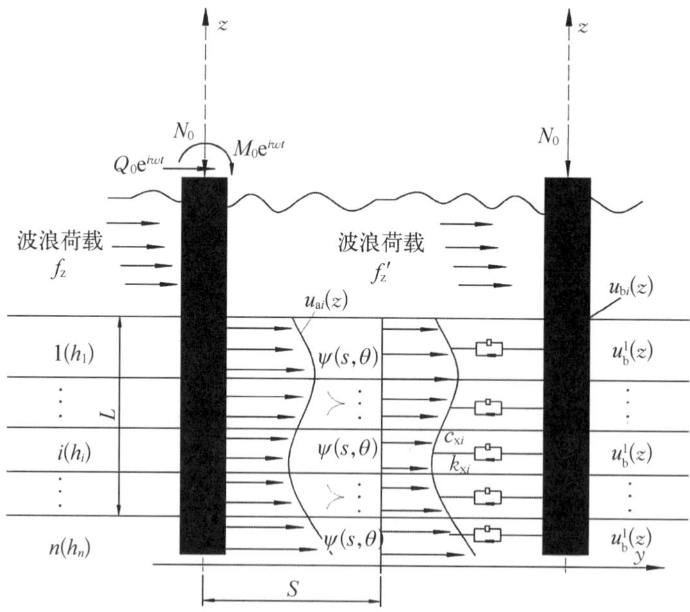

图 13-4 群桩的模型示意图

式中：　$\psi(s,0)=\sqrt{\frac{r_p}{s}e^{\frac{\omega(\eta+i)(s-r_p)}{V_{La}}}}$；$\psi\left(s,\frac{\pi}{2}\right)=\sqrt{\frac{r_p}{s}e^{\frac{\omega(\eta+i)(s-r_p)}{V_{si}}}}$。

此处 s 为桩距，θ 为桩与桩之间的夹角，如图 13-5 所示。

V_{La} 为土体的 Lysmer 模拟波速，计算如下：

$$V_{La}=\frac{3.4V_{si}}{\pi(1-\nu_{si})} \tag{13-49}$$

式中：V_{si} 为土体的剪切波速；ν_{si} 为土体的泊松比。

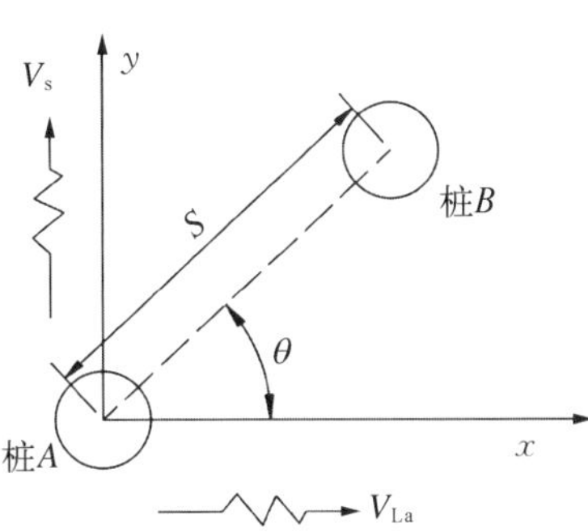

图 13-5　主动桩和被动桩位置图

由主动桩振动引起的应力波传出时的位移为 $U_{ai}(z,t)$。由于土体应力波的损失，所以到达被动桩之后的位移衰减为

$$U_{as}=u_{as}(z)e^{i\omega t}=\psi(s,\theta)u_{ai}(z)e^{i\omega t} \tag{13-50}$$

假设被动桩的位移为 $U_{bi}(z,t)$，为了计算方便可以写成 $U_{bi}(z,t)=U_{bi}(z)e^{i\omega t}$ 的形式，则被动桩的振动平衡方程如下所示：

桩身处于水中部分的振动平衡方程：

$$EI\frac{\partial U_{bi}(z,t)}{\partial z^4}+\rho_\rho A_\rho\frac{\partial^2 U_{bi}(z,t)}{\partial t^2}+c'_{xi}\frac{\partial U_{bi}(z,t)}{\partial t}+N_i(z)\frac{\partial^2 U_{bi}(z,t)}{\partial z^2}=f'_z(z) \tag{13-51}$$

桩身处于土体部分的振动平衡方程：

$$\begin{aligned}&E_pI_p\frac{d^4u_{bi}(z)}{dz^4}-[t_{gxi}-N_i(z)]\frac{d^2u_{bi}(z)}{dz^2}-\rho_\rho A_\rho\omega^2u_{bi}(z)\\&=(k_{xi}+i\omega c_{xi})[\psi_i(s,\theta)u_{ai}(z)-u_{bi}(z)]\end{aligned} \tag{13-52}$$

对于式(13-51)，计算过程与单桩基本相同，区别在于，被动桩相比于主动桩波浪荷载 f_z 的值略有不同，由于主动桩与被动桩的位置不同，波峰不可能同时作用于每一根桩上。另外，桩跟桩之间相互作用会导致涡旋的不对称性与涡旋之间的相互作用，从而导致每根桩所受到的荷载不尽相同，根据雷欣欣等的研究，同时考虑其他因素影响，在本部分的计算中，对于被动桩所承受的波浪荷载按照 $f'_z=0.8f_z$ 来进行计算。其余计算过程与前面单桩计算过程相同，此处不再赘述。

对于式(13-52),相比于主动桩,计算要复杂许多,式(13-52)的计算过程如下:

$$\varphi_i(s, \theta)=\frac{k_{xi}+\mathrm{i}\omega c_{xi}}{E_p I_p}\psi_i(s, \theta) \tag{13-53}$$

式(13-52)可以表示为

$$\frac{\mathrm{d}^4 u_{bi}(z)}{\mathrm{d}z^4}-\varsigma_1\frac{\mathrm{d}^2 u_{bi}(z)}{\mathrm{d}z^2}-\varsigma_2 u_{bi}(z)=\varphi(s, \theta)u_{ai}(z) \tag{13-54}$$

式中:$\varsigma_1=\left(\frac{\delta_i}{h_i}\right)^2$;$\varsigma_2=\left(\frac{\bar{\omega}_i}{h_i}\right)^4$。

式(13-54)的通解为

$$\begin{aligned}u_{bi}(z)=&A_{2i}\cosh\frac{\zeta_{1i}}{h_i}z+B_{2i}\sinh\frac{\zeta_{1i}}{h_i}z+C_{2i}\cos\frac{\zeta_{2i}}{h_i}z+D_{2i}\sin\frac{\zeta_{2i}}{h_i}z+\\&z\alpha_i\left(A_{1i}\sinh\frac{\zeta_{1i}}{h_i}z+B_{1i}\cosh\frac{\zeta_{1i}}{h_i}z\right)+z\beta_i\left(-C_{1i}\sin\frac{\zeta_{2i}}{h_i}z+D_{1i}\cos\frac{\zeta_{2i}}{h_i}z\right)\end{aligned} \tag{13-55}$$

式中:$\alpha_i=\frac{\varphi(s, \theta)}{2\frac{\zeta_{1i}}{h_i}\left[2\left(\frac{\zeta_{1i}}{h_i}\right)^2-\left(\frac{\delta_i}{h_i}\right)^2\right]}$;$\beta_i=\frac{\varphi(s, \theta)}{2\frac{\zeta_{2i}}{h_i}\left[2\left(\frac{\zeta_{2i}}{h_i}\right)^2-\left(\frac{\delta_i}{h_i}\right)^2\right]}$。

在土层单元内,每个桩基截面的截面转角 $\varphi_{bi}(z)$,弯矩 $M_{bi}(z)$,剪力 $Q_{bi}(z)$ 与横向位移 $u_{bi}(z)$ 的关系与单桩的计算过程相同,用矩阵的形式表达为

$$\begin{Bmatrix}u_{bi}(L)\\\varphi_{bi}(L)\\Q_{bi}(L)\\M_{bi}(L)\end{Bmatrix}=[\widetilde{M}_i^a]\begin{Bmatrix}u_{bi}(0)\\\varphi_{bi}(0)\\Q_{bi}(0)\\M_{bi}(0)\end{Bmatrix}+[\widetilde{M}_i^b]\begin{Bmatrix}u_{ai}(0)\\\varphi_{ai}(0)\\Q_{ai}(0)\\M_{ai}(0)\end{Bmatrix} \tag{13-56}$$

式中:$[\widetilde{M}_i^a]$ 与单桩计算时相同;$[\widetilde{M}_i^b]$ 的计算则稍显复杂,如下所示:

$$[\widetilde{M}_i^b]=-[\widetilde{m}_i^a]_{z=h_i}[\widetilde{m}_i^a]_{z=0}^{-1}[\widetilde{m}_i^b]_{z=0}[\widetilde{m}_i^a]_{z=0}^{-1}+[\widetilde{m}_i^b]_{z=h_i}[\widetilde{m}_i^a]_{z=0}^{-1} \tag{13-57}$$

其中，

$$[\widetilde{m}_{i}^{b}]=\begin{Bmatrix}\widetilde{m}_{1i}^{b}\\ \widetilde{m}_{2i}^{b}\\ \widetilde{m}_{3i}^{b}\\ \widetilde{m}_{4i}^{b}\end{Bmatrix}\tag{13-58}$$

$$[\widetilde{m}_{1i}^{b}]^{\mathrm{T}}=\begin{bmatrix}\alpha_{i}z\sinh\dfrac{\zeta_{1i}}{h_{i}}z\\ \alpha_{i}z\cosh\dfrac{\zeta_{1i}}{h_{i}}z\\ -\beta_{i}z\sin\dfrac{\zeta_{2i}}{h_{i}}z\\ \beta_{i}z\cos\dfrac{\zeta_{2i}}{h_{i}}z\end{bmatrix}\tag{13-59}$$

$$[\widetilde{M}_{2i}^{b}]^{\mathrm{T}}=\begin{bmatrix}\alpha_{i}\sinh\dfrac{\zeta_{1i}}{h_{i}}z+\alpha_{i}z\dfrac{\zeta_{1i}}{h_{i}}\cosh\dfrac{\zeta_{1i}}{h_{i}}z\\ \alpha_{i}\cosh\dfrac{\zeta_{1i}}{h_{i}}z+\alpha_{i}z\dfrac{\zeta_{1i}}{h_{i}}\sinh\dfrac{\zeta_{1i}}{h_{i}}z\\ -\beta_{i}\sin\dfrac{\zeta_{2i}}{h_{i}}z-\beta_{i}z\dfrac{\zeta_{2i}}{h_{i}}\cos\dfrac{\zeta_{2i}}{h_{i}}z\\ \beta_{i}\cos\dfrac{\zeta_{2i}}{h_{i}}z-\beta_{i}z\dfrac{\zeta_{2i}}{h_{i}}\sin\dfrac{\zeta_{2i}}{h_{i}}z\end{bmatrix}\tag{13-60}$$

$$[\widetilde{m}_{3i}^{b}]^{\mathrm{T}}=\begin{bmatrix}E_{\mathrm{p}}I_{\mathrm{p}}\left(3\alpha_{i}\dfrac{\zeta_{1i}^{2}}{h_{i}^{2}}\sinh\dfrac{\zeta_{1i}}{h_{i}}z+\alpha_{i}z\dfrac{\zeta_{1i}^{3}}{h_{i}^{3}}\cosh\dfrac{\zeta_{1i}}{h_{i}}z\right)\\ E_{\mathrm{p}}I_{\mathrm{p}}\left(3\alpha_{i}\dfrac{\zeta_{1i}^{2}}{h_{i}^{2}}\cosh\dfrac{\zeta_{1i}}{h_{i}}z+\alpha_{i}z\dfrac{\zeta_{1i}^{3}}{h_{i}^{3}}\sinh\dfrac{\zeta_{1i}}{h_{i}}z\right)\\ E_{\mathrm{p}}I_{\mathrm{p}}\left(3\beta_{i}\dfrac{\zeta_{2i}^{2}}{h_{i}^{2}}\sin\dfrac{\zeta_{2i}}{h_{i}}z+\beta_{i}z\dfrac{\zeta_{2i}^{3}}{h_{i}^{3}}\cos\dfrac{\zeta_{2i}}{h_{i}}z\right)\\ E_{\mathrm{p}}I_{\mathrm{p}}\left(-3\beta_{i}\dfrac{\zeta_{2i}^{2}}{h_{i}^{2}}\cos\dfrac{\zeta_{2i}}{h_{i}}z+\beta_{i}z\dfrac{\zeta_{2i}^{3}}{h_{i}^{3}}\sin\dfrac{\zeta_{2i}}{h_{i}}z\right)\end{bmatrix}\tag{13-61}$$

$$[\widetilde{m}_{4i}^{b}]^{\mathrm{T}}=\begin{bmatrix} E_{\mathrm{p}}I_{\mathrm{p}}\left(2\alpha_i\dfrac{\zeta_{1i}}{h_i}\cosh\dfrac{\zeta_{1i}}{h_i}z+\alpha_i z\dfrac{\zeta_{1i}^2}{h_i^2}\sinh\dfrac{\zeta_{1i}}{h_i}z\right) \\ E_{\mathrm{p}}I_{\mathrm{p}}\left(2\alpha_i\dfrac{\zeta_{1i}}{h_i}\sinh\dfrac{\zeta_{1i}}{h_i}z+\alpha_i z\dfrac{\zeta_{1i}^2}{h_i^2}\cosh\dfrac{\zeta_{1i}}{h_i}z\right) \\ E_{\mathrm{p}}I_{\mathrm{p}}\left(-2\beta_i\dfrac{\zeta_{2i}}{h_i}\cos\dfrac{\zeta_{2i}}{h_i}z+\beta_i z\dfrac{\zeta_{2i}^2}{h_i^2}\sin\dfrac{\zeta_{2i}}{h_i}z\right) \\ E_{\mathrm{p}}I_{\mathrm{p}}\left(-2\beta_i\dfrac{\zeta_{2i}}{h_i}\sin\dfrac{\zeta_{2i}}{h_i}z-\beta_i z\dfrac{\zeta_{2i}^2}{h_i^2}\cos\dfrac{\zeta_{2i}}{h_i}z\right) \end{bmatrix} \tag{13-62}$$

与主动桩类似的解法，可以根据传递矩阵将每一土层的位移、转角、剪力、弯矩等联系起来，如下式所示，整理好后的传递关系矩阵为

$$\begin{Bmatrix} u_{\mathrm{b}}(L_2) \\ \varphi_{\mathrm{b}}(L_2) \\ Q_{\mathrm{b}}(L_2) \\ M_{\mathrm{b}}(L_2) \end{Bmatrix}=[\widetilde{M}^{a}]\begin{Bmatrix} u_{\mathrm{b}}(0) \\ \varphi_{\mathrm{b}}(0) \\ Q_{\mathrm{b}}(0) \\ M_{\mathrm{b}}(0) \end{Bmatrix}+[\widetilde{M}^{b}]\begin{Bmatrix} u_{\mathrm{a}}(0) \\ \varphi_{\mathrm{a}}(0) \\ Q_{\mathrm{a}}(0) \\ M_{\mathrm{a}}(0) \end{Bmatrix} \tag{13-63}$$

式中：

$$[\widetilde{M}^{a}]=[\widetilde{M}_{n}^{a}][\widetilde{M}_{n-1}^{a}]\cdots[\widetilde{M}_{1}^{a}] \tag{13-64}$$

$$[\widetilde{M}^{b}]=\sum_{j=1}^{n}[\widetilde{M}_{n}^{a}]\cdots[\widetilde{M}_{j+1}^{a}][\widetilde{M}_{j}^{a}][\widetilde{M}_{j-1}^{a}]\cdots[\widetilde{M}_{1}^{a}] \tag{13-65}$$

令：

$$[\widetilde{M}^{b}]=\begin{bmatrix} \widetilde{M}_{11}^{b} & \widetilde{M}_{12}^{b} \\ \widetilde{M}_{21}^{b} & \widetilde{M}_{22}^{b} \end{bmatrix} \tag{13-66}$$

将式(13-63)表示为

$$\begin{Bmatrix} u_{\mathrm{b}}(L) \\ \varphi_{\mathrm{b}}(L) \end{Bmatrix}=[\widetilde{M}_{11}^{a}]\begin{Bmatrix} U_{\mathrm{b}}(0) \\ \varphi_{\mathrm{b}}(0) \end{Bmatrix}+[\widetilde{M}_{12}^{a}]\begin{Bmatrix} Q_{\mathrm{b}}(0) \\ M_{\mathrm{b}}(0) \end{Bmatrix}+[\widetilde{M}_{11}^{b}]\begin{Bmatrix} U_{\mathrm{a}}(0) \\ \varphi_{\mathrm{a}}(0) \end{Bmatrix}+[\widetilde{M}_{12}^{b}]\begin{Bmatrix} Q_{\mathrm{a}}(0) \\ M_{\mathrm{a}}(0) \end{Bmatrix} \tag{13-67}$$

$$\begin{Bmatrix} Q_{\mathrm{b}}(L) \\ M_{\mathrm{b}}(L) \end{Bmatrix}=[\widetilde{M}_{21}^{a}]\begin{Bmatrix} U_{\mathrm{b}}(0) \\ \varphi_{\mathrm{b}}(0) \end{Bmatrix}+[\widetilde{M}_{22}^{a}]\begin{Bmatrix} Q_{\mathrm{b}}(0) \\ M_{\mathrm{b}}(0) \end{Bmatrix}+[\widetilde{M}_{21}^{b}]\begin{Bmatrix} U_{\mathrm{a}}(0) \\ \varphi_{\mathrm{a}}(0) \end{Bmatrix}+[\widetilde{M}_{22}^{b}]\begin{Bmatrix} Q_{\mathrm{a}}(0) \\ M_{\mathrm{a}}(0) \end{Bmatrix} \tag{13-68}$$

根据模型假设边界条件为桩顶固定，即

$$\begin{Bmatrix} U_{\mathrm{b}}(L) \\ \varphi_{\mathrm{b}}(L) \end{Bmatrix} = 0 \tag{13-69}$$

将边界条件代入式(13－67)中，得

$$\begin{Bmatrix} U_{\mathrm{b}}(0) \\ \varphi_{\mathrm{b}}(0) \end{Bmatrix} = [\mu_{\mathrm{v}}(s,\ \theta)] \begin{Bmatrix} u_{\mathrm{a}}(0) \\ \varphi_{\mathrm{a}}(0) \end{Bmatrix} \tag{13-70}$$

式中：

$$[\mu_{\mathrm{v}}(s,\ \theta)] = -[\widetilde{M}_{11}^{a}]^{-1}([\widetilde{M}_{11}^{b}] + [\widetilde{M}_{12}^{b}][\widetilde{M}_{12}^{a}]^{-1}[\widetilde{M}_{11}^{a}]) \tag{13-71}$$

$[\mu_{\mathrm{v}}(s,\ \theta)]$ 即为主动桩与被动桩之间的相互作用关系矩阵。

根据相互作用因子的定义，群桩的水平相互作用因子为

$$\beta_{\mathrm{up}} = \frac{U_{\mathrm{b}}(0)}{U_{\mathrm{a}}(0)} = \frac{\mu_{\mathrm{v}}(1,\ 1)K_{\mathrm{S}}(1,\ 1) + \mu_{\mathrm{v}}(1,\ 2)K_{\mathrm{S}}(2,\ 1)}{K_{\mathrm{S}}(1,\ 1)} \tag{13-72}$$

群桩的摇摆相互作用因子：

$$\beta_{\varphi\mathrm{M}} = \frac{\varphi_{\mathrm{b}}(0)}{\varphi_{\mathrm{a}}(0)} = \frac{\mu_{\mathrm{v}}(2,\ 1)K_{\mathrm{S}}(1,\ 2) + \mu_{\mathrm{v}}(2,\ 2)K_{\mathrm{S}}(2,\ 2)}{K_{\mathrm{S}}(2,\ 2)} \tag{13-73}$$

群桩的桩顶总位移、转角等参数与单桩计算方法相同，即

$$\begin{Bmatrix} U'_{\mathrm{b}}(0) - E_{\mathrm{u}}(0) \\ \varphi'_{\mathrm{b}}(0) - E_{\varphi}(0) \\ Q'_{\mathrm{b}}(0) - E_{\mathrm{Q}}(0) \\ M'_{\mathrm{b}}(0) - E_{\mathrm{M}}(0) \end{Bmatrix} = [\bar{N}^{a}]^{-1} \begin{Bmatrix} U_{\mathrm{b}}(0) - E_{\mathrm{u}}(L_1) \\ \varphi_{\mathrm{b}}(0) - E_{\varphi}(L_1) \\ Q_{\mathrm{b}}(0) - E_{\mathrm{Q}}(L_1) \\ M_{\mathrm{b}}(0) - E_{\mathrm{M}}(L_1) \end{Bmatrix} \tag{13-74}$$

13.3.2　群桩水平动力阻抗

群桩水平动力阻抗的计算与单桩有些不同，具体计算如下所示。

假设群桩桩数为 n，群桩的水平位移 u^G 等于各单桩水平位移 u_i^G，即

$$u^G = u_i^G = \sum_{j=1}^{n} u_{ij}^G \quad (i,\ j = 1,\ 2,\ 3,\ \cdots,\ n) \tag{13-75}$$

设主动桩 j 对被动桩 i 的影响因子为 χ_{ij}，群桩中桩 j 所承受的荷载为 P_j，根据荷载与阻抗和位移的关系有

$$\sum_{j=1}^{n} \chi_{ij} P_j = R_{\mathrm{K}} u^G,\ P^G = \sum_{j=1}^{n} P_j (i = k,\ \chi_{ij} = 1) \tag{13-76}$$

式中：R_K 为单桩的阻抗。群桩水平动力阻抗为

$$R^G=\frac{P^G}{u^G}=K^G+ia_0C^G \tag{13-77}$$

式中：K^G 为群桩水平动力刚度；C^G 为群桩的水平动阻尼。

13.4 实例分析与验证

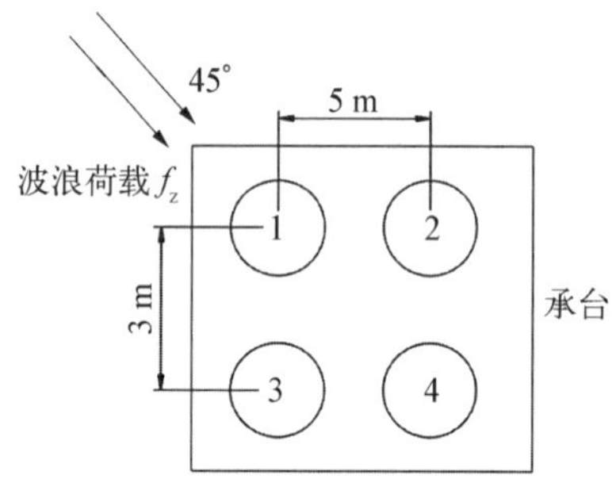

图 13-6 2×2 群桩示意图

采用图 13-6 所示的 2×2 群桩进行实例分析与验证，波浪荷载方向如图 13-6 所示。

桩身的参数为：桩长=37.6 m，桩身深入土体中的长度为 18.2 m，处于水中部分长度为 19.4 m，桩径 $d=1.0$ m，横向桩距为 5 m，纵向桩距为 6 m，弹性模量 $E=30$ GPa，$\rho_p=2.6\times10^3$ kg/m^3，泊松比 $v_s=0.3$，其他土体参数如表 13-1 所示。

表 13-1 土体参数表

层号/(°)	岩土名称	土体密度/(kg/m^3)	泊松比	阻尼比	层厚/m	剪切波速/(m/s)	弹性模量/kPa	c/kPa	ϕ
1	黏土	1.95×10^3	0.3	0.06	5.4	100	36 630	20	18.0
2	淤泥质粉质黏土	1.85×10^3	0.35	0.08	10.8	118	45 230	16	14.0
3	粉质黏土夹粉土	1.85×10^3	0.3	0.105	12.4	130	57 350	10	22.5
4	细沙	1.55×10^3	0.2	0.12	11.0	120	37 520	2	34.0

桩 1 视为源桩，其他三根桩相对于桩 1 为被动桩。

13.4.1 与实验对比

本算例首先分析了桩 1 与其他三根桩之间的相互作用因子，通过与文献[9]的结果进行了对比验证，两个结果吻合相对较好，满足精度要求。图 13-7 为通过计算所得的群桩相互作用因子的实部部分。图 13-8 为计算所得的群桩相互因子的虚部部分。从上面两幅图中可以看到，源桩 1 对于不同位置处的桩之间

的相互作用因子是不相同的，桩 1－3 之间的相互作用因子与桩 1－4 之间的相互因子趋势基本相同，桩 1－2 位置最近，两桩之间的相互作用因子曲线则明显区别于桩 1－3 和桩 1－4 之间的相互因子曲线。

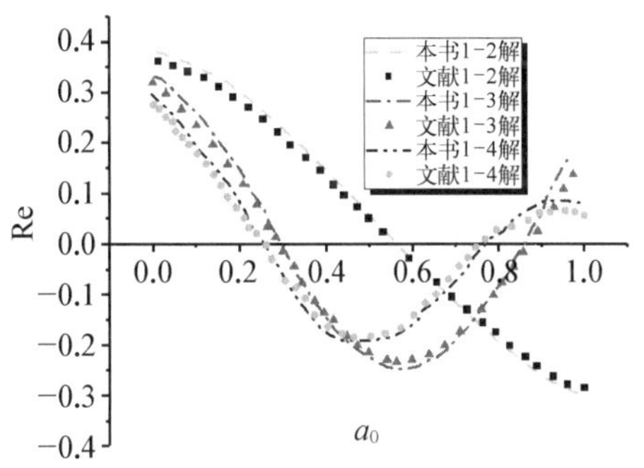

图 13－7　群桩相互作用因子的实部部分

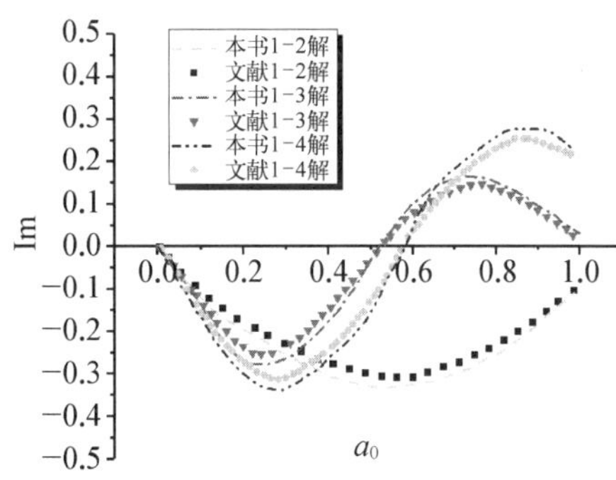

图 13－8　群桩相互作用因子的虚部部分

本书的实例分析与验证还进行了群桩之间的动力阻抗研究，将所得的结果进行了无量纲化处理，并与 Kaynia 等的结果进行了对比验证，同时还对比了在理论计算中是否考虑轴力对群桩阻抗的影响，如图 13－9、图 13－10 所示。从图中可以看到，当桩距与桩径之比较小时，随 a_0 增加，群桩阻抗的变化较小，曲线比较平稳；当桩距与桩径的比值增大到 5 时，群桩阻抗曲线的变化开始变大，曲线有比较明显的波动。从两幅图中分别可以看到，当 $s/d=5$ 时，实部的刚度在 a_0 为 0.6 左右时突然增大；在 a_0 接近 0.8 时实部刚度达到最高，之后随着 a_0 的增大开始逐渐下降。虚部刚度有类似的变化，当 $a_0=0.65$ 时达到最高，之后随着 a_0 的增大而逐渐减小。

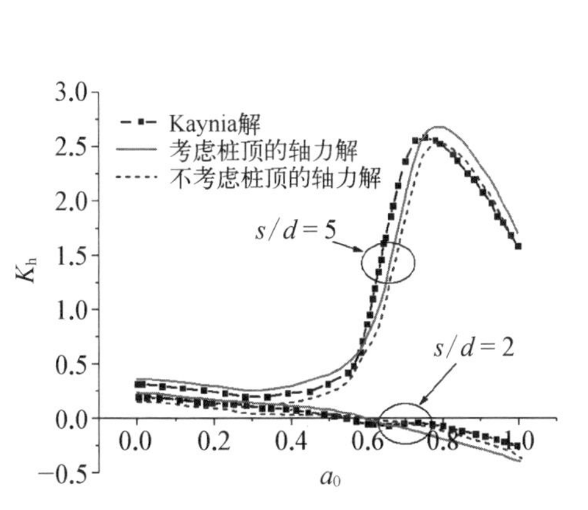

图 13－9　群桩阻抗实部刚度

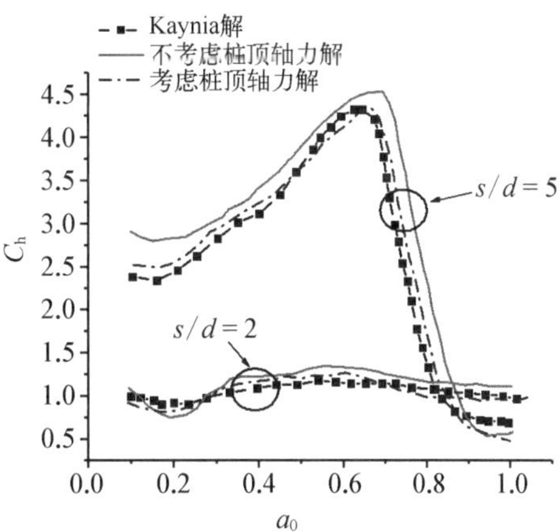

图 13－10　群桩阻抗虚部刚度

13.4.2 与数值模拟对比

采用有限单元软件 ABAQUS 建模计算验证，模型中桩-土-承台模型均为三维实体单元。单元类型为 C3D8R，采用减缩积分进行计算，单元划分总数为 102 080 个。边界条件设置如下：土的底面限制 x，y，z 三个方向的位移；x 方向限制 x 方向的位移；y 方向限制 y 方向的位移；设置桩与土之间的接触。模型为 2×2 群桩模型，桩长 L 为 40 m，桩径 d 为 1.2 m，土体模型设置为 60 m×60 m×60 m，承台尺寸为 8 m×8 m×0.8 m。土体模型采用莫尔-库仑模型，竖向荷载设为 $P_0=2\ 000$ kN，$P_t=600\cos(\theta t)$ kN。波浪荷载作为横向简谐荷载施加。有限单元模型如图 13－11 和图 13－12 所示。

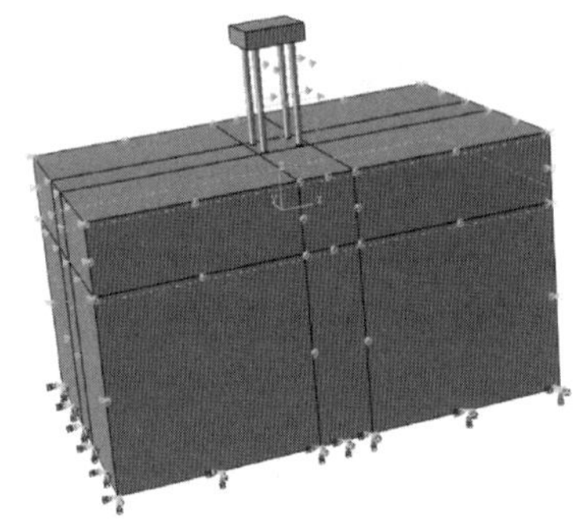

图 13－11　群桩有限单元模型边界条件设置

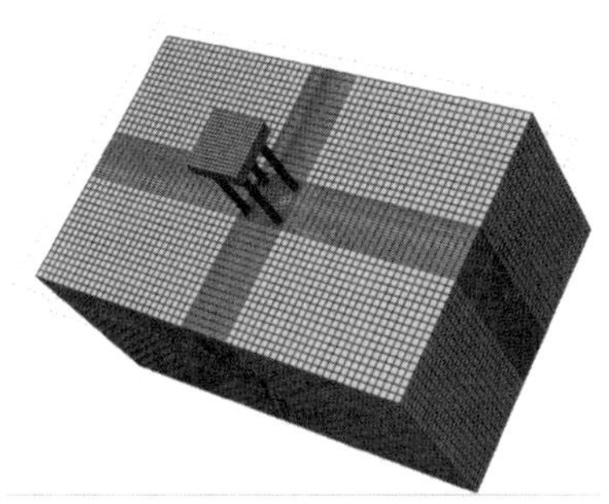

图 13－12　群桩有限单元模型网格划分

理论解与有限单元解对比验证，如图 13－13 所示。从图可以看到，本章所推导的临界频率的理论解与有限单元解模拟得到的曲线非常接近，由此进一步验证了本章理论解析解的正确性。

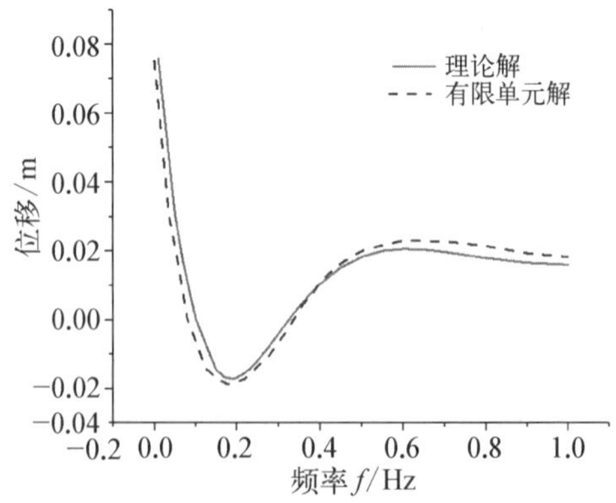

图 13－13　理论解与有限单元解对比验证

13.5　实例分析与验证

基于前节已验证正确性的理论解析模型，针对不同的影响因素进行一系列的参数分析。桩基参数为：桩长 $L=55$ m，桩径 $d=1.6$ m，桩身深入土中部分长度为 30 m，桩身弹性模量 $E=3\times10^{10}$ Pa，土体参数与 13.4 节算例相同。

在 12.6 及 12.9 节的单桩动力问题研究中，桩侧土体参数对桩身的稳定性有重要的影响，因此在本章中同样选择了部分的土体参数进行了分析，研究其对群桩阻抗的影响。首先是地基表层土的弹性模量对群桩阻抗的影响，假设土层第二层和第三层的弹性模量不变，改变表层土体的模量使其为：$E_{s1}/E_{s2}=1$，$E_{s1}/E_{s2}=3$，$E_{s1}/E_{s2}=5$，如图 13-14、图 13-15 所示。

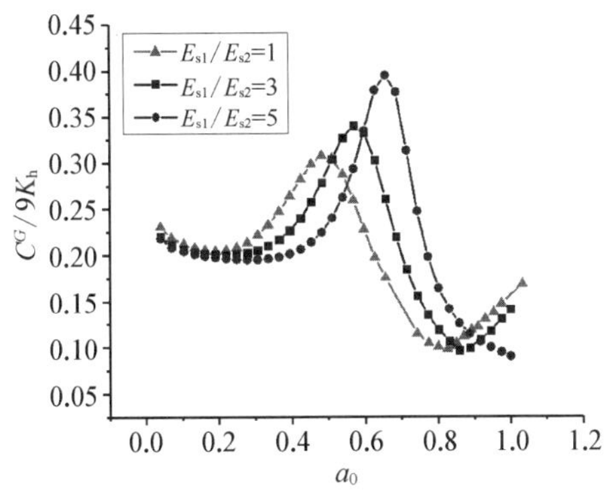

图 13-14　群桩阻抗虚部随土弹性模量比变化

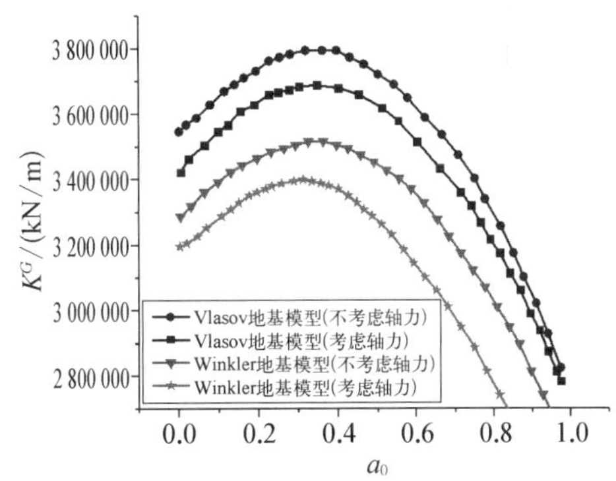

图 13-15　不同地基模型群桩阻抗实部变化

从两幅图中可以看到，随着 a_0 的增加，群桩阻抗的实部和虚部都是先增大，然后逐渐达到峰值，之后随着 a_0 的继续增加，实部和虚部刚度都开始下降，实部刚度下降到一定程度开始减缓，虚部刚度下降到一定程度开始缓慢回升；随着表层土体的弹性模量增大，群桩阻抗的峰值位置开始向后移动，即峰值阻抗对应的 a_0 增大，且峰值随表层土体的弹性模量的增大而逐渐增大。这表明，表层土体对于群桩的稳定起着重要的作用，群桩阻抗峰值的提高代表着土体对于桩基的约束作用的增强，通过增加表层土体的弹性模量可以有效提高群桩的约束作用，提高其稳定性，因此在实际的工程中可以通过对表层的软弱土体进行加固或者置换为弹性模量高的土体的方式来提高群桩的稳定性。

之前的一些研究中普遍采用 Winkler 地基模型来模拟土体反力，在本章中为了更好地考虑土体的连续特性，从而深入地研究群桩的桩土特性，所以采用了基于连续介质模型的改进的 Vlasov 地基模型来计算桩侧的土体反力。针对两种不同的地基模型，图 13－16 及图 13－17 分析了 Winkler 地基模型和 Vlasov 地基模型下群桩阻抗随 a_0 的变化。

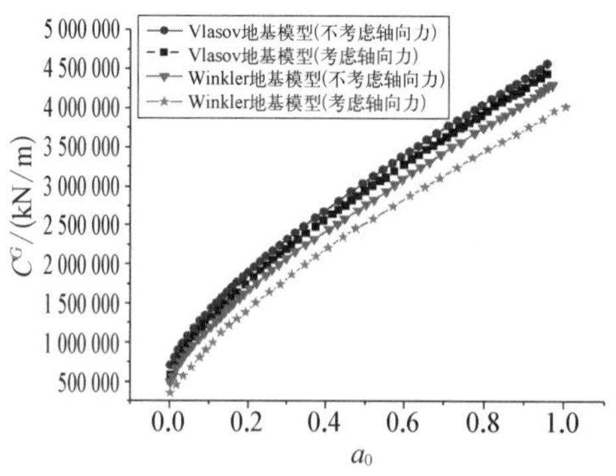

图 13－16　不同地基模型群桩阻抗虚部变化

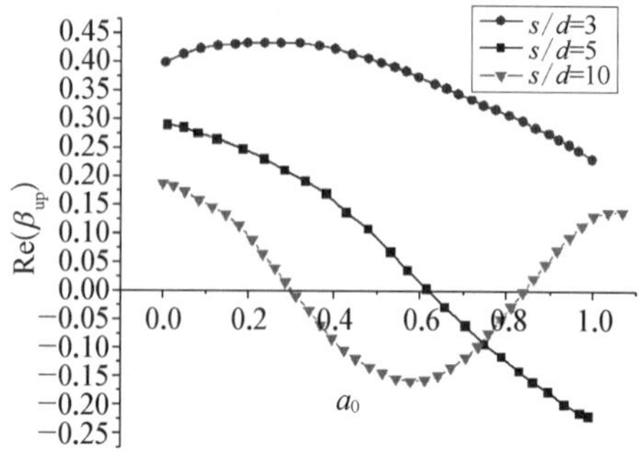

图 13－17　水平相互因子实部随 a_0 和 s/d 的变化

两种模型下实部阻抗都是先随着 a_0 的增大，逐渐增大，然后到达峰值后开始逐渐下降，虚部阻抗则不同于实部阻抗，随着 a_0 的增大，虚部阻抗不断增大，增加的速度逐渐减缓。从图中可以清楚看到，采用 Winkler 地基模型和 Vlasov 地基模型计算下的群桩阻抗的结果是有比较明显的区别的。采用 Vlasov 地基模型计算下的群桩阻抗明显要高于 Winkler 地基模型计算下的阻抗，这说明考虑了土体的连续性后，土体的约束作用增加了，阻抗因此更大。相比于 Winkler 地基模型，Vlasov 地基模型更符合实际的土体情况。另外，在计算中考虑了桩顶的轴力后，相应的群桩阻抗会有比较明显的降低，这对桩基的稳定是不利的，因此在对于超长桩这种长柔桩基的设计来说，有必要进行轴力的验算，多方面保证桩基的稳定性。

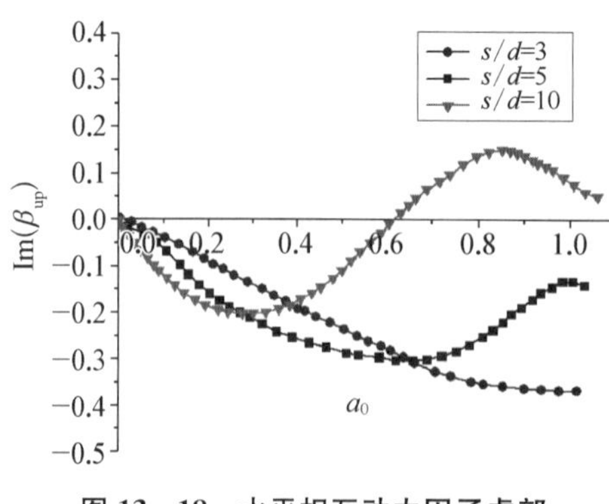

图 13－18　水平相互动力因子虚部随 a_0 和 s/d 的变化

群桩中不同位置的桩，相对应的桩基之间的相互作用因子也不相同，这在实例分析与验证部分已经得到了证实，接下来的部分将会具体研究桩距与桩径的比值对水平动力相互作用因子的影响。

从图 13－18 可知，随着桩距和桩

径比值的增大，动力相互作用因子曲线的波动变化开始增大，当 $s/d=3$ 时，动力相互因子随 a_0 的增加，变化相对平稳，但随着 s/d 的值增大到 5 时，动力相互作用因子的波动性明显地增加了；当 $s/d=10$ 时，相互因子的曲线波动已经十分明显了。另外，随着 s/d 的增大，在一定的范围内，水平动力相互作用因子是减小的，a_0 在 0～0.6 范围内，可以明显看到相互作用因子的降低。这表明在一定的范围内，随着桩距离的增大，邻桩相互作用的效应会显著降低，当桩距超过一定数值时，邻桩之间的相互因子会变得非常小，此时可忽略群桩效应，按单桩计算群桩中的每一根单桩。

波浪荷载作为一种动力荷载施加在桩身上，对于群桩的动力响应也会产生一定的影响，下面分析波浪荷载的波长和波高对于群桩的位移响应影响。

从图 13－19 和图 13－20 中可以看出，随着波高 H 的不断增大，桩身的位移响应呈线性增加，相比于单桩来说增加的幅度要小；波长 L 对位移响应的影响与波高 H 有所不同，位移响应 u 随着波长 L 的增加，不再是单纯的线性增加，而是呈非线性的增加，且增加的速度越来越快，与单桩时波长对位移的影响基本相同，由于存在群桩效应的影响，波浪荷载作用下群桩的位移响应随波长增加的幅度要比单桩时小许多。

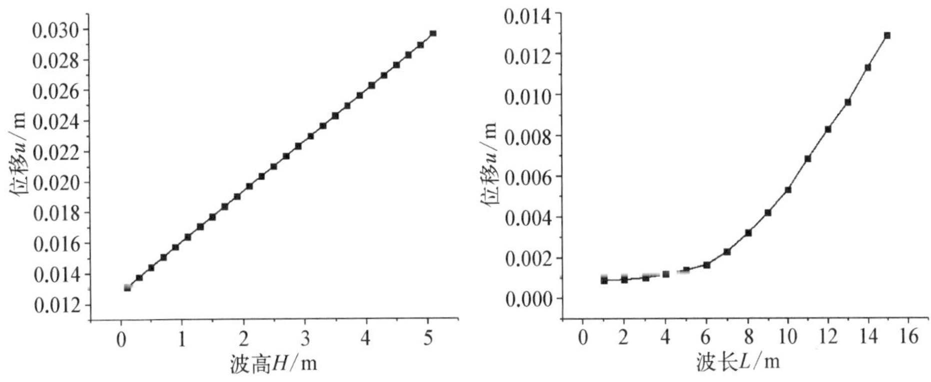

图 13－19　波高对群桩位移响应 u 的影响　　**图 13－20　波长对群桩位移响应 u 的影响**

13.6　本章结论

本章主要采用了相互作用因子法结合传递矩阵法，研究分析了波浪荷载作用下分层地基土中群桩的动力响应。地基土模型采用了双参数地基模型中基于连续介质模型的改进的 Vlasov 地基模型。相比于传统的 Winkler 地基模型，Vlasov 地基模型考虑了土体的连续性，且有着更加严密的理论依据，更符合工程实际。通过理论的推导由主动桩模型推导到群桩模型，得到了桩与桩之间的相互作用因子及群桩的动力阻抗。同时，本章分析了群桩的一些动力响应问题。具体结论如下：

(1) 通过算例将理论推导计算所得到的群桩动力相互因子和群桩阻抗，与已有的文献结果进行对比，同时与有限单元数值模拟结果进行对比，验证了理论推导解析解的正确性，得到了动力相互因子与群桩阻抗随 a_0 的变化曲线。

(2) 将表层土体的弹性模量与底层土体弹性模量的比值作为变量，随它们比值的增大，群桩阻抗峰值的位置开始后移，且峰值越来越大，这表明了表层土体对群桩阻抗有着重要的影响，在实际工程中可以通过增大表层土体的弹性模量的方式来提高群桩的稳定性。

(3) 对比 Winkler 地基模型和改进的 Vlasov 地基模型计算下的群桩阻抗后，可以发现，采用了改进的 Vlasov 双参数地基模型计算后，所得到的结果的值明显高于 Winkler 地基模型计算所得到的值。分析发现，这是由于 Vlasov 地基模型考虑了土体连续性影响的结果，表明了 Vlasov 地基模型相比于 Winkler 地基模型更加符合土体的实际情况，也更加安全。

(4) 随桩距与桩径之比 s/d 的增加，群桩动力相互作用因子曲线的波动性明显增加；在一定的频率范围内，随着 s/d 的增大，邻桩之间的相互作用因子明显减小，当相互作用因子减小到一定程度时，可以忽略群桩相互作用的影响，按照单桩来进行计算。

(5) 对群桩位移响应随波高和波长的变化进行了分析，通过与单桩对比发现，波高和波长对群桩位移响应的影响趋势与单桩类似，由于群桩存在桩与桩之间相互作用的影响，波高和波长对群桩位移响应的影响要比单桩时的影响作用小。

第 14 章 扩底抗拔桩变形非线性分析

14.1 引言

鉴于竖向承载性能和变形控制的要求，桩基础被工程上日益广泛地采用为首选的深基础形式。相对于抗压单桩，抗拔桩与群桩基础的研究尚不够深入。迄今为止，抗拔桩设计方法仍处于借鉴抗压桩设计方法阶段。引入一个经验抗拔系数进行设计，这造成抗拔桩的理论研究远远落后于工程实践。由于桩基间的相互作用在群桩变形中表现得非常突出和重要，使得群桩基础的变形计算成为工程应用中迫切需要解决的课题。针对以上问题开展相关研究，对探索竖向受荷桩基工作性状和进行变形计算、挖掘承载潜能、提高设计水平具有理论和实际意义。

目前，国内外对扩底抗拔桩的研究主要集中在抗拔桩的承载性状方面，而关于扩底抗拔桩变形性状的研究却相对滞后。由于扩底抗拔桩具有较大的竖向抗拔承载力水平，工程实践中其承载力已经由桩顶位移量控制，与等截面抗拔桩一样，扩底抗拔桩的设计计算理论尚未趋于完善，设计中仍然套用抗压桩设计方法，通过经验折减系数将抗压桩的侧摩阻力转换为抗拔桩的侧摩阻力，从而得到其抗拔承载力。

由于扩底抗拔桩与等截面抗拔桩的荷载传递特征显著不同，其变形及桩土相互作用更为复杂。鉴于此，本章以扩底抗拔桩基荷载传递变形模式为切入点，推导得到扩底抗拔桩变形解析解，并将解答推广至变位置扩径体抗拔桩，以便进行更复杂桩体条件下的抗拔桩变形分析。

14.2 基于荷载传递理论的扩底抗拔桩弹性解析解

根据桩基荷载传递理论，扩底抗拔桩土荷载传递模式如图 14 - 1 所示。

现有扩底抗拔桩计算设计中，桩身钢筋混凝土的抗拉强度、承载力和裂缝验算及桩顶容许变形量被作为主要控制指标，同时在工作荷载作用下桩端扩径体处的位移量值比较小，在满足这些条件时，本章将桩端扩径体与土体之间假定为桩土非线性弹簧的荷载传递关系，基于该假定，将图 14－1 简化为图 14－2。

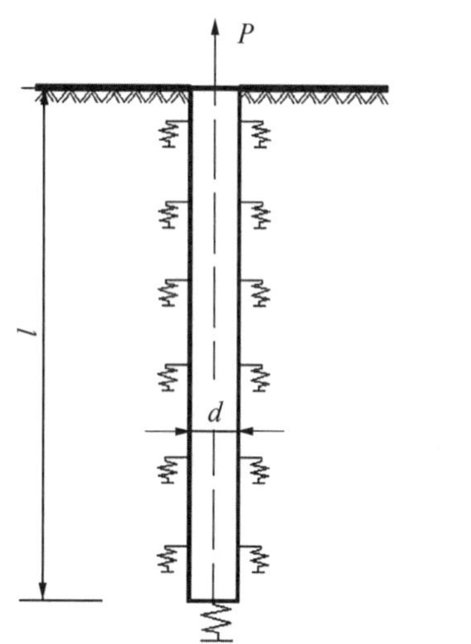

图 14－1 扩底抗拔桩土荷载传递模式

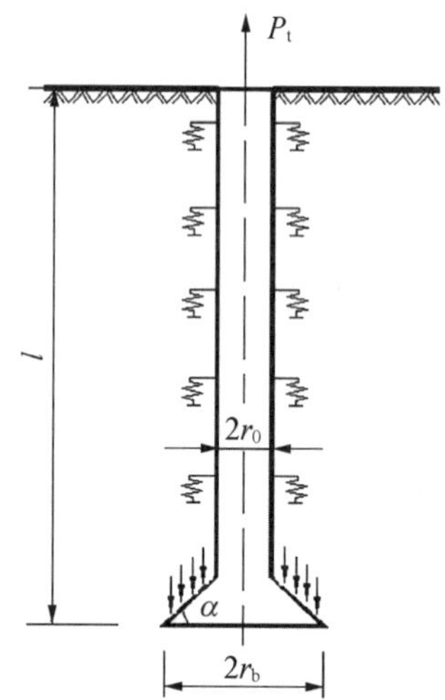

图 14－2 扩底抗拔桩荷载传递分析模型

由式(10－13)可知，基于荷载传递理论的桩身控制微分方程为

$$E_p A_p \frac{d^2 S(z)}{dz^2} - U_m k_s S(z) = 0 \tag{14-1}$$

式中：$S(z)$ 为桩身在深度 z 处的上拔位移；E_p 为桩身弹性模量；A_p 为桩身横截面积；U_m 为桩身横截面周长；k_s 为桩土弹簧刚度，$k_s = \dfrac{G_s}{r_0 \ln\left(\dfrac{r_m}{r_0}\right)}$。根据文献[3]和文献[10]的研究成果，对于扩底抗拔桩，$r_m = \chi_1 \chi_2 (1-\nu_s) l$，$\chi_1 = 2.5$，$\chi_1 = 2.0$。

上式的同解表达式为

$$S(z) = c_1 e^{k_1 z} + c_2 e^{-k_1 z} \tag{14-2}$$

式中：$k_1 = (U_m k_s / E_p A_p)^{0.5}$；$c_1$，$c_2$ 为待求解参数。

扩底桩受力边界条件为

$$\begin{cases}\left.\dfrac{\partial S(z)}{\partial z}\right|_{z=0}=-\dfrac{P_{\mathrm{t}}}{\pi r_0^2 E_{\mathrm{p}}},\text{即 } k_1(c_1-c_2)=-\dfrac{P_{\mathrm{t}}}{\pi r_0^2 E_{\mathrm{p}}}\\[2ex] \left.\dfrac{\partial S(z)}{\partial z}\right|_{z=l}=-\dfrac{P_{\mathrm{b}}}{\pi r_0^2 E_{\mathrm{p}}},\text{即 } k_1(c_1\mathrm{e}^{k_1 l}-c_2\mathrm{e}^{-k_1 l})=-\dfrac{P_{\mathrm{b}}}{\pi r_0^2 E_{\mathrm{p}}}\end{cases} \tag{14-3}$$

式中：P_{t} 为扩底抗拔桩的桩顶上拔荷载；P_{b} 为桩端扩径体的反力；E_{p} 为桩身弹性模量；r_0 为桩的半径；l 为桩长。

把系数 c_1，c_2 代入式(15-2)得

$$S(z)=\frac{P_{\mathrm{t}}\cosh[k_1(l-z)]-P_{\mathrm{b}}\cosh(k_1 z)}{k_1 E_{\mathrm{p}} A_{\mathrm{p}}\sinh(k_1 l)} \tag{14-4}$$

桩顶位移为

$$S_{\mathrm{t}}=S(z=0)=\frac{P_{\mathrm{t}}\cosh(k_1 l)-P_{\mathrm{b}}}{k_1 E_{\mathrm{p}} A_{\mathrm{p}}\sinh(k_1 l)} \tag{14-5}$$

式(14-5)中，确定桩端扩径体的反力 P_{b} 后方可得到桩顶上拔荷载 P_{t} 与位移 S_{t} 关系式。

式(14-4)中令 $z=l$(l 为桩长)，则

$$S_{\mathrm{b}}=S(z=l)=\frac{P_{\mathrm{t}}-P_{\mathrm{b}}\cosh(k_1 l)}{k_1 E_{\mathrm{p}} A_{\mathrm{p}}\sinh(k_1 l)} \tag{14-6}$$

桩端扩径体的反力 P_{b} 与桩端位移 S_{b} 的关系，国内外学者对扩径体的挤压作用以及对桩周土体竖向应力的影响进行了实验研究和数值模拟，桩端扩径体的存在对桩周土体变形发展规律和抗拔桩承载力发挥有着较为复杂的影响。作者在文献[11]中将扩径体视为承受刚性圆环荷载的半无线弹性体进行了积分求解，表达式如下：

$$S_{\mathrm{b}}=\frac{\pi(1-\nu_{\mathrm{b}}^2)(r_{\mathrm{b}}-r_0)}{2E_{\mathrm{b}}}\ \frac{P_{\mathrm{b}}}{\pi(r_{\mathrm{b}}^2-r_0^2)}=\frac{P_{\mathrm{b}}(1-\nu_{\mathrm{b}})}{4G_{\mathrm{b}}(r_{\mathrm{b}}+r_0)} \tag{14-7}$$

式中：G_{b}，ν_{b} 分别为桩端土体的剪切模量和泊松比；E_{b} 为桩端土体的弹性模量，$E_{\mathrm{b}}=2G_{\mathrm{b}}(1+\nu_{\mathrm{b}})$；$r_{\mathrm{b}}$ 为桩端扩径体的半径。

将式(14-7)代入式(14-6)，得

$$P_{\mathrm{b}}=\frac{2(r_0+r_{\mathrm{b}})E_{\mathrm{b}}P_{\mathrm{t}}}{2(r_0+r_{\mathrm{b}})E_{\mathrm{b}}\cosh(k_1 l)+k_1 E_{\mathrm{p}} A_{\mathrm{p}}(1-\nu_{\mathrm{b}}^2)\sinh(k_1 l)} \tag{14-8}$$

式中：E_{b} 为桩端土体的弹性模量，$E_{\mathrm{b}}=2G_{\mathrm{b}}(1+\nu_{\mathrm{b}})$。

将上式进行简化：

$$P_b = \phi P_t \tag{14-9}$$

式中：$\phi = [\varphi \sinh(k_1 l) + \cosh(k_1 l)]^{-1}$，$\phi$ 的物理意义为桩端扩径体分担桩顶上拔荷载的比例，$\varphi = \dfrac{k_1 A_p \lambda (1-\nu_b)}{4(r_0 + r_b)}$，$\lambda = E_p / G_b$。

将式(14-9)代入式(14-5)，得

$$S_0 = \frac{P_t}{K_p} \tag{14-10}$$

式中：K_p 的物理意义为扩底抗拔桩桩顶的变形刚度，其表达式为

$$K_p = \frac{k_1 E_p A_p [\varphi \sinh(k_1 l) + \cosh(k_1 l)] \sinh(k_1 l)}{\cosh(k_1 l)[\varphi \sinh(k_1 l) + \cosh(k_1 l)] - 1} \tag{14-11}$$

14.3　考虑桩土滑移的扩底抗拔桩变形解析解

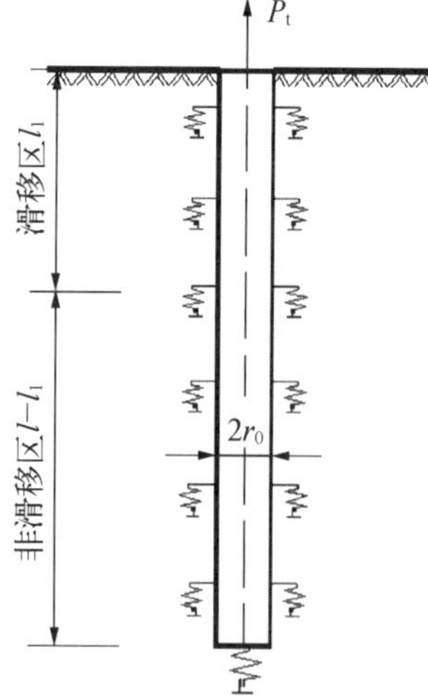

图 14-3　考虑桩土滑移的扩底抗拔桩分析模型

14.3.1　分析模型

扩底抗拔桩的工作性状和变形比等截面抗拔桩更要复杂，桩端扩径体作为抵抗上拔荷载作用的措施，扩径体发挥作用时上部一定范围的桩身与土体间发生了剪切滑移，当上拔荷载逐渐增大时，桩土滑移区逐步趋向桩端延伸。为了考虑这种滑移对扩底抗拔桩变形带来的影响，建立分析模型，如图 14-3 所示。

下面引入滑移度 θ，其表达式为

$$\theta = l_1 / l,\ 0 \leqslant l_1 \leqslant l \tag{14-12}$$

根据此定义，由此可将桩分为上、下两桩段，桩顶以下至 l_1 深度以上的桩段为滑移区，下部 $l-l_1$ 桩段为非滑移区。

14.3.2　上部滑移区

Guo & Randolph 等在研究中发现桩侧土体极限摩阻力与深度的荷载传递关系呈幂函数变化，模型函数为

$$\tau_f = kz^{\alpha} \tag{14-13}$$

式中：τ_f 为桩侧土体极限摩阻力；z 为距离地面的土体深度；k，α 为极限摩阻力的分布参数，可利用已有试桩资料进行回归拟合。

如图 14-3 所示，上部滑移区 l_1 深度内，桩土侧摩阻力达到了极限摩阻 $\tau_f(z)$，在滑移区临界点位置即 l_1 深度处，假设其截面位移为 S_A 和对应的轴力为 P_A（P_A 为下部非滑移区桩段顶部上拔荷载），由此可得上部滑移区深度 z 处的轴力和位移：

$$P(z) = P_A + \int_z^{l_1} 2\pi r_0 (kz^{\alpha}) dz = P_A + 2\pi r_0 \frac{k(l_1^{\alpha+1} - z^{\alpha+1})}{\alpha + 1} \tag{14-14}$$

$$S(z) = S_A + \int_z^{l_1} \frac{P(z)}{E_p A_p} dz = S_A + \frac{P_A(l_1 - z)}{E_p A_p} + \frac{2k\pi r_0 [z^{\alpha+2} + (\alpha+1) l_1^{\alpha+2} - (\alpha+2) l_1^{\alpha+1} z]}{E_p A_p (\alpha+1)(\alpha+2)} \tag{14-15}$$

式中：E_p 为桩身弹性模量；A_p 为桩身横截面积；r_0 为桩段的半径；l 为桩长。

由式(14-14)和式(14-15)可得

$$S_t = S(z)|_{z=0} = S_A + \frac{P_A l_1}{E_p A_p} + \frac{2k\pi r_0 l_1^{\alpha+2}}{E_p A_p (\alpha+2)} \tag{14-16}$$

$$P_t = P(z)|_{z=0} = P_A + \frac{2k\pi r_0 l_1^{\alpha+1}}{\alpha+1} \tag{14-17}$$

14.3.3　下部非滑移区

由式(10-8)可得到基于薄壁同心圆筒剪切变形模式的单桩控制微分方程为

$$\frac{\partial^2 S(z)}{\partial^2 z} = \frac{2\tau_0(z)}{r_0^2 \xi \lambda} \tag{14-18}$$

式中：$\xi = \ln\left(\frac{r_m}{r_0}\right)$，$r_m = \chi_1 \chi_2 (1 - \nu_s) l$，$\chi_1 = 2.5$，$\chi_1 = 2.0$；$\lambda = E_p / G_s$。

上式的同解表达式为

$$S(z) = c_1 e^{\mu z} + c_2 e^{-\mu z} \tag{14-19}$$

式中：$\mu = (2/r_0^2 \lambda \xi)^{0.5}$。

对于式(14－19),边界条件为

$$S_b = S(z)\big|_{z=l} = \frac{P_b(1-\nu_s)}{4r_0G_s}\eta \tag{14-20}$$

$$\left.\frac{\mathrm{d}S(z)}{\mathrm{d}z}\right|_{z=l} = \frac{-P_b}{\pi r_0^2\lambda G_s} \tag{14-21}$$

式中：$\eta = r_0/(r_0 + r_b)$。

将求得的系数 c_1，c_2 代入式(14－19)得

$$\begin{aligned} S(z) &= \frac{P_b}{2r_0G_s}\left\{\left[\frac{1}{\pi r_0\lambda\mu} + \frac{(1-\nu_s)\eta}{4}\right]e^{\mu(l-z)} + \left[-\frac{1}{\pi r_0\lambda\mu} + \frac{(1-\nu_s)\eta}{4}\right]e^{-\mu(l-z)}\right\} \\ &= \frac{P_b}{r_0G_s}\left\{\frac{(1-\nu_s)\eta}{4}\cosh[\mu(l-z)] + \frac{1}{\pi r_0\lambda\mu}\sinh[\mu(l-z)]\right\} \end{aligned} \tag{14-22}$$

下部非滑移区桩段范围深度 z 处的轴力：

$$P(z) = P_b\pi r_0\lambda\mu\left\{\frac{(1-\nu_s)\eta}{4}\sinh[\mu(l-z)] + \frac{1}{\pi r_0\lambda\mu}\cosh[\mu(l-z)]\right\} \tag{14-23}$$

工程中要求对抗拔桩的受拉裂缝(现行规范允许最大裂缝为 0.2 mm)进行控制验算,桩体弹性模量通常较高,上式中的 $1/(\pi r_0\lambda\mu)$ 将非常小,因而 $S(z)$ 简化为

$$S(z) = \frac{P_b}{r_0G_s}\frac{(1-\nu_s)\eta}{4}\cosh[\mu(l-z)] \approx S_b\cosh[\mu(l-z)] \tag{14-24}$$

当 $z = l_1$ 时,即上部滑移区桩段底部的位移 S_A、轴力 P_A 分别为

$$S_A = S(z)\big|_{z=l_1} = \frac{P_b}{r_0G_s}\left\{\frac{(1-\nu_s)\eta}{4}\cosh[\mu l(1-\theta)] + \frac{1}{\pi r_0\lambda\mu}\sinh[\mu l(1-\theta)]\right\} \tag{14-25}$$

$$P_A = P(z)\big|_{z=l_1} = P_b\pi r_0\lambda\mu\left\{\frac{(1-\nu_s)\eta}{4}\sinh[\mu l(1-\theta)] + \frac{1}{\pi r_0\lambda\mu}\cosh[\mu l(1-\theta)]\right\} \tag{14-26}$$

通过上述分析,由式(14－25)和式(14－26)可得到扩底抗拔桩下部非滑移桩段 $l-l_1$ 范围的无量纲公式：

$$\frac{P_A}{r_0G_sS_A}=\frac{\pi r_0\lambda\mu\rho\sinh[\mu l(1-\theta)]+\cosh[\mu l(1-\theta)]}{\rho\cosh[\mu l(1-\theta)]+\dfrac{1}{\pi r_0\lambda\mu}\sinh[\mu l(1-\theta)]} \tag{14-27}$$

式中：$\rho=(1-\nu_s)\eta/4$。

由式(2-8)、式(14-27)得

$$S_A=\xi\frac{\tau_f(z)r_0}{G_s}=\xi\frac{kl_1^{\alpha}r_0}{G_s} \tag{14-28}$$

$$P_A=S_Ar_0G_s\frac{\pi r_0\lambda\mu\rho\sinh[\mu l(1-\theta)]+\cosh[\mu l(1-\theta)]}{\rho\cosh[\mu l(1-\theta)]+\dfrac{1}{\pi r_0\lambda\mu}\sinh[\mu l(1-\theta)]} \tag{14-29}$$

式中：$\xi=\ln\left(\dfrac{r_m}{r_0}\right)$，$r_m=\chi_1\chi_2(1-\nu_s)l$，$\chi_1=2.5$，$\chi_1=2.0$。

结合式(14-16)和式(14-17)，综合上述两个桩段，可得到扩底抗拔桩桩顶的轴力和位移：

$$S_t=S_A\left\{1+\frac{r_0G_sl_1}{E_pA_p}\frac{\pi r_0\lambda\mu\rho\sinh[\mu l(1-\theta)]+\cosh[\mu l(1-\theta)]}{\rho\cosh[\mu l(1-\theta)]+\dfrac{1}{\pi r_0\lambda\mu}\sinh[\mu l(1-\theta)]}\right\}+\frac{2k\pi r_0l_1^{\alpha+2}}{E_pA_p(\alpha+2)} \tag{14-30}$$

$$P_t=S_Ar_0G_s\frac{\pi r_0\lambda\mu\rho\sinh[\mu l(1-\theta)]+\cosh[\mu l(1-\theta)]}{\rho\cosh[\mu l(1-\theta)]+\dfrac{1}{\pi r_0\lambda\mu}\sinh[\mu l(1-\theta)]}+\frac{2k\pi r_0l_1^{\alpha+1}}{\alpha+1} \tag{14-31}$$

由此可知，对于任意指定滑移度 θ 值，可以由式(14-30)和式(14-31)得到桩顶位移 S_t 和上拔荷载 P_t。随着桩顶上拔荷载 P_t 增大，桩土滑移区逐步趋向桩端延伸，滑移度 θ 表现为一个动态变化值，因此便可得到完整的扩底抗拔桩的桩顶荷载-位移曲线。当已知桩顶上拔荷载 P_t 时，通过二分法对式(14-31)进行求解，得到的滑移度 θ 值代入式(14-30)，便可得到对应的桩顶位移 S_t。

14.4　变位置扩径体抗拔桩变形解析解

上述基于荷载传递理论推导了扩底抗拔桩的变形非线性解析解，抗拔桩的扩径体置于桩身底部。当扩径体置于抗拔桩身中部某位置时，这就是所谓的变位置扩径体抗拔桩，与扩底抗拔桩同属于扩径桩的范畴。扩径体抗拔桩在承载过程中因为扩径体受到土体传递而来与桩顶上拔荷载反方向的阻力，从而大幅度提高了抗拔桩的承载能力。实际上，抗拔桩尤其是具有较高竖向抗拔承载力水平的扩径体抗拔桩，承载力并非唯一的设计标准，桩顶的位移量控制要求也越来越高。目前设计中通过引入经验抗拔系数计算抗拔承载力进行初步设计，现场试桩达到承载力验证和桩顶位移控制的目的，因此建立一种计算扩径体抗拔桩的非线性变形的理论方法，为该类扩径体抗拔桩的工程设计提供参考，对减少或者部分代替现场试桩是具有实际意义的。下面将上述基于荷载传递理论的扩底抗拔桩解答推广至变位置扩径体抗拔桩，以便进行更复杂桩体条件下的抗拔桩变形分析。

14.4.1　分析模型

对扩径体抗拔桩，同心圆筒薄环剪切变形模型如图 10－1 所示。桩身周围土体变形剖面示意图如图 14－4 所示。

扩径体抗拔桩在桩顶上拔工作荷载范围内，桩基变形往往集中在扩径体上部的桩段，作者在扩径桩基设计的裂缝验算过程中，发现当扩径体上部的桩段在竖向荷载作用下产生的裂缝达到限制值 0.2 mm 时，扩径体下部桩段的裂缝小到几乎可以忽略不计。为了简化分析，本章假定扩径体下部的等截面桩段为埋置于地基土体中一定深度的等截面抗拔桩，将桩身周围土体变形理想化为桩身周围土体薄壁同心圆筒的剪切变形是合适的。

扩径体抗拔桩变形分析模型如图 14－5 所示，由图可得

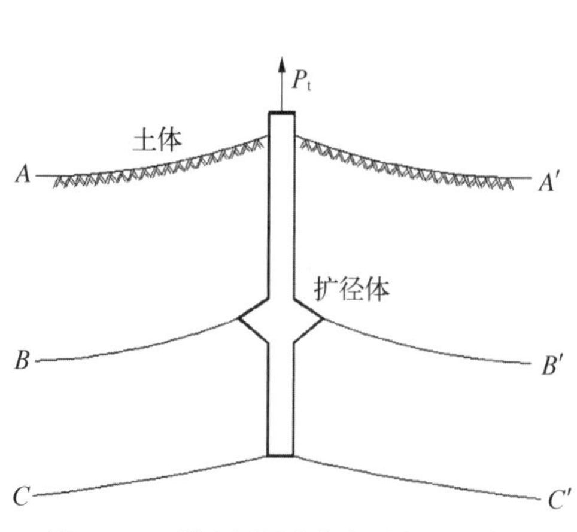

图 14－4　桩身周围土体变形剖面示意图

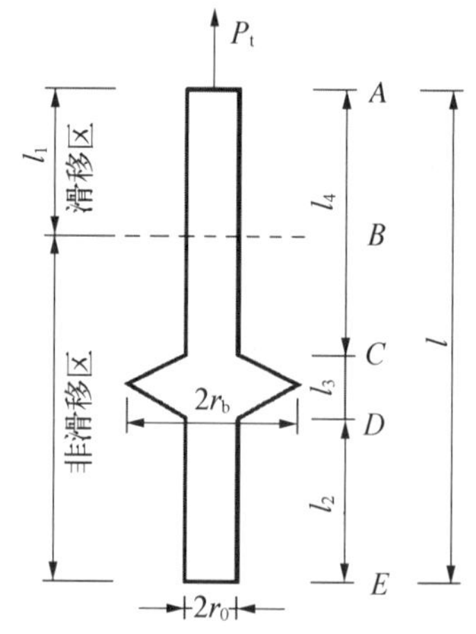

图 14－5　扩径体抗拔桩变形分析模型

$$P_t = P_{l_2} + P_{l_3} + P_{l_4} \tag{14-32}$$

式中：P_t 为扩径体抗拔桩桩顶的总上拔荷载；P_{l_2} 为扩径体下部的桩段总侧摩阻力；P_{l_3} 为扩径体的抗拔阻力；P_{l_4} 为扩径体上部的桩段总侧摩阻力。

14.4.2　变位置扩径体抗拔桩变形非线性解析解

对扩径体，扩径体部位的抗拔阻力与位移的关系，根据式(14-7)有

$$S_C = \frac{P_{l_3}(1-\nu_s)}{4G_{sb}(r_b + r_0)} \tag{14-33}$$

式中：G_{sb} 为扩径体处土体的剪切模量；S_C 为扩径体上部桩段的底截面位移。

将上式进行变形：

$$P_{l_3} = K_1 S_C \tag{14-34}$$

式中：K_1 为扩径体的变形刚度系数，$K_1 = 4G_{sb}(r_b + r_0)/(1-\nu_s)$。

对扩径体下部桩段，基于薄壁同心圆筒剪切变形模式的单桩控制微分方程为

$$\frac{\partial^2 S(z)}{\partial^2 z} = \frac{2\tau_0(z)}{r_0^2 \xi \lambda} \tag{14-35}$$

式中：$\xi = \ln\left(\frac{r_m}{r_0}\right)$，$r_m = \chi_1 \chi_2 (1-\nu_s) l$，$\chi_1 = 2.5$，$\chi_1 = 2.0$；$\lambda = E_p/G_s$。

上式通解为 $S(z) = c_1 e^{\mu_1 z} + c_2 e^{-\mu_1 z}$，其中 $\mu_1 = (2/\xi\lambda r_0^2)^{0.5}$，$\lambda = E_p/G_s$；$c_1$，$c_2$ 为待定参数。边界条件如下：

$$\left.\frac{\partial S(z)}{\partial z}\right|_{z=l_4+l_3} = -\frac{P_{l_2}}{\pi r_0^2 \lambda G_s} \tag{14-36}$$

$$\left.\frac{\partial S(z)}{\partial z}\right|_{z=l_4+l_3+l_2} = 0 \tag{14-37}$$

整理得到扩径体下部桩段深度 z 处的位移和轴力：

$$S(z) = \frac{P_{l_2} \cosh[\mu_1(l-z)]}{\pi \mu_1 r_0^2 E_p \sinh(\mu_1 l_2)} \tag{14-38}$$

$$P(z) = \frac{P_{l_2} \sinh[\mu_1(l-z)]}{\sinh(\mu_1 l_2)} \tag{14-39}$$

式中：$\mu_1=(2/\xi_1\lambda r_0^2)^{0.5}$，$\xi_1=\ln[5.0l_2(1-\nu_s)/r_0]$；$l$ 为扩径抗拔桩的入土长度，$l=l_2+l_3+l_4$。则下部桩段的解析式为

$$P_{l_2}=K_2S_D \tag{14-40}$$

式中：$K_2=\pi r_0^2\mu_1\lambda G_s\tanh(\mu_1 l_2)$，其物理意义为扩径体下部桩段的变形刚度系数；$S_D$ 为扩径体下部桩段的顶截面位移。

对扩径体上部桩段的非滑移区，式(14－35)依然成立，在扩径体上部桩段的底截面处：

$$P_C=P_{l_2}+P_{l_3} \tag{14-41}$$

则扩径体上部桩段的非滑移桩段的顶截面处上拔荷载为

$$P_B=P_C+P_{l_4-l_1} \tag{14-42}$$

式中：$P_{l_4-l_1}$ 为扩径体上部桩段非滑移区的总侧摩阻力。

忽略扩径体自身在上拔荷载作用下的拉伸变形，则

$$S(z)\big|_{z=l_4}=S(z)\big|_{z=l_4+l_3}，即\ S_C=S_D \tag{14-43}$$

则扩径体上部非滑移区桩段的底截面处：

$$P_C=P(z)\big|_{z=l_4}=P_{l_2}+P_{l_3}=K_1S_C+K_2S_D=(K_1+K_2)S_C \tag{14-44}$$

对于式(14－35)，边界条件为

$$S_C=S(z)\big|_{z=l_4}=\frac{P_C}{K_1+K_2} \tag{14-45}$$

$$\left.\frac{\partial S(z)}{\partial z}\right|_{z=l_4}=-\frac{P_C}{\pi r_0^2\lambda G_s} \tag{14-46}$$

将式(14－45)、式(14－46)代入式(14－35)，并令 $z=l_1$，则扩径体上部桩段滑移区的底截面处：

$$S_B=S(z)\big|_{z=l_1}=P_C\left\{\frac{1}{K_1+K_2}\cosh[\mu_2(l_4-l_1)]+\frac{1}{\pi r_0^2\lambda G_s\mu_2}\sinh[\mu_2(l_4-l_1)]\right\} \tag{14-47}$$

式中：$\mu_2=(2/\xi_2\lambda r_0^2)^{0.5}$；$\xi_2=\ln[5(1-\nu_s)l_4/r_0]$；$\lambda=E_p/G_s$。

根据弹性压缩条件及 $z=l_1$，可得扩径体上部桩段的非滑移区顶截面处上

拔荷载为

$$P_{\mathrm{B}}=P_{\mathrm{C}}\left\{\frac{\pi r_0^2\lambda G_{\mathrm{s}}\mu_2}{K_1+K_2}\sinh[\mu_2(l_4-l_1)]+\cosh[\mu_2(l_4-l_1)]\right\} \tag{14-48}$$

由式(14-47)、式(14-48)可得扩径体上部桩段的非滑移区桩段顶截面即 B 截面的上拔荷载与位移的无量纲公式:

$$\frac{P_{\mathrm{B}}}{G_{\mathrm{s}}r_0S_{\mathrm{B}}}=\pi r_0\lambda\mu_2\frac{1+\eta_1\tanh[\mu_2(l_4-l_1)]}{\eta_1+\tanh[\mu_2(l_4-l_1)]} \tag{14-49}$$

式中: $\eta_1=\dfrac{\pi r_0^2\lambda G_{\mathrm{s}}\mu_2}{K_1+K_2}=\dfrac{\pi r_0^2\lambda G_{\mathrm{s}}\mu_2}{\dfrac{4(r_{\mathrm{b}}+r_0)G_{\mathrm{sb}}}{1-\nu_{\mathrm{s}}}+\pi r_0^2\lambda G_{\mathrm{s}}\mu_1\tanh(\mu_1l_2)}$。

由式(2-8)、式(14-49)得

$$S_{\mathrm{B}}=\xi_2\frac{\tau_{\mathrm{f}}(z)r_0}{G_{\mathrm{s}}}=\xi_2\frac{kl_1^{\alpha}r_0}{G_{\mathrm{s}}} \tag{14-50}$$

$$P_{\mathrm{B}}=S_{\mathrm{B}}\pi r_0^2\lambda G_{\mathrm{s}}\mu_2\frac{1+\eta_1\tanh[\mu_2(l_4-l_1)]}{\eta_1+\tanh[\mu_2(l_4-l_1)]} \tag{14-51}$$

式中: $\xi_2=\ln[5(1-\nu_{\mathrm{s}})(l_3+l_4)/r_0]$。

扩径体上部桩段滑移区范围轴力和位移表达式:

$$P(z)=P_{\mathrm{B}}+\int_z^{l_1}2\pi r_0(kz^{\alpha})\mathrm{d}z=P_{\mathrm{B}}+2\pi r_0\frac{k(l_1^{\alpha+1}-z^{\alpha+1})}{\alpha+1} \tag{14-52}$$

$$S(z)=S_{\mathrm{B}}+\int_z^{l_1}\frac{P(z)}{E_{\mathrm{p}}A_{\mathrm{p}}}\mathrm{d}z=S_{\mathrm{B}}+\frac{P_{\mathrm{B}}(l_1-z)}{E_{\mathrm{p}}A_{\mathrm{p}}}+\frac{2k\pi r_0[z^{\alpha+2}+(\alpha+1)l_1^{\alpha+2}-(\alpha+2)l_1^{\alpha+1}z]}{E_{\mathrm{p}}A_{\mathrm{p}}(\alpha+1)(\alpha+2)} \tag{14-53}$$

变位置扩径体抗拔桩桩顶的位移和轴力为

$$S_{\mathrm{t}}=S_{\mathrm{B}}\left\{1+l_1\mu_2\frac{1+\eta_1\tanh[\mu_2(l_4-l_1)]}{\eta_1+\tanh[\mu_2(l_4-l_1)]}\right\}+\frac{2k\pi r_0l_1^{\alpha+2}}{E_{\mathrm{p}}A_{\mathrm{p}}(\alpha+2)} \tag{14-54}$$

$$P_{\mathrm{t}}=S_{\mathrm{B}}G_{\mathrm{s}}A_{\mathrm{p}}\lambda\mu_2\frac{1+\eta_1\tanh[\mu_2(l_4-l_1)]}{\eta_1+\tanh[\mu_2(l_4-l_1)]}+\frac{2k\pi r_0l_1^{\alpha+1}}{\alpha+1} \tag{14-55}$$

工程实践中,变位置扩径抗拔桩通常将扩径体设置在抗拔桩的底部,这时桩身不存在扩径体下部桩段即 $l_2=0$，扩底抗拔桩便为此种情况的特例。

14.5 实例分析与验证

14.5.1 工程实例一

上海铁路南站主要由地下车库、商场、下沉式广场和各类地下通道组成。地下车库、商场为地下二层结构，地下通道部分为地下一层，下沉式广场为地下车库与主站房南出站大厅的连接区域。该工程属典型的地下建筑，场地内常年地下水位为地表以下 0.5 m，荷载类型主要为抗浮和抗基底隆起，设计试桩采用钻孔灌注扩底抗拔桩。该例中有两种试桩类型，其中 A 型桩的试桩桩长为 44 m，B 型桩长为 51 m。A 与 B 型桩的有效桩长分别为 31 m，37 m，扩底抗拔桩施工采用机械挤扩。试桩设计参数如表 14-1 所示。场地内试桩土层物理力学指标如表 14-2 所示。

表 14-1 试桩设计参数

桩型	桩长/m	桩径/mm	扩径体直径/mm	扩径体高度/mm	砼强度等级	试桩数量
A 型	44	600	1 200	1 000	C30	6
B 型	51	600	1 200	1 000	C30	4

表 14-2 场地内试桩土层物理力学指标

土层编号	土层名称	平均厚度/m	土层物理力学指标						
			w/%	γ/(kN/m)	c/kPa	ϕ/(°)	$a_{0.1-0.2}$/MPa^{-1}	$E_{s0.1-0.2}$/MPa	p_s/MPa^{-1}
1	杂填土	3.4	29.4	19.1					
2	粉质黏土	1.6	35.7	18.5	20.0	15.0	0.53	3.87	0.77
3	淤泥质黏土	2.7	43.0	17.8	13.0	15.1	0.75	3.04	0.61
4	淤泥质黏土	16.5	51.5	17.0	10.9	11.4	1.19	2.13	0.51
5_{-1}	淤泥质黏土	3.2	40.2	17.9	13.0	15.3	0.67	3.32	1.02
5_{-2}	粉质黏土	8.2	32.3	18.5	3.0	31.0	0.19	10.96	4.88
5_{-31}	粉质黏土夹粉砂	17.1	35.4	18.1	17.2	16.7	0.46	4.60	1.62
5_{-32}	灰色粉质黏土	2.4	27.8	18.8	4.5	30.6	0.27	7.37	4.62

续　表

土层编号	土层名称	平均厚度/m	土层物理力学指标						
			w/%	γ/(kN/m)	c/kPa	ϕ/(°)	$a_{0.1-0.2}$/MPa^{-1}	$E_{s0.1-0.2}$/MPa	p_s/MPa^{-1}
5_{-4}	绿色粉质黏土	1.7	24.3	19.9	44.7	18.2	0.22	8.10	3.70
7_{-1}	砂质粉土	3.7	28.4	19.3	3.3	30.7	0.17	11.14	9.02
7_{-2}	粉砂	未穿	25.8	19.8	1.8	32.0	0.10	18.08	16.73

为方便计算,假定扩径体顶部的土层为匀质半无限空间,取土层的泊松比 $\nu_s=0.4$,桩边周围土体剪切模量 $G_s=11$ MPa。本例中通过试桩土层物理力学指标推导和反分析得到计算需要的各项参数。土体抗剪强度取幂函数指数 $\alpha=0.89$,A 与 B 型桩桩侧土体的极限摩阻力增量分别为:$k=2.43$ kPa,$k=2.10$ kPa。试桩的弹性模量 $E_p=3.0\times10^4$ MPa。利用扩底抗拔桩弹性解和非线性解析解表达式得到不同荷载作用下抗拔桩的理论荷载-位移曲线。

由图 14-6、图 14-7 可知,扩底桩弹性解析解只能准确预测较低荷载水平下扩底抗拔桩的变形,当桩顶承受高水平上拔荷载时,弹性解析解与试桩实测值出现较大的偏差。通过给定一系列的 θ 值,然后由式(14-54)、式(14-55)计算得到 A 型扩底桩和 B 型扩底桩的桩顶荷载-位移曲线。非线性解析解公式得到的理论荷载-位移曲线和实测曲线是比较接近,说明本章的非线性解析解表达式能较好地计算扩底抗拔桩承受上拔荷载过程中的非线性变形值。

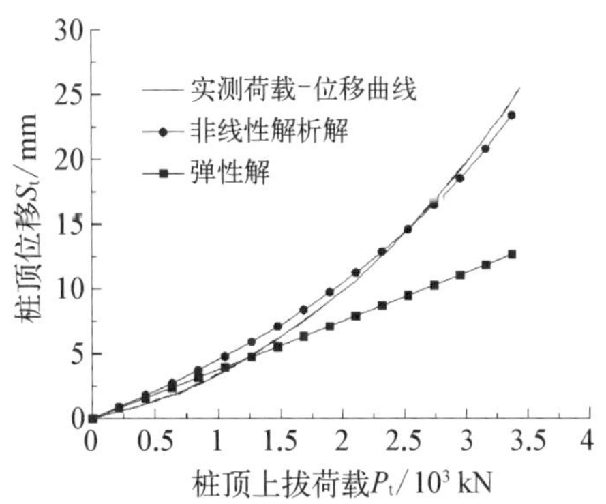

图 14-6　A 型扩底桩实测值和理论解的比较

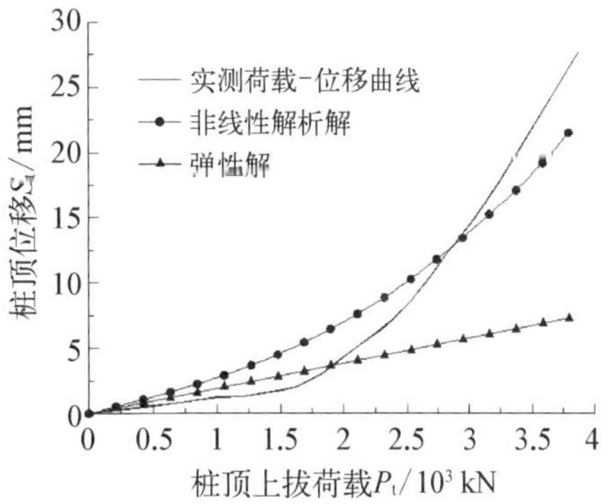

图 14-7　B 型扩底桩实测值和理论解的比较

14.5.2　工程实例二

某单建式单层地下车库,车库基底埋深为 5.8 m,平面尺寸约为 40 m×

90 m，总面积约为 3 500 m^2，顶板以上覆土约 1 m 厚作为绿化及健身休闲场所。自地表以下 40 m 深度范围内的土层分布及主要物理力学综合指标如表 14 - 3 所示。地基浅部地下水属潜水类型，主要补给来源为大气降水，水位随季节而变化，稳定水位埋深为 0.8～1.0 m。

表 14 - 3　自地表以下 40 m 深度范围内的土层分布及主要物理力学综合指标

土层编号	土层名称	厚度/m	密度/(kg/m^3)	孔隙比 e	压缩模量 $E_{s1\text{-}2}$/MPa	内摩擦角 ϕ/(°)	内聚力 c/kPa
1	褐黄黏土	2	1 880	0.954	3.59	14.5	15
2	灰淤质亚黏土	3	1 780	1.184	2.84	21	6
3	灰淤质黏土	10	1 730	1.373	1.83	8.5	9
4	灰黏土	7	1 800	1.104	3.23	8.5	10
5	灰亚黏土	22	1 810	0.985	4.07	18	13
6	灰亚砂土	1	1 920	0.739	8.39	25	6
7	灰绿粉砂	3	1 960	0.724	14.13	28.5	3
8	暗绿亚黏土	12	2 100	0.530	8.34	28	41

车库承受较大的浮力，仅凭结构自重不能满足抗浮的要求。采用抗拔桩，桩径 600 mm 的等截面钻孔灌注桩，有效桩长 22 m(入土深度约 29 m)，进入灰亚黏土层约 3.5 m，总桩数 256 根。为提高抗拔桩的经济性，采用了扩底抗拔桩替代等截面灌注桩，扩底抗拔桩等截面桩段的桩径为 400 mm，扩径体直径为 800 mm，扩径体高度约 1.5 m，总桩长不变。根据地勘资料反分析，得到桩侧土体的极限摩阻力增量 $k=2.13$ kPa，幂函数指数 $\alpha=0.9$。

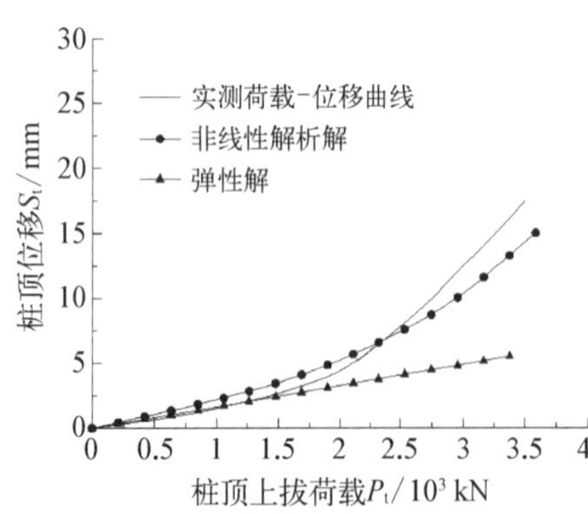

图 14 - 8　88＃扩底桩试桩实测值和理论解的比较

该工程进行了多组单桩竖向抗拔静载实验，由于场地条件的相似性，这里仅取 88＃试桩实测荷载-位移关系曲线与理论计算曲线比较。

由图 14 - 8 可知，由本章非线性理论计算方法得到的解析解与实测值基本吻合，说明使用本章的理论计算方法准确。扩底抗弹性计算方法在桩顶荷载较大时，理论变形结果和桩的实测变形值相差较大，这说明弹性解只能准确计算较低荷载水平下扩底抗拔桩的变形。

14.5.3　荷载-位移曲线影响参数分析

采用非线性解计算扩底抗拔钻孔灌注桩的桩顶荷载-位移曲线，对影响桩基工作性状的某个参数进行针对性研究，得出其荷载变形关系特征，分析桩长、桩身弹性模量、桩端扩径体尺寸等因素对荷载-位移曲线的影响。土体、桩体和扩径体相关参数取值如下：扩底抗拔桩的桩长分别为 20 m，30 m，40 m，50 m；等截面桩段的桩径为 1 000 mm；扩径体直径为 1 200 mm，1 800 mm，2 400 mm；桩身弹性模量为 25 GPa，35 GPa，45 GPa。

1）桩长

扩底抗拔桩的等截面桩段桩径为 1 000 mm，扩径体直径为 1 200 mm，桩体弹性模量为 25 GPa 时，不同桩长情况的荷载-位移曲线如图 14－9 所示。

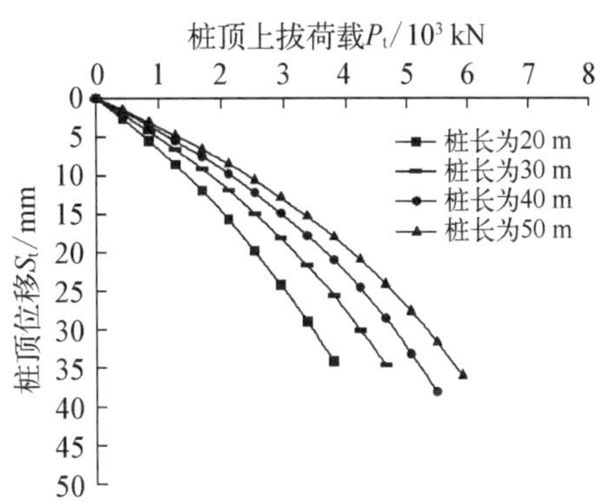

图 14－9　不同桩长情况的荷载-位移曲线

对扩底抗拔桩，桩顶荷载相同时，随着桩长的增加（同时扩径体埋深也在增加），扩底抗拔桩的抗拔性能得到明显改善，当桩长增加到 50 m 时，荷载-位移曲线已变为典型的缓变型；当桩长相对较短时，增加桩长后的极限荷载提高幅度较大；桩长增加使扩底抗拔桩的抗拔能力得到提高。其主要原因是：扩径体上部桩段长度增加直接增加了桩土间摩阻力，同时由于桩端扩径体的“深度效应”影响，促使抗拔桩往抑制变形有利方向发展。但当桩长达到一定长度时，再通过增加桩长来提高扩底抗拔桩抵抗变形能力并不可行，因为桩顶拉拔荷载增加后，抗拔桩的弹塑性拉伸量也在增加，使得相同荷载增量引起的桩顶位移增加幅度明显提高。

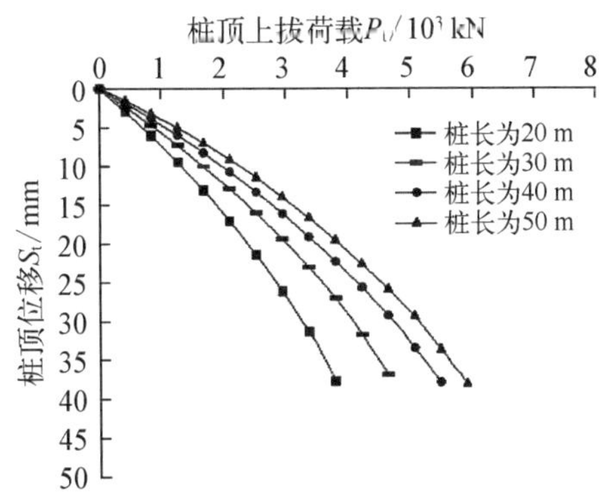

图 14－10　等截面抗拔桩的不同桩长情况的荷载-位移曲线

等截面抗拔桩的桩径为 1 000 mm，桩身弹性模量为 25 GPa 时，不同桩长情况的荷载-位移曲线如图 14－10 所示。

为了分析扩径体对抗拔桩的影响，将图 14－9 和图 14－10 进行比较可知：当等截面抗拔桩和扩底抗拔桩设计参数相同时，由于桩端扩径体的存在，扩底抗拔桩的抗拔性能优于等截面抗拔桩，当桩长相对较短时表现得更加明显；对等截面抗拔桩，当桩长达到一定长度时，再增加桩长对抗拔桩抵抗变形能力的贡献将减弱。因此，在特定地质条件和其他参数确定情况下，增加桩长、设置桩端扩径体均是改善抗拔桩性能的有力措施。在工程设计中，需综合考虑抗拔能力和经济性指标，根据实际情况合理选择。

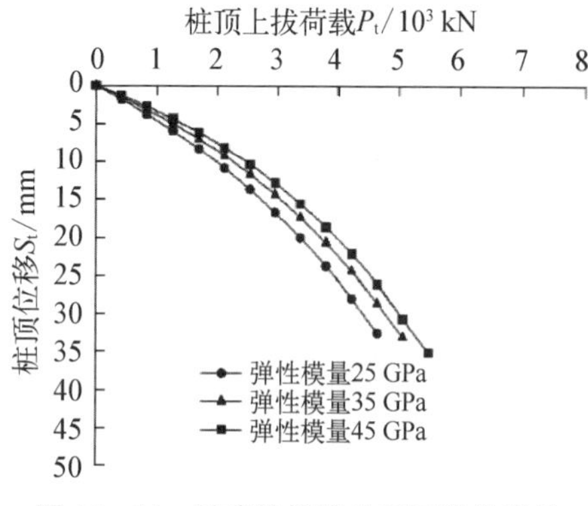

图 14-11　扩底抗拔桩的不同桩体弹性模量情况的荷载-位移曲线

2）桩体弹性模量

扩底抗拔桩的等截面桩段桩径为 1 000 mm，扩径体直径为 1 800 mm，桩长为 30 m 时，不同桩体弹性模量情况的荷载-位移曲线如图 14-11 所示。

增加桩体弹性模量对改善扩底抗拔桩的变形性能有一定的贡献，当桩顶上拔荷载相同时，桩体弹性模量为 45 GPa 与弹性模量为 25 GPa 时对扩底抗拔的桩顶位移影响不大。这说明，在扩底抗拔桩工程设计中，当桩身强度和裂缝验算达到设计要求时，通过提高混凝土标号或增大桩身配筋达到提高桩体弹性模量对桩顶位移的控制效应是有限的；当桩顶位移减小到桩顶容许变形控制值时，桩体弹性模量应为最佳值，此时再提高弹性模量已无工程意义。

3）桩端扩径体直径

扩底抗拔桩的等截面桩段桩径为 1 000 mm，桩长为 30 m 时，桩体弹性模量为 35 GPa，不同扩径体直径情况的荷载-位移曲线如图 14-12 所示。

当桩顶上拔荷载较小时，扩径体对抗拔变形能力的影响较小；随着桩顶上拔荷载的增加，扩径体对抗拔桩变形性能的有利作用逐渐发挥出来。其主要原因是，当桩顶上拔荷载较小时，桩端扩径体与土体间的相对位移较小或几乎为零，此时扩径体还未受到土体向下的反向作用力。随着桩顶上拔荷载增加，桩端扩径体与土体间产生了一定量的相对位移，此时扩径体受到土体向下的反向作用力逐渐增大，扩径体对抗拔

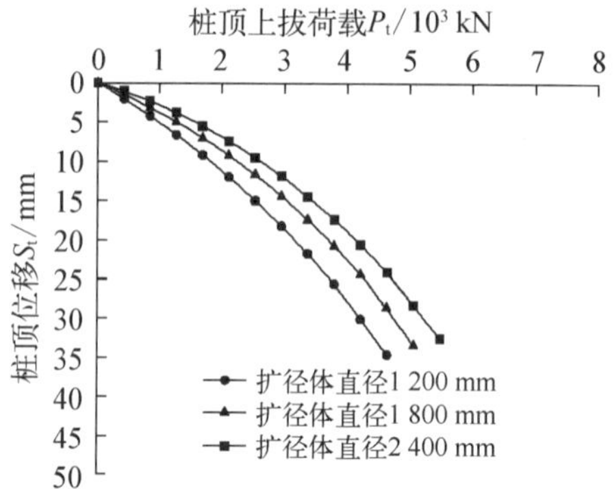

图 14-12　不同扩径体直径情况的荷载-位移曲线

桩变形性能的改善效果越来越明显。工程实际中，应根据土体地质情况和变形控制要求，满足桩身强度和裂缝验算条件选择合适的扩径体直径，以充分发挥扩底抗拔桩的承载性能。

14.6　本章结论

本章基于现有扩底抗拔桩研究成果，从扩底抗拔桩基薄壁同心圆筒剪切变形模式和弹性力学理论出发，对扩底抗拔桩推导了考虑桩土滑移的扩底抗拔桩变形非线性解析表达式，并给出了具体的计算步骤，使得扩底抗拔桩变形的分析与实际工程性状一致。最后将解答进行推广至变位置扩径体抗拔桩，以便进行更复杂桩体条件下的抗拔桩变形分析。

本章的扩底抗拔桩变形非线性解析表达式计算较为简便，避免了桩单元的划分和烦琐的数值计算。通过与现场实测结果进行比较，本章非线性解析解与现场实验结果吻合较好。在工作荷载作用下，本章非线性解析解表达式能较好地计算扩底抗拔桩承受上拔荷载过程中的非线性变形。采用本章所建立的理论来计算具有较高承载力水平的扩底抗拔桩的荷载-变形关系，可以达到减少或者部分代替现场试桩工作的目的。

采用本章方法对影响扩底抗拔桩变形性状的主要因素进行了分析，得到如下结论：

(1) 扩底抗拔桩桩顶荷载相同时，随着桩长的增加(同时扩径体埋深也增加)，扩底抗拔桩的抗拔性能得到明显改善；当桩长相对较短时，增加桩长后的极限荷载提高幅度较大；桩长增加使扩底抗拔桩的抗拔能力得到提高。其主要原因是：增加扩径体上部桩段长度，直接增加了桩土间摩阻力，同时由于桩端扩径体的“深度效应”增强，促使抗拔桩往抑制变形有利方向发展。当桩长达到一定长度时，再通过增加桩长来提高扩底抗拔桩抵抗变形能力并不可行。这是因为增加桩顶拉拔荷载，抗拔桩的弹塑性拉伸量也增加，相同荷载增量引起的桩顶位移增加幅度则明显得到提高。

(2) 当等截面抗拔桩与扩底抗拔桩设计参数相同时，由于桩端扩径体的存在，扩底抗拔桩的抗拔性能优于等截面抗拔桩，当桩长相对较短时表现得更加明显；当等截面抗拔桩桩长达到一定长度时，再增加桩长对抗拔桩抵抗变形能力的贡献将减弱。因此，在特定地质条件和其他参数确定情况下，桩长增加、桩端扩径体均是改善抗拔桩性能的有利措施。在工程设计中，需综合考虑抗拔能力和经济性指标，并根据实际情况进行合理选择。

(3) 增加桩体弹性模量对改善扩底抗拔桩的变形性能有一定的贡献。当桩顶上拔荷载相同时，桩体弹性模量的变化对扩底抗拔桩桩顶位移影响不大；这说明，在扩底抗拔桩工程设计中，当桩身强度和裂缝验算达到设计要求时，通过提高混凝土标号或增大桩身配筋达到提高桩体弹性模量对桩顶位移的控制效应是有限的；当桩顶位移减小到桩顶容许变形控制值时，此时桩体弹性模量应为最佳值。

(4) 当桩顶上拔荷载较小时，扩径体对抗拔变形能力的影响较小。随着桩顶上拔荷载增加，扩径体对抗拔桩变形性能的有利作用逐渐发挥出来。其主要原因是，当桩顶上拔荷载较小时，桩端扩径体与土体间的相对位移较小或几乎为零，此时扩径体还未受到土体向下的反向作用力，随着桩顶上拔荷载增加，桩端扩径体与土体间产生了一定量的相对位移，此时扩径体受到的土体向下的反向作用力逐渐增大，扩径体对抗拔桩变形性能的改善效果越来越明显。工程实际中，应根据土体地质情况和变形控制要求，满足桩身强度和裂缝验算条件下选择合适的扩径体直径，以使扩底抗拔桩的承载性能充分发挥。

第 15 章
抗拔群桩变形分析方法

15.1 引言

群桩系统的共同作用一直是岩土工程领域关注的热点研究问题。目前较有效的分析方法,一种是使用有限单元法(finite element method, FEM)或完全离散条件下的边界元法(boundary element method, BEM)来研究桩筏基础的共同作用;另一种是建立在弹性理论和叠加原理基础上的桩基相互作用系数法。前者理论严谨,结果精确,但过于复杂,至今作为主要方法应用于桩基工程领域。后者因边界条件和力学模型的简化而变得更加实用。然而,桩基相互作用系数法因不能考虑桩基对邻近桩位的土体位移场的影响,使得桩基相互作用系数计算值高于实测值(群桩位移理论值大于实测值)。其主要原因就是群桩抵抗变形的刚度被低估。现有的分析方法一方面计算较为复杂,数值方法和近似假定给理论方法的工程应用造成难度;另一方面群桩分析过程中并未充分考虑群桩基础上桩基相互加筋效应对群桩变形的影响,因此群桩变形理论研究上仍有较大改进和完善的空间。群桩基础作为在地下室施工阶段的超高层建筑的基础体现形式,其抗拔作用作为抵抗地下水浮力的主要措施,抗拔群桩的变形计算理论研究更待完善和深入。鉴于以上背景,本章对考虑加筋效应的抗拔群桩变形理论计算进行了深入研究,基于薄壁同心圆筒剪切变形模式和弹性叠加原理,推导得到能同时考虑抗拔群桩中桩基相互加筋效应的理论解析解答。最后,利用该方法对抗拔群桩进行参数影响性分析。

15.2 抗拔群桩变形的性状

抗拔群桩基础上的抗拔桩在上拔荷载作用下主要依靠桩侧摩阻力与周围土

体进行荷载传递，表现为典型的摩擦桩。抗拔桩与承台（工程中满足桩基对承台冲切验算时的承台在一般情况下接近刚性）连接组成的抗拔群桩基础，其变形性状是承台、抗拔群桩和土体共同作用的结果。

抗拔群桩承受上拔荷载过程中，抗拔桩之间因桩间土剪切变形和应力重叠现象的发生，群桩中的抗拔桩侧摩阻力和变形的发展规律与抗拔桩有很大不同，这在现有抗拔群桩的实验和数值研究中得到证实。桩数、桩距、桩长径比对抗拔群桩变形性状产生不同程度的影响，而三者又相互联系、相互制约；一般情况下，桩长径比对抗拔群桩的变形性状影响更加明显，这在本书研究中也得到证实。

因为桩间土和应力重叠现象的影响，抗拔群桩的抗拔能力与抗拔桩并无直接联系，其抗拔承载能力不是简单的各抗拔桩承载能力总和，其荷载-位移特征与独立抗拔桩也明显不同，而与抗拔群桩的加筋效应的强弱密切相关。此外，抗拔桩作为典型摩擦桩，其变形性状会受到桩身截面形状（横截面为柱形、圆形或异形）的影响，但抗拔群桩几乎不受桩身截面形状的影响。

抗拔群桩的变形性状影响因素，涉及众多因素，一般来说，包括群桩几何尺寸（桩距、桩长、桩径、承台厚度等）、桩数、成桩工艺、土层地质情况及剖面变化、承台顶部上拔荷载的大小及作用持续时间等。

15.3 抗拔群桩的加筋效应

抗拔群桩加筋效应分析模型如图 15－1 所示，选取任意桩（如桩 i），其上拔位移的组成如下：

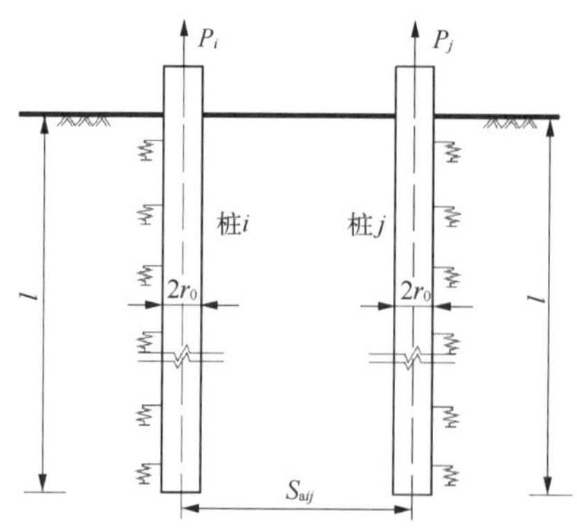

图 15－1　抗拔群桩加筋效应分析模型

（1）桩 i 桩顶作用上拔荷载 P_i 时，而且桩 j 不存在时，桩 i 自身产生上拔主动位移 S_{ii}。

（2）桩 i 无荷载状态下，桩 j 承受荷载 P_j 作用，桩 j 的上拔主动位移 S_{jj} 将使桩 i 产生上拔被动位移 S_{ij}。S_{jj} 计算方法同 S_{ii}。

（3）桩 i 桩顶作用上拔荷载 P_i 时，桩 j 存在但桩顶无荷载，考虑桩 j 对桩 i 的加筋效应，将对桩 i 的上拔主动位移 S_{ii} 产

生阻碍位移 S_{ij1}，桩 i 的实际位移为 S'_{ii}；同时，考虑桩 i 对桩 j 的加筋效应，对桩 j 的上拔被动位移 S_{ji} 产生阻碍位移 S'_{ji1}，将使桩 j 的实际上拔被动位移为 S'_{ji}。

(4) 在上述第(2)种情况下，考虑桩 i 对桩 j 的加筋效应，将对桩 j 的上拔主动位移 S_{jj} 产生阻碍位移 S_{ji}，考虑加筋效应后桩 j 的实际位移为 S'_{jj}；同时，考虑桩 j 对桩 i 的加筋效应，对桩 i 的上拔被动位移 S_{ij} 产生阻碍位移 S'_{ij1}，将使桩 i 的实际上拔被动位移为 S'_{ij}。

由上述位移分析可知，抗拔群桩中桩 i 的最终位移为

$$S_i(z)=S'_{ii}(z)+\sum_{j=1,\ j\neq i}^{n}S'_{ij}(z)=S'_{ii}(z)+\sum_{j=1,\ j\neq i}^{n}\xi_{ij}S'_{jj}(z) \tag{15-1}$$

式中：

$$S'_{ii}(z)=S_{ii}(z)-S_{ij1}(z) \tag{15-2}$$

$$S'_{ij}(z)=S_{ij}(z)-S'_{ij1}(z) \tag{15-3}$$

$$\xi_{ij}=S'_{ij}/S'_{jj} \tag{15-4}$$

同理，抗拔群桩中桩 j 的最终位移为

$$S_j(z)=S'_{jj}(z)+\sum_{i=1,\ i\neq j}^{n}S'_{ji}(z)=S'_{jj}(z)+\sum_{i=1,\ i\neq j}^{n}\xi_{ji}S'_{ii}(z) \tag{15-5}$$

式中：

$$S'_{jj}(z)=S_{jj}(z)-S_{ji}(z) \tag{15-6}$$

$$S'_{ji}(z)=S_{ji}(z)-S'_{ji1}(z) \tag{15-7}$$

$$\xi_{ji}=S'_{ji}/S'_{ii} \tag{15-8}$$

上述桩 i 的位移计算中，式(15－2)的计算相对比较完善。但位移求解中未能考虑因桩 i 对桩 j 的加筋效应引起的桩土弹簧刚度影响；同时未考虑“桩 i 无荷载状态下，桩 j 承受荷载 P_j 作用”时，桩 j 对桩 i 的加筋效应引起桩 i 处土体位移场的影响(即“桩 i 无荷载状态下，桩 j 承受荷载 P_j 作用”时，考虑桩 j 对桩 i 的加筋效应，对桩 i 的上拔被动位移 S_{ij} 产生阻碍位移 S'_{ij1}，将使桩 i 的实际上拔被动位移为 S'_{ij})。

鉴于群桩基础尤其是抗拔群桩系统工作性状的复杂性，考虑加筋效应的群桩基础变形的研究成为工程应用中迫切需要解决的课题。

15.4 考虑加筋效应的抗拔群桩变形解析解

15.4.1 计算模型

如图 15-1 所示，设抗拔群桩由 n 根等截面抗拔桩组成，桩身位于均质土中，群桩中各桩基的材料、直径、间距和入土深度均相同。

为便于分析抗拔桩基间的加筋效应，由上述分析可知，任取抗拔群桩中两桩，以桩 i 为例，桩 i 的位移 S_i 由 S_{ii} 和 S_{ij} 组成。这里 S_{ii}，S_{ij} 均充分考虑桩 i、桩 j 间的相互加筋效应。S_{ii} 和 S_{ij} 计算模型分别如图 15-2 和图 15-3 所示：

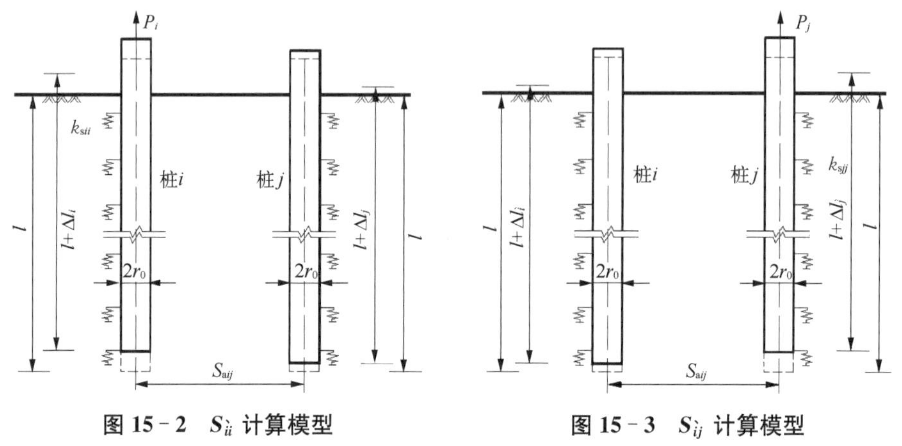

图 15-2 S_{ii} 计算模型

图 15-3 S_{ij} 计算模型

15.4.2 考虑加筋效应的相互作用系数 ξ_{ij} 推导

这里引入系数 ξ_{ij}，其物理意义为："桩 i 无荷载状态下，桩 j 承受荷载 P_j 作用"工况时，考虑桩 i 和桩 j 的相互加筋效应后，在同一深度处桩 i 和桩 j 的位移比值，即 $\xi_{ij}=S_{ij}/S_{jj}$。该系数的引入解决了以往位移中未考虑桩 i 对桩 j 的加筋效应引起桩 j 处土体自由位移场的影响，未考虑桩 j 对桩 i 的加筋效应引起对桩 i 的上拔被动位移 S_{ij} 产生阻碍位移 S_{ij1} 的不足。

在充分考虑抗拔群桩基础上任意两根桩基相互加筋效应影响的基础上，针对 $r\leqslant r_m$ 时推导相互作用系数 ξ_{ij} 的定义式，作为定量分析加筋效应对桩基相互作用的影响理论依据。

如图 15-3 所示，当桩 j 承受 P_j 作用时，引起桩 j 桩侧产生向上的侧摩阻力 $\tau_{j0}(r_0)$，其引起的土体位移场：

$$\left.\begin{aligned} S_{jj}(z) &= \frac{\tau_{j0} r_0 \ln\left(\dfrac{r_{\mathrm{m}}}{r}\right)}{G_{\mathrm{s}}} \quad (S_{aij} < r_{\mathrm{m}}) \\ S_{jj}(z) &= 0 \quad\quad\quad\quad\quad (S_{aij} \geqslant r_{\mathrm{m}}) \end{aligned}\right\} \tag{15-9}$$

由式(15-9)可知，$\tau_{j0}(r_0)$ 在桩 j 和桩 i 位置分别产生位移：

$$\left.\begin{aligned} S_{jj}(z) &= \frac{\tau_{j0} r_0 \ln\left(\dfrac{r_{\mathrm{m}}}{r_0}\right)}{G_{\mathrm{s}}} \quad (S_{aij} \leqslant r_{\mathrm{m}}) \\ S_{ij}(z) &= \frac{\tau_{j0} r_0 \ln\left(\dfrac{r_{\mathrm{m}}}{S_{aij}}\right)}{G_{\mathrm{s}}} \quad (S_{aij} \leqslant r_{\mathrm{m}}) \end{aligned}\right\} \tag{15-10}$$

式中：$S_{ij}(z)$ 为考虑桩 j 对桩 i 的加筋效应，将使桩 i 产生的上拔被动位移。

根据薄壁同心圆筒剪切变形模式，$\tau_{j0}(r_0)$ 在桩 i 位置引起的桩侧摩阻力为

$$\tau_{ij} = \frac{\tau_{j0} r_0}{S_{aij}} \tag{15-11}$$

同时，因桩 i 的加筋效应，会对桩 j 传递来的效应产生被动的相互作用，这种作用阻碍桩 j 周围土体继续产生剪切变形，产生与桩周土体剪切变形方向相反的力 τ'_{ij}。其大小与 τ_{ij} 相等，方向相反。这种被动的作用 τ'_{ij} 在桩 i 和桩 j 位置分别产生位移：

$$\left.\begin{aligned} S'_{ij1}(z) &= \frac{r_0 \tau_{j0}}{S_{aij}} \frac{r_0}{G_{\mathrm{s}}} \ln\left(\frac{r_{\mathrm{m}}}{r_0}\right) \quad (S_{aij} \leqslant r_{\mathrm{m}}) \\ S_{ji}(z) &= \frac{r_0 \tau_{j0}}{S_{aij}} \frac{r_0}{G_{\mathrm{s}}} \ln\left(\frac{r_{\mathrm{m}}}{S_{aij}}\right) \quad (S_{aij} \leqslant r_{\mathrm{m}}) \end{aligned}\right\} \tag{15-12}$$

因此，充分考虑到桩 i 对桩 j 的加筋效应后，桩 j 产生的实际位移场为

$$\begin{aligned} S'_{jj}(z) &= S_{jj}(z) - S_{ji}(z) \\ &= \frac{r_0 \tau_{j0}}{G_{\mathrm{s}}} \ln\left(\frac{r_{\mathrm{m}}}{r_0}\right) - \frac{r_0 \tau_{j0}}{S_{aij}} \frac{r_0}{G_{\mathrm{s}}} \ln\left(\frac{r_{\mathrm{m}}}{S_{aij}}\right) \end{aligned} \tag{15-13}$$

同理，桩 i 产生的实际位移场为

$$S_{\grave{i}j}(z)=S_{ij}(z)-S_{\grave{i}j1}(z)$$
$$=\frac{r_0\tau_{j0}}{G_s}\ln\left(\frac{r_m}{S_{aij}}\right)-\frac{r_0\tau_{j0}}{S_{aij}}\frac{r_0}{G_s}\ln\left(\frac{r_m}{r_0}\right) \tag{15-14}$$

根据上述相互作用系数定义，由式(15－13)和式(15－14)可得

$$\xi_{ij}=\frac{S_{\grave{i}j}(z)}{S_{\grave{j}j}(z)}=\frac{\dfrac{r_0\tau_{j0}}{G_s}\left[\ln\left(\dfrac{r_m}{S_{aij}}\right)-\dfrac{r_0}{S_{aij}}\ln\left(\dfrac{r_m}{r_0}\right)\right]}{\dfrac{r_0\tau_{j0}}{G_s}\left[\ln\left(\dfrac{r_m}{r_0}\right)-\dfrac{r_0}{S_{aij}}\ln\left(\dfrac{r_m}{S_{aij}}\right)\right]}=\frac{\ln\left(\dfrac{r_m}{S_{aij}}\right)-\dfrac{r_0}{S_{aij}}\ln\left(\dfrac{r_m}{r_0}\right)}{\ln\left(\dfrac{r_m}{r_0}\right)-\dfrac{r_0}{S_{aij}}\ln\left(\dfrac{r_m}{S_{aij}}\right)}$$
$$(S_{aij}\leqslant r_m) \tag{15-15}$$

式(15－15)为在考虑桩的相互加筋效应后得到的抗拔桩基间相互作用系数。

考虑抗拔群桩中各桩基相互加筋效应后，得到桩 i 的位移为

$$S_i(z)=S_{\grave{i}i}(z)+\sum_{j=1,\ j\neq i}^{n}\xi_{ij}S_{\grave{j}j}(z)=S_{\grave{i}i}(z)+\sum_{j=1,\ j\neq i}^{n}\frac{\ln\left(\dfrac{r_m}{S_{aij}}\right)-\dfrac{r_0}{S_{aij}}\ln\left(\dfrac{r_m}{r_0}\right)}{\ln\left(\dfrac{r_m}{r_0}\right)-\dfrac{r_0}{S_{aij}}\ln\left(\dfrac{r_m}{S_{aij}}\right)}S_{\grave{j}j}(z) \tag{15-16}$$

$S_{\grave{i}i}(z)$ 物理意义为：桩 i 桩顶作用上拔荷载 P_i 时，桩 j 存在但桩顶无荷载，考虑桩 j 对桩 i 的加筋效应，将对桩 i 的上拔主动位移 S_{ii} 产生阻碍位移 S_{ij1}，此工况时桩 i 的实际位移为 $S_{\grave{i}i}$。$S_{\grave{i}i}$ 的计算原理同 $S_{\grave{j}j}(z)$，详见下列推导。

15.4.3 两种工况位移计算

1) $S_{\grave{i}i}$ 计算

如图 15－2 所示，设桩 i 周土体 z 深度处的摩阻力为 $\tau_i(r_0)$，$\tau_i(r_0)$ 在深度 z 处引起的土体位移场为

$$\left.\begin{aligned}S_{ii}(z)&=\frac{\tau_{i0}r_0}{G_s}\ln\left(\frac{r_m}{r}\right) && (r<r_m)\\ S_{ii}(z)&=0 && (r>r_m)\end{aligned}\right\} \tag{15-17}$$

据薄壁同心圆筒剪切变形模式，桩 i 桩周土体中的摩阻力 $\tau_i(r_0)$ 以剪应力

方式沿径向传递，在桩 j 的同一深度处为

$$\tau_{ji}=\frac{\tau_i(r_0)r_0}{S_{aij}} \tag{15-18}$$

式中：τ_{ji} 为桩 i 引起的桩 j 桩周的向上的侧摩阻力，此时桩 j 桩周会产生与 τ_{ji} 方向相反、大小相等的侧摩阻力 τ_{ji}'。把式(15－18)代入式(15－15)，可得 τ_{ji}' 在桩 i 周土体中引起的位移场，即

$$\left.\begin{aligned} S_{ij1}(z)&=\frac{r_0\tau_i(r_0)}{S_{aij}}\frac{r_0}{G_s}\ln\left(\frac{r_m}{r}\right) \quad (r<r_m)\\ S_{ij1}(z)&=0 \quad\quad (r>r_m)\end{aligned}\right\} \tag{15-19}$$

考虑桩 i、桩 j 的相互加筋效应后，桩 i 的桩顶荷载 P_i 引起的土体位移场为

$$S_{ii}'(z)=S_{ii}(z)-S_{ij1}(z)=\frac{\tau_i(r_0)r_0}{G_s}\left[\ln\left(\frac{r_m}{r}\right)-\sum_{j=1,\ j\neq i}^{n}\frac{r_0}{S_{aij}}\ln\left(\frac{r_m}{S_{aij}}\right)\right] \tag{15-20}$$

桩 i 桩轴方向单位厚度的桩土弹簧刚度为

$$k_{sii}=\frac{2\pi G_s}{\ln\left(\frac{r_m}{r_0}\right)-\sum_{j=1,\ j\neq i}^{n}\frac{r_0}{S_{aij}}\ln\left(\frac{r_m}{S_{aij}}\right)} \tag{15-21}$$

在图 15－2 所示荷载工况，桩 i 微分控制方程为

$$E_pA_p\frac{d^2S_{ii}'(z)}{dz^2}-k_{sii}S_{ii}'(z)=0 \tag{15-22}$$

根据桩顶和桩端受力情况，得式(15－22)的边界条件：

$$\left.\begin{aligned} E_pA_p\frac{dS_{ii}'(z)}{dz}\bigg|_{z=0}&=-P_i\\ E_pA_p\frac{dS_{ii}'(z)}{dz}\bigg|_{z=l}&=0\end{aligned}\right\} \tag{15-23}$$

$$S_{ii}'(z)=c_1e^{\lambda_{ii}z}+c_2e^{-\lambda_{ii}z} \tag{15-24}$$

式中：$\lambda_{ii}=\sqrt{\frac{k_{sii}}{E_pA_p}}$；$c_1=\frac{-P_ie^{-\lambda_{ii}l}}{2E_pA_p\lambda_{ii}\sinh(\lambda_{ii}l)}$；$c_2=\frac{-P_ie^{-\lambda_{ii}l}}{2E_pA_p\lambda_{ii}\sinh(\lambda_{ii}l)}$。

2) $S_{jj}^{`}$ 计算

根据图 16－3 所示工况可得考虑桩 i、桩 j 间的相互加筋效应后，桩 j 的桩顶上拔力 P_j 引起的土体位移场为

$$S_{jj}^{`}(z)=c_3 e^{\lambda_{jj}z}+c_4 e^{-\lambda_{jj}z} \tag{15-25}$$

式中：$\lambda_{jj}=\sqrt{\dfrac{k_{sjj}}{E_p A_p}}$；$c_3=\dfrac{-P_j e^{-\lambda_{jj}l}}{2E_p A_p \lambda_{jj}\sinh(\lambda_{jj}l)}$；$c_4=\dfrac{-P_j e^{\lambda_{jj}l}}{2E_p A_p \lambda_{jj}\sinh(\lambda_{jj}l)}$；$k_{sjj}=\dfrac{2\pi G_s}{\ln\left(\dfrac{r_m}{r_0}\right)-\sum\limits_{i=1,\ i\neq j}^{n}\dfrac{r_0}{S_{aij}}\ln\left(\dfrac{r_m}{S_{aij}}\right)}$。

15.4.4 抗拔群桩位移解答

考虑抗拔群桩中各桩基相互加筋效应后，由式(15－15)、式(15－24)和式(15－25)可得到桩 i 的最终位移为

$$\begin{aligned} S_i(z) &= S_{ii}^{`}(z)+\sum_{j=1,\ j\neq i}^{n} S_{ij}^{`}(z)=S_{ii}^{`}(z)+\sum_{j=1,\ j\neq i}^{n}\xi_{ij}S_{jj}^{`}(z) \\ &= S_{ii}^{`}(z)+\sum_{j=1,\ j\neq i}^{n}\frac{\ln\left(\dfrac{r_m}{S_{aij}}\right)-\dfrac{r_0}{S_{aij}}\ln\left(\dfrac{r_m}{r_0}\right)}{\ln\left(\dfrac{r_m}{r_0}\right)-\dfrac{r_0}{S_{aij}}\ln\left(\dfrac{r_m}{S_{aij}}\right)}S_{jj}^{`}(z) \end{aligned} \tag{15-26}$$

若承台顶部抗拔力 P 已知，当桩基承台为柔性承台时，利用下列方程得到各桩位移 ($S_{aij}\leqslant r_m$)：

$$\left.\begin{aligned} &P_i=\frac{P}{n}\ (1\leqslant i\leqslant n) \\ &z=0 \end{aligned}\right\} \tag{15-27}$$

当桩基承台为刚性承台时，利用下列方程得到各桩位移 ($S_{aij}\leqslant r_m$)：

$$\left.\begin{aligned} &S_i(z=0)=S_j(z=0)\ (1\leqslant i\leqslant n) \\ &\sum_{i=1}^{n}P_i=P \end{aligned}\right\} \tag{15-28}$$

15.4.5 实例分析与验证

算例 1：某匀质饱和黏性土地基土上建筑物基础采用群桩基础，各桩均为抗

拔桩兼作抗压桩。桩基采用直径为 800 mm 的等截面钻孔灌注桩。桩身采用 C35 混凝土,其养护满足 28 天的龄期要求。为计算抗拔群桩的变形,这里仅考虑地下室施工阶段,即群桩作为抗拔桩出现这一工况。假定桩侧土体弹性模量分别为 10 MPa, 15 MPa, 20 MPa,根据 $G_s = E_s/2(1+\nu_s)$ 可得到土体剪切模量 G_s。 承台为完全刚性,厚度 2 000 mm。将群桩中的各桩理论位移与有限单元结果进行比较分析。

有限单元模型的大小选取:取空间的 1/4 区域,水平方向取 3 倍承台宽度的范围,桩端向下延伸半倍桩长作为模型区域边界。模型边界约束:上表面为自由面,下表面约束竖向位移,对称面上取相应对称轴的对称约束,其他两个侧面分别约束其垂直方向上的位移。ABAQUS 中的有限单元建模及其网格划分如图 15-4 所示。土体本构模型采用 Mohr-Coulomb 模型,桩体为线弹性体。土、桩及承台的模型参数如表 15-1 所示。

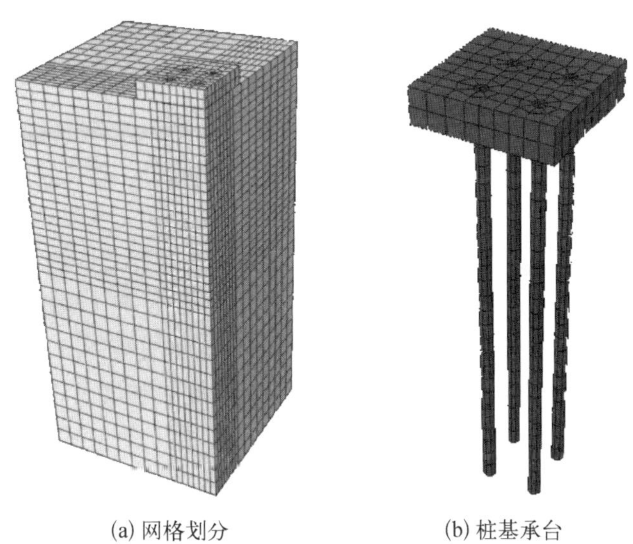

(a) 网格划分　　(b) 桩基承台

图 15-4　ABAQUS 中的有限单元建模及其网格划分

表 15-1　土、桩及承台的模型参数

桩体和承台	桩径 D/mm	弹性模量 E_p/GPa	重度 γ_p/(kN/m^3)	泊松比 ν_p
	800	31.5	25	0.17
土体	重度 γ_s/(kN/m^3)	黏聚力 c/kPa	内摩擦角 ϕ/(°)	泊松比 ν_s
	17.4	19	25	0.5

在上述既定上拔力情况下，解析解理论结果与有限单元计算得到的桩顶位移如图 15-5～图 15-8 所示。

本例中理论结果与有限单元结果相当接近，重要因素是两种方法均是考虑抗拔群桩弹性阶段的分析结果。实际上，现阶段抗拔群桩设计过程中，受桩身强度、裂缝计算和群桩顶部容许变形控制设计三者的影响，认为群桩基础上各桩基处于弹性工作阶段是合适的。该方法充分考虑了群桩系统中桩基间的相互加筋效应，理论分析结果与有限单元计算结果相当接近，说明本书解析解可以很好地分析抗拔群桩基础的变形。

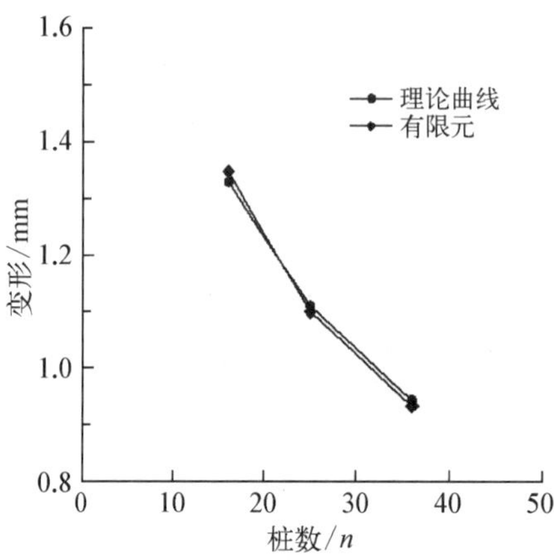

图 15-5 不同桩数位移计算结果

由图 15-5($n=4\times4$, 5×5, 6×6)可知，增加桩数可以明显改善抗拔群桩的变形性能，但桩数增加到一定数量，对变形的改善效果并没有桩数较少时增加桩数时明显。因为对刚性承台承受特定的上拔荷载，增加的桩基会参与分摊上拔荷载，而且对群桩中任意一桩，随着远距离桩基加筋效应弱化，对抗拔变形有利影响也会减弱。这说明设计中应考虑在桩基抗拔强度完全发挥的前提下选择合适的桩数。由图 15-6($L/D=20$, 30, 40)可知，长桩比短桩控制群桩变形的效果更加明显，但桩长增加到一定程度后，其对于群桩变形的改善效果并不明显。因为对抗拔桩来讲，随着桩长增加，桩身拉伸量同时增大，桩顶变形达到变形控制值时桩端摩阻力可能还未发挥。尤其是现行规范还要求桩身裂缝计算也要参与控制设计。因此，工程设计中当桩长超过一定长度后再增加桩长对提高抗拔群桩变形性能已无意义，这是因为增加的桩段对改善群桩变形性能不再发挥作用。

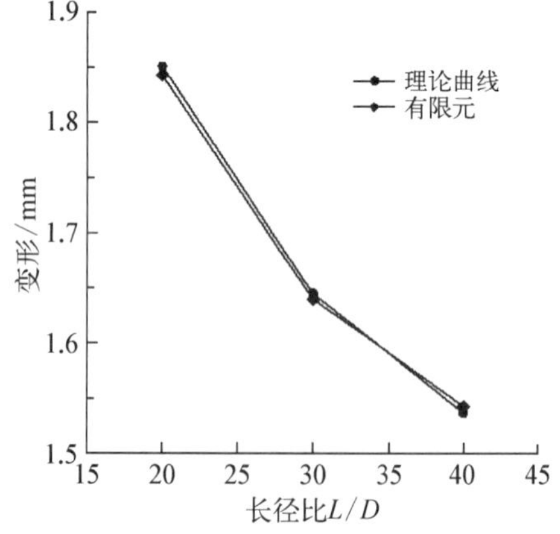

图 15-6 不同长径比位移计算结果

由图 15-7($S/D=3$, 4, 5)可知，对特定的桩数、桩长、桩径，抗拔群桩基础上桩基间距对群桩变形的影响比较明显，增大桩距可明显改善群桩变形性能。

桩距增大后，各桩基间的相互加筋效应弱化，对抗拔群桩的有利作用增强。由图 15－8(E_s＝10 MPa，15 MPa，20 MPa) 可知，土体性能的改善对抗拔群桩变形影响比较明显，土质对桩基相互加筋效应的传递发挥一定的作用。这说明在抗拔群桩设计中，一方面应重视群桩基础间的桩侧土体地质条件，地基土处理以提高土体抗剪能力是改善群桩变形性能的措施之一；另一方面，作为抗拔桩，应根据现场的土体物理情况，在桩身强度、裂缝计算和群桩顶部容许变形控制设计的前提下，确定合理的桩数、桩长、桩径和桩距，才可能成为最优设计方案。

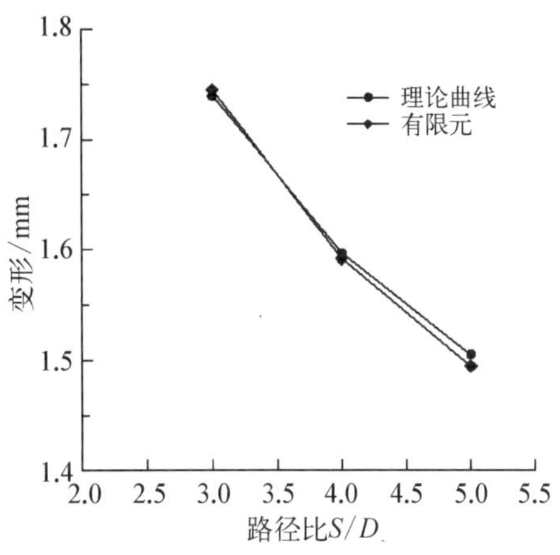

图 15－7　不同桩距位移计算结果

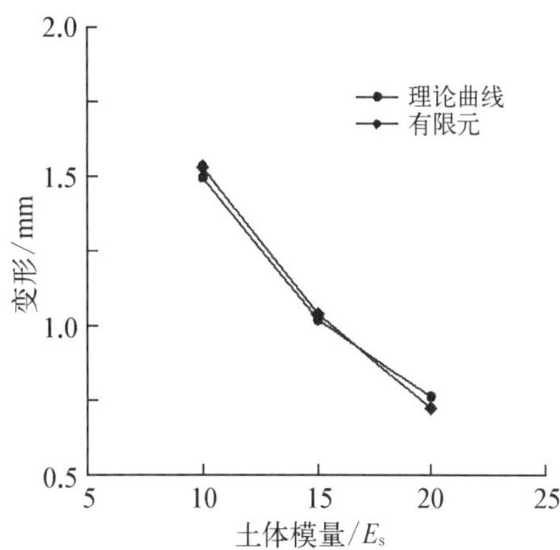

图 15－8　不同土体模量位移计算结果

算例 2：文献[12]采用模型实验对砂土地基中的抗拔群桩的工作性状进行了研究。模型群桩的承台材料为铝板，其厚度为 30 mm。实验模型中模型桩分别采用了表面粗糙和表面光滑的两种形式铝合金管，对桩基间的共同作用进行实验研究。这里选择与工程实际情况符合的表面粗糙模型桩实验结果与本书理论解进行比较，得到相关结论。模型实验参数如下：砂土为均匀干砂，砂土的单位重度为 16.4 kN/m^3，剪切模量 G_s＝500 kPa，泊松比 ν_s＝0.4。模型桩为铝合金管。桩的外直径为 19 mm，壁厚 0.81 mm。根据模型材料、厚度情况，本书假定承台为刚性承台，桩身弹性模量 E_p 取为 6.9×10^4 MPa。文献中给出了距径比为 3 倍桩径和距径比为 6 倍桩径下群桩变形曲线，与本章解析解得到的群桩变形曲线进行对比，如图 15－9、图 15－10 所示。

分析可知：桩基间距对群桩变形的影响与算例一中的规律一致。因桩基间相互加筋效应，随着桩距变大，同一荷载作用下群桩变形较小，群桩的荷载变形曲线变缓，桩距对桩基的变形性能有明显的改善。在上拔力较小时，理论计算结果与变形实测值非常接近，随着荷载增大，两者表现出一定差别，这是因为理论

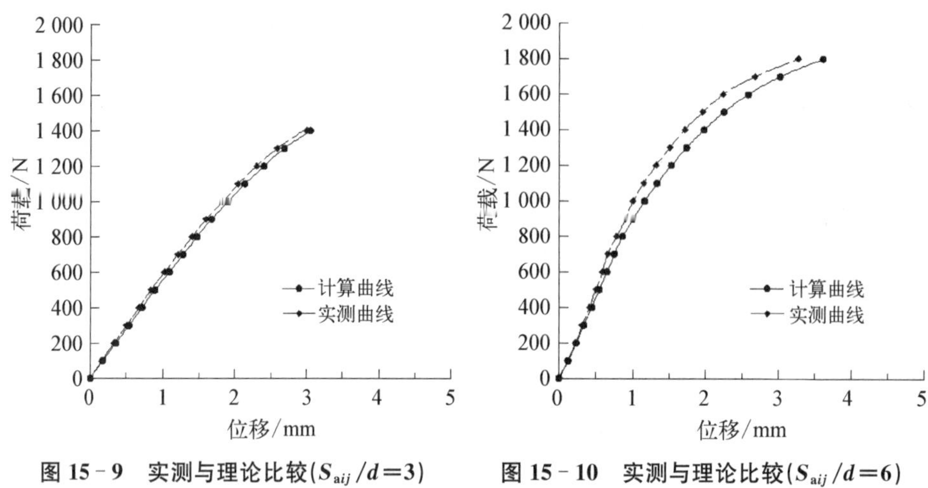

图 15-9　实测与理论比较($S_{aij}/d=3$)　　图 15-10　实测与理论比较($S_{aij}/d=6$)

计算没有考虑砂土的剪胀效应引起的桩砂界面剪应力变化的影响，同时桩周砂粒密实度的改变引起了土体参数变化。

15.5　荷载-位移曲线参数影响性分析

利用本章理论方法分析桩长、桩径、桩数和桩距等因素对荷载-位移曲线的影响，探求抗拔群桩的工作性状。承台为刚性。土体、桩体参数如表 15-2 所示。

表 15-2　土体、桩体参数

弹性模量 E_s/MPa	泊松比 ν_s	桩长 l/m	桩径 d/mm	桩数 n	弹性模量 E_p/MPa
30	0.35	30 40 50	800 1 000 1 200	9 16 25	3.0×10^4 (C30)

1) 桩长

图 15-11 为抗拔群桩基础群桩根数 $n=9$，桩距 $S_a=4d$，桩径 $d=1\ 000$ mm 时，不同桩长情况时荷载-位移曲线。

由图 15-11 可知，桩长增加对抗拔群桩荷载-位移曲线影响较为明显，当桩长增加到 50 m 时，荷载-位移曲线已变为典型的缓变型；在特定地质条件和群桩其他参数确定情况下，当群桩顶部承受较大的上拔荷载时，增加抗拔群桩的桩长是改善抗拔群桩性能的有力措施；桩长增加使抗拔群桩抗拔能力得到了提高，分析其主要原因为：一方面是增加桩长直接增加了桩土间摩阻力；另一方面因为群桩基础对土体的挟持作用也在加强；同时抗拔桩相互加筋效应影响，群桩的抵抗变形刚度因桩长变化发生了动态调整，促使抗拔群桩往抑制变形有利方向发展。

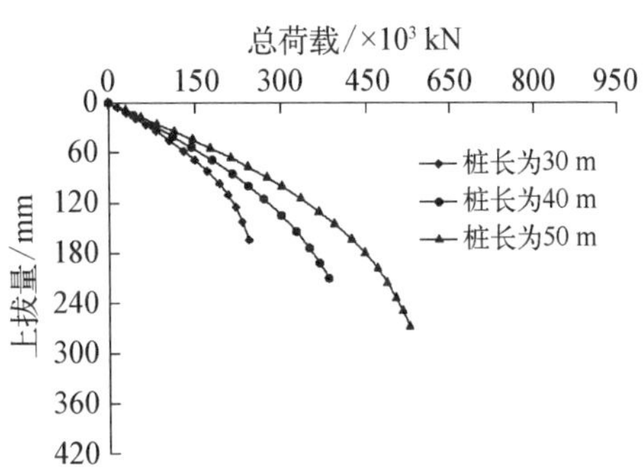

图 15－11　不同桩长情况时荷载-位移曲线

2）桩径

图 15－12 为群桩根数 $n=9$，桩长 $l=30$ m，桩距 $S_a=4d$，其他条件不变，不同桩径下群桩的荷载-位移曲线。由图可知，桩顶相同荷载时，随桩径增大，群桩上拔位移减小；上拔位移相同时，桩基承担的荷载随桩径增大而增大；极限荷载提高幅度较大。其原因是群桩桩基随着桩径的增加，对相同长度的桩其侧面积和桩身刚度都增大了。因此，随着桩径增大，桩顶相同荷载时上拔位移减少，相同上拔位移时承载力增加。在工程设计中，需综合考虑抗拔能力和经济性，根据实际情况合理选择抗拔群桩中桩基的桩径。

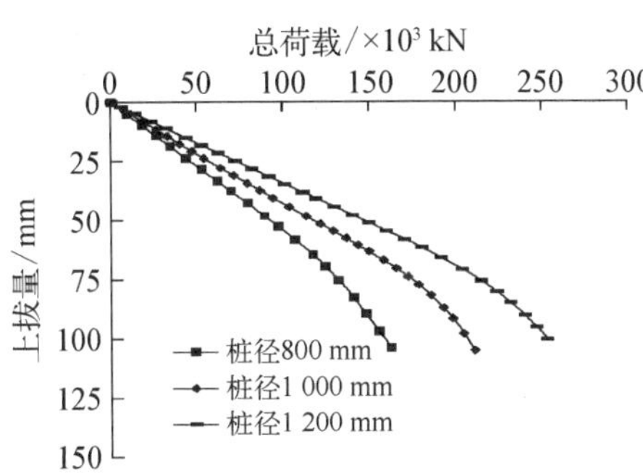

图 15－12　不同桩径抗下群桩的荷载-位移曲线

3）桩数

如图 15－13 所示，群桩桩长 $l=30$ m，桩距 $S_a=4d$，桩径 $d=1\,000$ mm，其他条件相同，不同桩数群桩的荷载-位移曲线。由图可知，随着桩数的增加，荷载-位移曲线逐渐由陡降型转变为缓变型；相同承台顶部荷载和群桩其他参数确定情况下，在一定区间内，群桩的变形随着桩数的增加而减少。其原因是桩数多，桩基间加筋效应增强。对特定的桩顶上拔总荷载，增加桩数可降低单桩平均荷载；但当群桩中桩基达到抗拔承载力极限值后，增加桩数反而会影

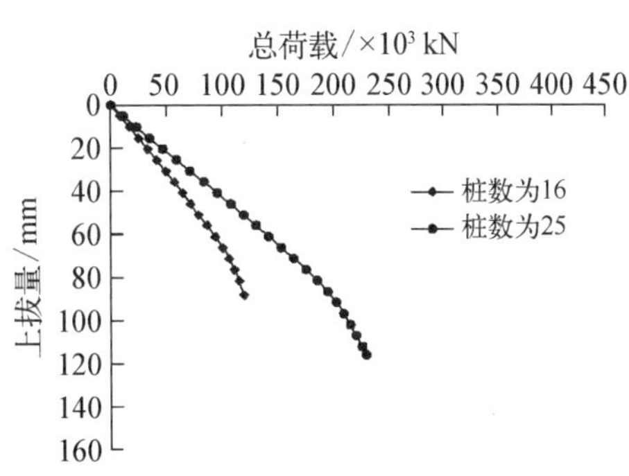

图 15－13　抗拔群桩荷载-位移曲线(不同桩数)

响桩土间摩阻力充分发挥,使群桩的整体承载力降低。因此,不能一味增加桩数来增加承载力。设计中群桩上拔位移往往是控制因素,如果桩顶变形过大,那么相应增加的承载力在实际中就失去其意义。因此,桩数要根据实际工程的要求进行合理确定,这样既可以避免浪费又可以保证工程的安全。

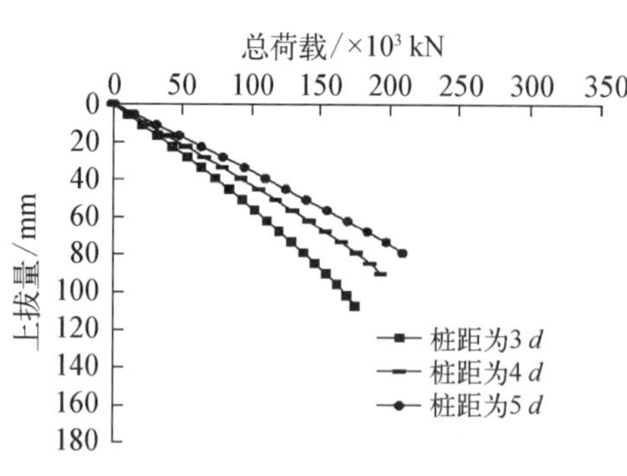

图 15-14　荷载-位移曲线图(不同桩距)

4）桩距

如图 15-14 所示,群桩根数 $n=9$,桩径 $d=1\,000$ mm,其他同条件,在桩长 $l=30$ m 时,不同桩距群桩的荷载-位移曲线。由图可知,在相同荷载下,抗拔群桩变形随桩距增加而减少。这是因为当桩距较大时,桩间土的应力场和位移场的叠加作用越来越小,从而导致抗拔群桩的变形减小。因此,抗拔群桩设计时需要合理设计桩距,避免桩距太小而导致群桩变形增大或发生整体破坏;从这一角度来看,群桩基础的桩距不能太小,这不仅仅是施工工艺的要求,同时也符合群桩受力机理。在沉降值相同时,桩基承担的荷载随桩距的增加而增大,且承载性能随桩距的增大而得到明显改善。一般桩距增大后,会引起群桩承台面积加大,此时若不增大承台厚度,则群桩基础上各桩顶荷载重新调整并因此导致群桩基础内力重新分布,使桩基应力位移状态变得复杂。

15.6　本章结论

(1) 本章建立了能同时考虑群桩基础上桩基相互加筋效应的理论解析解答。解析解理论计算结果与变形实测值非常接近,本章方法计算群桩相互作用符合群桩系统工程实际情况。

(2) 桩长增加对抗拔群桩的荷载-位移曲线影响较为明显;在特定地质条件和群桩其他参数确定情况下,当群桩顶部承受较大的上拔荷载时,增加抗拔群桩的桩长是改善抗拔群桩性能的有力措施;桩长增加使抗拔群桩抗拔能力得到了提高。其主要原因为:一方面是增加桩长直接增加了桩土间摩阻力;另一方面因为群桩基础对土体的挟持作用也在加强;同时抗拔桩相互加筋效应影响,群桩的抵抗变形刚度因桩长变化发生了动态调整,促使抗拔群桩往抑制变形有利方向发展。

(3) 随着桩径的增大，相同荷载时上拔位移减少，相同上拔位移时承载力增加；极限荷载提高幅度较大。其原因是群桩桩基随着桩径的增加，对相同长度的桩，其侧面积和桩身变形刚度都增大了。在工程设计中，需综合考虑抗拔能力和经济性，根据实际情况合理选择抗拔群桩中桩基的桩径。

(4) 随着桩数的增加，荷载-位移曲线逐渐由陡降型转变为缓变型；相同承台顶部荷载和群桩其他参数确定情况下，在一定的区间内，群桩的变形随着桩数的增加而减少。其原因是桩数多，桩基间加筋效应增强。对特定的桩顶上拔总荷载，增加桩数可降低单桩平均荷载；但当群桩中桩基达到抗拔承载力极限值后，增加桩数反而会影响桩土间摩阻力充分发挥，使群桩的整体承载力降低。因此，不能一味增加桩数来增加承载力。设计中群桩上拔位移往往是控制因素，如果桩顶变形过大，那么相应增加的承载力在实际中就失去其意义。因此，桩数要根据实际工程的要求进行合理确定，这样既可以避免浪费又可以保证工程的安全。

(5) 在承台顶部相同荷载和群桩其他参数确定情况下，抗拔群桩变形随桩距增加而减少。这是因为当桩距较大时，桩间土的应力场和位移场的叠加作用越来越小，从而导致抗拔群桩的变形减小。因此，抗拔群桩设计时需要合理设计桩距，避免桩距太小而导致群桩变形增大。从这一角度来看，群桩基础的桩距不能太小，这不仅仅是施工工艺的要求，同时也符合群桩受力机理。在沉降值相同时，桩基承担的荷载随桩距的增加而增大，且极限承载力随桩距的拉大而提高的幅度比较大。一般桩距增大后，会引起群桩承台面积加大，此时若不增大承台厚度，则群桩基础上各桩顶荷载重新调整并因此导致群桩基础内力重新分布，使桩基应力位移状态变得复杂。

桩长、桩径、桩数和桩距是抗拔群桩基础变形的主要影响因素，而这三个因素又相互联系、相互制约。因此，抗拔群桩设计时，要综合考虑这三个因素进行优化设计，改善群桩基础的承载性状。

第 16 章
抗拔桩与抗压桩共同作用分析

16.1 引言

不同功能、不同种类的建设项目日益繁多，尤其是高层建筑物的数量日益增多，这使得作为深基础方案之一的桩基础的应用越来越广泛。抗拔桩和抗压桩作为重要的桩基础形式，其应用范围也是很广泛的。例如：塔桅结构、烟囱、高层楼房等高耸结构物的桩基础；索道桥、斜拉桥中的锚桩基础；桩静荷载实验中的锚桩和实验桩。此外，在特定的环境如风荷载环境、施工期间或季节性水位变化等条件下，桩基础上部分抗压桩在特定的情况下可能承受拉拔荷载，在桩基础上产生了抗拔桩和抗压桩的共同作用。目前关于抗拔桩和抗压桩共同作用的研究较少，在共同作用的影响下，抗拔桩和抗压桩的荷载传递机理与单纯的抗拔桩或抗压桩是有所差异的。本章进一步建立抗压桩与抗拔桩共同作用分析模型，对竖向受荷抗拔桩、抗压桩共同作用进行理论研究。

16.2 共同作用分析方法

16.2.1 两桩分析模型

两根由抗压桩与抗拔桩共同作用的桩基础，其桩身位于均质土中，桩体的材料、直径和入土深度均相同，如图 16－1 所示。

1）抗拔桩与抗压桩的位移分析

在图 16－1 中，抗压桩的位移组成如下：

(1) 桩 A 桩顶作用下压荷载 P_{A} 时，不考虑桩 B 的存在对桩 A 引起的加筋效应，则桩 A 自身产生下压主动位移 S_{AA}。

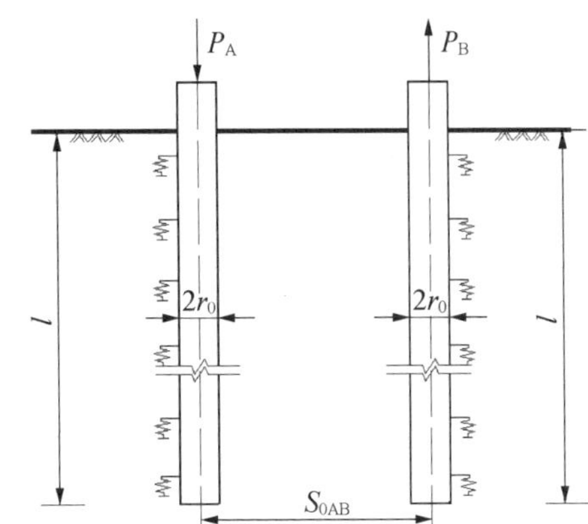

图 16－1　抗压桩与抗拔桩共同作用分析模型

(2) 桩 A 无荷载状态下，桩 B 承受上拔荷载 P_B 作用，桩 B 的上拔主动位移 S_{BB} 将使桩 A 产生上拔被动位移 S_{AB}。

(3) 桩 A 桩顶作用下压荷载 P_A 时，桩 B 存在但桩顶无荷载，考虑桩 B 对桩 A 的加筋效应，将对桩 A 的下压主动位移 S_{AA} 产生阻碍位移 S_{AB1}，将使桩 A 的实际下压主动位移为 S'_{AA}。

(4) 在上述第(2)种情况下，考虑桩 B 对桩 A 的加筋效应，对桩 A 的上拔被动位移 S_{AB} 产生阻碍位移 S'_{AB1}，将使桩 A 的实际上拔被动位移为 S'_{AB}。

由上述分析可知，抗压桩的位移为

$$S_A(z) = S'_{AA}(z) - S'_{AB}(z) \tag{16-1}$$

式中：

$$S'_{AA}(z) = S_{AA}(z) - S_{AB1}(z) \tag{16-2}$$

$$S'_{AB}(z) = S_{AB}(z) - S'_{AB1}(z) \tag{16-3}$$

在图 16－1 中，抗拔桩的位移组成如下：

(1) 桩 B 桩顶作用上拔荷载 P_B 时，不考虑桩 A 的存在对桩 B 引起的加筋效应，则桩 B 自身产生上拔主动位移 S_{BB}。

(2) 桩 B 无荷载状态下，桩 A 承受下压荷载 P_A 作用，桩 A 的下压主动位移 S_{AA} 将使桩 B 产生下压被动位移 S_{BA}。

(3) 桩 B 桩顶作用上拔荷载 P_B 时，桩 A 存在但桩顶无荷载，考虑桩 A 对桩 B 的加筋效应，将对桩 B 的上拔主动位移 S_{BB} 产生阻碍位移 S_{BA1}，将使桩 B 的实际上拔主动位移为 S'_{BB}。

(4) 在上述第(2)种情况下，考虑桩 A 对桩 B 的加筋效应，对桩 B 的下压被动位移 S_{BA} 产生阻碍位移 S'_{BA1}，将使桩 B 的实际下压被动位移为 S'_{BA}。

由上述分析可知，抗拔桩的位移 $S_B(z)$ 为

$$S_B(z) = S'_{BB}(z) - S'_{BA}(z) \tag{16-4}$$

式中：

$$S'_{\mathrm{BB}}(z)=S_{\mathrm{BB}}(z)-S_{\mathrm{BA1}}(z) \tag{16-5}$$

$$S'_{\mathrm{BA}}(z)=S_{\mathrm{BA}}(z)-S'_{\mathrm{BA1}}(z) \tag{16-6}$$

2）加筋效应的两桩相互作用系数

计算抗压桩桩 A 的位移时，引入系数 ξ_{AB}，其物理意义为："桩 A 无荷载状态下，桩 B 承受上拔荷载 P_{B} 作用"工况时，考虑桩 A 和桩 B 的相互加筋效应后，在相同深度处桩 A 与桩 B 的位移之比，即 $\xi_{\mathrm{AB}}=S'_{\mathrm{AB}}/S'_{\mathrm{BB}}$。在第 14 章抗拔群桩研究的基础上，针对 $S_{0\mathrm{AB}}\leqslant r_{\mathrm{m}}$，推导相互作用系数 ξ_{AB} 的计算公式。

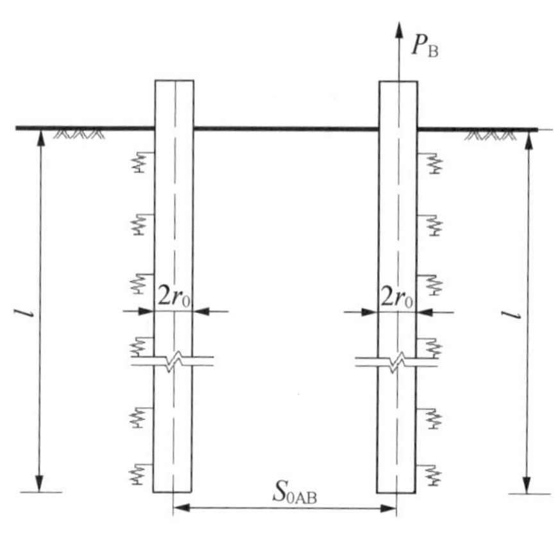

图 16－2　ξ_{AB} 计算模型

如图 16－2 所示，当桩 B 受上拔荷载 P_{B} 作用时，引起桩 B 桩侧产生向上的侧摩阻力 τ_{B0}，其引起的土体位移场：

$$\left.\begin{aligned} S_{\mathrm{BB}}(z)&=\frac{\tau_{\mathrm{B0}}r_0\ln\left(\dfrac{r_{\mathrm{m}}}{r}\right)}{G_{\mathrm{s}}} \quad (r<r_{\mathrm{m}})\\ S_{\mathrm{BB}}(z)&=0 \quad (r\geqslant r_{\mathrm{m}}) \end{aligned}\right\} \tag{16-7}$$

由式(16－7)可知：τ_{B0} 在深度 z 处的桩 B 、桩 A 位置分别产生位移：

$$\left.\begin{aligned} S_{\mathrm{BB}}(z)&=\frac{\tau_{\mathrm{B0}}r_0\ln\left(\dfrac{r_{\mathrm{m}}}{r_0}\right)}{G_{\mathrm{s}}} \quad (r\leqslant r_{\mathrm{m}})\\ S_{\mathrm{AB}}(z)&=\frac{\tau_{\mathrm{B0}}r_0\ln\left(\dfrac{r_{\mathrm{m}}}{S_{0\mathrm{AB}}}\right)}{G_{\mathrm{s}}} \quad (r\leqslant r_{\mathrm{m}}) \end{aligned}\right\} \tag{16-8}$$

式中：$S_{\mathrm{AB}}(z)$ 为考虑桩 B 对桩 A 的加筋效应，将使桩 A 产生的上拔被动位移。

根据薄壁同心圆筒剪切变形模式，桩侧摩阻力 τ_{B0} 由桩周土以剪应力形式沿径向向外传递时，传递到桩 A 桩周同一深度处变为

$$\tau_{\mathrm{AB}}=\frac{\tau_{\mathrm{B0}}r_0}{S_{0\mathrm{AB}}} \tag{16-9}$$

同时，桩 A 的存在将会对桩 B 传递来的效应产生被动的相互作用，这种作用阻碍桩 B 周围土体的继续剪切变形，便产生与桩周土体剪应力 τ_{AB} 大小相等、

方向相反的剪应力 τ'_{AB}。τ'_{AB} 在桩 A 、桩 B 位置上产生的位移分别为

$$\left.\begin{aligned} S'_{AB1}(z) &= \frac{r_0\tau_{B0}}{S_{0AB}}\frac{r_0}{G_s}\ln\left(\frac{r_m}{r_0}\right) \quad (S_{0AB} \leqslant r_m) \\ S_{BA}(z) &= \frac{r_0\tau_{B0}}{S_{0AB}}\frac{r_0}{G_s}\ln\left(\frac{r_m}{S_{0AB}}\right) \quad (S_{0AB} \leqslant r_m) \end{aligned}\right\} \tag{16-10}$$

因此,在此工况下充分考虑到桩 A 与桩 B 相互加筋效应后,桩 B 产生的实际位移场为

$$S'_{BB}(z) = S_{BB}(z) - S_{BA}(z) = \frac{r_0\tau_{B0}}{G_s}\ln\left(\frac{r_m}{r_0}\right) - \frac{r_0\tau_{B0}}{S_{0AB}}\frac{r_0}{G_s}\ln\left(\frac{r_m}{S_{0AB}}\right) \tag{16-11}$$

同理,桩 A 产生的实际位移场为

$$S'_{AB}(z) = S_{AB}(z) - S'_{AB1}(z) = \frac{r_0\tau_{B0}}{G_s}\ln\left(\frac{r_m}{S_{0AB}}\right) - \frac{r_0\tau_{B0}}{S_{0AB}}\frac{r_0}{G_s}\ln\left(\frac{r_m}{r_0}\right) \tag{16-12}$$

根据上述相互作用系数定义,由式(16-11)和式(16-12)可得

$$\xi_{AB} = \frac{S'_{AB}(z)}{S'_{BB}(z)} = \frac{\dfrac{r_0\tau_{B0}}{G_s}\left[\ln\left(\dfrac{r_m}{S_{0AB}}\right) - \dfrac{r_0}{S_{0AB}}\ln\left(\dfrac{r_m}{r_0}\right)\right]}{\dfrac{r_0\tau_{B0}}{G_s}\left[\ln\left(\dfrac{r_m}{r_0}\right) - \dfrac{r_0}{S_{0AB}}\ln\left(\dfrac{r_m}{S_{0AB}}\right)\right]} = \frac{\ln\left(\dfrac{r_m}{S_{0AB}}\right) - \dfrac{r_0}{S_{0AB}}\ln\left(\dfrac{r_m}{r_0}\right)}{\ln\left(\dfrac{r_m}{r_0}\right) - \dfrac{r_0}{S_{0AB}}\ln\left(\dfrac{r_m}{S_{0AB}}\right)} \quad (S_{0AB} \leqslant r_m) \tag{16-13}$$

式(16-13)为考虑桩的相互加筋效应,推导求得的相互作用系数的具体表达式。

同理,在计算抗拔桩桩 B 的位移时,引入系数 ξ_{BA},其物理意义为:"桩 B 无荷载状态下,桩 A 承受下压荷载 P_A 作用"工况时,考虑桩 A 和桩 B 的相互加筋效应后,在相同深度处桩 B 与桩 A 的位移之比,即 $\xi_{BA} = S'_{BA}/S'_{AA}$。

如图 16-3 所示,根据相互作用系数定义,得

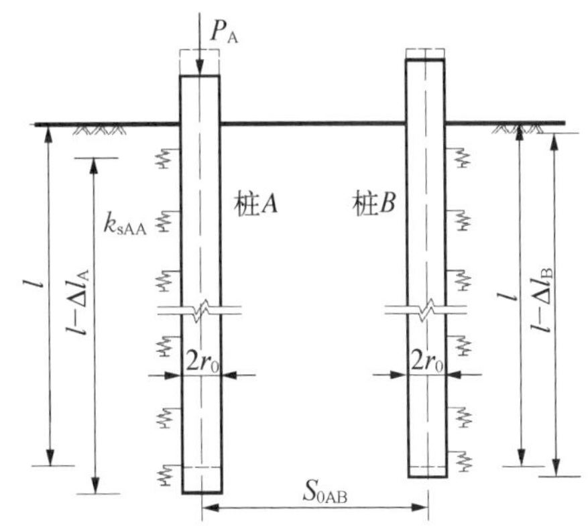

图 16-3 S'_{AA} 计算模型

$$\xi_{BA}=\frac{S_{\grave{B}A}(z)}{S_{\grave{A}A}(z)}=\frac{\ln\left(\dfrac{r_m}{S_{0AB}}\right)-\dfrac{r_0}{S_{0AB}}\ln\left(\dfrac{r_m}{r_0}\right)}{\ln\left(\dfrac{r_m}{r_0}\right)-\dfrac{r_0}{S_{0AB}}\ln\left(\dfrac{r_m}{S_{0AB}}\right)}\quad(S_{0AB}\leqslant r_m)\tag{16-14}$$

16.2.2 抗压桩与抗拔桩位移求解

1) $S_{\grave{A}A}$ 计算

图 16－1 中,通过分析抗压桩与抗拔桩间相互的加筋效应,桩 A 的位移 S_A 由 $S_{\grave{A}A}$ 和 $S_{\grave{A}B}$ 组成,$S_{\grave{A}A}$ 计算模型如图 16－3 所示。

如图 16－3 所示,设桩 A 周土体 z 深度处的摩阻力为 $\tau_{A0}(r_0)$,$\tau_{A0}(r_0)$ 在深度 z 处引起的土体位移场为

$$\left.\begin{aligned}&S_{AA}(z)=\frac{\tau_{A0}r_0}{G_s}\ln\left(\frac{r_m}{r}\right)\quad(r<r_m)\\&S_{AA}(z)=0\qquad\qquad\qquad\quad(r\geqslant r_m)\end{aligned}\right\}\tag{16-15}$$

据薄壁同心圆筒剪切变形模式,桩 A 桩周土体中的摩阻力 $\tau_{A0}(r_0)$ 以剪应力方式沿径向传递,在桩 B 的同一深度处为

$$\tau_{BA}=\frac{\tau_{A0}r_0}{S_{0AB}}\tag{16-16}$$

式中:τ_{BA} 为桩 A 引起的桩 B 桩周的向上的侧摩阻力,此时桩 B 桩周也会产生与 τ_{BA} 方向相反、大小相等的侧摩阻力 $\tau_{\grave{B}A}$。把式(16－16)代入式(16－15),可得 $\tau_{\grave{B}A}$ 在桩 A 周土体中引起的位移场为

$$\left.\begin{aligned}&S_{AB1}(z)=\frac{r_0\tau_{A0}}{S_{0AB}}\frac{r_0}{G_s}\ln\left(\frac{r_m}{r}\right)\quad(r<r_m)\\&S_{AB1}(z)=0\qquad\qquad\qquad\qquad(r<r_m)\end{aligned}\right\}\tag{16-17}$$

考虑桩 A 、桩 B 的相互加筋效应,桩 A 桩顶荷载 P_A 引起的深度 z 处的位移为

$$\begin{aligned}S_{\grave{A}A}(z)&=S_{AA}(z)-S_{AB1}(z)\\&=\frac{\tau_{A0}r_0}{G_s}\left[\ln\left(\frac{r_m}{r}\right)-\frac{r_0}{S_{0AB}}\ln\left(\frac{r_m}{S_{0AB}}\right)\right]\end{aligned}\tag{16-18}$$

根据式(16－18),桩 A 桩周单位厚度的桩土弹簧刚度为

$$k_{sAA}=\frac{2\pi G_s}{\ln\left(\frac{r_m}{r_0}\right)-\frac{r_0}{S_{0AB}}\ln\left(\frac{r_m}{S_{0AB}}\right)} \tag{16-19}$$

在图 16-1 荷载工况下，桩 A 微分控制方程为

$$E_pA_p\frac{d^2S_{AA}^{\prime}(z)}{dz^2}-k_{sAA}S_{AA}^{\prime}(z)=0 \tag{16-20}$$

桩端变形采用 Mindlin 解计算。作用在弹性半无限体内的竖向集中力 P 在点 $M(x,\ y,\ z)$ 处产生的竖向位移 w 为

$$w=\frac{P(1+\nu_s)}{8\pi E_s(1-\nu_s)}\left[\frac{3-4\nu_s}{R_1}+\frac{8(1-\nu_s)^2-(3-4\nu_s)}{R_2}+\frac{(z-h)^2}{R_1^3}+\frac{(3-4\nu_s)(z+h)^2-2hz}{R_2^3}+\frac{6hz(z+h)^2}{R_2^5}\right] \tag{16-21}$$

$$R_1=\sqrt{x^2+y^2+(z-h)^2}\quad R_2=\sqrt{x^2+y^2+(z+h)^2}$$

式中：h 为集中力作用深度；E_s 为土的弹性模量；ν_s 为土的泊松比。为了防止 Mindlin 解在桩轴线处出现畸变，在计算桩端沉降时，取 $\sqrt{x^2+y^2}=2r_0/3$，则桩端变形为

$$S_b=\frac{P_b(1+\nu_s)}{8\pi E_s(1-\nu_s)}\left[\frac{3(3-4\nu_s)}{2r_0}+\frac{8(1-\nu_s)^2-(3-4\nu_s)}{(4r_0^2/9+4l^2)^{1/2}}+\frac{2l^2(5-8\nu_s)}{(4r_0^2/9+4l^2)^{3/2}}+\frac{24l^2}{(4r_0^2/9+4l^2)^{5/2}}\right] \tag{16-22}$$

式中：S_b 为桩端沉降；P_b 为桩端荷载；E_s 为土的弹性模量；l 为桩的入土深度。

由式(16-22)，可将桩端土的等效刚度系数表示为

$$k_b=\frac{8\pi E_s(1-\nu_s)}{(1+\nu_s)(R_3+R_4)} \tag{16-23}$$

式中：$R_3=\frac{3(3-4\nu_s)}{2r_0}+\frac{8(1-\nu_s)^2-(3-4\nu_s)}{(4r_0^2/9+4l^2)^{1/2}}$；$R_4=\frac{2l^2(5-8\nu_s)}{(4r_0^2/9+4l^2)^{3/2}}+\frac{24l^2}{(4r_0^2/9+4l^2)^{5/2}}$。

根据图 16-3 所示工况桩 A 桩顶和桩端受力情况，式(16-20)的边界条

件为

$$\left.\begin{aligned}E_pA_p\frac{dS_{\grave{A}A}(z)}{dz}\bigg|_{z=0}&=P_A\\E_pA_p\frac{dS_{\grave{A}A}(z)}{dz}\bigg|_{z=l}&=k_bS_{\grave{A}A}(z)\big|_{z=l}\end{aligned}\right\}\tag{16-24}$$

其解答为

$$S_{\grave{A}A}(z)=c_1e^{\lambda_{AA}z}+c_2e^{-\lambda_{AA}z}\tag{16-25}$$

式中：$\lambda_{AA}=\sqrt{\dfrac{k_{sAA}}{E_pA_p}}$；$k_{sAA}=\dfrac{2\pi G_s}{\ln\left(\dfrac{r_m}{r_0}\right)-\dfrac{r_0}{S_{0AB}}\ln\left(\dfrac{r_m}{S_{0AB}}\right)}$；

$c_1=\dfrac{P_Ae^{-\lambda_{AA}l}(1-k_b\lambda_{AA}/k_{sAA})}{2[E_pA_p\lambda_{AA}\sinh(\lambda_{AA}l)+k_b\cosh(\lambda_{AA}l)]}$；

$c_2=\dfrac{P_Ae^{\lambda_{AA}l}(1+k_b\lambda_{AA}/k_{sAA})}{2[E_pA_p\lambda_{AA}\sinh(\lambda_{AA}l)+k_b\cosh(\lambda_{AA}l)]}$。

2) $S_{\grave{B}B}$ 计算

图 16-1 中，通过分析抗压桩与抗拔桩间相互的加筋效应，桩 B 的位移 S_B 由 $S_{\grave{B}B}$ 和 $S_{\grave{B}A}$ 组成，$S_{\grave{B}B}$ 计算模型类似 $S_{\grave{A}A}$ 计算模型，仅将图 16-3 中的 $l-\Delta l$ 改为 $l+\Delta l$ 即可。

桩 B 桩周单位厚度的桩土弹簧刚度为

$$k_{sBB}=\frac{2\pi G_s}{\ln\left(\dfrac{r_m}{r_0}\right)-\dfrac{r_0}{S_{0AB}}\ln\left(\dfrac{r_m}{S_{0AB}}\right)}\tag{16-26}$$

桩 B 微分控制方程为

$$E_pA_p\frac{d^2S_{\grave{B}B}(z)}{dz^2}-k_{sBB}S_{\grave{B}B}(z)=0\tag{16-27}$$

根据桩顶和桩端受力情况，式(16-27)的边界条件为

$$\left.\begin{aligned}E_pA_p\frac{dS_{\grave{B}B}(z)}{dz}\bigg|_{z=0}&=-P_B\\E_pA_p\frac{dS_{\grave{B}B}(z)}{dz}\bigg|_{z=l}&=0\end{aligned}\right\}\tag{16-28}$$

其解答为

$$S'_{\mathrm{BB}}(z)=c_3\mathrm{e}^{\lambda_{\mathrm{BB}}z}+c_4\mathrm{e}^{-\lambda_{\mathrm{BB}}z} \tag{16-29}$$

式中：$\lambda_{\mathrm{BB}}=\sqrt{\dfrac{k_{\mathrm{sBB}}}{E_{\mathrm{P}}A_{\mathrm{P}}}}$；$k_{\mathrm{sBB}}=\dfrac{2\pi G_{\mathrm{s}}}{\ln\left(\dfrac{r_{\mathrm{m}}}{r_0}\right)-\dfrac{r_0}{S_{0\mathrm{AB}}}\ln\left(\dfrac{r_{\mathrm{m}}}{S_{0\mathrm{AB}}}\right)}$；$c_3=\dfrac{-P_{\mathrm{B}}\mathrm{e}^{-\lambda_{\mathrm{BB}}l}}{2E_{\mathrm{p}}A_{\mathrm{p}}\lambda_{\mathrm{BB}}\sinh(\lambda_{\mathrm{BB}}l)}$；

$c_4=\dfrac{-P_{\mathrm{B}}\mathrm{e}^{\lambda_{\mathrm{BB}}l}}{2E_{\mathrm{p}}A_{\mathrm{p}}\lambda_{\mathrm{BB}}\sinh(\lambda_{\mathrm{BB}}l)}$。

3）抗压桩与抗拔桩的位移

通过上述位移分析，以及抗压桩和抗拔桩相互作用系数 ξ_{AB} 的引入，可得抗压桩 A 的下压位移：

$$\begin{aligned}S_{\mathrm{A}}(z)&=[S_{\mathrm{AA}}(z)-S_{\mathrm{AB1}}(z)]-[S_{\mathrm{AB}}(z)-S'_{\mathrm{AB1}}(z)]\\&=S'_{\mathrm{AA}}(z)-S'_{\mathrm{AB}}(z)=S'_{\mathrm{AA}}(z)-\xi_{\mathrm{AB}}S'_{\mathrm{BB}}(z)\\&=S'_{\mathrm{AA}}(z)-\frac{\ln\left(\dfrac{r_{\mathrm{m}}}{S_{0\mathrm{AB}}}\right)-\dfrac{r_0}{S_{0\mathrm{AB}}}\ln\left(\dfrac{r_{\mathrm{m}}}{r_0}\right)}{\ln\left(\dfrac{r_{\mathrm{m}}}{r_0}\right)-\dfrac{r_0}{S_{0\mathrm{AB}}}\ln\left(\dfrac{r_{\mathrm{m}}}{S_{0\mathrm{AB}}}\right)}S'_{\mathrm{BB}}(z)\end{aligned} \tag{16-30}$$

同理，抗拔桩 B 的上拔位移为

$$\begin{aligned}S_{\mathrm{B}}(z)&=[S_{\mathrm{BB}}(z)-S_{\mathrm{BA1}}(z)]-[S_{\mathrm{BA}}(z)-S'_{\mathrm{BA1}}(z)]\\&=S'_{\mathrm{BB}}(z)-S'_{\mathrm{BA}}(z)=S'_{\mathrm{BB}}(z)-\xi_{\mathrm{BA}}S'_{\mathrm{AA}}(z)\\&=S'_{\mathrm{BB}}(z)-\frac{\ln\left(\dfrac{r_{\mathrm{m}}}{S_{0\mathrm{AB}}}\right)-\dfrac{r_0}{S_{0\mathrm{AB}}}\ln\left(\dfrac{r_{\mathrm{m}}}{r_0}\right)}{\ln\left(\dfrac{r_{\mathrm{m}}}{r_0}\right)-\dfrac{r_0}{S_{0\mathrm{AB}}}\ln\left(\dfrac{r_{\mathrm{m}}}{S_{0\mathrm{AB}}}\right)}S'_{\mathrm{AA}}(z)\end{aligned} \tag{16-31}$$

16.3　实例分析与验证

16.3.1　锚桩法试桩的理论分析

锚桩法试桩示意图如图 16-4 所示。锚桩法试桩中，一般锚桩的数量不少于 4 根，实验时依靠桩顶的千斤顶将反力架顶起，由被连接的锚桩提供反力，提供反力的大小由锚桩数量、反力架强度和被连接锚桩的承载能力来决定。锚桩反力梁装置一般不会受现场条件和加载吨位数的限制，当条件允许时，采用工程桩作锚桩是最经济的，但在实验过程中需要观测工程桩的变形情况，以免工程桩破坏造成后期补桩和试桩实测结果的失真。因缺乏锚桩法试桩的实验实测数据，为探究锚桩对实验桩的影响，这里仅运用本章方法对锚桩法试桩进行理论分析。实验桩和锚桩受力分配如图 16 - 5 所示。根据试桩原理，实验桩桩顶承受下压荷载 P 时，每根锚桩承受 $P/4$ 的上拔力。

在图 16 - 6 中，无锚桩影响的抗压桩荷载-位移曲线的刚度表示：

$$K_q=\frac{\Delta P_q}{\Delta S_q} \tag{16-32}$$

式中：K_q 为桩头变形刚度；ΔP_q 为荷载增量；ΔS_q 为位移增量。

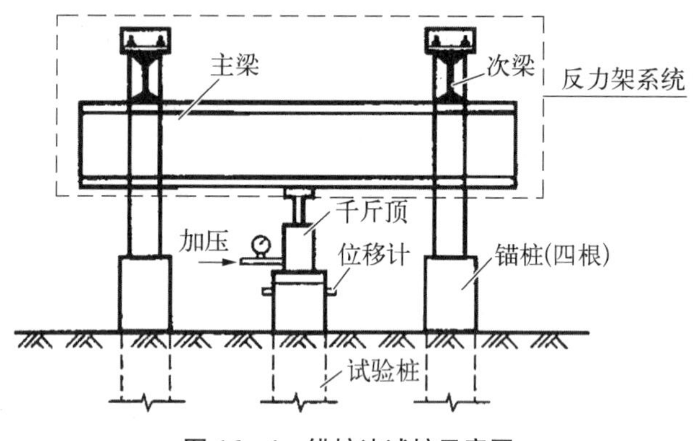

图 16 - 4 锚桩法试桩示意图

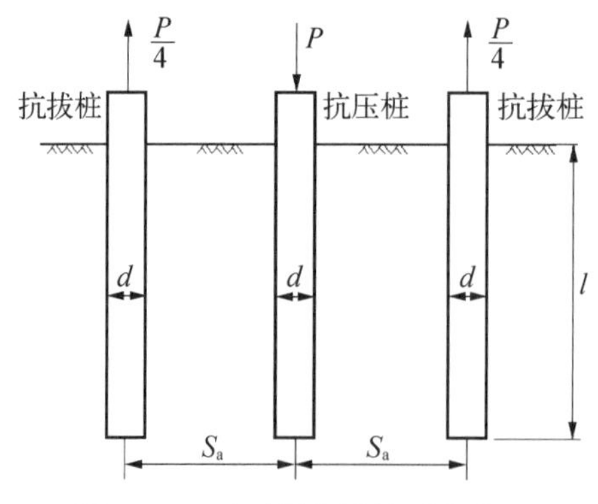

图 16 - 5 实验桩和锚桩受力分配

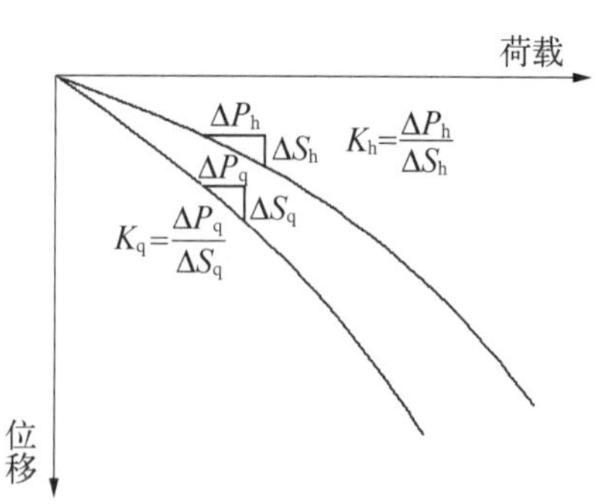

图 16 - 6 抗压桩的荷载-位移曲线

锚桩影响的抗压桩荷载位移曲线的刚度表示为

$$K_{h}=\frac{\Delta P_{h}}{\Delta S_{h}} \tag{16-33}$$

式中：K_h 为桩头变形刚度；ΔP_h 为荷载增量；ΔS_h 为位移增量。

为了分析锚桩对抗压桩的影响，令：

$$\theta=\frac{K_{q}}{K_{h}} \tag{16-34}$$

比较方案如下：桩径 d 取为 0.7 m，桩长 L 分别为 14 m，21 m，28 m；锚桩与试桩之间的轴间距 S_a 分别为 2.8 m，3.5 m，4.2 m，4.9 m；桩身弹性模量 E_p 为 3.15×10^4 MPa(C35)；土体弹性模量 E_s 为 3.15×10^8 Pa，3.15×10^6 Pa；土体泊松比 ν_s 为 0.30。在此只分析了试桩初始阶段考虑锚桩影响的作用，所以仅采用了弹性计算。

如图 16-7、图 16-8 所示为不同情况下 θ 值，由图分析可知：随着 S_a/d（距径比）变大，θ 值逐渐增大，表明锚桩的存在对试桩的加筋效应越来越小；E_p/E_s（桩土模量比）越大，这种效应越大；当 E_p/E_s 较大时，l/d（桩径比）越大则对影响系数影响越大。

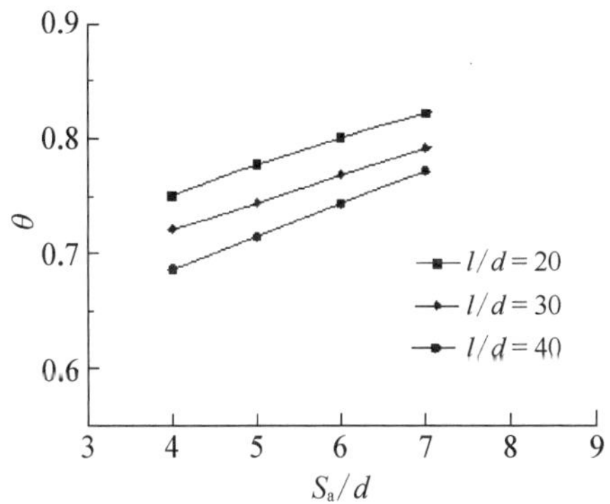

图 16-7　考虑锚桩加筋效应时抗压桩的 θ 值($E_p/E_s=100$)

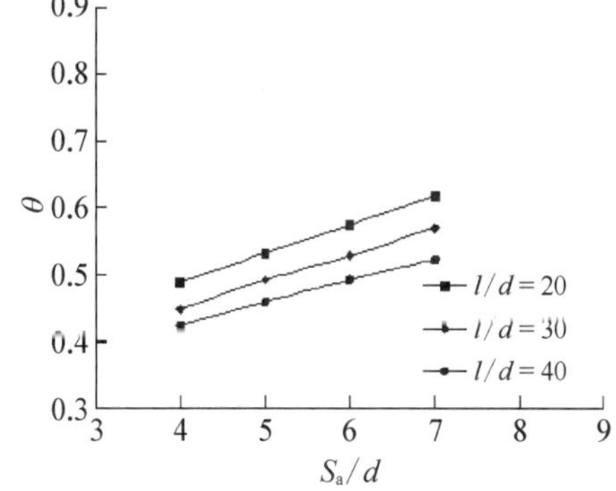

图 16-8　考虑锚桩加筋效应时抗压桩的 θ 值($E_p/E_s=10\,000$)

锚桩法试桩时，试桩和各锚桩因为加筋效应的存在，桩周土体产生复杂的相互作用，随着实验荷载的增大，试桩和锚桩的相互作用也越来越强。这是因为试桩和锚桩的桩侧摩阻力均向桩周土体扩散，引起试桩和锚桩桩周土体各自的应力场和位移场发生变化，对试桩和锚桩的工作性状均产生了一定的影响。在研究试桩即抗压桩的荷载-位移曲线时，要对锚桩引起的影响加以考虑，才能得到比较真实的荷载-位移曲线。

16.3.2　实例分析与验证

算例 1：本例在给定桩顶荷载作用下，将共同作用中抗拔桩、抗压桩的理论荷载-位移曲线与 ABAQUS 有限单元结果进行比较。桩侧土体的弹性模量 $E_s = 20$ MPa，土体泊松比 $\nu_s = 0.35$，土体重度 $\gamma_s = 18$ kN/m^3，黏聚力 $c = 15$ kPa，内摩擦角 $\varphi = 20°$，桩周及桩底土体服从 Mohr-Coulomb 屈服准则。桩体长度 $l = 15$ m，20 m，桩径 $d = 0.6$ m，桩距为 $3d$，$5d$，桩体弹性模量取 $E_p = 30$ GPa，桩体重度 $\gamma_p = 25$ kN/m^3，泊松比 $\nu_p = 0.17$。理论计算根据 $G_s = E_s/2(1+\nu_s)$ 可得到土体剪切模量 G_s。

有限单元模型：① 土体为弹塑性体，服从 Mohr-Coulomb 屈服准则。② 考虑土的自重应力场，并将其作为初始条件进行计算分析。③ 由于桩体的刚度远大于桩周土体的强度，当桩周土体强度超过屈服极限进入弹塑性阶段时，桩基通常仍处于弹性变形阶段。因此，桩体混凝土材料采用理想弹性模型。④ 为表现桩土之间的相对滑动，在桩土界面处设置接触对，采用摩擦罚函数算法。桩土界面摩擦系数取 0.4。⑤ 为了降低边界效应的影响，模型区域桩侧土体宽度取 10 倍桩径，竖直方向取 0.5 倍桩基入土深度。土体四周边界约束其水平位移，对土体底部边界同时施加水平和竖向约束，限制其所有自由度，对称面上取对应于对称轴的对称约束。有限单元分析模型如图 16-9 所示。

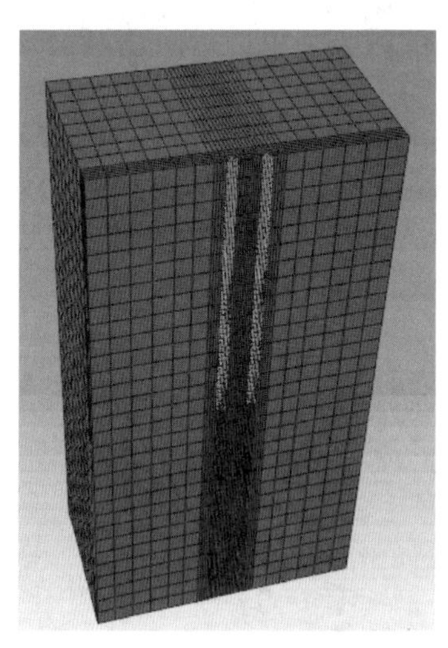

图 16-9　有限单元分析模型

采用本章共同作用分析方法与有限单元方法得到的不同桩长、不同桩距时抗压桩、抗拔桩的荷载-位移曲线如图 16-10～图 16-13 所示。

由图 16-10 和图 16-11 分析可知：① 桩顶荷载相同时，共同作用的抗拔桩与抗压桩，其桩顶荷载-位移曲线理论计算结果与有限单元计算结果相当接近，说明理论方法可以很好地分析抗拔桩与抗压桩共同作用。② 桩顶荷载相同时，共同作用的抗拔桩和抗压桩，其桩顶位移均随着桩距的减小而减小，承载力明显提高；共同作用时抗拔桩和抗压桩的桩顶位移随着桩长的增加而减小，其承载力增大明显，荷载-位移曲线变为典型的缓变型。③ 桩长相对较短时或桩距

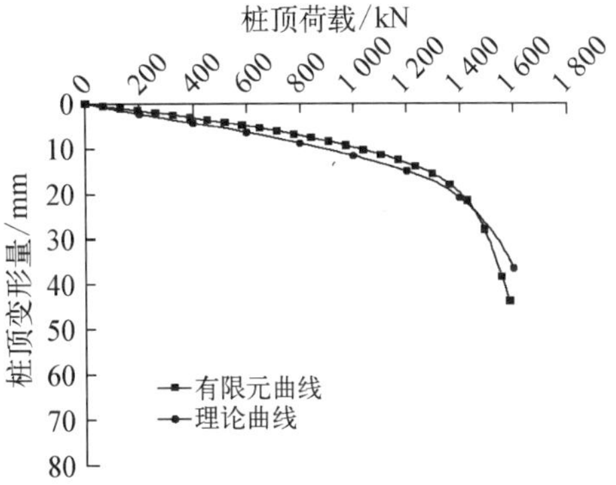

图 16 - 10　桩长 $l=15$ m、桩距 $S_{0AB}=3d$ 抗压桩的荷载-位移曲线

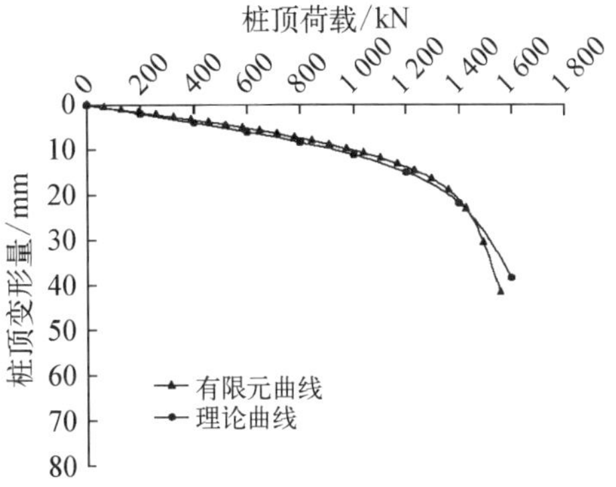

图 16 - 11　桩长 $l=15$ m、桩距 $S_{0AB}=5d$ 抗压桩的荷载-位移曲线

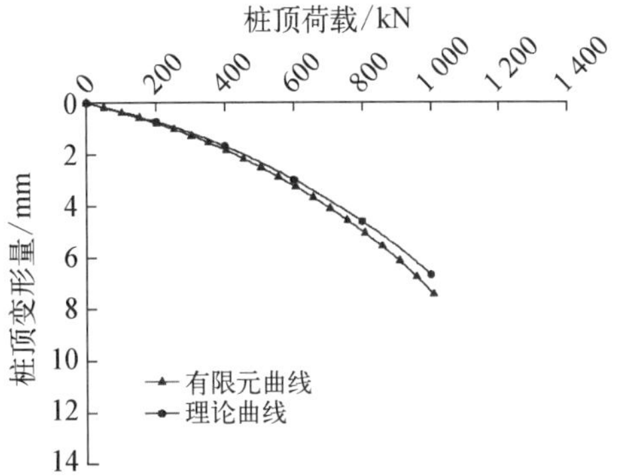

图 16 - 12　桩长 $l=15$ m、桩距 $S_{0AB}=5d$ 抗拔桩的荷载-位移曲线

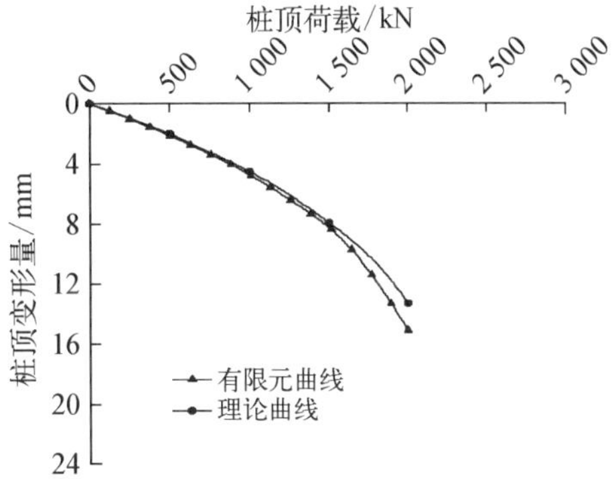

图 16 - 13　桩长 $l=20$ m、桩距 $S_{0AB}=5d$ 抗拔桩的荷载-位移曲线

较小时，荷载-位移曲线逐渐变为典型的缓变型；相反，桩长相对较大时或桩距相对较大时，桩顶位移较小，不易察觉破坏前兆。④ 荷载-位移曲线受到桩长、桩距影响，主要是桩长、桩距改变导致了桩间土体的位移场、应力场的改变。

算例 2：闻建军等人采用有限单元方法结合工程实例，分析了锚桩静载实验法中不同锚桩方案对实验结果的影响。实验桩长 $l=60$ m，桩身直径 $D=800$ mm，桩身采用 C35 混凝土。文献中设计了 3 种锚桩方案，如图 16 - 14 所示，并给出了 3 种锚桩方案的抗压桩变形数值。这里选择具有代表性的方案一将抗压桩的变形与本章方法结果进行对比。计算参数桩身弹性模量 $E_p=3.15\times10^4$ MPa，桩周土的

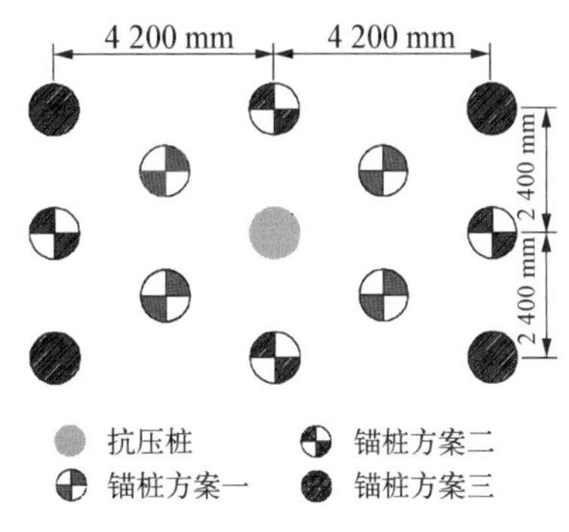

图 16 - 14　3 种锚桩方案平面示意图

剪切模量 $G_s=81$ MPa，土体泊松比 $\nu_s=0.35$。

利用本章理论方法计算得到的试桩（抗压桩）桩顶的理论荷载-位移曲线与实测荷载-位移曲线较为接近，试桩初始抗压变形刚度与工程实测数据相吻合，说明本章方法对考虑锚桩（抗拔桩）影响的试桩位移拟合效果较好。

分析表 16－1 可知，抗拔桩的存在会对抗压桩的位移产生影响；随着抗压桩与抗拔桩的间距增大，抗压桩的初始抗压刚度减小，而且越趋于不考虑抗拔桩影响的抗压刚度。这是因为抗拔桩距离抗压桩越远，抗拔桩与抗压桩间的加筋效应越弱。由图 16－15 可知：在相同桩顶荷载作用下，利用本章理论计算方法得到的抗压桩位移小于不考虑抗拔桩加筋效应影响时的试桩位移，而且与工程实测位移更为接近，说明本章考虑加筋效应更吻合工程实际情况。由于锚桩法静载实验中客观存在的加筋效应的影响，不考虑这种加筋效应影响的试桩位移与试桩实测位移因此产生一定误差，随着桩顶荷载增加误差量也在加大；而本章理论计算结果考虑了锚桩与试桩间的加筋效应，因而一定程度上减小了这种误差量，以及减小了误差量导致的试桩实际极限承载力取值过高的不利影响。

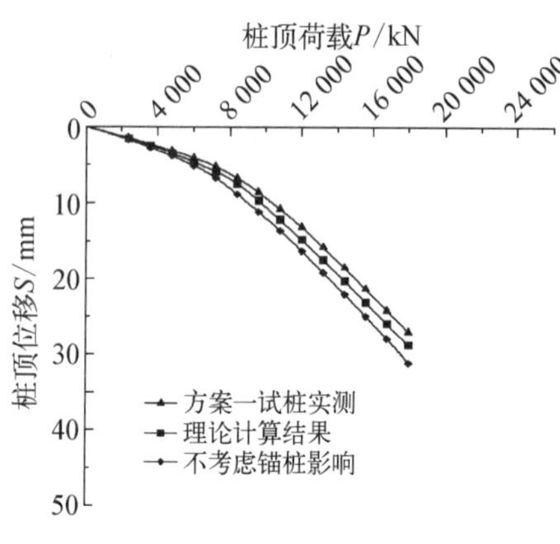

图 16－15　试桩实测值和理论解的比较（方案一）

表 16－1　抗压桩变形刚度

方　　案	桩顶集中力 ΔP/N	桩顶竖向位移 $\Delta S/\times10^{-6}$ m	桩的初始抗压刚度 $\Delta P/\Delta S/(\times10^{-6}$ N/m)
方案一	1 000	0.550 96	1 815
方案二	1 000	0.570 76	1 752
方案三	1 000	0.613 48	1 630
不考虑锚桩（方案一）	1 000	0.685 02	1 460
理论方法（方案一）	1 000	0.561 26	1 782

注：不考虑锚桩为文献[13]中有限单元计算结果。

算例 3：假定三种工况。工况一是抗拔桩、抗压桩共同作用；工况二是两根抗拔桩共同作用；工况三是两根抗压桩共同作用。这里对三种工况下抗拔桩、抗压桩的荷载-位移关系的差异性进行定性分析。桩身位于均质土中，群桩中各桩基的材料、直径、间距和入土深度均相同，桩身和土体的计算参数采用上述算例一的参数。通过本章理论方法计算得到桩距为 $5d$ 时，桩长为 15 m 时的不同工况时的抗拔桩、抗压桩的荷载-位移曲线如图 16－16、图 16－17 所示。

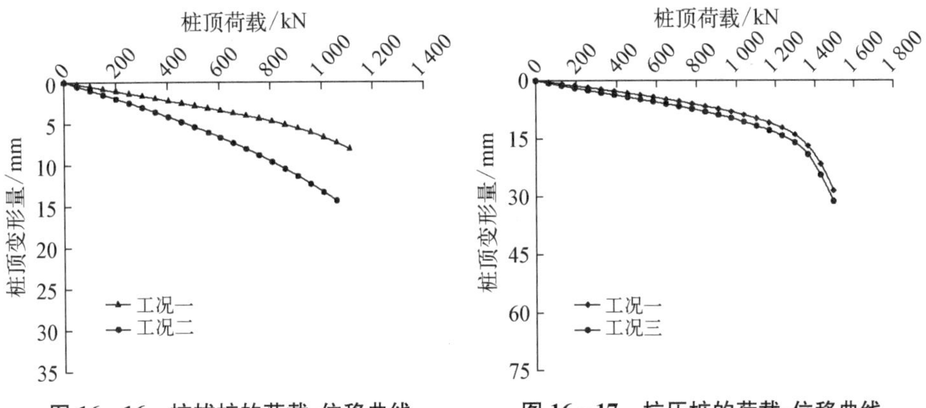

图 16－16　抗拔桩的荷载-位移曲线　　**图 16－17　抗压桩的荷载-位移曲线**

由图 16－16 及图 16－17 分析可知，由于工况一是拔压共同作用，两根桩与桩之间的协同工作变形导致其正负位移场相互叠加；工况三是两根抗压桩共同作用，桩基间的协同工作变形导致其同向位移场叠加。因此，在相同桩顶荷载作用下，工况一的抗压桩比工况三的抗压桩其桩顶沉降量小，工况一的抗拔桩比工况二的抗拔桩其桩顶上拔位移小，工况三的抗压桩比工况二的抗拔桩其桩顶位移小。从该实例分析与验证可知，拔压共同作用、两根同时抗压或抗拔的共同作用，其最终的桩顶竖向位移有较大差异。尤其是工况三的抗压桩在受荷过程中桩端承载力逐步发挥，抗压桩由摩擦桩变为摩擦端承桩，而工况二的抗拔桩受荷过程中仅为纯摩擦桩，因此工况二比工况三的桩顶位移要大得多。

16.4　本章结论

(1) 由于抗拔桩与抗压桩共同作用是一个极为复杂的问题，本章对竖向荷载下抗拔桩与抗压桩共同作用的性状及变形计算进行了探讨，提出了一种计算抗拔桩与抗压桩共同作用的理论方法。从实例分析与验证可以看出，本章方法计算结果与有限单元计算、现场实验结果吻合，验证了共同作用分析模型的正确性。

(2) 抗拔桩与抗压桩共同作用时，在相同桩顶荷载作用下，利用本章理论方法得到的抗压桩位移小于不考虑抗拔桩加筋效应影响时的试桩位移，而且与工程实测位移更为接近，这说明本章考虑加筋效应更吻合工程实际情况。本章理论方法能较好地考虑抗拔桩-抗压桩之间的相互作用。

(3) 由于客观存在的加筋效应影响，锚桩法静载实验中，不考虑加筋效应影响的位移计算结果与位移实测数据产生一定误差，随着桩顶荷载增加误差量也在加大。而本章理论方法计算结果考虑了锚桩与试桩间的加筋效应，可以一定程度上减小了这种误差量，及其导致的试桩实际极限承载力取值过高的不利影响。

(4) 采用本章方法对锚桩法试桩进行了理论分析。对试桩(抗压桩)有无锚桩影响时的刚度做出了比较分析后发现，锚桩与试桩的桩距越小，锚桩对试桩的影响越大，随着锚桩和试桩的间距的增大，锚桩的存在对试桩的影响接近零。桩土模量比越大，影响越大；且当桩土模量比相对较大时，长径比越大则锚桩对试桩的影响越明显。

(5) 采用本章方法对抗拔桩、抗压桩共同作用的三种工况的荷载-位移关系差异性进行了定性分析。由于工况一是拔压共同作用，两根桩与桩之间的协同工作变形导致其正负位移场相互叠加；工况三是两根抗压桩共同作用，桩基间的协同工作变形导致其同向位移场叠加。因此在相同桩顶荷载作用下，工况一的抗压桩比工况三的抗压桩其桩顶沉降量小，工况一的抗拔桩比工况二的抗拔桩其桩顶上拔位移小，工况三的抗压桩比工况二的抗拔桩其桩顶位移小。工况三的抗压桩在受荷过程中桩端承载力逐步发挥，抗压桩由摩擦桩变为摩擦端承桩，而工况二的抗拔桩受荷过程中仅为纯摩擦桩，因此工况二比工况三的桩顶位移要大得多。由此可知，拔压共同作用、两根同时抗压或同时抗拔的共同作用，其最终反映在荷载-位移曲线中的桩顶竖向位移差异是比较大的。

第 17 章 考虑加筋效应的群桩沉降

17.1 引言

群桩基础一种常见的深基础形式在工程建设中被广泛采用。国内外较多学者对抗压群桩的承载特性、现场和模型实验、群桩沉降有了较多的工程实践，开展了深入的实验、数值和理论研究。但是，因为抗压群桩内部客观存在的桩基间加筋效应，影响群桩基础受力变形特性的因素众多且较为复杂，这使得目前抗压群桩基础的沉降计算一直是公认的尚未得到很好解决的问题。

鉴于此，本章在综合分析现有群桩沉降计算方法的基础上，提出一种能考虑群桩基础“加筋效应”抗压群桩沉降的理论计算方法。通过力学模型简化和边界条件引入，推导得到能同时考虑抗压群桩中桩基相互加筋效应的理论解析解答，使其较其他方法更加有效、合理和实用，使群桩沉降计算的合理性和结果的准确性得到进一步改进和完善。

17.2 考虑加筋效应的群桩沉降计算解析解

17.2.1 计算模型

如图 17－1 所示，设抗压群桩由 n 根等截面抗压单桩组成，桩身位于均质土中，群桩中各桩基的材料、直径、间距和入土深度均相同。

抗压群桩基础上，选取任意桩(如桩 i)的，其下压位移的组成如下：

(1) 桩 i 桩顶作用下压荷载 P_i 时，而且桩 j 不存在时，桩 i 自身产生下压主动位移 S_{ii}。

(2) 桩 i 无荷载状态下，桩 j 承受荷载 P_j 作用，桩 j 的下压主动位移 S_{jj} 将

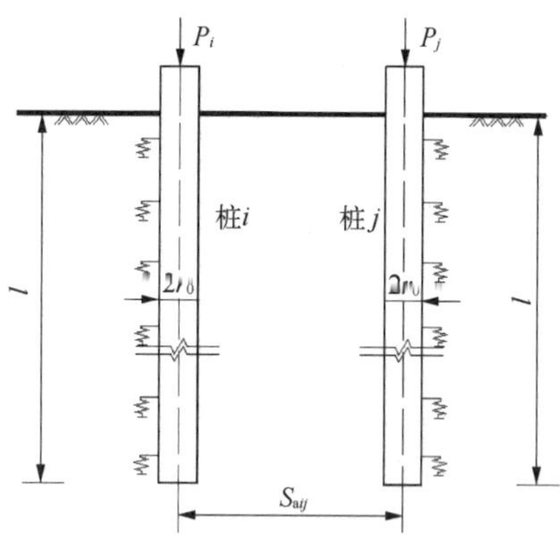

图 17 - 1　抗压群桩分析模型

使桩 i 产生下压被动位移 S_{ij}。S_{jj} 计算方法同 S_{ii}。

(3) 桩 i 桩顶作用下压荷载 P_i 时，桩 j 存在但桩顶无荷载，考虑桩 j 对桩 i 的加筋效应，将对桩 i 的下压主动位移 S_{ii} 产生阻碍位移 S_{ij1}，桩 i 的实际位移为 S'_{ii}。同时，考虑桩 i 对桩 j 的加筋效应，对桩 j 的下压被动位移 S_{ji} 产生阻碍位移 S'_{ji1}，将使桩 j 的实际上拔被动位移为 S'_{ji}。

(4) 在上述第(2)种情况下，考虑桩 i 对桩 j 的加筋效应，将对桩 j 的下压主动位移 S_{jj} 产生阻碍位移 S_{ji}，考虑加筋效应后桩 j 的实际位移为 S'_{jj}；同时，考虑桩 j 对桩 i 的加筋效应，对桩 i 的下压被动位移 S_{ij} 产生阻碍位移 S'_{ij1}，将使桩 i 的实际下压被动位移为 S'_{ij}。

由上述位移分析可知，抗压群桩中桩 i 的最终位移为

$$S_i = S_1 \sum_{\substack{j=1 \\ j \neq i}}^{n} P_j \xi_{kj} + S_1 P_i = S_1 \sum_{j=1}^{n} \xi_{ij} P_j \tag{17-1}$$

式中：

$$S'_{ii}(z) = S_{ii}(z) - S_{ij1}(z),\ S'_{ij}(z) = S_{ij}(z) - S'_{ij1}(z) \tag{17-2}$$

同理，抗压群桩中桩 j 的最终位移为

$$S_j(z) = S'_{jj}(z) + \sum_{i=1,\ i \neq 1}^{n} S'_{ji}(z) \tag{17-3}$$

式中：

$$S'_{jj}(z) = S_{jj}(z) - S_{ji}(z),\ S'_{ji}(z) = S_{ji}(z) - S'_{ji1}(z) \tag{17-4}$$

从上述群桩中桩 i、桩 j 的位移组成分析，在桩 i、桩 j 各自的位移发生过程中，受到了桩 i 和桩 j 相互加筋效应的影响，目前的群桩沉降计算方法并没有完全考虑到这一点，下面作者主要目的就是在上述基础上解决这一关键问题。

17.2.2　考虑加筋效应相互作用系数引入

这里引入系数 ξ_{ij}，其物理意义为："桩 i 无荷载状态下，桩 j 承受荷载 P_j 作

用”工况时，考虑桩 i 和桩 j 的相互加筋效应后，在相同深度处桩 i 与桩 j 的位移之比，即 $\xi_{ij}=S'_{ij}/S'_{jj}$。ξ_{ij} 的求解在第 14 章进行了详细的推导。

通过相互作用系数 ξ_{ij} 的引入，式(17－1)变换为

$$S_i(z)=S'_{ii}(z)+\sum_{j=1,\ j\neq i}^{n}S'_{ij}(z)=S'_{ii}(z)+\sum_{j=1,\ j\neq i}^{n}\xi_{ij}S'_{jj}(z) \tag{17-5}$$

式中：$S'_{jj}(z)$ 为“桩 i 无荷载状态下，桩 j 承受荷载 P_j 作用”这种工况下，考虑桩 i 对桩 j 的加筋效应后桩 j 的实际位移，其表达式见式(17－4)。

17.2.3　两种工况位移计算

1) S'_{ii} 计算

在“桩 i 桩顶作用下压荷载 P_i 时，桩 j 存在但桩顶无荷载”这种工况时，设桩 i 桩周土体 z 深度处的摩阻力为 $\tau_{i0}(r_0)$，$\tau_{i0}(r_0)$ 在深度 z 处引起的土体位移场为

$$\left.\begin{aligned} S_{ii}(z)&=\frac{\tau_{i0}r_0}{G_s}\ln\left(\frac{r_m}{r}\right) && (r<r_m)\\ S_{ii}(z)&=0 && (r\geqslant r_m)\end{aligned}\right\} \tag{17-6}$$

据薄壁同心圆筒剪切变形模式，桩 i 桩周土体中的摩阻力 $\tau_{i0}(r_0)$ 以剪应力方式沿径向传递，在桩 j 的同一深度处为

$$\tau_{ji}=\frac{\tau_{i0}r_0}{S_{aij}} \tag{17-7}$$

式中：τ_{ji} 为桩 i 引起的桩 j 桩周的向上的侧摩阻力，此时桩 j 桩周也会产生与 τ_{ji} 方向相反、大小相等的侧摩阻力 τ'_{ji}。式(17－7)代入式(17－6)，可得 τ'_{ji} 在桩 i 桩周土体中引起的位移场为

$$\left.\begin{aligned} S_{ij1}(z)&=\frac{r_0\tau_{i0}}{S_{aij}}\frac{r_0}{G_s}\ln\left(\frac{r_m}{r}\right) && (r<r_m)\\ S_{ij1}(z)&=0 && (r<r_m)\end{aligned}\right\} \tag{17-8}$$

根据式(17－2)，考虑桩 i、桩 j 的相互加筋效应后，桩 i 桩顶荷载 P_i 引起的深度 z 处的位移为

$$S'_{ii}(z)=S_{ii}(z)-S_{ij1}(z)=\frac{\tau_{i0}r_0}{G_s}\left[\ln\left(\frac{r_m}{r}\right)-\frac{r_0}{S_{aij}}\ln\left(\frac{r_m}{S_{aij}}\right)\right] \tag{17-9}$$

根据式(17－9)，桩 i 桩周单位厚度的桩土弹簧刚度为

$$k_{sii}=\frac{2\pi G_s}{\ln\left(\frac{r_m}{r_0}\right)-\frac{r_0}{S_{aij}}\ln\left(\frac{r_m}{S_{aij}}\right)} \tag{17-10}$$

由前面第 14 章的式(14－1)，可得桩 i 微分控制方程为

$$E_pA_p\frac{d^2S_{ii}^{`}(z)}{dz^2}-k_{sii}S_{ii}^{`}(z)=0 \tag{17-11}$$

桩端的变形采用 Mindlin 解进行计算，作用在弹性半无限体内的竖向集中力 P 在点 $M(x,y,z)$ 处产生的竖向位移 w 为

$$w=\frac{P(1+\nu_s)}{8\pi E_s(1-\nu_s)}\left[\frac{3-4\nu_s}{R_1}+\frac{8(1-\nu_s)^2-(3-4\nu_s)}{R_2}+\frac{(z-h)^2}{R_1^3}+\frac{(3-4\nu_s)(z+h)^2-2hz}{R_2^3}+\frac{6hz(z+h)^2}{R_2^5}\right] \tag{17-12}$$

式中：$R_1=\sqrt{x^2+y^2}+(z-h)^2$；$R_2=\sqrt{x^2+y^2}+(z+h)^2$；其他符号意义同前。

桩端变形为

$$S_b=\frac{P_b(1+\nu_s)}{8\pi E_s(1-\nu_s)}\left[\frac{3(3-4\nu_s)}{2r_0}+\frac{8(1-\nu_s)^2-(3-4\nu_s)}{(4r_0^2/9+4l^2)^{1/2}}+\frac{2l^2(5-8\nu_s)}{(4r_0^2/9+4l^2)^{3/2}}+\frac{24l^2}{(4r_0^2/9+4l^2)^{5/2}}\right] \tag{17-13}$$

式中：S_b 为桩端沉降；P_b 为桩端荷载；E_s 为土的弹性模量；l 为桩的入土深度。

由式(17－13)，可将桩端土的等效刚度系数表示为

$$k_b=\frac{8\pi E_s(1-\nu_s)}{(1+\nu_s)(R_3+R_4)} \tag{17-14}$$

式中：$R_3=\frac{3(3-4\nu_s)}{2r_0}+\frac{8(1-\nu_s)^2-(3-4\nu_s)}{(4r_0^2/9+4l^2)^{1/2}}$；$R_4=\frac{2l^2(5-8\nu_s)}{(4r_0^2/9+4l^2)^{3/2}}+\frac{24l^2}{(4r_0^2/9+4l^2)^{5/2}}$。

根据“桩 i 桩顶作用下压荷载 P_i 时，桩 j 存在但桩顶无荷载”工况时桩 i 桩

顶和桩端受力情况，得式(17－11)的边界条件：

$$\left.\begin{aligned} E_{\mathrm{p}}A_{\mathrm{p}}\frac{\mathrm{d}S'_{ii}(z)}{\mathrm{d}z}\bigg|_{z=0} &= P_i \\ E_{\mathrm{p}}A_{\mathrm{p}}\frac{\mathrm{d}S'_{ii}(z)}{\mathrm{d}z}\bigg|_{z=l} &= -k_{\mathrm{b}}S'_{ii}(z)\big|_{z=l} \end{aligned}\right\} \tag{17-15}$$

其解答为

$$S'_{ii}(z)=c_1\mathrm{e}^{\lambda_{ii}z}+c_2\mathrm{e}^{-\lambda_{ii}z} \tag{17-16}$$

式中：$k_{\mathrm{s}ii}=\dfrac{2\pi G_{\mathrm{s}}}{\ln\left(\dfrac{r_{\mathrm{m}}}{r_0}\right)-\dfrac{r_0}{S_{\mathrm{a}ij}}\ln\left(\dfrac{r_{\mathrm{m}}}{S_{\mathrm{a}ij}}\right)}$；$c_1=\dfrac{P_{\mathrm{A}}\mathrm{e}^{-\lambda_{ii}l}(1-k_{\mathrm{b}}\lambda_{ii}/k_{\mathrm{s}ii})}{2[E_{\mathrm{p}}A_{\mathrm{p}}\lambda_{ii}\sinh(\lambda_{ii}l)+k_{\mathrm{b}}\cosh(\lambda_{ii}l)]}$；

$c_2=\dfrac{P_{\mathrm{A}}\mathrm{e}^{\lambda_{ii}l}(1+k_{\mathrm{b}}\lambda_{ii}/k_{\mathrm{s}ii})}{2[E_{\mathrm{p}}A_{\mathrm{p}}\lambda_{ii}\sinh(\lambda_{ii}l)+k_{\mathrm{b}}\cosh(\lambda_{ii}l)]}$。

2) S'_{jj} 计算

同理，在“桩 i 无荷载状态下，桩 j 承受荷载 P_j 作用”这种工况时，考虑桩 i 和桩 j 的相互加筋效应后，桩 j 桩顶下压荷载 P_j 引起的深度 z 处的位移为

$$S'_{jj}(z)=c_3\mathrm{e}^{\lambda_{jj}z}+c_4\mathrm{e}^{-\lambda_{jj}z} \tag{17-17}$$

式中：$\lambda_{jj}=\sqrt{\dfrac{k_{zjj}}{E_{\mathrm{p}}A_{\mathrm{p}}}}$；$k_{\mathrm{s}jj}=\dfrac{2\pi G_{\mathrm{s}}}{\ln\left(\dfrac{r_{\mathrm{m}}}{r_0}\right)-\dfrac{r_0}{S_{\mathrm{a}ij}}\ln\left(\dfrac{r_{\mathrm{m}}}{S_{\mathrm{a}ij}}\right)}$；

$c_2=\dfrac{P_j\mathrm{e}^{\lambda_{jj}l}(1+k_{\mathrm{b}}\lambda_{jj}/k_{\mathrm{s}jj})}{2[E_{\mathrm{p}}A_{\mathrm{p}}\lambda_{jj}\sinh(\lambda_{jj}l)+k_{\mathrm{b}}\cosh(\lambda_{jj}l)]}$。

17.2.4　抗压群桩位移解答

考虑抗压群桩中各桩基相互加筋效应后，由式(17－6)可得到桩 i 的最终位移为

$$\begin{aligned} S_i(z) &= S'_{ii}(z)+\sum_{j=1,\ j\neq i}^{n}S'_{ij}(z)=S'_{ii}(z)+\sum_{j=1,\ j\neq i}^{n}\xi_{ij}S'_{jj}(z) \\ &= S'_{ii}(z)+\sum_{j=1,\ j\neq i}^{n}\frac{\ln\left(\dfrac{r_{\mathrm{m}}}{S_{\mathrm{a}ij}}\right)-\dfrac{r_0}{S_{\mathrm{a}ij}}\ln\left(\dfrac{r_{\mathrm{m}}}{r_0}\right)}{\ln\left(\dfrac{r_{\mathrm{m}}}{r_0}\right)-\dfrac{r_0}{S_{\mathrm{a}ij}}\ln\left(\dfrac{r_{\mathrm{m}}}{S_{\mathrm{a}ij}}\right)}S'_{jj}(z) \end{aligned} \tag{17-18}$$

当桩基承台为柔性承台时，利用下列方程得到各桩位移（$S_{aij} \leqslant r_m$）：

$$\left.\begin{aligned} & P_i = \frac{P}{n} \quad (1 \leqslant i \leqslant n) \\ & z = 0 \end{aligned}\right\} \tag{17-19}$$

当桩基承台为刚性承台时，利用下列方程得到各桩位移（$S_{aij} \leqslant r_m$）：

$$\left.\begin{aligned} & S_i(z=0) = S_j(z=0) \quad (1 \leqslant i \leqslant n) \\ & \sum_{i=1}^{n} P_i = P \end{aligned}\right\} \tag{17-20}$$

17.3 实例分析与验证

算例 1：李子沟特大桥横跨李子沟背斜大峡谷，桥梁全长为 1 031.86 m，桥跨布置为：7×32 m 预应力砼梁+(72+3×128+72) m 的预应力砼连续刚构组合体系+8×32 m 预应力砼梁，组合体系主墩为钢筋砼横向圆弧端形空心墩，墩身最高为 107 m。由于场区内地质条件极为复杂，岩土体承载能力较低，因此组合体系采用超大摩擦群桩基础，桩数为 16～50，桩长为 20～40 m，承台尺寸最大达 18.1 m×37.6 m×5 m。

原型实验选择 3 根位于桥梁跨中附近的人工挖孔灌注桩作为实验桩，桩身直径为 1.5 m，桩身砼标号为 C20。实验桩情况分别为：10 号承台的桩数为 50，桩长为 40 m；11 号承台的桩数为 50，桩长为 37 m；12 号承台的桩数为 16，桩长为 28 m；桩基承台设计参数如表 17-1 所示，桩基平面布置如图 17-2 所示。11 号承台与 12 号承台间相对高差 80 m，并有高逾 70 m 的人工边坡。试桩最大加载量为 12 824.70 kN，实验分 13 级逐级加载，卸载时每级为加载量的 2 倍。

表 17-1　桩基承台设计参数

编　号	桩数	桩长/m	桩径/m	桩距/m	承台尺寸	混凝土强度等级
12#承台	4×4	28	1.50	3.90	14.2 m×14.2 m×4 m	C20
11#承台	4×8	37	1.50	3.90	14.2 m×29.8 m×5 m	C20
10#承台	5×10	40	1.50	3.90	18.1 m×37.6 m×5 m	C20

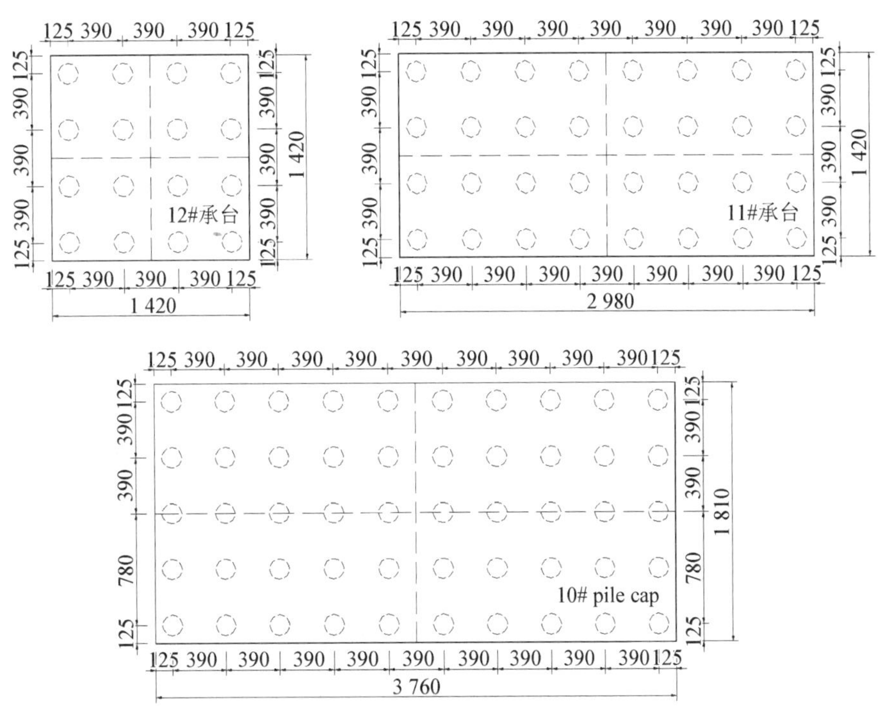

图 17-2　桩基平面布置

该桥位属构造性侵蚀峡谷地貌，根据地勘报告，现场桩基范围内的土岩特性参数如表 17-2 所示。表中 R_c，c，ϕ，γ 分别为土(岩)的单轴抗压强度、黏聚力、内摩擦角和容重。

表 17-2　现场桩基范围内的土岩特性参数

土　层	R_c/kPa	c/kPa	ϕ/(°)	γ/(kN/m^3)	分布层厚/m
砂黏土	180	18	15	19	−10～0
炭质页岩 W_{2-1}	350	—	40	23	−30～−10
炭质页岩 W_{2-2}	400	—	45	24	≤−30

为了将有限单元计算结果与本章计算结果和实测结果进行比较，这里有针对性地对 12 号承台进行了数值模拟，三维有限单元分析模型如图 17-3 所示。承台和桩均为 C20 砼，其弹性模量均取 $E_p=25.5$ GPa，泊松比为 0.17，容重为 $\gamma=25$ kN/m^3。采用本章方法计算和有限单元方法计算岩土参数取值如表 17-3 所示，表中 E_s，c，ϕ，ν_s，γ 分别为岩土体的模量、黏聚力、内摩擦角、泊松比和土体容重。理论计算时假定为刚性承台，当然也可假定承台完全柔性，实际上，工

程中满足桩基对承台冲切验算时的承台在一般情况下接近刚性假定情况。实验桩各方法位移计算结果如表 17-4 所示。

表 17-3　岩土参数取值

十　层	E_s/MPa	c/kPa	ϕ/(°)	ν_s	γ/(kN/m³)	分布层厚/m
砂黏土	450	18	15	0.4	19	−10～0
炭质页岩 W_{2-1}	4 050	—	40	0.25	23	−30～−10
炭质页岩 W_{2-2}	4 500	—	45	0.25	24	⩽−30

注：分布层厚从承台底面算起。

(a) 网格划分

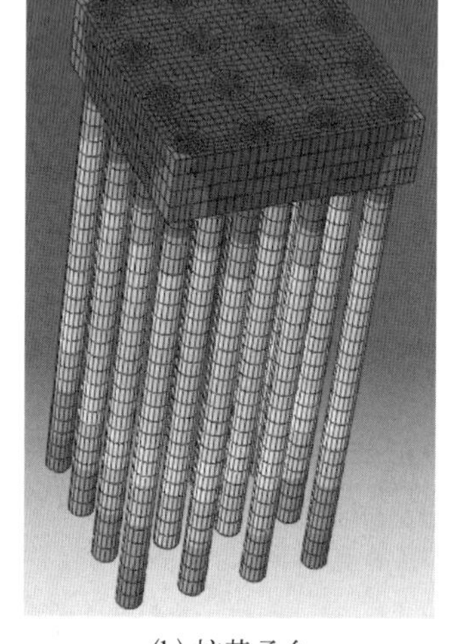
(b) 桩基承台

图 17-3　三维有限单元分析模型

表 17-4　实验桩各方法位移计算结果

荷载/kN	10#承台		11#承台		12#承台		
	实测位移/mm	本章计算/mm	实测位移/mm	本章计算/mm	实测位移/mm	本章计算/mm	有限单元/mm
986.52	0.170	0.181	0.010	0.015	0.180	0.186	0.183
1 973.04	0.288	0.302	0.085	0.088	0.380	0.387	0.384
2 959.56	0.493	0.501	0.197	0.202	0.575	0.581	0.576
3 946.48	0.685	0.693	0.312	0.327	0.790	0.807	0.802
4 932.60	0.903	0.940	0.432	0.439	0.973	1.021	0.992

续　表

荷载/kN	10#承台		11#承台		12#承台		
	实测位移/mm	本章计算/mm	实测位移/mm	本章计算/mm	实测位移/mm	本章计算/mm	有限单元/mm
5 919.12	1.224	1.285	0.572	0.583	1.293	1.305	1.301
6 905.64	1.536	1.573	0.735	0.742	1.488	1.492	1.494
7 892.16	1.856	1.872	0.858	0.862	1.758	1.762	1.776
8 878.68	2.209	2.231	0.978	0.993	2.108	2.210	2.239
9 865.20	2.573	2.586	1.109	1.112	2.320	2.431	2.576
10 851.72	2.944	2.992	1.273	1.284	2.675	2.708	2.873
11 838.24	3.329	3.411	1.443	1.531	2.950	3.041	3.254
12 824.70	3.739	3.757	1.632	1.732	3.410	3.562	3.793

从上述实验和计算数据分析，实验桩在实验阶段桩顶位移均较小，表明实验桩均处于弹性工作阶段。从计算结果比较来看，实测值与本章方法计算结果较为接近，这说明在弹性工作阶段，本章方法计算抗压群桩的沉降是适用的。该算例在进行参数取值时，充分利用有限单元方法进行反分析，并结合实验场地土层的物理力学指标通过合理的经验公式得到，这比单纯采用后者有着更为实用的价值。有限单元结果较本章方法计算结果更接近实测值，这说明只要参数取值合理，可以得到较为理想的计算结果。

算例 2：中国建筑科学研究院地基所为研究刚性承台群桩基础的抗压承载特性，在软土和粉土地基中分别开展了系列模型实验。软土中，模型桩采用无缝钢管制作，钢管规格为 ϕ100 mm × 4 mm。模型桩的弹性模量取为 2.1×10^5 MPa，底部焊接锥形封头板。模型桩沉桩采用预钻孔后静压方式，地基土层情况如下：4.0 m 深度以上土体为软塑粉质黏土，4.0 m 深度以下土体为软塑淤泥质粉质黏土。土体参数为：剪切模量取 3 MPa，泊松比取 0.35。粉土中，模型桩采用与工程原型相近的钻孔灌注桩，针对不同群桩基础设计参数（桩长、桩径和桩基间距）在群桩承载力特征值范围内（$P \leqslant P_u/2$，P_u 为群桩基础抗压极限承载力标准值）进行了多组实验。粉土地基土层情况如下：8.0 m 深度以上土体为稍密～中密粉土，8.0 m 深度以下土体为可塑～软塑粉质黏土。桩基和土体参数为：模型桩的弹性模量取 2.0×10^4 MPa，土体剪切模量取 8 MPa，泊松比取 0.30。本算例中，采用本章理论方法计算得到的群桩沉降与规范法、文献[14]计算方法得到的群桩沉降进行比较，计算结果如表 17－5 所示。

表 17-5 群桩沉降计算值

土类编号	粉土				软土
	G11	G16	G17	G18	G9B
d/mm	330	250	250	250	100
l/d	14	18	10	18	45
S_a/d	3	3	4	6	4
n	3×3	3×3	3×3	3×3	4×4
实测 S/mm	6.0	4.1	3.2	3.4	2.8
桩基规范法 S_1/mm	8.2	7.8	5.2	3.9	4.4
文献[14]方法 S_2/mm	6.7	4.7	4.0	3.7	3.1
本章理论方法 S_3/mm	6.4	4.5	3.8	3.7	2.9
S_2/S	1.12	1.15	1.25	1.09	1.11
S_3/S	1.07	1.10	1.19	1.09	1.04

由表 17-5 计算结果分析可知：

(1) 由本章理论方法得到的群桩沉降和实测沉降较为接近，但比实验实测沉降稍大，两者差异的主要原因是：本章理论方法中桩端的变形采用基于弹性半无限体的 Mindlin 解进行计算。

(2) 本章理论方法得到的群桩沉降小于现行桩基规范法群桩沉降计算值，这是因为在桩基规范法中，由于采用基于等代墩基础的分层总和法计算群桩沉降，未能考虑群桩基础上桩基间相互加筋效应。

(3) 本章理论方法得到的群桩沉降小于文献[14]方法中群桩沉降计算值。其原因是：文献[14]方法中，群桩沉降计算时"未考虑桩 i 对桩 j 的加筋效应引起桩 j 处土体自由位移场的影响，和未考虑桩 j 对桩 i 的加筋效应引起对桩 i 的上拔被动位移 S_{ij} 产生阻碍位移 S_{ij1}"，未能充分考虑群桩基础上桩基间相互加筋效应。

(4) 本章理论方法中通过引入考虑群桩中各桩基相互加筋效应的相互作用系数，克服了上述方法未能或未充分考虑群桩基础上桩基间相互加筋效应的不足，使群桩沉降计算与群桩的实际工程性状一致。

17.4 群桩沉降影响因素分析

群桩基础上以下因素与群桩沉降 S_G 密切相关：群桩下压总荷载 P，群桩桩

长 l，桩身半径 r_0，桩距 S_{aij}，及桩体弹性模量 E_p，土体剪切模量 G_s（当然也可用 E_s，换算关系 $E_s=2(1+\nu_s)G_s$，土体泊松比 ν_s。对某特定桩数的群桩基础，假设群桩沉降函数关系式为

$$S_G=f_1(P,\ S_{aij},\ r_0,\ l,\ G_s,\ E_p,\ \nu_s) \tag{17-21}$$

式中：因变量和各自变量采用量纲形式分别为

$$L,MLT^{-2},L,L,L,ML^{-1}T^{-2},ML^{-1}T^{-2},0 \tag{17-22}$$

经过量纲分析，式中有两个独立量纲，即 L 和 MT^{-2}，用 r_0 消去量纲 L，用 G_s 去消去量纲 MT^{-2}，即

$$\frac{S_G}{r_0}=f_2\left(\frac{P}{G_s r_0^2},\frac{l}{r_0},\frac{S_{aij}}{r_0},\frac{E_p}{G_s},\ \nu_s\right) \tag{17-23}$$

在弹性工作状态下，沉降与荷载成正比，上式变为

$$\frac{1}{P/(G_s r_0 S_G)}=f_3\left(\frac{l}{r_0},\frac{S_{aij}}{r_0},\frac{E_p}{G_s},\ \nu_s\right) \tag{17-24}$$

式中：$P/(G_s r_0 S_G)$ 的物理意义可理解为群桩的变形刚度参数。

根据本群桩沉降计算理论方法，以一个 3×3 矩形布桩方式的抗压群桩基础为例分析均质土中群桩的变形刚度参数 $P/(G_s r_0 S_G)$ 与桩的长径比 l/r_0、距径比 S_{aij}/r_0、桩土模量比 E_p/G_s 及土体泊松比 ν_s 的关系。计算中假定承台为完全刚性，当然也可假定承台完全柔性，实际上工程中满足桩对承台抗冲切、承台自身抗弯强度条件的承台在一般情况下接近刚性假定情况。

17.4.1　长径比

如图 17－4 所示，当群桩距 $S_{aij}=5r_0$，桩土模量比 $E_p/G_s=5\ 000$，土体泊松比 $\nu_s=0.40$ 时，群桩刚度参数 $P/(G_s r_0 S_G)$ 与长径比 l/r_0 的关系曲线。从图中可以看出：$P/(G_s r_0 S_G)$ 随桩的长径比 l/r_0 的增大而显著增大，即当桩径 r_0 一定时增加群桩桩长 l 可有效提高群桩抵抗变形的能力；在群桩桩长 l 一定时，增加桩径 r_0 可增强群桩抵

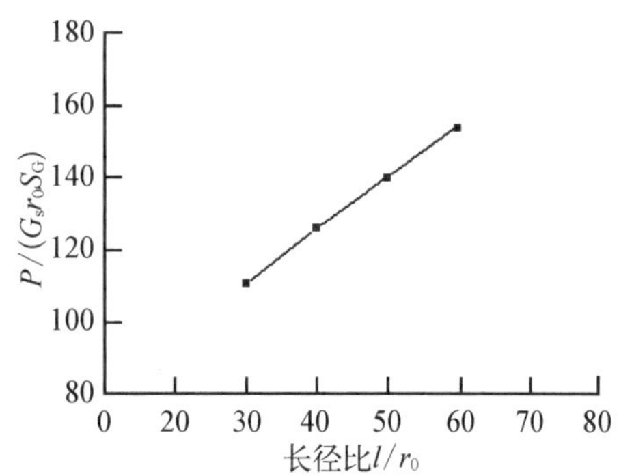

图 17－4　长径比 l/r_0 对群桩沉降 S_G 的影响

抗变形的能力，这是因为相同长度的桩其侧面积和桩身变形刚度都增大了。也就是说，当其他影响条件确定时，群桩沉降 S_G 随 l/r_0 的增大而减小，增加桩长 l 对提高群桩基础的承载力、减小沉降 S_G 是有利的。因此，抗压群桩设计时，在特定地质条件下，群桩桩径在满足抗压强度验算和群桩承载能力验算，同时满足群桩沉降容许值验算的前提下，进行计算分析和选择适合实际工程需求的长径比 l/r_0 是进行抗压群桩优化设计的措施。

17.4.2　距径比

如图 17－5 所示，当桩长 $l=30r_0$，桩土模量比 $E_p/G_s=5\,000$，土体泊松比 $\nu_s=0.40$ 时，群桩刚度参数 $P/(G_s r_0 S_G)$ 与距径比 S_{aij}/r_0 的关系曲线。从图中可以看出：随着距径比 S_{aij}/r_0 的增大，$P/(G_s r_0 S_G)$ 增大，即群桩抵抗变形的能力增强；当其他影响条件确定时，群桩沉降 S_G 随距径比 S_{aij}/r_0 的增大而明显减小，这是因为桩距 S_{aij} 的增大，弱化了群桩基础上各桩基间的相互加筋效应。因此，抗压群桩设计中，当工程条件允许时，除了采用增大桩径比 l/r_0 控制群桩沉降 S_G 外，同时增大距径比 S_{aij}/r_0 也是有效方法。

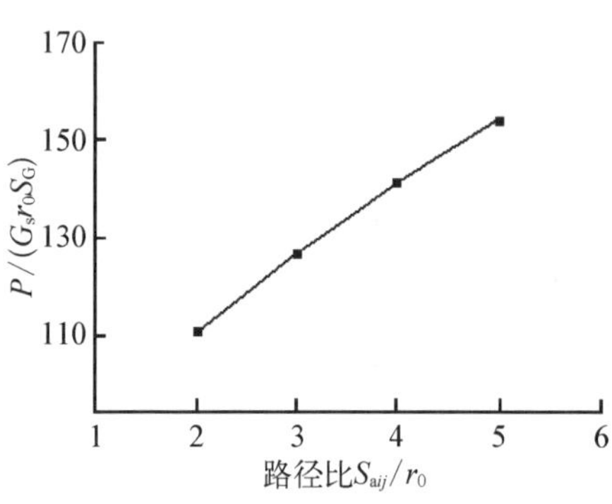

图 17－5　距径比对群桩沉降的影响

17.4.3　桩土模量比

表 17－6 为群桩距 $S_{aij}=5r_0$，桩长 $l=30r_0$，土的泊松比 $\nu_s=0.40$ 时，$P/(G_s r_0 S_G)$ 与桩土弹性模量比 E_p/G_s 的关系。从数据分析可知：随着桩土模量比 E_p/G_s 的增大，$P/(G_s r_0 S_G)$ 增大，群桩抵抗变形的能力增强，提高桩身混凝土标号或增大桩身配筋可改善其抵抗变形的能力。这是因为在较软弱土体中，桩基刚度越大，桩身对抵抗群桩变形发挥的贡献越大。随着 E_p/G_s 增大(桩相对于土体为无限刚性)，从计算结果分析，E_p/G_s 的增量对 $P/(G_s r_0 S_G)$ 影响明显减小。

表 17－6　桩土弹性模量比 E_p/G_s 对群桩沉降 S_G 的影响

E_p/G_s	150	400	800	3 000
$P/(G_s r_0 S_G)$	74.3	98.1	103.6	126.8

17.5　本章结论

针对现有抗压群桩沉降研究成果对群桩加筋效应的不完善性，本章重新定义了群桩各桩基相互作用的“加筋效应”的概念，并对考虑加筋效应的抗压群桩变形理论计算进行了深入研究。基于薄壁同心圆筒剪切变形模式和弹性叠加原理，得到能同时考虑抗压群桩基础上桩基相互加筋效应的理论解析解答。

从计算结果与实测数据比较看，本章理论计算方法得到的群桩沉降与实测沉降吻合，验证了抗压群桩分析模型的正确性。在相同荷载作用时，本章理论计算方法变形小于现行桩基规范法未考虑及其他文献方法未充分考虑群桩基础上桩基间相互加筋效应的群桩沉降计算值。本章计算结果小于桩基规范法结果的原因为桩基规范法采用基于等代墩基础的分层总和法计算群桩沉降，未能考虑群桩基础上桩基间相互加筋效应。

本章理论计算方法通过充分考虑群桩中各桩基相互加筋效应的相互作用，克服了已有方法中未能或未充分考虑群桩基础上桩基间相互加筋效应的不足，使群桩沉降计算更吻合实际工程中的群桩协同工作性状，因此可用于大规模群桩中的群桩相互作用的变形分析。

通过量纲分析和本章理论计算方法对抗压群桩的沉降进行了参数影响性分析，研究了长径比、距径比、桩土模量比等影响因素与群桩沉降之间的关系，得到以下结论：

(1) 群桩变形刚度随桩的长径比的增大而显著增大，即当桩径一定时增加群桩桩长可有效提高群桩抵抗变形的能力；在群桩桩长一定时，增加桩径可增强群桩抵抗变形的能力，这是因为相同长度的桩其侧面积和桩身变形刚度都增大了。也就是说，当其他影响条件确定时，群桩沉降随桩径增大而减小，增加桩长既有利于提高群桩基础的承载力，也有利于减小沉降。因此，抗压群桩设计时，在特定地质条件下，群桩桩径在满足桩基抗压强度验算和群桩承载能力验算，同时满足群桩沉降容许值验算的前提下，进行计算分析和选择适合实际工程需求的长径比是进行抗压群桩优化设计的措施。

(2) 随着距径比的增大，群桩变形刚度增大，即群桩抵抗变形的能力增强；当其他影响条件确定时，群桩沉降随距径比的增大而明显减小，这是因为桩距的增大，弱化了群桩基础上各桩基间的相互加筋效应。因此，抗压群桩设计时，在工程允许范围内，除了增大桩径比是减小群桩沉降的手段外，在群桩满足承载力的情况下，增大距径比同时也是减小群桩沉降的有效方法。

(3) 随着桩土模量比的增大，群桩抵抗变形的能力增强，提高桩身混凝土标号可改善其抵抗变形的能力。这是因为在较软弱土体中，桩基刚度越大，桩身对抵抗群桩变形发挥的贡献越大。但随着桩土模量比增大(桩相对于土体为无限刚性)，从计算结果分析，桩土模量比的增量对群桩抵抗变形的能力的影响明显减小。因此抗压群桩设计时，应改善桩周土体特性，目前工程实践中使用的主要措施有桩底注浆或桩侧、桩底复式注浆。

第 18 章
基于变分原理的超长桩屈曲模型

18.1 引言

超长桩以其具有较高单桩承载力的优点在工程上应用数量急剧增多，而且很多高层建筑还采用了大直径超长桩与单柱(单桩单柱)的结构形式。例如，宝钢集团有限公司工程中，曾使用直径 90 cm，长约 60 m 的钢管桩基础；上海世界环球贸易中心、金茂大厦都采用了入土深度超过 80 m 的钢管桩；港汇大厦采用了入土深度达 85 m 的钻孔灌注桩；温州瑞安皇都大厦、瑞安人民医院均采用了达 98 m 的钻孔灌注桩；杭州钱塘江六桥采用的钻孔灌注桩桩长超过 130 m。

这类软土区域的超长桩，在受到竖向荷载作用下会如同细长杆一样发生失稳破坏。超长桩失稳破坏机理目前为止还很不清楚，迄今还没有符合实际的计算方法。例如：桥涵地基基础设计规范规定指出确定基桩屈曲计算长度非常复杂，暂且推荐了经验计算式；而建筑桩基规范则指出对于自由长度较大的高桩承台、桩周为可液化土或为地基极限承载力标准值小于 50 kPa 的地基土(或不排水抗剪强度小于 10 kPa)，应考虑屈曲的影响。港口工程桩基规范要求：当桩的自由长度较大时应验算桩的屈曲稳定。鉴于编制规范时所收集到的多种计算方法均有局限性，故规范中尚未明确指出屈曲稳定验算的具体方法。现行规范对超长桩的设计并非建立在超长桩的承载变形机理的基础之上，存在理论与实际之间的矛盾。与理想轴压杆、压弯杆相比，桩基的屈曲稳定受承台、桩周土及桩身材料性质等诸多不确定性因素的影响而非常复杂，包括考虑桩周土体的抗力对桩身稳定性的影响、施工过程造成的桩身初始缺陷等对桩身稳定的不利影响。

目前基桩的稳定性分析主要针对普通桩基，桩侧地基反力采用 m 法综合能量原理进行分析。然而，经典 m 法地基反力系数不能合理反映超长桩桩土体系的真实情况，屈曲分析得到的临界荷载值偏大，给工程埋下安全隐患。由于桩身缺陷，桩土相互作用等非线性因素的影响，基桩初始后屈曲分析及不完整基桩的屈曲稳定性分析更缺乏较系统深入的研究。因此，在国内外普通桩基屈曲研究基础上，针对超长桩的受力特性，研究超长桩屈曲稳定机理不仅是桩基理论自身发展的需要，更是工程界的迫切要求，进一步研究超长桩的屈曲稳定问题无疑具有重要的理论与工程实际意义。

基桩的屈曲分析是一个复杂而极具实际工程意义的课题。近年来随着国内经济的快速发展，大型基础建设项目越来越多，特别是在我国沿海软土深厚的华东地区出现了大量的高层建筑和特大型桥梁建设项目，自由长度较大的高承台桩和超长桩得到了广泛的应用，对置于软弱或易液化的地基中的超长桩，随着基桩所承受荷载的增大，桩身将如同细长杆件一样产生纵向弯曲。当达一定程度后桩身材料屈服而破坏，这种破坏往往突然发生且后果严重。因此，有关竖向荷载下的桩身屈曲稳定已受到桥梁、港口、建筑和矿业等工程领域进一步的重视。但目前仅对普通桩基的稳定计算分析较为成熟，而对超长及桩的稳定研究却鲜为报道。

本章在传统地基土水平抗力模型的基础上提出 C 值法与常数法相结合的组合模型。并基于最小势能原理，推导出顶部集中荷载作用下，部分埋置于 Winkler 地基中的超长桩的临界荷载公式。

18.2 复合新模型的提出

传统的能量法对桩侧土体的水平抗力系数大多是采用 m 法，对于超长桩 m 法并不适用，如采用 m 法则桩底 100 m 处的水平抗力系数是桩顶表面土体水平抗力系数的 100 倍，而且随着桩长的增加，桩侧土体的水平抗力系数是无限增加，这明显是不符合客观实际的。因此对于超长桩桩侧土体水平抗力系数不能采用 m 法。对于桩长超过 50 m 的超长桩，桩侧土地基反力系数随桩埋置深度而增大，但到达一定深度后增长缓慢而趋于定值。这种分布形式能更好模拟桩侧土反力系数的实际分布是合理的，因此在此基础上本章提出一种新的复合模式，即采用 C 值法和常数法的综合法来考虑桩侧土弹性抗力。超长桩屈曲分析模型如图 18-1 所示。

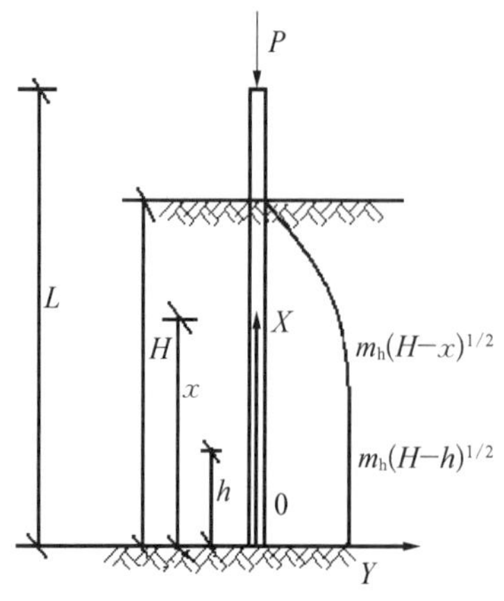

图 18-1 超长桩屈曲分析模型

18.3　基本方程的建立

18.3.1　计算模型

如图 18-1 所示，长度 L、埋置深度 H 顶部自由并作用荷载集中力 P 的超长桩。桩侧计入土体的弹性抗力。根据超长桩的侧土水平抗力沿桩长下部分已达到稳定的工作特点，本章提出桩侧水平抗力计算模型为上部地基系数随深度呈抛物线变化，即吻合 C 值法，一定深度后，即桩端以上高度 h 范围内水平抗力系数为常数。图中，m_h 为按 C 值法计算采用的地基水平抗力系数，x 为桩端以上任一高度。实际工程中基桩桩端的约束条件是复杂的，可以分为自由、嵌固、铰接和弹嵌等形式，本章算例桩下端为嵌固约束。

18.3.2　桩土体系总势能方程的建立

根据能量法的求解步骤，先建立桩土体系的总势能。在弹性小变形范围内，桩土体系总势能由桩身应变能、桩侧土体弹性变形能及荷载势能组成：

$$\Pi = U_s + U_p + V \tag{18-1}$$

式中：U_s 为桩侧土体弹性变形能；U_p 为荷载势能；V 为桩身应变能。

因稳定问题必须以变形后的体系作为计算依据，而里兹法又要求相应位移函数满足几何边界条件，则按图所示坐标系选取桩身挠曲位移函数为

$$y = \sum_{n=1}^{\infty} C_n \left(1 - \cos\frac{2n-1}{2L}\pi x\right) \tag{18-2}$$

式中：C_n 为待定系数；L 为桩长，m。

上部土的地基反力系数：

$$K_h = m_h \times (H - x)^{1/2} \quad (h \leqslant x \leqslant H) \tag{18-3}$$

相应的地基反力 q 基于 Winkler 假设，可计算如下：

$$q = b_1 K_h y = m_h b_1 (H - x)^{1/2} y \quad (h \leqslant x \leqslant H) \tag{18-4}$$

式中：b_1 为桩身计算宽度，m；Y 为桩身挠曲位移，m。

下部土的地基反力系数：

$$K_h = m_h b_1 (H - h)^{1/2} \quad (0 \leqslant x \leqslant h) \tag{18-5}$$

相应的地基反力 q 基于 Winkler 假设，可计算如下：

$$q=b_1K_hy=m_hb_1(H-h)^{1/2}y \quad (0\leqslant x\leqslant h) \tag{18-6}$$

根据弹性小变形原理，桩侧土体的弹性变形能为

$$U_s=\frac{m_hb_1}{2}\left[\int_0^h(H-h)^{1/2}y^2\mathrm{d}x+\int_h^H(H-x)^{1/2}y^2\mathrm{d}x\right] \tag{18-7}$$

相应的桩身因挠曲而产生的应变能 U_p 为

$$U_p=\frac{EI}{2}\int_0^L(y'')^2\mathrm{d}x \tag{18-8}$$

因为桩侧土质的非均匀性，侧向土压力以及桩的表面特征影响，摩阻力值是非常复杂的深度函数，必须具体分析。假定桩侧表面摩阻力与桩顶临界荷载存在着线性关系：

$$F_m=uP \quad (0\leqslant u\leqslant 1) \tag{18-9}$$

随入土深度是线性变化的，则桩底最大线摩阻力为

$$f_m=\frac{2uP}{H} \quad (0\leqslant u\leqslant 1) \tag{18-10}$$

则任意截面处的轴力为

$$p(x)=p\left[1-u\frac{(H-x)^2}{H^2}\right] \quad (x\leqslant H) \tag{18-11}$$

$$p(x)=p \quad (x>H) \tag{18-12}$$

式中：u 为桩侧摩阻力对桩轴向力的影响系数 $(0\leqslant u\leqslant 1)$。

当 $u=0$ 时表示不考虑桩侧摩阻力；当取值为 $u=1$ 时表示桩顶外荷载 P 全部由侧摩阻力承担。由此可得轴力产生的势能为

$$V=-\frac{1}{2}\int_0^H p(x)(y')^2\mathrm{d}x=-\frac{p}{2}\int_0^L(y')^2\mathrm{d}x+\frac{up}{2H^2}\int_0^H(H-x)^2(y')^2\mathrm{d}x \tag{18-13}$$

将各势能公式代入式(18-1)得到体系的总势能方程。

由势能驻值原理，对总势能方程取变分得

$$\partial\Pi/\partial C_n=0 \quad (n=1,\ 2,\ \cdots,\ \infty) \tag{18-14}$$

若桩身挠曲函数 y 近似表达式中只取有限的 n 项，则该式可写成如下矩阵形式：

$$\begin{vmatrix} b_{11}-x & b_{12} & b_{13} & \cdots & b_{1n} \\ b_{21} & b_{22}-x & b_{23} & \cdots & b_{2n} \\ \vdots & \vdots & \vdots & & \vdots \\ b_{n1} & b_{n2} & b_{n3} & \cdots & b_{nn}-x \end{vmatrix} \begin{Bmatrix} c_1 \\ c_2 \\ \vdots \\ c_n \end{Bmatrix} = \begin{Bmatrix} 0 \\ 0 \\ \vdots \\ 0 \end{Bmatrix} \tag{18-15}$$

为使方程组具有非零解，则方程组系数行列式等于零：

$$D = \begin{vmatrix} b_{11}-x & b_{12} & b_{13} & \cdots & b_{1n} \\ b_{21} & b_{22}-x & b_{23} & \cdots & b_{2n} \\ \vdots & \vdots & \vdots & & \vdots \\ b_{n1} & b_{n2} & b_{n3} & \cdots & b_{nn}-x \end{vmatrix} = 0 \tag{18-16}$$

上式即为桩身屈曲稳定的特征方程，其中 $X = pl^2/\pi^2 EI$ 对该方程采用雅可比法可求得相应的 n 个特征值，设其最小正根为 $X_{\min}$，则可得到相应的桩身屈曲临界荷载 p_{cr} 为

$$p_{cr} = \frac{\pi^2 EI}{l^2} X_{\min} \quad 或 \quad l_p = \frac{l}{\sqrt{X_{\min}}} \tag{18-17}$$

上述计算可直接采用 Matlab 语言编制相应程序进行计算。

为验证本章模型的合理性，以下计算过程取桩身挠曲函数半波数 $n=1$，即

$$y = c \times \left[1-\cos\left(\frac{\pi x}{2L}\right)\right] \tag{18-18}$$

将桩身挠曲函数代入各势能公式中则得到各势能为

$$U_s = \frac{m_h b_1 c^2 l^{\frac{3}{2}}}{2} \left\{ \left[\frac{1}{4\pi} \left(4(b-a)^{\frac{3}{2}} \pi + 16(b-a)^{\frac{1}{2}} \sin\left(\frac{a\pi}{2}\right) + 16\cos\left(\frac{b\pi}{2}\right) FS\sqrt{(b-a)} \right) - 16\sin\left(\frac{b\pi}{2}\right) FC^{\frac{1}{2}} (b-a) - 2^{\frac{1}{2}} (b-a) \sin(a\pi) - \sqrt{2}\cos(b\pi) FS\sqrt{2(b-a)} + \sqrt{2}\sin(b\pi) FC\sqrt{2(b-a)} \right] + \sqrt{b-a} \left[\left(3\pi a - 8\sin\left(\frac{\pi a}{2}\right) + \sin(a\pi) \right) / 2\pi \right] \right\} \tag{18-19}$$

$$U_p = \frac{EIc^2\pi^4}{64L^3} \tag{18-20}$$

$$V = \frac{\pi^2 Pc^2}{16L} - \frac{uPc^2[\pi^3 b^3 - 6b\pi + 6\sin(b\pi)]}{48L\pi b^2} \tag{18-21}$$

式中：$FS(x)$，$FC(x)$ 为非涅耳函数。

将各势能公式代入总势能公式中，并对待定系数取偏微分：

$$\left\{\frac{EI}{32L^3}\pi^4 + m_h b_1 L^{3/2}[A] + \frac{up[\pi^3 b^3 - 6b\pi + 6\sin(b\pi)]}{24b^2\pi L} - \frac{\pi^2 p}{8L}\right\} C = 0 \tag{18-22}$$

c 值不可能为零，所以只有系数为零，得

$$\left\{\frac{EI}{32L^3}\pi^4 + m_h b_1 L^{3/2}[A] + \frac{up[\pi^3 b^3 - 6b\pi + 6\sin(b\pi)]}{24b^2\pi L} - \frac{\pi^2 p}{8L}\right\} = 0 \tag{18-23}$$

式中：$m_h b_1 L^{3/2}[A]$ 为桩侧土弹性能的系数。

其中 A 如下式：

$$A = \frac{1}{4\pi}\left\{4(b-a)^{\frac{3}{2}}\pi + 16\sqrt{b-a}\sin\left(\frac{a\pi}{2}\right) + 16\cos\frac{b\pi}{2}FS(\sqrt{b-a}) - 16\sin\left(\frac{b\pi}{2}\right)FC(\sqrt{b-a}) - 2\sqrt{b-a}\sin(a\pi) - \sqrt{2}\cos b\pi FS(\sqrt{2(b-a)}) + \sqrt{2}\sin b\pi FC(\sqrt{2(b-a)})\right\} + \sqrt{b-a}\left[\frac{3\pi a - 8\sin\left(\frac{a\pi}{2}\right) + \sin(a\pi)}{2\pi}\right]$$

式中：$a = \frac{h}{L}$；$b = \frac{H}{L}$。

由式(18-13)可以得到相应桩身临界荷载 P_{cr}：

$$p_{cr} = \frac{EI\pi^2}{L^2}p' = \frac{EI\pi^2}{L^2}\left\{\frac{48b^2}{EI\pi[3b^2\pi^3 - u(\pi^3 b^3 - 6\pi b + 6\sin(b\pi))]}\left(\frac{EI\pi^4}{64} + \frac{m_h b L^{9/2}}{2}[A]\right)\right\} \tag{18-24}$$

$$P_{cr}=\frac{\pi^2 EI}{L_e^2}$$

$$L_e=\frac{L}{\sqrt{P'}}$$

式中：L_e 为桩屈曲稳定计算长度，m。

为了对本章所提出的模型与传统 m 法和常数法所求桩身临界荷载 P_{cr} 进行比较，以下给出按 m 法和常数法求桩身临界荷载 P_{cr} 的计算公式如下：

$$p_{cr}=\frac{EI\pi^2}{L^2}p'=\frac{EI\pi^2}{L^2}\left\{\frac{48b^2}{EI\pi[3b^2\pi^3-u(\pi^3b^3-6\pi b+6\sin(b\pi))]}\left[\frac{EI\pi^4}{64}+\frac{m_h b_1 L^5}{8\pi^2}\left(3b^2\pi^2+32\cos\left(\frac{b\pi}{2}\right)+4\sin^2\left(\frac{b\pi}{2}\right)-32\right)\right]\right\},$$

$$P_{cr}=\frac{EI\pi^2}{L^2}P'_m,\ L_{em}=\frac{L}{\sqrt{P'_m}} \tag{18-25}$$

按常数法：

$$p_{cr}=\frac{EI\pi^2}{L^2}p'=\frac{EI\pi^2}{L^2}\left\{\frac{48b^2}{EI\pi[3b^2\pi^3-u(\pi^3b^3-6\pi b+6\sin(b\pi))]}\left[\frac{EI\pi^4}{64}+\frac{m_h bL^4}{4\pi}\left(3b\pi-8\sin\left(\frac{b\pi}{2}\right)+\sin(b\pi)\right)\right]\right\},$$

$$P_{cr}=\frac{EI\pi^2}{L^2}P'_k,\ L_{ek}=\frac{L}{\sqrt{P'_k}} \tag{18-26}$$

实际工程中由于超长桩的桩径较大，桩身较长，所以由自重产生的荷载较大，对于超长桩特别是当桩顶自由长度较大时，计入自重对桩身屈曲稳定的影响会更加合理。对工程中多采用的等截面桩，若桩长范围内桩身材料较均匀，则桩身自重可简化为均布线性荷载，其集度等于材料重度 γ 乘以截面面积 A，而相应的荷载势能为

$$W_G=-\frac{1}{2}\int_0^L \gamma A(L-x)(y')^2\mathrm{d}x \tag{18-27}$$

将上式代入总能量方程中即可得到新的桩土体系的总能量方程。由上式可知临界荷载 P_{cr} 与桩身刚度 EI、宽度 b_1、入土深度 H 等因素有关。

以下分析这些因素对桩基稳定的影响。将上式用 Matlab 编制相关程序进行计算。

18.4 实例分析与验证

18.4.1 解析模型的检验

为检验本章公式计算的正确性，令 $m_h = 0$，$u = 0$，即不计桩侧土体的作用。

由表 18-1 可知在不计桩侧土体作用时，桩屈曲计算长度与经典的欧拉公式相同。当顶端自由，底端嵌固时经典的欧拉公式稳定计算长度系数为 2，在本例题中计算长度为 120 m($2L$)，即当不计桩侧土体作用时，本章利用能量法推导的公式还原为欧拉公式。因此，证明本章公式的计算正确性。

表 18-1 本章方法与其他方法的桩体稳定计算长度结果比较

模　型	欧拉杆	m 法	常数法	复合模型法
桩体稳定计算长度/m	120	120	120	120

18.4.2 桩侧土体模型比例系数的确定

上部桩侧土体的水平抗力系数是符合 C 值法变化，下侧土体的抗力系数是随桩长无变化的常数，两者之间存在一定的比例关系，假定下侧土体(即抗力系数为常数的土体)的深度为

$$h = kH$$

式中：H 为桩身埋置深度，m；k 为比例系数。

图 18-2 为通过 Matlab 编程计算桩身埋置长度由 45～55 m，比例系数 k 由 0.1～0.9，得到桩身稳定计算长度变化图。图中数据显示当比例系数 k 取 0.1 与 0.5 时桩身稳定计算长度曲线基本是重合的，当 k 取 0.6～0.9 值时，k 的取值对桩计算长度变化曲线图影响是明显的。本章模型中 k 取值为 0.5。由图数据可知 k 取 0.5 所计算得到的桩身稳定长度与 k 取 0.6～0.9 相比，桩身计算长度值小，所得屈曲荷载值高，能够充分考虑桩侧土体对桩稳定的影响，同时又避免了 m 法可能造成桩侧土体系数增长过大。

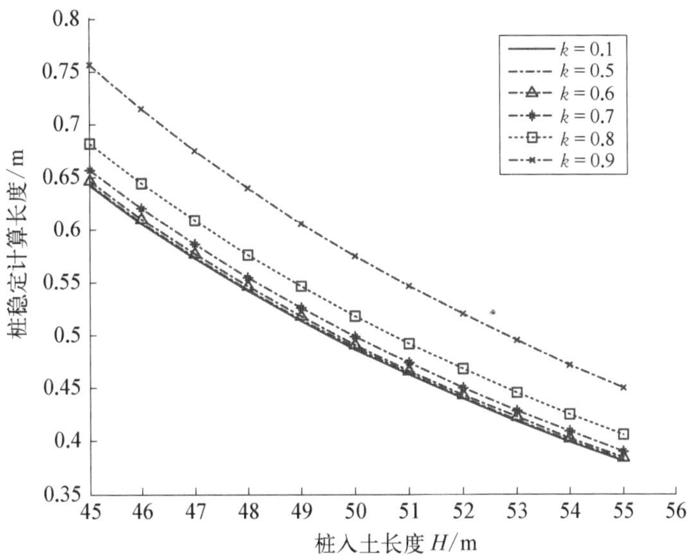

图 18－2 不同的比例系数对基桩稳定计算长度的影响

18.4.3 本章模型与 m 法、常数法的比较

算例：某桩基的桩身材料为 C30 混凝土，桩径 1 m，弹性模量 $E=3.0\times10^4$ MPa，覆盖层为可塑状黏性土，取地基土比例系数按本模型即按 C 值法取 $m_h=34\ \mathrm{MN/m^4}$，按 m 法 $m_h=20\ \mathrm{MN/m^4}$，按常数法 $m_h=53\ \mathrm{MN/m^4}$，桩身抗弯刚度 $EI=1.17\times10^6\ \mathrm{kN\cdot m^2}$，$b_1=1.8$ m，取 $k=h/H=0.5$，$L=60$ m。

如图 18－3 所示，采用本章模型能较好反映桩侧土体对桩体稳定的约束作用，采用 m 法在桩体埋置较浅时，得到桩体的屈曲荷载与本章模型和常数法相比较小，但随着桩体埋置深度的增加桩体屈曲荷载增长迅速。由图数据显示当桩体埋置深度大于 18 m，m 法计算的屈曲荷载大于其他两种模型计算得到的值。从图($b=0.5$)可知在桩长 $H=40$ 处 m 法计算所得到的桩身计算长度为本章法计算所得的 78%，即桩临界荷载 P_{cr} 为本章计算所得 164%，可见在超长桩中按 m 法计算，因地基比例系数线性增长过大造成桩屈曲荷载偏大。同样在该处将本章方法与常数法比较，常数法计算得到的临界荷载为本章方法计算所得到的临界荷载的约 64%。在 0～15 m 段屈曲荷载变化大，这主要因为桩端自由长度的减少和桩入土长度的增加使屈曲荷载由较小的不计土体约束作用的荷载值迅速增大。此外由图数据可知，当桩体埋置深度由 15～50 m 时，桩体屈曲荷载变化趋势逐步趋缓。

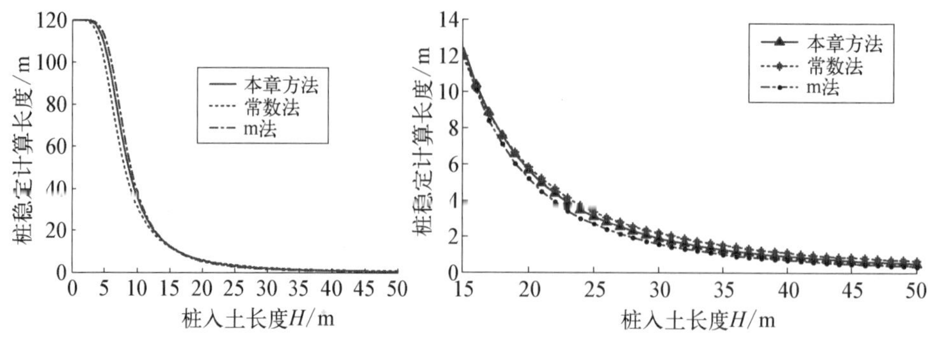

图 18-3　不同模型对桩稳定计算长度随桩埋置深度的影响

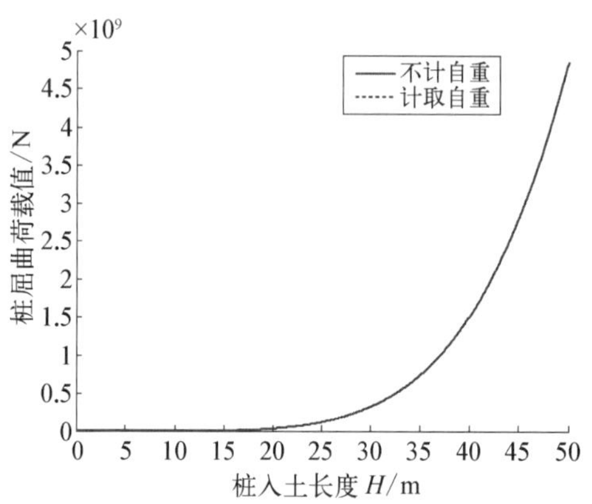

图 18-4　桩身自重对基桩屈曲荷载的影响

18.4.4　计入桩身的自重影响

超长桩桩体较长，桩径较大，桩体自重荷载较大，因此有必要对超长桩的自重对桩基稳定问题进行研究。利用本章所建立的模型，计取自重和不计自重分别进行计算，计算数据如图 18-4 所示，从图中数据可知对超长桩自重荷载虽然较大但其对屈曲荷载的影响较小，因此在屈曲计算中可以将其忽略。

18.4.5　桩身自由长度对屈曲荷载的影响

根据欧拉稳定理论可以知道当桩端自由长度较长时，桩身易发生屈曲失稳，自由端长度是影响基桩屈曲的重要因素。本算例基桩埋置深度由 45～50 m 变化。桩端自由长度由 0(即桩完全埋置)～50 m(即基桩埋置率为 0.5)。

如图 18-5 所示，当基桩自由长度增加时，基桩的屈曲荷载迅速降低。当桩长为 50 m，埋置长度为 45 m 时，桩的计算长度为 1.61 m；桩长为 100 m，桩身埋置长度为 50 m，桩的计算长度为 4.89 m。两者计算长度比值约为 3，即 50 m 桩的屈曲荷载是 100 m 长桩的 9 倍。当桩长为 50 m，完全埋置时装的计算长度为 1.21 m，埋置长度为 45 m 时桩的计算长度为 1.61 m，两者的比值为 1.33，即完全埋置桩是埋置率为 0.9 时屈曲荷载的 1.778 倍。以上数据表明，桩基的自由长度严重影响桩的稳定，因此对于高承台桩要严格控制其自由长度，必要时要加横向支撑，防止桩身发生屈曲破坏。

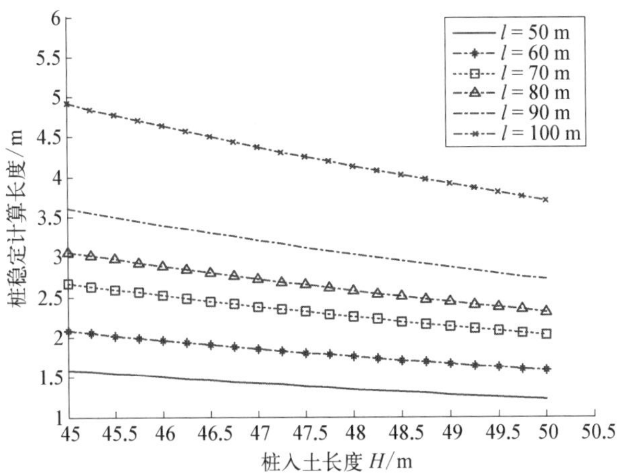

图 18-5　桩自由长度对基桩稳定计算长度的影响

18.4.6　桩土变形系数对桩基稳定的影响

影响桩屈曲临界荷载的另一个主要因素是桩的变形系数 $\alpha[\alpha=\sqrt[4.5]{kb/(EI)}]$，$EI$ 与 b 分别为桩的刚度和计算宽度，K 为 C 值法的水平地基比例系数，因此桩土变形系数综合反映了桩及桩侧土体的性质。本章通过变化地基水平比例系数来研究桩临界屈曲荷载与桩土变形系数的关系。

桩基稳定问题之所以区别于其他杆件稳定的主要原因是桩侧作用着土体，土体的约束作用是影响桩基稳定的最主要因素。本章通过取不同土体抗力系数来计算和分析土体对桩体稳定的影响。

如图 18-6 所示，不同性质的土体对桩体的稳定影响是显著的，当桩深埋置

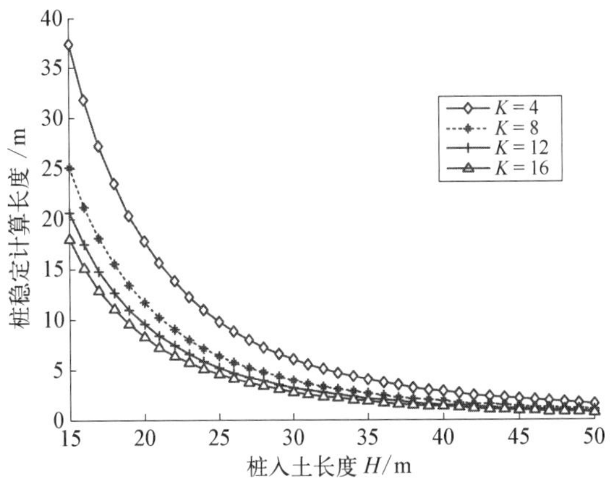

图 18-6　不同土质对桩稳定计算长度影响

深度由 15 m 至 40 m 段曲线曲率最大时桩身屈曲荷载值变化最快，当桩身埋置深度趋于 50 m 时各种土质的桩身屈曲荷载趋于定值。这再次证明了只有地面下一定范围内的桩侧土体对桩身的屈曲有作用。因此，对桩身穿过淤泥质土层或易液化的土层时，应注意对桩身的稳定进行验算保证基桩的稳定要求。

18.4.7 长细比对基桩稳定的影响

长细比是衡量杆件稳定性能的重要指标，普通杆件长细比越大越容易发生失稳，因此通常通过加大构件的尺寸来提高构件的稳定性。本章算例中桩长为 60 m，埋置深度为 40～60 m，通过不断改变桩径来改变长细比，用来研究长细比对于埋置于土体中的桩体稳定是否有影响 ($\lambda = L/R$)。

如图 18－7 所示，随着长细比增加的桩身屈曲荷载逐步降低，但从图中数据显示当埋置深度较浅，或自由段较长时，桩长细比的变化对桩屈曲荷载的影响较弱，完全埋置桩受长细比的影响较大。当 60 m 桩完全埋置时，桩径由 1.5 减小至 0.5 时桩身屈曲临界荷载减少了 30％。长细比对桩的稳定有着重要的影响，因此在桩基设计中要合理地选取桩基的桩径确保基桩的稳定。

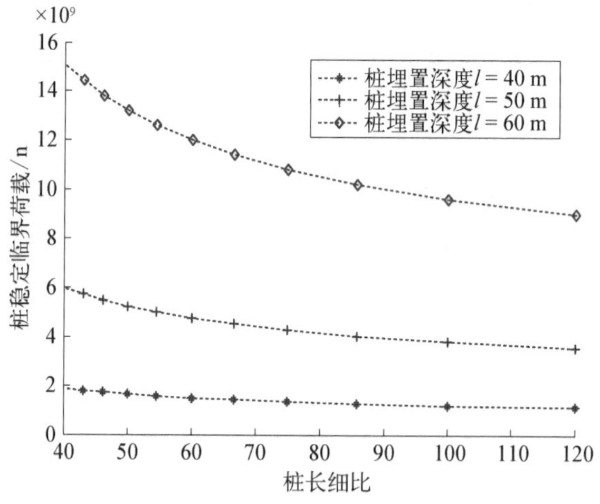

图 18－7 不同桩长细比对基桩临界荷载的影响

18.4.8 摩阻力对基桩稳定的影响

由于摩阻力对桩基稳定的影响国内学者意见不一，例如，作为研究基桩稳定较早的赵明华和朱大同教授对此问题看法不一。赵明华教授认为摩阻力对基桩稳定的影响较小，可以不计。朱大同教授则认为摩阻力对基桩的影响较大，不能忽略摩阻力。因此,对于摩阻力在基桩稳定中的作用本章将单独考虑。

18.5 摩阻力对基桩屈曲的效能分析

超长桩因桩较长,桩侧摩阻力大,其摩阻力的发挥受到多种因素的影响,因此超长桩摩阻力在失稳中发挥机理还不完全清楚。本章通过构建桩顶屈曲极限荷载与桩侧摩阻力简单函数来分析超长桩摩阻力对基桩稳定的影响。通过改变比例系数 μ 得到计取、部分计取摩阻力和不计取摩阻力桩基的稳定计算长度,桩侧土体的水平抗力系数同第 17 章。不同桩侧土参数对基桩稳定计算长度的影响如图 18－8 所示,$m_h=34\ \text{MN/m}^4$ 和 $m_h=24\ \text{MN/m}^4$ 时桩长埋置深度(45～50 m)的具体数据分别如表 18－2 和表 18－3 所示。

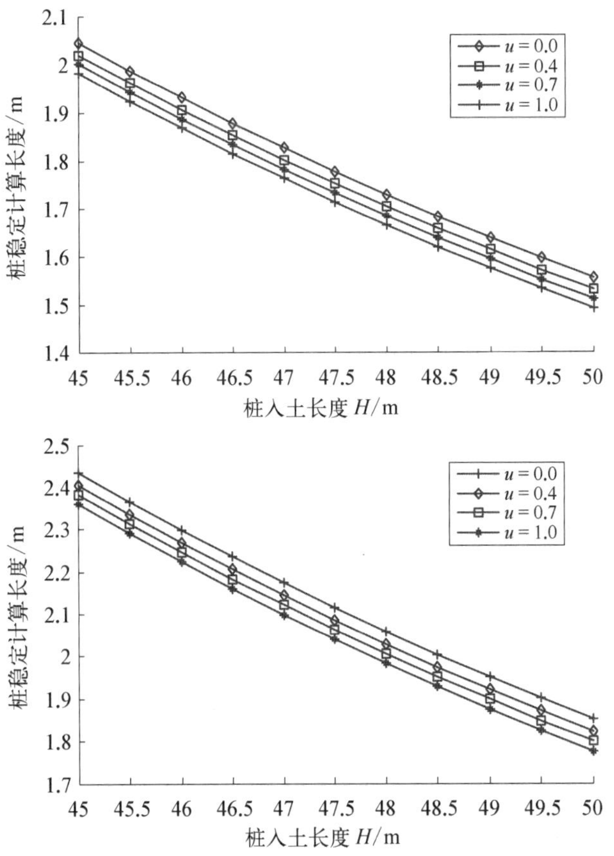

图 18－8　不同桩侧土参数对基桩稳定计算长度的影响

表 18-2　桩长埋置深度(45～50 m)的具体数据(m_h=34 MN/m^4)　m

桩　长	45.0	45.5	46.0	46.5	47.0	47.5	48.0	48.5	49.0	50.0
$l_p(u=0)$	2.045	1.988	1.932	1.878	1.827	1.776	1.730	1.685	1.641	1.558
$l_n(u=0.4)$	2.021	1.964	1.907	1.852	1.803	1.753	1.705	1.659	1.615	1.532
$l_p(u=0.7)$	2.003	1.944	1.887	1.835	1.783	1.734	1.685	1.641	1.595	1.512
$l_p(u=1.0)$	1.983	1.925	1.868	1.185	1.764	1.714	1.665	1.620	1.576	1.493

表 18-3　桩长埋置深度(45～50 m)的具体数据(m_h=24 MN/m^4)　m

桩　长	45.0	45.5	46.0	46.5	47.0	47.5	48.0	48.5	49.0	50.0
$l_p(u=0)$	2.435	2.365	2.299	2.235	2.175	2.116	2.059	2.005	1.953	1.854
$l_p(u=0.4)$	2.405	2.335	2.271	2.205	2.145	2.086	2.028	1.975	1.921	1.823
$l_p(u=0.7)$	2.384	2.314	2.247	2.184	2.123	2.063	2.007	1.951	1.900	1.800
$l_p(u=1.0)$	2.359	2.291	2.224	2.161	2.098	2.041	1.984	1.923	1.876	1.776

由以上数据显示：桩侧土体摩阻力对超长桩稳定有着影响。在表 18-2 中桩侧土体的水平力系数为 m_h=34 MN/m^4，当桩深埋置深度为 45 m 时，不计摩阻力的桩稳定计算长度为 2.045 m，计取摩阻力时桩稳定计算长度为 1.983 m，两者相差 0.062 m，占计算总长度的 3.12%，极限屈曲荷载 $P_{u=0}/p_{u=1}$=94%。当埋置长度为 50 m 时，不计算摩阻力的计算长度为 1.558 m，计取摩阻力的计算长度为 1.493 m，两者计算长度相差 0.65 m，占总计算长度的 4.3%，极限屈曲荷载 $P_{u=0}/p_{u=1}$=91.8%。由此可见，摩阻力对超长桩稳定影响较大，在桩基设计中应计取摩阻力的有利影响。并且随桩埋置深度的增加，摩阻力的影响越来越显著。在表 18-3 中，桩侧土体的水平力系数为 m_h=24 MN/m^4，当桩体埋置深度为 45 m 时，不计摩阻力的桩稳定计算长度为 2.435 m，计取摩阻力的计算长度为 2.359 m。两者相差 0.076 m，占计算总长度的 3.2%，极限屈曲荷载 $P_{u=0}/p_{u=1}$= 93.8%；当桩体埋置深度为 50 m 时，不计摩阻力的桩体稳定计算长度为 1.854 m，计取摩阻力的计算长度为 1.776 m，两者计算长度相差 0.078 m，占总计算长度的 4.4%，极限屈曲荷载 $P_{u=0}/p_{u=1}$= 90.8%。由此可知，随着桩侧土体的水平力系数的降低，桩侧土体摩阻力对桩屈曲稳定的影响越来越明显，这主要因为桩侧土体水平力系数的降低，使得桩体的屈曲稳定极限荷载降低的幅度大于桩体摩阻力降低的幅度，从而使得摩阻力对基桩稳定的影响加大。因此，对于不同桩侧土体摩阻力对稳定影响作用是不同的，桩侧土越弱桩体摩阻力的影响越大。

18.6　本章结论

本章针对超长桩的结构特点提出了一种关于桩侧土体水平抗力系数新的模型。利用该模型与传统 m 法和常数法进行比较，本模型能够克服 m 法造成桩侧土体水平抗力增长过快，常数法对抗力系数增长过于保守的弊端。本模型中的比例系数 $K=0.5$ 虽然减弱了桩侧土体水平抗力系数增长过快的趋势，但与实验结果相比仍有较大的差异，经过分析可能模型还是夸大了桩侧土体的约束作用。因此，对于 K 的取值还要进行进一步的实验和研究。

利用本模型对影响桩基稳定的因素进行了讨论得到如下结论：

(1) 超长桩桩体虽然较长，自重较大，但理论计算表明超长桩自重对桩基稳定的影响较小，在理论计算中可以忽略。

(2) 桩体自由长度对基桩的稳定影响较大，自由长度较长的高承台桩易发生屈曲失稳。因此，在设计中应该控制自由段的长度，或对自由端加横向约束，确保基桩的稳定。

(3) 长细比是衡量杆件稳定性能的重要指标，普通杆件长细比越大越容易发生失稳，埋置于土中的桩体同样也符合该规律。

(4) 桩侧土体的约束是影响基桩稳定最重要的因素。在基桩一定埋置深度内，不同物理性质的土体对基桩稳定影响是不同的，超过一定深度后影响趋势趋缓。

(5) 当计算超长桩屈曲稳定时，由于摩阻力对桩稳定影响显著，应计取摩阻力对超长桩的影响。

第 19 章 基于突变理论的超长桩屈曲分析

19.1 引言

由于超长桩受到桩侧土地基反力、桩侧摩阻力、桩土材料性质以及桩身缺陷等非线性因素影响，这使得超长桩的稳定分析比理想压杆、普通桩的稳定分析都要复杂得多。超长桩屈曲失稳破坏应看作是一非线性系统性态的非连续的突然变化。

本章在前一章的基础上，不仅改进经典 m 法，采用浅层土 m 法、深层土常数法的组合桩侧土地基反力系数对覆盖土层较厚的超长桩进行了屈曲分析。同时，进一步设定桩侧土地基反力系数为幂函数分布，并将非线性科学的突变理论引入超长桩失稳破坏分析中，建立了超长桩失稳分析的尖点突变模型，导出了超长桩失稳临界荷载表达式，并分析了不同桩侧土地基反力模型对超长桩稳定性的影响规律；同时运用突变理论对超长桩在外界随机微扰下的失稳机理进行初步探讨。最后，基于突变理论对超长桩极限承载力进行分析计算，以进一步明确超长桩的破坏机理。

19.2 突变理论

突变理论研究系统从一种稳定状态跃迁到另一种稳定状态的现象和规律。系统所处的状态可用一组参数描述。当系统处于稳定态时，标志该系统状态的某个函数就取唯一的值，当参数在某个范围内变化，该函数值有不止一个极值时，系统必然处于不稳定状态。系统从一种稳定状态进入不稳定状态，随参数的再变化，又使不稳定状态进入另一种稳定状态，那么系统状态就在这一刹那间发生了突变。物体在突变之前和突变之后所处的状态中有明显的界线，并发生跳跃，当物体的能量超出某一特定值时，物体的状态会发生突跳，从上叶直接跃入下叶或从下叶直接跃入上叶。该跳跃表现在图上有明显的分岔现象(图 19－1)，这也就是分岔理论的来源。

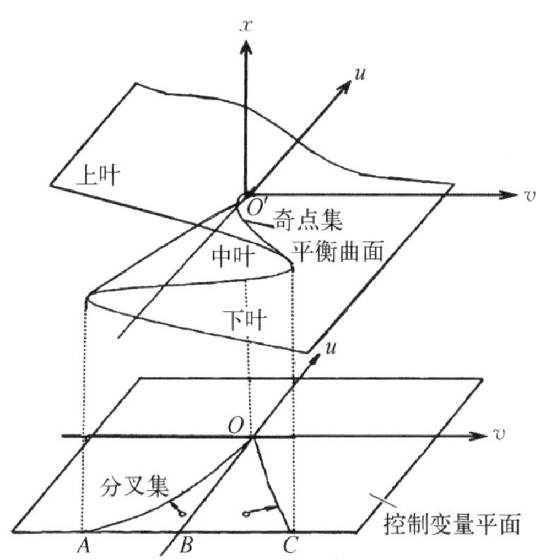

图 19－1　平衡曲面和控制变量平面

实际上，突变理论研究的还是静态分岔，即平衡点之间的相互转换问题，这与经典的分岔理论有相似之处，但它的立足点较高，不只是考虑单一参数的变化，而是考虑多个参数变化时平衡点附近分岔情况的全面图像，特别是其中可能出现的突然变化。突变理论研究的对象是梯度系统的平衡点、非梯度系统中的平衡点和其他现象的研究。

突变理论分为 7 种初等突变形式：折叠突变、尖点突变、燕尾突变、椭圆脐点突变、双曲脐点突变、蝴蝶突变、抛物脐点突变。7 种初等突变形式如表 19－1 所示。

表 19－1　7 种初等突变形式

突变名称	状态变量数目	控制变量数目	势　函　数
折叠	1	1	$V(x)=x^3+ux$
尖点	1	2	$V(x)=x^4+ux^2+v$
燕尾	1	3	$V(x)=x^5+ux^3+vx^2+wx$
椭圆脐点	2	3	$V(x, y)=x^3/3-xy^2+w(x^2+y^2)-ux+vy$
双曲脐点	1	3	$V(x, y)=x^3+y^3+wxy-ux-vy$
蝴蝶	1	4	$V(x)=x^6+tx^4+ux^3+vx^2+wx$
抛物脐点	2	4	$V(x, y)=y^4+x^2y+wx^2+ty^2-ux-vy$

本章基于的尖点突变模型是 7 种初等突变形式中最常用的一种，其具有 2 个控制变量和 1 个状态变量，状态变量是描述整个系统的所有的状态，而控制变量是影响状态变量的其他因素。尖点突变模型势函数的标准形式为 $V(x)=1/4x^4+a/2x^2+bx$，式中 x 为状态变量，a，b 为控制变量。对势函数 $V(x)$ 求

导得到平衡曲面，如图 19－1 所示，方程为 $V'(x)=x^3+ax+b=0$。继续求导得奇点集的方程为 $V''(x)=3x^2+a=0$，从而可以得 $x=\pm\sqrt{-a/3}$，将 x 代入 $V'(x)$，消去 x 得到系统的分岔集，方程为 $4a^3+27b^2=0$。

尖点突变具有以下 5 个基本特点：

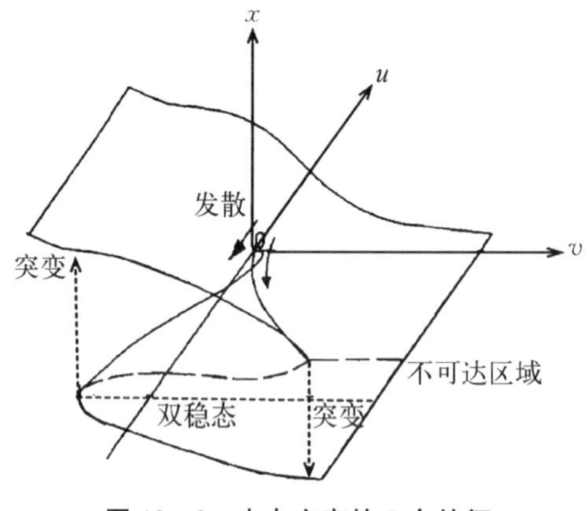

图 19－2　尖点突变的 5 个特征

(1) 多模态。系统中可能出现两个或多个不同的状态，也就是说，系统的位势对于控制参数的某些范围可能有两个或多于两个的极小值，如图 19－2 所示。

(2) 不可达性。由图 19－2 可知，在平衡曲面折叠的中间部分，有一个不稳定的平衡位置，系统不可能处于此平衡位置(即不可达)。从微分方程解的角度，不可达对应着不稳定解。

(3) 突跳。从一个状态到另一个状态的过渡将出现一个突跳，如图 19－2 所示，即发生突变的系统最显著的特征。

(4) 发散。在临界点(尖点)附近，控制参数初值的微小变化(微扰)可能导致终态的巨大差别。

(5) 滞后。由图 19－2 可知，突变并不是在分岔集区内发生，而是在分岔集线上发生，从底叶跳到顶叶与从顶叶跳到底叶发生的位置不一样。

19.3　竖向荷载下的超长桩失稳突变分析

19.3.1　力学模型建立

为建立超长嵌岩桩稳定性突变分析模型，在此做以下基本假设：不考虑桩端变位，即失稳时破坏点总位于桩身；只考虑桩纵向平面内的变形，即不考虑弯扭失稳；对于单桩或单排桩基础，桩身的屈曲稳定视为一端嵌固、一端自由，且端部作用有保守轴向力 P 的弹性地基梁的稳定问题；将桩侧土地基反力简化为一系列 Winkler 弹簧支座。超长嵌岩柱稳定性分析模型如图 19－3 所示，其中覆盖土层厚度为 h，地面以上桩顶自由长度为 l_0，桩的长度为 l。采用图 19－3(b) 中所示的呈一般幂分布形式的桩侧土地基反力系数模式。

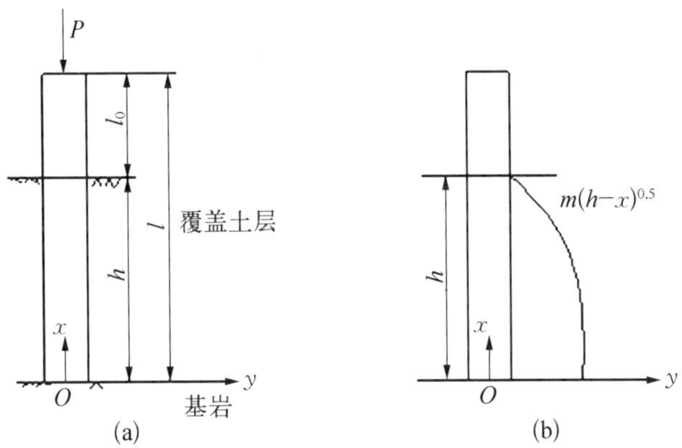

图 19-3　超长嵌岩桩稳定性分析模型

19.3.2　势函数建立

根据上述超长嵌岩桩稳定性分析力学模型，建立桩土体系总势能函数。桩土体系总势能 Π 可由桩身应变能 U_p、桩侧土体即弹簧的弹性变形能 U_s、荷载势能 V_p、桩身自重荷载势能 V_G 以及桩侧摩阻力荷载势能 V_f 五部分组成，即

$$\Pi = U + V = U_p + U_s + V_p + V_f + V_G \tag{19-1}$$

其中，桩身即弹性地基梁因弯曲而产生的应变能 U_p，在如图 19-3(a)所示的坐标系下可表示为

$$U_p = \frac{EI}{2}\int_0^l (y'')^2 \mathrm{d}x = \frac{EI}{2}\int_0^l (\theta')^2 \mathrm{d}x \tag{19-2}$$

式中：EI 为桩身材料的抗弯刚度；y，θ 分别为桩身轴线上任意点处的挠曲变形与转角。桩侧土体的弹性变形能 U_s 可表示为

$$U_s = \frac{1}{2}\int_0^h q(x) y \mathrm{d}x = \frac{mb_1}{2}\int_0^h (h-x)^{0.5} y^2 \mathrm{d}x \tag{19-3}$$

式中：$q(x)$ 为地面下某一深度处桩侧地基土体反力；m 为桩侧地基反力系数的比例系数，$\mathrm{N/m^4}$；b_1 为桩的计算宽度。对于工程中常用的圆形截面桩：当直径 $d > 1$ m 时，$b_1 = 0.9(d+1)$；当直径 $d \leqslant 1$ m 时，$b_1 = 0.9(1.5d + 0.5)$。

桩顶荷载、自重以及桩侧摩阻力势能 V_p，V_G，V_f 为

$$V_{\mathrm{p}}=P\int_{0}^{l}(1-\cos\theta)\mathrm{d}x \tag{19-4}$$

$$V_{\mathrm{f}}=u\eta\int_{0}^{h}(h-x)(1-\cos\theta)\mathrm{d}x \tag{19-5}$$

$$V_{\mathrm{G}}=\gamma A\int_{0}^{l}x(1-\cos\theta)\mathrm{d}x \tag{19-6}$$

式中：γA 为桩身混凝土的重度；$u\eta$ 为桩侧摩阻力集度。将式(19－2)～式(19－6)统一表示为桩身挠曲位移 y 的表达式。根据几何级数关系，有

$$\left.\begin{aligned}&\theta=\sin^{-1}y'=y'+(y')^{3}/6+\cdots\\&\cos\theta=1-\theta^{2}/2+\theta^{4}/24+\cdots\end{aligned}\right\} \tag{19-7}$$

忽略5阶及以上无穷小量得

$$\left.\begin{aligned}&(\theta')^{2}\approx\{y''[1+(y')^{2}]\}^{2}\approx(y'')^{2}[1+(y')^{2}]\\&\theta^{2}\approx[y'+(y')^{3}/6]^{2}\approx(y')^{2}+(y')^{4}/6\\&\theta^{4}\approx[y'+(y')^{3}/6]^{4}\approx(y')^{4}\end{aligned}\right\} \tag{19-8}$$

将式(19－8)分别代入式(19－2)、式(19－4)～式(19－5)中，得

$$U_{\mathrm{p}}=\frac{EI}{2}\int_{0}^{l}(\theta')^{2}\mathrm{d}x=\frac{EI}{2}\int_{0}^{l}(y'')^{2}[1+(y')^{2}]\mathrm{d}x \tag{19-9}$$

$$V_{\mathrm{p}}=P\int_{0}^{l}(1-\cos\theta)\mathrm{d}x=\frac{P}{2}\int_{0}^{l}\left[(y')^{2}+\frac{(y')^{4}}{4}\right]\mathrm{d}x \tag{19-10}$$

$$V_{\mathrm{f}}=u\eta\int_{0}^{h}(1-\cos\theta)\mathrm{d}x=\frac{u\eta}{2}\int_{0}^{h}\left[(y')^{2}+\frac{(y')^{4}}{4}\right]\mathrm{d}x \tag{19-11}$$

$$V_{\mathrm{G}}=\gamma A\int_{0}^{l}(1-\cos\theta)\mathrm{d}x=\frac{\gamma A}{2}\int_{0}^{l}\left[(y')^{2}+\frac{(y')^{4}}{4}\right]\mathrm{d}x \tag{19-12}$$

将式(19－3)，式(19－9)～式(19－12)代入式(19－1)中，合并整理后得到用桩身挠曲位移函数 y 表示的桩土体系总势能，即

$$\begin{aligned}\Pi=&\frac{1}{2}\left\{EI\int_{0}^{l}(y'')^{2}[1+(y')^{2}]-(P+\gamma A)[(y')^{2}+(y')^{4}/4]\right\}\mathrm{d}x+\\&\frac{mb_{1}}{2}\int_{0}^{h}(h-x)^{0.5}y^{2}\mathrm{d}x+\frac{u\eta}{2}\int_{0}^{h}(h-x)[(y')^{2}+(y')^{4}/4]\mathrm{d}x\end{aligned} \tag{19-13}$$

对于单桩或单排桩基中的嵌岩灌注桩，在图 19－1 坐标系下可假定其临界桩身挠曲位移函数为

$$y=\Delta\sum_{n=0}^{\infty}\left(1-\cos\frac{2n-1}{2l}\pi x\right) \tag{19-14}$$

取 $n=1$，则

$$y=\Delta\left(1-\cos\frac{\pi x}{2l}\right) \tag{19-15}$$

式中：Δ 为临界状态时桩顶水平挠曲位移。

将式(19－15)代入式(19－13)积分并整理得

$$\begin{aligned}\Pi=&\left\{\frac{EIl}{16}\left(\frac{\pi}{2l}\right)^6-\frac{3Pl}{64}\left(\frac{\pi}{2l}\right)^4+\frac{u\eta}{128}\left(\frac{\pi}{2l}\right)^2\left[\frac{3}{4}\pi^2k^2-3\sin^2\left(\frac{\pi k}{2}\right)-\sin^4\left(\frac{\pi k}{2}\right)\right]-\right.\\&\left.\frac{\gamma A}{128}\left(\frac{\pi}{2l}\right)^2\left(\frac{3}{4}\pi^2+4\right)\right\}\Delta^4+\left\{\frac{EIl}{4}\left(\frac{\pi}{2l}\right)^4-\frac{Pl}{4}\left(\frac{\pi}{2l}\right)^2+\frac{mb_1}{2}\frac{l^{\frac{3}{2}}}{\pi}\cdot\right.\\&\left[\pi k^{\frac{3}{2}}-4\sin\frac{k\pi}{2}FC(k^{0.5})+\frac{\sqrt{2}}{4}\sin(\pi k)FC((2k)^{0.5})+\right.\\&\left.4\cos\left(\frac{\pi}{2}k\right)FS(k^{0.5})-\frac{\sqrt{2}}{4}\cos(\pi k)FS((2k)^{0.5})\right]+\\&\left.\frac{u\eta}{128}\left[4\pi^2k^2-16+16\cos^2\left(\frac{\pi k}{2}\right)\right]-\frac{\gamma A}{128}(4\pi^2+16)\right\}\Delta^2\end{aligned} \tag{19-16}$$

式中：$k=h/l$ 为桩身埋置率。

19.3.3 稳定性分析

根据尖点突变理论的非线性科学观点，系统定态方程为

$$-4x^3-2px=0 \tag{19-17}$$

令：

$$x=\sqrt[4]{A}\,\Delta,\ p=\sqrt{1/A}B, \tag{19-18}$$

$$\begin{aligned}A=&\frac{EIl}{16}\left(\frac{\pi}{2l}\right)^6-\frac{3Pl}{64}\left(\frac{\pi}{2l}\right)^4+\frac{u\eta}{128}\left(\frac{\pi}{2l}\right)^2\left[\frac{3}{4}\pi^2k^2-3\sin^2\left(\frac{\pi k}{2}\right)-\sin^4\left(\frac{\pi k}{2}\right)\right]-\\&\frac{\gamma A}{128}\left(\frac{\pi}{2l}\right)^2\left(\frac{3}{4}\pi^2+4\right)\end{aligned}$$

$$B=\frac{EIl}{4}\left(\frac{\pi}{2l}\right)^4-\frac{Pl}{4}\left(\frac{\pi}{2l}\right)^2+\frac{mb_1}{2}\frac{l^{\frac{3}{2}}}{\pi}\left\{\pi k^{\frac{3}{2}}-4\sin\frac{k\pi}{2}FC(k^{0.5})+\frac{\sqrt{2}}{4}\sin(\pi k)\right.$$

$$\left.FC[(2k)^{0.5}]+4\cos\left(\frac{\pi}{2}k\right)FS(k^{0.5})-\frac{\sqrt{2}}{4}\cos(\pi k)FS[(2k)^{0.5}]\right\}+$$

$$\frac{u\eta}{128}\left[4\pi^2k^2-16+16\cos^2\left(\frac{\pi k}{2}\right)\right]-\frac{\gamma A}{128}(4\pi^2+16)$$

则

$$\Pi=x^4+px^2 \tag{19-19}$$

当 $p\geqslant 0$ 时,存在唯一的平衡点 $x=0$,属于渐近稳定;当 $p<0$ 时,存在 3 个平衡点,其中 $x=0$ 属于不稳定点,$x=\pm\sqrt{-p/2}$ 是渐近稳定的;当 $p=0$ 时可以得到临界荷载值 P_{cr}。

$$P_{cr}=\left\{\frac{EIl}{4}\left(\frac{\pi}{2l}\right)^4+\frac{mb_1}{2}\frac{l^{\frac{3}{2}}}{\pi}\left[\pi k^{\frac{3}{2}}-4\sin\frac{k\pi}{2}FC(k^{0.5})+\right.\right.$$

$$\frac{\sqrt{2}}{4}\sin(\pi k)FC((2k)^{0.5})+4\cos\left(\frac{\pi}{2}k\right)FS(k^{0.5})-$$

$$\left.\frac{\sqrt{2}}{4}\cos(\pi k)FS((2k)^{0.5})\right]+\frac{u\eta}{128}\left[4\pi^2k^2-16+16\cos^2\left(\frac{\pi k}{2}\right)\right]-$$

$$\left.\frac{\gamma A}{128}(4\pi^2+16)\right\}\Big/\frac{l}{4}\left(\frac{\pi}{2l}\right)^2 \tag{19-20}$$

从上式可以看出,当不计入自重、侧摩阻力以及桩侧土体抗力时,公式退化到 $P_{cr}=\dfrac{\pi^2EI}{4l^2}$,这与欧拉理论的一端自由,一端固定杆的临界荷载公式一致。

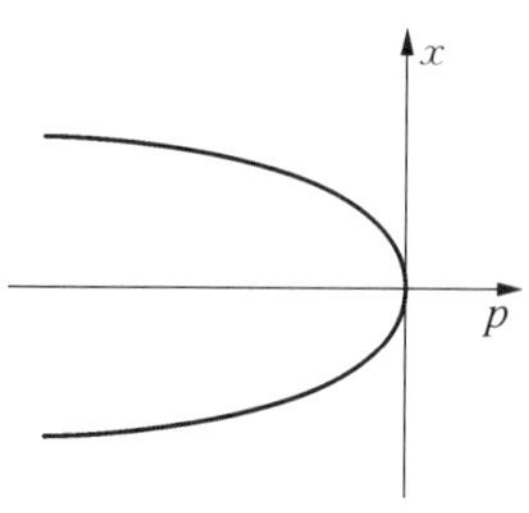

图 19-4　分岔示意图

在 p 由正变负的过程中,平衡点 $x=0$ 在 $p=0$ 时由稳定变为不稳定,同时产生 2 个新的分支解,即出现分岔点,如图 19-4 所示。当轴向力 $P<P_{cr}(p>0)$ 时,系统处于稳定状态,与图 19-4 中的左半部分及图 19-5(a)相对应。在图 19-5 中,系统只有 1 个势谷;随着轴向力的增加,p 逐渐变小,当 $P\to P_{cr}(p\to 0)$ 时,原来的稳定状态变为临界状态,临界的轴向力可由式(19－20)求得，此时任何外界的微小扰动都会触发结构的失稳；当轴向力 $P>P_{cr}$($p<0$) 时，原来的势谷渐渐隆起形成势脊，而在两侧出现 2 个对称的势谷，如图 19－5(b)所示；在 $p>0$ 到 $p<0$ 的演化过程中究竟最终达到哪一个势谷取决于外界扰动，如轴向力的微小偏离，桩身缺陷等的作用方向。

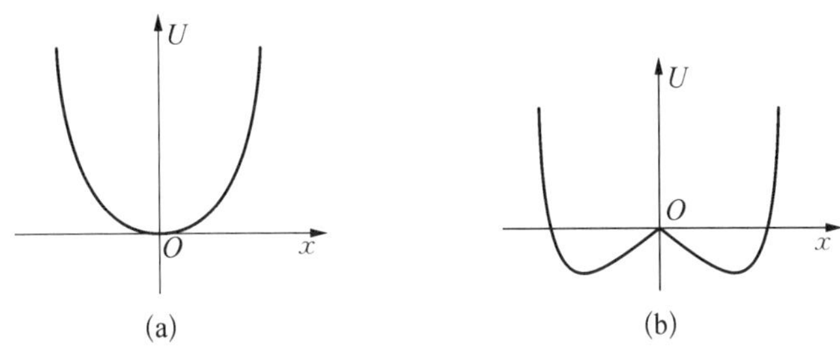

图 19－5　势函数示意图

19.4　竖向和横向荷载共同作用下失稳分析的尖点突变模型

本节基于作者采用尖点突变理论研究竖向荷载作用下超长桩的极限承载力并在塑性软化的超长桩承载力分析折叠突变模型的基础上，进一步建立超长桩在竖向和横向荷载共同作用下失稳分析的尖点突变模型。

采用第 18 章的综合法来考虑桩侧土弹性抗力，运用尖点突变理论对超长桩的稳定性进行了分析，如图 19－6 所示。

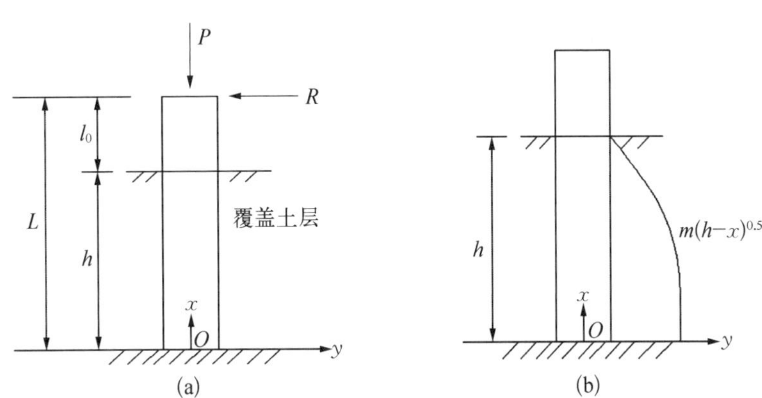

图 19－6　竖向和横向荷载作用下超长嵌岩桩稳定性分析模型

19.4.1 势函数建立

根据上述超长嵌岩桩稳定性分析力学模型，建立桩土体系总势能函数。如不考虑桩的轴向变形和剪切变形，则超长桩的总势能 Π 为桩身的弯曲应变能 U，桩周土体的弹性变形能 W 及外荷载势能 V 之和。

桩身弯曲应变能 U 为

$$U=\frac{1}{2}\int_{0}^{L} EI\,\frac{\left(\frac{\mathrm{d}^2 y}{\mathrm{d}x^2}\right)^2}{\left[1+\left(\frac{\mathrm{d}y}{\mathrm{d}x}\right)^2\right]^3}\mathrm{d}x \tag{19-21}$$

式中：EI 为桩身材料的抗弯刚度；y 为桩身轴线上任意点处的挠曲变形。

桩周土体的弹性变形能 W 为

$$W=\frac{1}{2}\int_{0}^{h} q(x)y\mathrm{d}x=\frac{mb}{2}\int_{0}^{h}(h-x)^{0.5}y^2\mathrm{d}x \tag{19-22}$$

式中：$q(x)$ 为地面下某一深度处桩侧地基土体反力；m 为桩侧地基反力系数的比例系数，$\mathrm{kN/m^4}$；b 为桩的计算宽度。

对于工程中常用的圆形截面桩：当直径 $d>1\ \mathrm{m}$ 时，$b=0.9(d+1)$；当直径 $d\leqslant 1\ \mathrm{m}$ 时，$b=0.9(1.5d+0.5)$。

外荷载势能 V 由桩顶荷载、自重以及桩侧摩阻力势能组成，桩顶荷载势能 V_{PR} 为

$$V_{\mathrm{PR}}=-\int_{0}^{L} P\left[\sqrt{1+\left(\frac{\mathrm{d}y}{\mathrm{d}x}\right)^2}-1\right]\mathrm{d}x-Ry_1 \tag{19-23}$$

桩身自重势能 V_{G} 为

$$V_{\mathrm{G}}=-\int_{0}^{L} rA(L-x)\left[\sqrt{1+\left(\frac{\mathrm{d}y}{\mathrm{d}x}\right)^2}-1\right]\mathrm{d}x \tag{19-24}$$

式中：rA 为桩身混凝土的重度。

桩侧摩阻力势能 V_{f} 为

$$V_{\mathrm{f}}=\int_{0}^{h} u\tau(h-x)\left[\sqrt{1+\left(\frac{\mathrm{d}y}{\mathrm{d}x}\right)^2}-1\right]\mathrm{d}x \tag{19-25}$$

式中：$u\tau$ 为桩侧摩阻力集度，则外荷载总势能 V 为

$$
\begin{aligned}
V &= V_{\mathrm{PR}} + V_{\mathrm{G}} + V_{\mathrm{f}} \\
&= -\int_0^L P\left[\sqrt{1+\left(\frac{\mathrm{d}y}{\mathrm{d}x}\right)^2}-1\right]\mathrm{d}x - Ry_1 - \\
&\int_0^L rA(L-x)\left[\sqrt{1+\left(\frac{\mathrm{d}y}{\mathrm{d}x}\right)^2}-1\right]\mathrm{d}x + \\
&\int_0^h u\tau(h-x)\left[\sqrt{1+\left(\frac{\mathrm{d}y}{\mathrm{d}x}\right)^2}-1\right]\mathrm{d}x
\end{aligned} \tag{19-26}
$$

则桩土体系总势能 Π 为

$$
\begin{aligned}
\Pi &= U + V + W \\
&= \frac{1}{2}\int_0^L EI\frac{\left(\frac{\mathrm{d}^2 y}{\mathrm{d}x^2}\right)^2}{\left[1+\left(\frac{\mathrm{d}y}{\mathrm{d}x}\right)^2\right]^3}\mathrm{d}x + \frac{mb}{2}\int_0^h (h-x)^{0.5}y^2\mathrm{d}x - \\
&\int_0^L P\left[\sqrt{1+\left(\frac{\mathrm{d}y}{\mathrm{d}x}\right)^2}-1\right]\mathrm{d}x - Ry_1 - \int_0^L rA(L-x)\left[\sqrt{1+\left(\frac{\mathrm{d}y}{\mathrm{d}x}\right)^2}-1\right] \\
&\mathrm{d}x + \int_0^h u\tau(h-x)\left[\sqrt{1+\left(\frac{\mathrm{d}y}{\mathrm{d}x}\right)^2}-1\right]\mathrm{d}x
\end{aligned} \tag{19-27}
$$

令 $z=\frac{x}{L}$，$w=\frac{y}{L}$，对式(19－21)～式(19－22)，以及式(19－26)用泰勒公式展开，并略去高于四次方的项，代入式(19－27)，得

$$
\begin{aligned}
\Pi &= \frac{EI}{2L}\int_0^1\left(\frac{\mathrm{d}^2 w}{\mathrm{d}z^2}\right)^2\left[1-3\left(\frac{\mathrm{d}w}{\mathrm{d}z}\right)^2\right]\mathrm{d}z - \frac{PL}{2}\int_0^1\left[\left(\frac{\mathrm{d}w}{\mathrm{d}z}\right)^2-\frac{1}{4}\left(\frac{\mathrm{d}w}{\mathrm{d}z}\right)^4\right]\mathrm{d}z - \\
&RLw_1 - \frac{rAL^2}{2}\int_0^1(1-z)\left[\left(\frac{\mathrm{d}w}{\mathrm{d}z}\right)^2-\frac{1}{4}\left(\frac{\mathrm{d}w}{\mathrm{d}z}\right)^4\right]\mathrm{d}z + \frac{u\tau L}{2}\int_0^{\frac{h}{L}}(H-Lz)\cdot \\
&\left[\left(\frac{\mathrm{d}w}{\mathrm{d}z}\right)^2-\frac{1}{4}\left(\frac{\mathrm{d}w}{\mathrm{d}z}\right)^4\right]\mathrm{d}z + \frac{mbL^3}{2}\int_0^{\frac{h}{L}}(h-Lz)^{0.5}w^2\mathrm{d}z
\end{aligned} \tag{19-28}
$$

19.4.2　突变理论分析

对于单桩或单排桩基中的嵌岩灌注桩，在图 19－6 坐标系下，可设定其临界桩身挠曲位移函数为

$$y=\sum_{n=1}^{\infty}C_n\left(1-\cos\frac{2n-1}{2L}\pi x\right) \tag{19-29}$$

式中：C_n 为待定系数，无量纲；n 为挠曲函数半波数。

取 $n=1$，则

$$y=C\left(1-\cos\frac{1}{2L}\pi x\right) \tag{19-30}$$

即

$$w=\frac{C}{L}\left(1-\cos\frac{1}{2L}\pi x\right) \tag{19-31}$$

式中：C 为临界状态时桩顶水平挠曲位移。

令 $\delta=\dfrac{C}{L}$，则

$$w=\delta\left(1-\cos\frac{1}{2L}\pi x\right) \tag{19-32}$$

把式(19－32)代入式(19－28)，得

$$\begin{aligned}\Pi=&\left\{\frac{EIl}{16}\left(\frac{\pi}{2l}\right)^6-\frac{3Pl}{64}\left(\frac{\pi}{2l}\right)^4+\frac{u\eta}{128}\left(\frac{\pi}{2l}\right)^2\left[\frac{3}{4}\pi^2k^2-3\sin^2\left(\frac{\pi k}{2}\right)-\sin^4\left(\frac{\pi k}{2}\right)\right]-\right.\\&\left.\frac{\gamma A}{128}\left(\frac{\pi}{2l}\right)^2\left(\frac{3}{4}\pi^2+4\right)\right\}\Delta^4+\left\{\frac{EIl}{4}\left(\frac{\pi}{2l}\right)^4-\frac{Pl}{4}\left(\frac{\pi}{2l}\right)^2+\frac{mb_1}{2}\frac{l^{\frac{3}{2}}}{\pi}\cdot\right.\\&\left[\pi k^{\frac{3}{2}}-4\sin\frac{k\pi}{2}FC(k^{0.5})+\frac{\sqrt{2}}{4}\sin(\pi k)FC[(2k)^{0.5}]+\right.\\&\left.4\cos\left(\frac{\pi}{2}k\right)FS(k^{0.5})-\frac{\sqrt{2}}{4}\cos(\pi k)FS[(2k)^{0.5}]\right]+\\&\left.\frac{u\eta}{128}\left[4\pi^2k^2-16+16\cos^2\left(\frac{\pi k}{2}\right)\right]-\frac{\gamma A}{128}(4\pi^2+16)\right\}\Delta^2\end{aligned} \tag{19-33}$$

令：

$$\begin{aligned}A=&\frac{EIl}{16}\left(\frac{\pi}{2l}\right)^6-\frac{3Pl}{64}\left(\frac{\pi}{2l}\right)^4+\frac{u\eta}{128}\left(\frac{\pi}{2l}\right)^2\left[\frac{3}{4}\pi^2k^2-3\sin^2\left(\frac{\pi k}{2}\right)-\sin^4\left(\frac{\pi k}{2}\right)\right]-\\&\frac{\gamma A}{128}\left(\frac{\pi}{2l}\right)^2\left(\frac{3}{4}\pi^2+4\right)\end{aligned}$$

$$B=\frac{EIl}{4}\left(\frac{\pi}{2l}\right)^{4}-\frac{Pl}{4}\left(\frac{\pi}{2l}\right)^{2}+\frac{mb_{1}}{2}\frac{l^{\frac{3}{2}}}{\pi}\left\{\pi k^{\frac{3}{2}}-4\sin\frac{k\pi}{2}FC(k^{0.5})+\frac{\sqrt{2}}{4}\sin(\pi k)\right.$$

$$\left.FC[(2k)^{0.5}]+4\cos\left(\frac{\pi}{2}k\right)FS(k^{0.5})-\frac{\sqrt{2}}{4}\cos(\pi k)FS[(2k)^{0.5}]\right\}+$$

$$\frac{u\eta}{128}\left[4\pi^{2}k^{2}-16+16\cos^{2}\left(\frac{\pi k}{2}\right)\right]-\frac{\gamma A}{128}(4\pi^{2}+16)$$

$$C=-LR$$

则式(19－33)可化简为

$$\Pi=A\delta^{4}+B\delta^{2}+C\delta \tag{19-34}$$

令 $\delta=\left(\frac{1}{4A}\right)^{\frac{1}{4}}t$，其中，$A>0$，则式(19－14)可变形为

$$\Pi=\frac{1}{4}t^{4}+\frac{1}{2}ut^{2}+vt \tag{19-35}$$

式中：$u=2B\left(\frac{1}{4A}\right)^{\frac{1}{2}}$；$v=C\left(\frac{1}{4A}\right)^{\frac{1}{4}}$。

式(19－35)的分叉集方程为

$$\Delta=4u^{3}+27v^{2}=0 \tag{19-36}$$

当 $\Delta>0$ 时，超长桩处于稳定区，此时桩是稳定的；当 $\Delta<0$ 时，表示超长桩处于不稳定状态；当跨越临界线时，超长桩发生突变，此时，$u<0$，$\Delta=0$。方程 $\Delta=0$ 有 3 个实根，其中 2 个重根是稳定的，另一个是不稳定的。

将 A，B，C 代入式(19－36)，化简得

$$\frac{8B^{3}}{A}+27C^{2}=0 \tag{19-37}$$

式(19－37)为在轴向荷载和横向荷载共同作用下超长桩失稳的判断依据。

19.4.3　屈曲临界荷载

假定横向力 $R=0$，埋置率 $k=\frac{h}{L}$，则由式(19－37)可得轴向荷载单独作用下超长桩屈曲时的临界荷载公式：

$$P_{cr}=\left\{\frac{EIl}{4}\left(\frac{\pi}{2l}\right)^4+\frac{mb_1}{2}\frac{l^{\frac{3}{2}}}{\pi}\left[\pi k^{\frac{3}{2}}-4\sin\frac{k\pi}{2}FC(k^{0.5})+\frac{\sqrt{2}}{4}\sin(\pi k)FC((2k)^{0.5})+4\cos\left(\frac{\pi}{2}k\right)FS(k^{0.5})-\frac{\sqrt{2}}{4}\cos(\pi k)FS((2k)^{0.5})\right]+\frac{u\eta}{128}\left[4\pi^2k^2-16+16\cos^2\left(\frac{\pi k}{2}\right)\right]-\frac{\gamma A}{128}(4\pi^2+16)\right\}\Big/\frac{l}{4}\left(\frac{\pi}{2l}\right)^2 \quad (19-38)$$

式中：$FC(x)=\int_0^x\cos\frac{\pi t^2}{2}\mathrm{d}t$；$FS(x)=\int_0^x\sin\frac{\pi t^2}{2}\mathrm{d}t$。

当不计入自重、侧摩阻力以及桩侧土体抗力时，式(19－18)退化为 $P_{cr}=\frac{\pi^2EI}{4l^2}$，此式即为熟悉的顶部自由、底部固定时普通压杆稳定的欧拉公式。

假定轴向力 $P=0$，横向力 $R\neq0$，由式(19－37)可以看到，要使得该式成立，$B<0$。而由系数 B 的定义可以看到，横向荷载作用下的失稳问题只与桩土固有的材料属性有关。

下面以算例来分析桩身自重、桩侧摩阻力以及其他桩土参数对超长桩临界荷载的影响规律。某桩基的桩身材料为C30混凝土，弹性模量 $E_h=3.0\times10^4$ MPa，桩长65.2 m，其中嵌岩段长度为4.2 m，桩端进入硬岩层，桩径为1.0 m，可得桩的计算宽度 $b_1=1.80$ m，覆盖层为流塑性黏土，取地基比例系数 $m=3\ 000\ \mathrm{kN/m^4}$，$\eta=30$ kPa，$\gamma=25\ \mathrm{kN/m^3}$ 桩身抗弯刚度 $EI=0.85E_hI=12.52\times10^5\ \mathrm{kN\cdot m^2}$，桩土变形系数 $\alpha=0.336$。

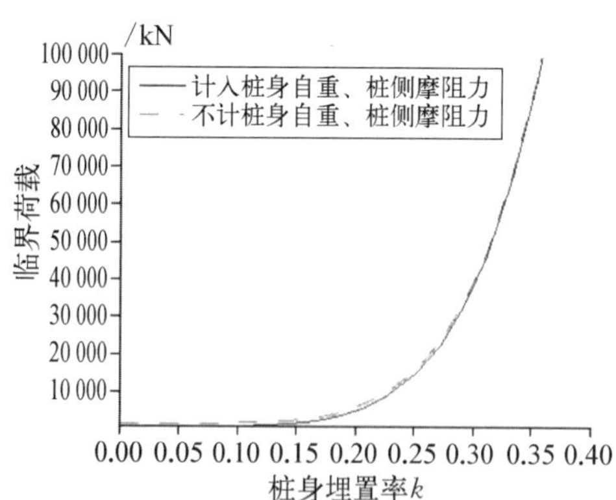

图19－7　自重摩阻有否临界荷载与桩埋置率关系图

如图19－7和图19－8所示，桩的埋置率对稳定性有着显著的影响，当桩身埋置率 $k<0.2$ 时，埋置率的增加对临界荷载值的提高影响很小；但当 $k>0.2$ 时，超长桩的失稳临界荷载值开始随着桩身埋置率的增加而增加。

当 $k=0.6$ 左右时，临界荷载值已经超过使桩身混凝土发生强度破坏的容许抗压强度。说明桩身埋置率较大的超长桩由于桩周土体约束作用的增强，桩不易发生屈曲破坏。如图 19 - 8 所示，在桩身埋置率小于 0.25 时，计入桩身自重以及摩阻力的超长桩失稳临界荷载值比不计自重及摩阻力的临界荷载值低，在桩身埋置率小于 0.25 时，不计桩身自重的超长桩失稳临界荷载值比计入桩身自重的临界荷载值高，同时图 19 - 9 表明，桩侧摩阻力对桩身的失稳临界荷载几乎没有影响。因此，在工程实践中，当埋置率较低时，应考虑自重对于桩身稳定的影响。

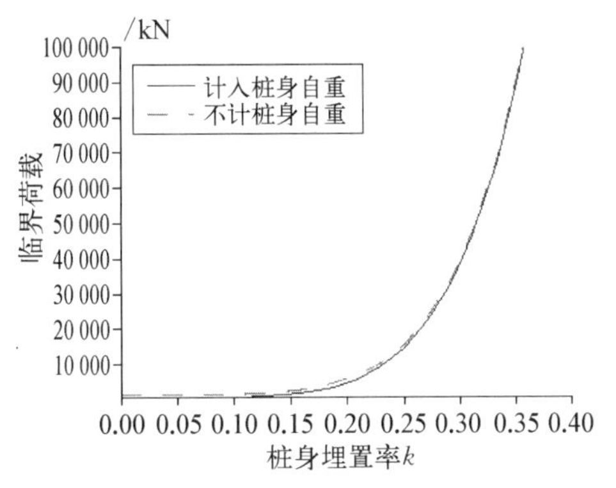

图 19 - 8　自重有否临界荷载值与桩埋置率关系

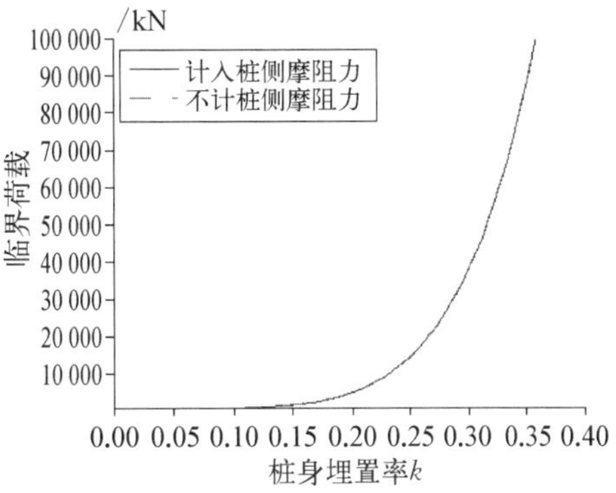

图 19 - 9　考虑与不考虑摩阻力时临界荷载值与桩埋置率关系

19.5　桩身缺陷等微扰下的失稳机理分析

在系统从一种状态向另一种状态过渡(或从一种结构转化为另一种结构)的过程中(通常又将这种转化过程统称为相变，力学上称为失稳)，系统必须跨越一个临界点。处在临界状态的系统，原来的定态解失稳，但系统并不会自动地离开原来的定态而跃向一种新的态，必须要有一种驱动力，这种驱动力就是涨落。涨落可以是由系统内部引起的，由大量子系统所组成的系统，各子系统的随机运动造成了描写系统整体物理量的涨落；涨落更通常的是由外界环境的随机变化所引起，一般常把这种由外界因素引起的涨落称为扰动。本节主要研究随机扰动对超长桩体系稳定性的发展演化影响。

由于桩侧地基土反力模式、桩侧摩阻力、桩土材料性质以及桩身缺陷等非线性因素的影响，超长桩失稳是一个极其复杂的过程，迄今的研究尚未得到一个统一认识。以往考虑桩身缺陷的桩稳定性研究中，缺乏从机理上深入阐述缺陷对桩基稳定性的影响，也没能考虑桩身缺陷的随机性，而且其研究采用的常数法地基反力系数不适用于超长桩的屈曲稳定分析。本节应用非线性数学方法的突变理论来讨论外界随机扰动对超长桩临界状态的影响,以对该状态下微小扰动诱发生失稳的机理进行初步探讨。

现代非线性科学认为,在临界点处,涨落的诱发作用主要是通过涨落的放大效应来实现。在临界点附近处,由于这时系统处于高度不稳定状态,任何微小的涨落都会被放大,微涨落在临界点附近会转变成巨涨落,正是由于这种巨涨落驱动着事物向新的状态演化。对于超长在临界微扰下失稳机制也可以通过突变理论进行分析。对于单桩,其力学模型仍然可简化为图 19-1,其势函数的表达式形式上仍为式(19-16),根据非线性科学的观点,系统的定态条件为

$$\frac{\mathrm{d}x}{\mathrm{d}t}=-\frac{\partial \Pi}{\partial x}=-4x^3-2px=f(p,\ x) \tag{19-39}$$

当考虑桩在受到外界随机因素(轴向力的偏离、桩身某侧的缺陷、桩身材料的不均匀),可以引入表征扰动力的函数 $F(t)$,此时式(19-39)可以写成:

$$\frac{\mathrm{d}x}{\mathrm{d}t}=-\frac{\partial \Pi}{\partial x}=-4x^3-2px+F(t)=f(p,\ x)+F(t) \tag{19-40}$$

由于外界扰动的随机性,因此可以引入高斯分布函数 $W(F)=\frac{1}{\sigma\sqrt{2\pi}}\mathrm{e}^{\frac{-F^2}{2\sigma^2}}$ 来反映这种随机分布的扰动力。则在时刻 t, t',引入扰动力的相关函数来表征扰动的影响大小。其表达式为

$$R_{\mathrm{F}}(t,\ t')=E[F(t),\ F(t')]=\sigma^2\mathrm{Dirac}(t-t') \tag{19-41}$$

式中:σ^2 为随机扰动的方差;$R_{\mathrm{F}}(t,\ t')$ 为相关函数。

引入扰动变量 Δx,设其为干扰引起的状态变量 x 与平衡状态变量 x_0 的差值,即

$$\Delta x=x-x_0 \tag{19-42}$$

由式(19-42)及式(19-40)得

$$\frac{\mathrm{d}\Delta x}{\mathrm{d}t}=-(12x_0^2+2p)\Delta x-12x_0\Delta x^2-4\Delta x^3+F(t) \tag{19-43}$$

根据稳定性分析方法,取线性项,得到扰动方程:

$$\frac{\mathrm{d}\Delta x}{\mathrm{d}t}=-(12x_0^2+2p)\Delta x+F(t) \tag{19-44}$$

$$\lambda(p)=-(12x_0^2+2p) \tag{19-45}$$

则

$$\frac{\mathrm{d}\Delta x}{\mathrm{d}t}=\lambda(p)\Delta x+F(t) \tag{19-46}$$

根据突变理论，$\lambda(p)$ 为标准尖点突变的奇点集方程。由稳定判据：

$$\left.\begin{array}{l}\lambda(p)<0,\text{渐近稳定}\\ \lambda(p)>0,\text{不稳定}\\ \lambda(p)=0,\text{临界稳定}\end{array}\right\} \tag{19-47}$$

对式(19－28)积分可以得到其渐近稳定的解为

$$\Delta x(t)=\int_{-\infty}^{t}\mathrm{e}^{\lambda(t-\tau)}F(\tau)\mathrm{d}\tau \tag{19-48}$$

由式(19－23)及式(19－30)可以得到相关函数：

$$R_{\Delta x}(t+\tau,\ t)=E[\Delta x(t+\tau),\ \Delta x(t)]=\frac{\sigma^2}{2|\lambda|}\mathrm{e}^{\lambda\tau} \tag{19-49}$$

式(19－49)反映了 2 个相距为 τ 的扰动之间的相关关系。从图形上更直观地表示这种关系，可以假设 $\sigma^2=1.0$ 分别做出 $\lambda=-0.5$(渐近稳定)和 $\lambda=0.5$(不稳定状态)下的图形，如图 19－10 和图 19－11 所示。

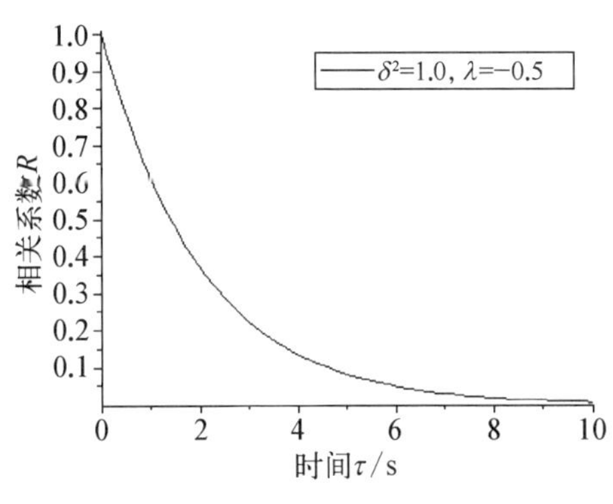

图 19－10　稳定状态下相关系数 *R* 与时间 τ 关系

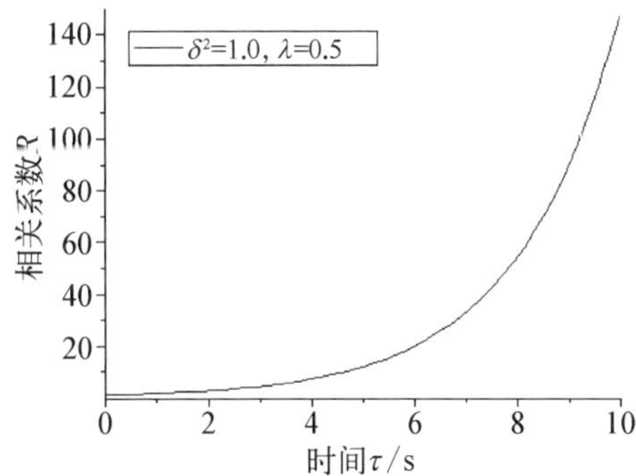

图 19－11　不稳定状态下相关系数 *R* 与时间 τ 关系

由图 19－10 可知，在超长桩处于稳定状态时，缺陷等其他微小扰动对系统状态变化的相关系数很小，并且随着时间推移逐渐衰减，即对稳定状态没有

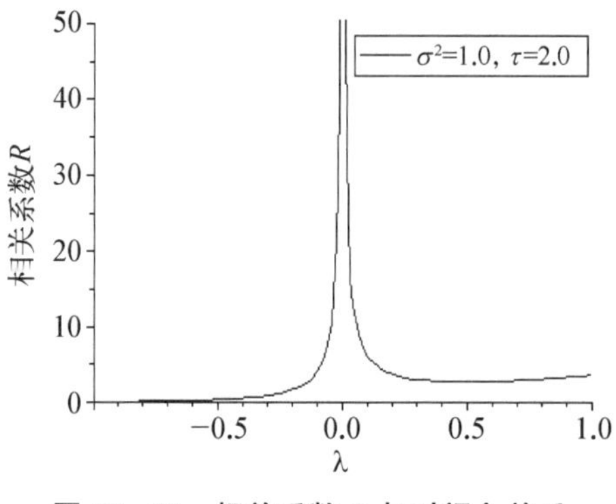

图 19 - 12　相关系数 R 与时间 λ 关系

多大的影响。从图 19 - 11 可知，超长桩处于不稳定状态时，缺陷等其他微小扰动对系统状态变化的相关系数随着时间推移逐渐增大，在这种状态下会促使桩的状态趋向于另一种状态。图 19 - 12 则表明在临界状态时，相关系数趋近于无穷大，此时缺陷等扰动的影响会促使桩土体系由稳定临界状态向另一种状态滑移，甚至发生失稳破坏。

由前面的分析知道，桩身缺陷等微小扰动对超长桩的稳定有一定的影响，在桩处于渐近稳定状态时影响较小，但是对于处在临界状态的桩土体系，任何微小的扰动往往会促使桩土体系向另一种状态发生滑移，从而诱发超长桩发生失稳破坏。微小扰动既是系统失稳的最初驱动力，同时当系统可向几个方向演化(存在着分岔)时，微小扰动将决定系统最终究竟向哪个方向或途径演化。

19.6　超长桩竖向极限承载力分析

超长桩的破坏模式主要取决于桩周土的抗剪强度和桩本身承载强度，主要有四种类型的破坏模式。对于基桩的极限承载力，目前较多采用的双曲线模型、指数模型、抛物线模型及灰色理论在某些桩型和工况下的估算及预测效果都较好。从众多基桩静荷载实验的资料来看，基桩的破坏具有突变性，在上级荷载作用下沉降量尚小，但在下级荷载作用下可能突然发生破坏，此时若采用常用的估算及预测模型会使预测结果失真，因此需要根据有限的实测数据准确地判定及预测基桩的极限承载力。基于此，本章引入非线性科学的突变理论对基桩的极限承载力进行初步探讨，以加深对超长桩破坏机理的理解。

19.6.1　力学模型

超长桩桩顶受到竖向荷载 P_0 作用，桩产生竖向位移 u。假设桩周土体仅对桩产生竖向摩擦力 f，而桩下端的土体可看作是刚性体，仅对桩有一个端阻力 P_1。基于此种假设，桩周土及桩端土简化为力的形式，可建立如图 19 - 13 所示的力学模型。桩所受的力有自重 G、桩侧摩阻力 f、桩端阻力 P_1、桩内部所受的竖向外力。超长桩的荷载位移曲线如图 19－14 所示，其表达式 $f(u)=\lambda u e^{-u/u_0}$。其中：$f(u)$ 为变形 u 对应的荷载，u 为桩的竖向变形量，u_0 为峰值对应的位移值。荷载位移曲线在弱化段出现拐点 t，相对应的位移量为 u_1，由 $f''(u)=\dfrac{\lambda}{u_0}\left(-2+\dfrac{u}{u_0}\right)e^{-u/u_0}$，得 $u_1=2u_0$。

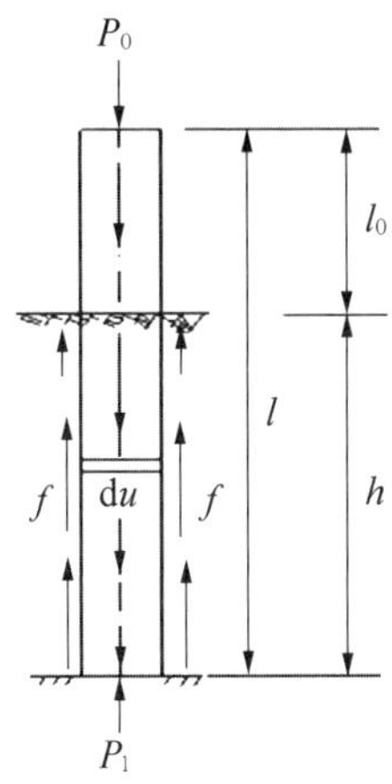

图 19－13　超长桩的荷载位移曲线

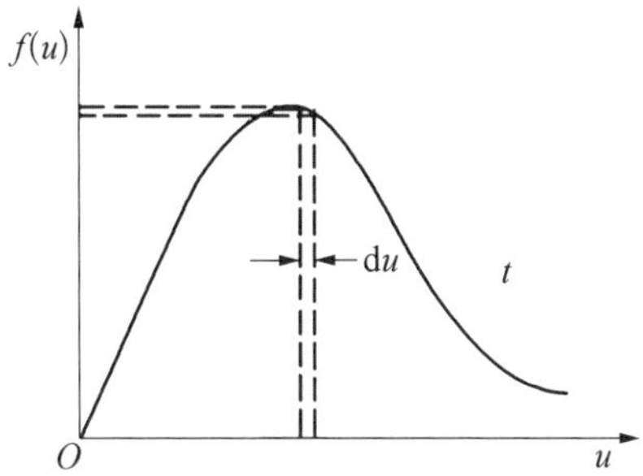

图 19－14　超长桩的荷载位移曲线

$$f=(P_0+G-P_1)/h=\frac{1-\beta}{h}(P_0+G),\ \beta=P_1/(P_0+G) \tag{19-50}$$

式中：β 是引入表征超长桩类型的物理量。当 $\beta=0$ 时，为摩擦桩；当 $0<\beta<1$ 时，为端承摩擦桩；当 $\beta=1$ 时，为端承桩。

19.6.2　基于尖点突变的极限承载力

根据功能增量原理可以写出以整个桩为研究对象，在桩的总竖向位移为 u 时，桩所受荷载势能的改变量，单桩的总势能为单桩所受重力、桩侧摩阻力、桩端阻力、单桩内部所受的竖向外力各力所做功总和。

$$V=\int_0^l f(u)\mathrm{d}u-P_1Au+Gu-\int_0^h fb\,\mathrm{d}u \tag{19-51}$$

当桩的势能函数在受到外荷载 P_0 增大时，当增大到某一值时达最大值，此时积蓄的能量达到临界状态。当超过此临界状态时，桩就会产生一个脆性破坏，因此对式(19－50)求导可以得到平衡曲面方程：

$$V'=f(u)-P_1A+G-fbh \tag{19-52}$$

进一步根据平衡曲面的光滑性质可求得尖点，在尖点处：

$$V''=f'(u)=\lambda\left(1-\frac{u}{u_0}\right)\mathrm{e}^{-u/u_0}=0,\ f'(u_1)=-\lambda\mathrm{e}^{-2} \tag{19-53}$$

从而可以得到尖点处：$u=u_1=2u_0$。

$$V'''=\frac{\lambda}{u_0}\left(-2+\frac{u}{u_0}\right)\mathrm{e}^{-u/u_0},\ f''(u_1)=0 \tag{19-54}$$

$$f'''(u)=\frac{\lambda}{u_0^2}\left(3-\frac{u}{u_0}\right)\mathrm{e}^{-u/u_0},\ f'''(u_1)=\frac{4\lambda}{u_1^2}\mathrm{e}^{-2} \tag{19-55}$$

将 $f(u)$ 在 u_1 处按照泰勒公式展开，取前三次项，后面各项可以忽略不计，则

$$f(u)=f(u_1)+f'(u_1)(u-u_1)+\frac{1}{2!}f''(u_1)(u-u_1)^2+\frac{1}{3!}f'''(u_1)(u-u_1)^3+O(u-u_1)^4 \tag{19-56}$$

将式(19-52)～式(19-53)代入式(19-55)，则

$$f(u)=\lambda\mathrm{e}^{-2}\left[u_1-(u-u_1)+\frac{2}{3u_1^2}(u-u_1)^3\right] \tag{19-57}$$

将式(19-56)代入平衡曲面方程，得

$$V'=\lambda\mathrm{e}^{-2}\left[u_1-(u-u_1)+\frac{2}{3u_1^2}(u-u_1)^3\right]=f(u)-P_1A+G-fbh \tag{19-58}$$

令：

$$u-u_1=x,\ \lambda\mathrm{e}^{-2}=k,\ -\frac{3}{2}u_1^2=a,\ (-P_1A+G-fbh+ku_1)/(2k/3u_1^2)=c \tag{19-59}$$

则 $x^3+ax+c=0$ 为平衡曲面方程的标准形式。相应的分叉集方程为

$$4a^3+27c^2=0 \tag{19-60}$$

当 $a<0$ 时满足跨越分叉产生突变的条件，此时可以得到 $x^*=-\sqrt{-\frac{a}{3}}$，

为破坏时所对应的状态变量。相应地，$u^{*}=(1-\sqrt{2}/2)u_1$，则可以得到超长桩的极限承载力为

$$f(u^{*})=P_1A+fbh-G=\beta(P_0+G)A+b(1-\beta)(P_0+G)-G \tag{19-61}$$

该结果与《建筑桩基技术规范》(JGJ 94—2008)中确定单桩轴向承载力的经验公式 $Q_{uk}=Q_{sk}+Q_{pk}=u\sum q_{sik}l_i+q_{pk}A_p$ 只相差重力一项。其原因在于规范中没有考虑自重的影响。

19.6.3　判定方法的验证

为验证上述基于尖点突变理论的超长桩极限承载力判定方法对于基桩屈曲破坏的适用性。下面应用试桩数据进行荷载-沉降关系曲线的拟合分析，进而计算得到超长桩破坏时的极限荷载值。试桩为设计直径 1.0 m、埋深 60.2 m 的钻孔灌注桩，进入弱风化泥质砂岩层。荷载在第 17 级荷载 17 280 kN 时实验桩破坏，破坏类型属于屈曲破坏。利用荷载-沉降关系通过回归分析得到荷载位移关系式中的系数，再代入计算极限荷载能力。计算所得如下：$u_0=52.37$，$\lambda=891.13$，$P(u^{*})=15\,217.79$ kN，与实测屈曲荷载 17 280 kN，误差率－11.52%；第 13 级加载时，$u_0=53.56$，$\lambda=882.57$，$P(u^{*})=15\,414.81$ kN，实测屈曲荷载 17 280 kN，误差率－10.38%；由此可见，基于尖点突变的判定方法对于超长桩的屈曲破坏具有较好的适用性。

表 19－2　荷载-沉降关系

荷载/kN	历时/min		沉降/mm		备　注
	本　级	累　计	本　级	累　计	
0	0	0	0	0	
1 080	90	90	0.59	0.59	
2 160	90	180	0.49	1.08	
3 240	90	270	0.90	1.98	
4 320	120	390	1.38	3.36	
5 400	120	510	2.24	5.60	
6 480	150	660	2.36	7.96	
7 560	120	780	2.56	10.52	

续 表

荷载/kN	历时/min		沉降/mm		备 注
	本 级	累 计	本 级	累 计	
8 640	180	960	2.30	12.82	
9 720	120	1 080	2.78	15.60	
10 800	300	1 380	3.46	19.06	
11 880	270	1 650	2.15	21.41	
12 960	120	1 770	1.00	22.41	
14 040	210	1 980	2.83	25.24	
15 120	240	2 220	3.31	28.55	
16 200	330	2 550	3.83	32.38	
16 720	120	2 670	2.93	35.31	
17 280	—	—	不稳定	不稳定	试桩屈曲破坏

19.6.4 考虑塑性软化的分析

在受载过程中，超长桩周围一定范围内混凝土的应力有可能超过其屈服极限，桩身混凝土由弹性状态转变为塑性状态，从而形成一个松动区，即塑性软化区。桩身中间部分的混凝土处于弹性状态并形成弹性区。当弹性区蓄有的弹性应变能释放，使塑性软化区突然扩大，从而使超长桩发生破坏。为简化起见，假设塑性软化区不随高度而变化，且截面四边的软化区尺寸相同。超长桩破坏时截面模型如图 19 - 15 所示。采用 Hognestad 提出的混凝土应力应变关系(图 19 - 16)：

$$\text{上升段}\quad \sigma=\sigma_0\left[2\left(\frac{\varepsilon}{\varepsilon_0}\right)-\left(\frac{\varepsilon}{\varepsilon_0}\right)^2\right],\ 0\leqslant\varepsilon\leqslant\varepsilon_0 \tag{19-62}$$

$$\text{软化段}\quad \sigma=\sigma_0\left[1-0.15\left(\frac{\varepsilon-\varepsilon_0}{\varepsilon_u-\varepsilon_0}\right)\right],\ \varepsilon_0\leqslant\varepsilon\leqslant\varepsilon_u \tag{19-63}$$

式中：σ，ε 为混凝土的应力、应变；σ_0，ε_0 为混凝土应力达到峰值时的应力、应变；ε_u 为混凝土的极限压应变。

系统的总势能为

$$\Pi=-W_l+U_e+U_s \tag{19-64}$$

式中：W_1 为外力做的功；U_e 为系统上升阶段的应变能；U_s 为软化区的应变能。

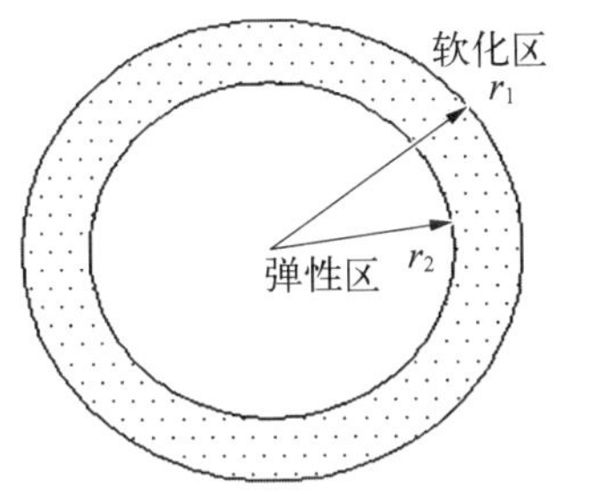

图 19-15 超长桩破坏时截面模型

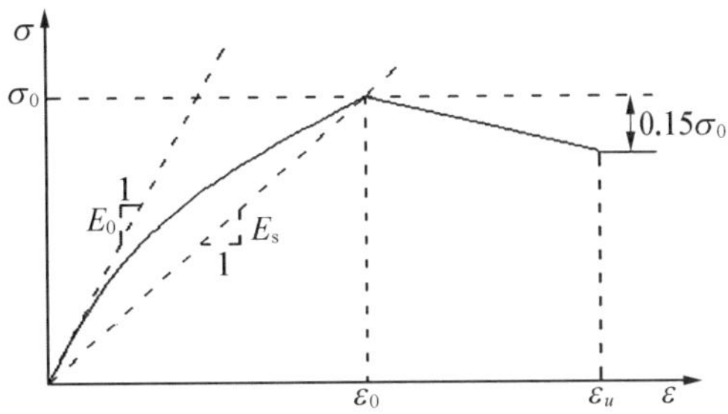

图 19-16 混凝土应力应变关系曲线

$$W_1 = \int_0^u P_z \mathrm{d}z = P_0 u - P_1 A u + G u - f U h u \tag{19-65}$$

设 ω_e 和 ω_s 为应变比能，其值为

$$\bar{\omega}_e = \int_0^{\varepsilon_z} \sigma_0 \left[2\left(\frac{\varepsilon}{\varepsilon_0}\right) - \left(\frac{\varepsilon}{\varepsilon_0}\right)^2 \right] \mathrm{d}\varepsilon = \frac{\sigma_0}{h^2 \varepsilon_0} - \frac{\sigma_0}{3h^3 \varepsilon_0^2} u^3 \tag{19-66}$$

$$\omega_s = \int_0^{\varepsilon_z} \sigma_0 \left[1 - 0.15\left(\frac{\varepsilon - \varepsilon_0}{\varepsilon_u - \varepsilon_0}\right) \right] \mathrm{d}\varepsilon = \frac{(\varepsilon_u - 0.85\varepsilon_0)\sigma_0}{(\varepsilon_u - \varepsilon_0)h} u - \frac{0.075\sigma_0}{(\varepsilon_u - \varepsilon_0)h^2} u^2 \tag{19-67}$$

对应的弹性区的应变能 U_e 和软化区的应变能 U_s 分别为

$$U_e = \int \omega_e \mathrm{d}v = \left(\frac{\sigma_0}{h\varepsilon_0} u^2 - \frac{\sigma_0}{3h^2 \varepsilon_0^2} u^3 \right) \pi r_2^2 \tag{19-68}$$

$$U_s = \int \omega_s \mathrm{d}v = \left[\frac{(\varepsilon_u - 0.85\varepsilon_0)\sigma_0}{\varepsilon_u - \varepsilon_0} u - \frac{0.075\sigma_0}{(\varepsilon_u - \varepsilon_0)h} u^2 \right] \pi (r_1^2 - r_2^2) \tag{19-69}$$

则系统的总势能为

$$\Pi = A_1 u^3 + B_1 u^2 - C_1 u \tag{19-70}$$

式中：

$$A_1 = -\frac{\sigma_0 \pi r_2^2}{3h^2 \varepsilon_0^2}$$

$$B_1=\frac{\sigma_0\pi r_2^2}{h\varepsilon_0}-\frac{0.075\sigma_0\pi(r_1^2-r_2^2)}{(\varepsilon_u-\varepsilon_0)h}$$

$$C_1=P_0-P_1A+G-fUh-\frac{\sigma_0\pi(\varepsilon_u-0.85\varepsilon_0)(r^2-r_2^2)}{(\varepsilon_u-\varepsilon_0)} \tag{19-71}$$

令：$u=x-\frac{B_1}{3A_1}$，并忽略与 x 无关项，得

$$\Pi=A_1x^3+\left(-\frac{B_1^2}{3A_1}-C_1\right)x \tag{19-72}$$

令 $x=\sqrt[3]{1/A_1}\,y$，$b'=\sqrt[3]{1/A_1}\left(-\frac{B_1^2}{3A_1}-C_1\right)$，则

$$\Pi=\frac{1}{3}y^3+b'y \tag{19-73}$$

式(19-73)为折叠突变的标准形式，可以看出软化区超长桩的破坏符合折叠突变形式。对于一个力学系统，若其处于平衡状态，其势函数必取驻值，故系统的平衡方程为

$$\mathrm{d}\Pi/\mathrm{d}y=y^2+b'=0 \tag{19-74}$$

由突变理论可知：$b'>0$ 时，系统为空状态；$b'<0$ 时，状态变量可取两个值；$b'=0$ 是系统稳定和失稳的临界状态。令 $b'=0$，得

$$P_0=P_1A+fUh-G+\frac{\sigma_0\pi(\varepsilon_u-0.85\varepsilon_0)(r_1^2-r_1^2)}{(\varepsilon_u-\varepsilon_0)}-\frac{B_1^2}{3A_1} \tag{19-75}$$

从上式可以看出，考虑软化之后的超长桩的承载能力与式(19-61)的表达式多了最后两项，即超长桩的极限承载能力与软化区半径及弹性区的半径有关。

19.7 本章结论

将非线性科学的突变理论引入超长桩屈曲稳定研究中，建立了超长桩屈曲分析的尖点突变模型，得到相应的临界荷载表达式。本章得到如下结论：

(1) 在桩长及其他条件不变时，随着桩身埋置率的增加，超长桩的屈曲临界荷载增大，桩周土体对桩身屈曲稳定起有利作用，但是当桩身埋置率超过一定范

围后，桩身屈曲荷载将超过桩身混凝土的容许承载能力，此时超长桩破坏将以桩身材料破坏为主。

(2) 计入桩身自重的屈曲临界荷载值与不计桩身自重时的屈曲临界荷载在桩身埋置率 $k<0.25$ 相差较大，但是当桩身埋置率 $k>0.25$ 后则两者几乎没有什么差别。因此，在工程实际中，在桩身埋置率较低时应该视情况考虑自重对桩身屈曲稳定的不利影响。

(3) 桩身缺陷等微小扰动对超长桩的稳定有一定的影响，当桩处于渐近稳定状态时影响较小，但是对于处在临界状态的桩土体系，任何微小扰动往往会促使桩土体系向另一种状态发生滑移，从而诱发超长桩发生失稳破坏，微扰将决定系统最终究竟向哪个方向或途径演化。

(4) 应用突变理论对超长桩破坏的极限承载力研究进行预测时，可以将 u^* 作为破坏的临界条件，同时运用尖点突变理论，根据不同的参数 u_0，λ 确定基桩极限承载力的判定方法对基桩屈曲破坏时的极限承载力判定具有较好的适用性。

(5) 考虑塑性软化的基桩破坏符合折叠突变模型，基桩破坏的极限承载能力与超长桩的软化区半径及弹性区的半径有关。

第 20 章 超长桩屈曲及初始后屈曲分析

20.1 引言

基桩早期研究表明：当桩周土体软弱或易液化时，置于软弱地基中的基桩犹如细长杆件，在轴向荷载作用下具有屈曲的性质，当作用在桩顶的轴向荷载达到某一临界值时，基桩遂然呈现弓形，微小的荷载将引起其很大的变形，从而导致基桩的屈曲破坏。一般认为桩径比 $l/d>50$，桩端埋设在一定厚度的岩层中以获得较大的承载力和较小位移的桩基基础称为超长嵌岩桩。近年来，由于海上及深海建筑物的发展，地质土体软弱或易液化，基桩屈曲稳定问题备受重视，许多行业规范中均要求进行桩身屈曲验算，不少学者对此开展研究。目前基于超长桩的屈曲稳定性研究大多基于规范的 m 法桩侧土地基反力模式分析。然而，由于 m 法假定桩侧土地基反力系数随深度线性增加，按此假定，地基系数随深度无限增长，与实际情况不相吻合，计算的临界荷载值比实测值更大，这给工程埋下安全隐患。

此外，已有的屈曲分析方法大多视桩身为理想压杆，按第一类稳定问题求解桩身屈曲临界荷载(失稳荷载上限)，并没有研究基桩达到该荷载后的力学性状。由于桩身可能存在初始缺陷(如初弯曲、缩径等)，加之桩土材料的非线性，往往导致桩初始后屈曲过程中屈曲荷载的显著下降，若仍以该值衡量桩身稳定性将偏于不安全。故一些学者进行了基桩的后屈曲研究。

然而，以往的研究所基于的经典 m 法不能合理地表征实际桩侧土体约束作用，基于普通桩的 m 法和常数法的桩周土抗力模式不宜用于超长桩的屈曲及后屈曲分析。为此，本章首先考虑超长桩桩侧土抗力模式为浅层土体 m 法、深层土体常数法的组合桩侧土抗力模式。基于变分原理，采用扰动法对超长嵌岩桩的屈曲及初始后屈曲性状进行分析，得到初始后屈曲过程中临界荷载变化值与桩土体系参数相关的一般表达式，并应用算例讨论浅层土 m 法计算深度系数、桩土刚度比、桩身埋置率等桩土体系参数对桩身初始后屈曲平衡路径的影响规律。在此基础上，对桩侧地基反力系数呈一般的幂分布形式下的超长桩屈曲及后屈曲性能进行进一步的分析，并将各种不同抗力模式对超长桩屈曲及初始后屈曲性状的影响规律进行比较。

20.2　基于经典 m 法的超长桩屈曲及初始后屈曲分析

20.2.1　力学模型及方程建立

基本假设：不考虑桩端变位，即失稳时破坏点总位于桩身；只考虑桩在纵向平面内的变形，即不考虑弯扭失稳；不考虑轴向压缩，即忽略桩侧摩阻力的影响。对于单桩或单排桩基础，桩身的屈曲稳定可视为一端嵌固、一端自由，且端部作用有保守轴向力 P 的弹性地基梁的弯曲屈曲问题。将桩侧土体抗力简化为一系列 Winkler 地基弹簧支座，则建立分析模型，如图 20 - 1 所示，其中桩底嵌岩深度为 h_r，覆盖层厚度为 h，地面以上桩顶自由长度为 l_0，并采用图 20 - 1(b)所示 m 法地基反力系数。

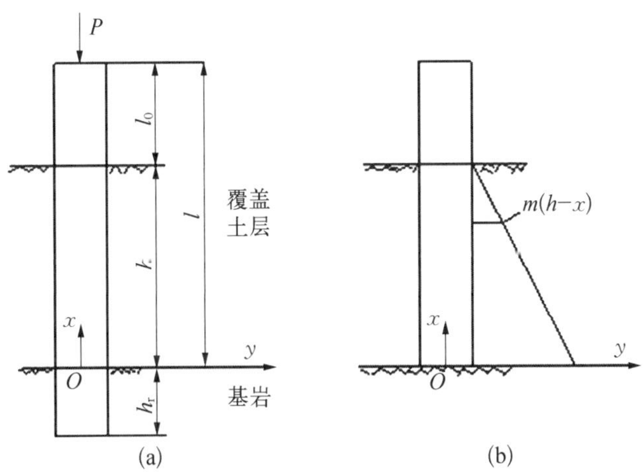

图 20 - 1　超长嵌岩桩屈曲及初始后屈曲分析模型

桩土体系总势能 Π 可由桩身应变能 U_p、桩侧土体即弹簧的弹性变形能 U_s 及荷载势能 V_p 三部分组成，即

$$\Pi = U + V = U_p + U_s + V_p \tag{20 - 1}$$

其中，桩身因弯曲而产生的应变能 U_p，在如图 20-1(a)所示的坐标系下可表示为

$$U_p=\frac{EI}{2}\int_0^l (y'')^2\mathrm{d}x=\frac{EI}{2}\int_0^l(\theta')^2\mathrm{d}x \tag{20-2}$$

式中：EI 为桩身抗弯刚度；y，θ 分别为桩身轴线上任意点处的挠曲变形与转角。

桩侧土体的弹性变形能 U_s 可表示为

$$U_s=\frac{1}{2}\int_0^h q(x)y\mathrm{d}x=\frac{mb_1}{2}\int_0^h(h-x)y^2\mathrm{d}x \tag{20-3}$$

式中：$q(x)$为地面下某一深度处桩侧地基土体反力；m 为桩侧地基土反力比例系数，kN/m^4；b_1 为桩的计算宽度。对于工程中常用的圆形截面桩：当直径 $d>1$ m 时，$b_1=0.9(d+1)$；当直径 $d\leqslant 1$ m 时，$b_1=0.9(1.5d+0.5)$。

桩顶荷载势能 V_p 可按弹性小变形假定计算如下：

$$V_p=P\int_0^l(1-\cos\theta)\mathrm{d}x \tag{20-4}$$

将式(20-2)～式(20-4)统一表示为桩身挠曲 y 的表达式。根据几何级数关系，有

$$\left.\begin{aligned}&\theta=\sin^{-1}y'=y'+(y')^3/6+\cdots\\&\cos\theta=1-\theta^2/2+\theta^4/24+\cdots\end{aligned}\right\} \tag{20-5}$$

因考虑的是桩土体系的弹性小变形，故可忽略 5 阶及以上无穷小量而获得下列近似关系式：

$$\left.\begin{aligned}&(\theta')^2\approx\{y''[1+(y')^2]\}^2\approx(y'')^2[1+(y')^2]\\&\theta^2\approx[y'+(y')^3/6]^2\approx(y')^2+(y')^4/6\\&\theta^4\approx[y'+(y')^3/6]^4\approx(y')^4\end{aligned}\right\} \tag{20-6}$$

将式(20-6)分别代入式(20-2)、式(20-4)中，得

$$U_p=\frac{EI}{2}\int_0^l(\theta')^2\mathrm{d}x=\frac{EI}{2}\int_0^l(y'')^2[1+(y')^2]\mathrm{d}x \tag{20-7}$$

$$V_p=P\int_0^l(1-\cos\theta)\mathrm{d}x=\frac{P}{2}\int_0^l\left[(y')^2+\frac{(y')^4}{4}\right]\mathrm{d}x \tag{20-8}$$

将式(20－3)、式(20－7)和式(20－8)代入式(20－1)中，合并整理后得到用桩身挠曲位移函数 y 表示的桩土体系总势能为

$$\Pi=\frac{1}{2}\left\{EI\int_0^l (y'')^2[1+(y')^2]-P[(y')^2+(y')^4/4]\right\}\mathrm{d}x+\frac{mb_1}{2}\int_0^h (h-x)y^2\mathrm{d}x \tag{20-9}$$

为考虑桩身初始后屈曲平衡性状，可基于扰动法将桩顶荷载表示为

$$P=P_{\mathrm{cr}}+\delta P \tag{20-10}$$

式中：δP 为桩顶荷载 P 的变分。

至于相应的桩身挠曲位移函数 y，可假定其与临界屈曲状态时的桩身挠曲函数 y_0 存在如下关系：

$$y=ay_0 \tag{20-11}$$

式中：a 为待定系数。现将式(20－10)～式(20－11)代入式(20－9)中，合并整理后，得

$$\begin{aligned}\Pi=&\frac{a^2}{2}\left\{\int_0^l [EI(y_0'')^2-P_{\mathrm{cr}}(y_0')^2]\mathrm{d}x+mb_1\int_0^h (h-x)y^2\mathrm{d}x\right\}+\\&\frac{1}{2}\int_0^l \left[a^4EI({y''}_0)^2(y_0')^2-\frac{1}{4}a^4P_{\mathrm{cr}}(y_0')^4-a^2\delta P(y_0')^2-\frac{1}{4}a^4(y_0')^4\delta P\right]\mathrm{d}x\end{aligned} \tag{20-12}$$

由最小势能原理，当桩身达到初始后屈曲平衡状态时，桩土体系总势能的二阶变分应等于零，即

$$\frac{\partial^2\Pi}{\partial a^2}=0 \tag{20-13}$$

由式(20－12)得

$$\delta P=\frac{a^2\int_0^l [4EI(y_0'')^2(y_0')^2-P_{\mathrm{cr}}(y_0')^4]\mathrm{d}x}{\int_0^l [2(y_0')^2+a^2(y_0')^4]\mathrm{d}x} \tag{20-14}$$

由能量准则，可以根据式(20－14)判断初始后屈曲过程中桩身屈曲荷载的变化情况，即增大 ($\delta P>0$) 还是减小 ($\delta P<0$)，从而判断后屈曲状态桩基是处于稳定状态还是不稳定状态。

20.2.2 嵌岩桩临界荷载及初始后屈曲性状分析

为分析桩侧土弹性抗力以及桩土体系参数对桩身屈曲及初始后屈曲平衡性状的影响，有必要将桩的屈曲分析与后屈曲分析联系起来考虑，为简化分析及探讨一般的规律，先求出按该模型的临界荷载 P_{cr}，然后将 P_{cr} 代入式(20-14)从而得到荷载变分与桩土体系参数的一般表达式。

对于单桩或单排桩基的嵌岩桩，在图 20-1 坐标系下可假定其临界桩身挠曲位移函数为

$$y_0 = \Delta_0\left(1 - \cos\frac{2n-1}{2l}\pi x\right) \tag{20-15}$$

取 $n=1$，则

$$y_0 = \Delta_0\left(1 - \cos\frac{\pi x}{2l}\right) \tag{20-16}$$

式中：Δ_0 为临界状态时桩顶水平挠曲位移。将式(20-16)代入式(20-9)得

$$\begin{aligned}\Pi = {} & \frac{EI\Delta_0^2}{2}\left(\frac{\pi}{2l}\right)^4\left[\frac{l}{2} + \frac{l}{8}\Delta_0^2\left(\frac{\pi}{2l}\right)^2\right] - \frac{P}{2}\Delta_0^2\left(\frac{\pi}{2l}\right)^2\left[\frac{l}{2} + \frac{3l}{32}\Delta_0^2\left(\frac{\pi}{2l}\right)^2\right] + \\ & \frac{mb_1\Delta_0^2}{2}\left\{\frac{3h^2}{4} + \frac{l^2}{\pi^2}\left[8\cos\left(\frac{\pi h}{2l}\right) + \sin^2\left(\frac{\pi h}{2l}\right) - 8\right]\right\}\end{aligned} \tag{20-17}$$

由势能驻值原理有 $\dfrac{\partial \Pi}{\partial \Delta_0} = 0$，则可得到临界荷载表达式：

$$P_{cr} = \frac{EI\pi^2}{l^2}\left\{\frac{1}{4} + \frac{l^3}{\pi^4}\alpha^5\left[6h^2 + \frac{8l^2}{\pi^2}\left(8\cos\frac{\pi h}{2l} + \sin^2\frac{\pi h}{2l} - 8\right)\right]\right\} \tag{20-18}$$

式中：$\alpha = \sqrt[5]{\dfrac{mb_1}{EI}}$ 为桩土变形系数，可用于反映桩身及地基土的刚度关系。$k = h/l$ 为桩身埋置率。

$$P_{cr} = \frac{\pi^2 EI}{(\mu l)^2} = \frac{\pi^2 EI}{(l_p)^2} \tag{20-19}$$

式中：l_p 为桩的计算长度；μ 为桩的计算长度系数。

$$\frac{1}{\mu^2}=\frac{1}{4}+\frac{l^5}{\pi^4}\alpha^5\left[6k^2+\frac{8}{\pi^2}\left(8\cos\frac{\pi}{2}k+\sin^2\frac{\pi}{2}k-8\right)\right] \tag{20-20}$$

尽管式(20-14)给出了嵌岩桩初始后屈曲过程中桩顶荷载 P 的变化量 δP 的表达式，但因临界状态下的桩身挠曲位移函数 y_0 为一与坐标有关的复杂函数，难以准确给出，故一般情况下只能用数值方法求得。但对于桩周土体非常软弱或桩身刚度很大时，则可通过假定桩身挠曲函数求得 δP 的解析式。将式(20-16)代入式(20-14)得

$$\delta P=\frac{\Delta^2\pi^2}{(32l^2+3\Delta^2\pi^2)}\left(\frac{\pi^2 EI}{l^2}-3P_{cr}\right) \tag{20-21}$$

将式(20-19)和式(20-20)代入式(20-21)得

$$\delta P=\frac{\pi^4\Delta^2 EI}{(32l^2+3\Delta^2\pi^2)l^2}\left\{\frac{1}{4}-\frac{3l^5}{\pi^4}\alpha^5\left[6k^2+\frac{8}{\pi^2}\left(8\cos\frac{\pi}{2}k+\sin^2\frac{\pi}{2}k-8\right)\right]\right\} \tag{20-22}$$

20.2.3　影响因素及规律

下面应用试桩数据(见 19.6.3 算例)分析桩身埋置率 k、桩身无量纲长度 αl 等参数对超长桩的屈曲及初始后屈曲性状的影响。

从图 20-2 和图 20-3 可以看出超长桩的临界荷载随着桩身埋置率的增加而增加，同时图 20-2 还表明随着入土深度的增加，桩的计算长度系数迅速减少，但是当桩的无量纲长度大于 10 以后，桩的计算长度系数减小变得非常缓慢；图 20-3 表明在一定的桩身埋置率下，随着桩土变形系数的增大，临界荷载值迅速增大，而在桩土刚度比较小时，即桩周土体相对软弱时，桩身易发生屈曲破坏。因此，在桩周土体软弱时要注意结合桩土刚度比等系数确定合理的桩身埋置率。图 20-4 给出了在不同的桩端变形下，桩身初始后屈曲性状与桩身埋置率的关系，表明在不同的桩身埋置率下，随着桩周土体约束的增强，$\delta P/P_{cr}$ 由正变负，逐渐变小，即桩身

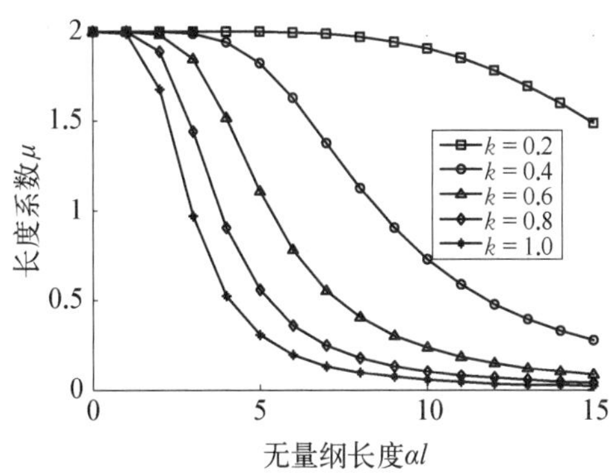

图 20-2　不同桩身埋置率下系数与长度关系

初始后屈曲平衡有可能稳定，也有可能不稳定。

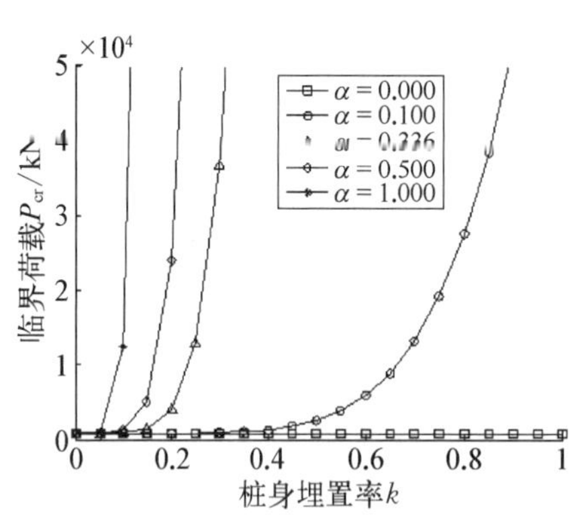

图 20-3　不同桩土变形系数临界载与埋置关系

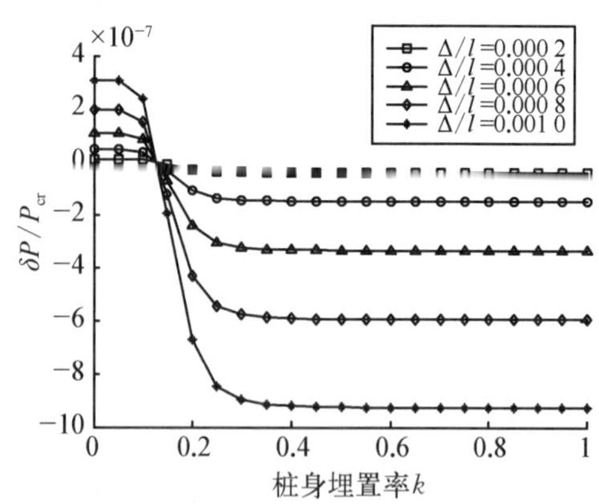

图 20-4　不同桩土变形系数下桩身初始后屈曲与桩身埋置率关系

20.2.4　计算方法与试桩数据对比分析

引言中已阐明 m 法地基系数随深度无限增长，与实际情况不相吻合，可能造成计算得到的屈曲临界荷载值比实测值更大。这可以通过本书的算例及湖南大学对茅草街大桥的试桩实验结果来分析说明。

试桩桩身钢筋混凝土设计标号为 C30，桩径 $d=1.0$ m，桩长为 61.5 m，其中入土深度为 60.00 m，覆盖层为淤泥质黏土和中密实碎泥土，桩端进入钙质胶结、坚硬的泥质砂岩层。试桩的结果表明：桩在竖向荷载为 17 280 kN 时，发生屈曲破坏。对比本书算例，桩基的桩身材料为 C40 混凝土，弹性模量 $E=3.3\times10^4$ MPa，桩径 1.0 m，桩径比 l/d 为 65.2，覆盖层为流塑性黏土，桩端进入硬岩层。算例的桩径比及桩身材料强度均大于实验的桩径比及桩身材料强度，而算例的覆盖土层比实验中的覆盖土层对桩身的约束作用更弱，更易发生屈曲破坏。

然而，由图 20-3 可知，在桩土变形系数 $\alpha>0.336$，桩身埋置率 $k>0.3$ 时，其屈曲临界荷载大于 2×10^4 kN，而在桩身埋置率达到 0.8 时，相应的屈曲临界荷载值为 2.448×10^7 kN，远远大于试桩的屈曲破坏荷载值 17 280 kN。由此可以看出，按照 m 法计算所得的桩身屈曲临界荷载值远大于实际的桩身屈曲临界荷载，给工程带来安全隐患。因此，有必要建立合理的超桩桩侧地基反力系数来应用于超长桩的屈曲分析。

20.3　基于组合桩侧土抗力模式下的屈曲及初始后屈曲分析

20.3.1　力学模型及方程建立

同 20.2.1 的假设，分析模型如图 20-5 所示，其中桩底嵌岩深度为 h_r，覆盖层厚度为 h，桩侧土抗力按常数法计算的土层厚度为 H，地面以上桩顶自由长度为 l_0。不计桩侧摩阻力和自重的影响（侧摩阻力和自重对桩身屈曲分析的影响通常较小），则对于单桩或单排桩基础，桩身的屈曲稳定可视为一端嵌固、一端自由，且端部作用有保守轴向力 P 的弹性地基梁的弯曲屈曲问题，将桩侧土体抗力简化为一系列 Winkler 弹簧支座，如图 20-5(b)所示，采用浅层土 m 法，深层土常数法的组合桩侧土抗力模式。

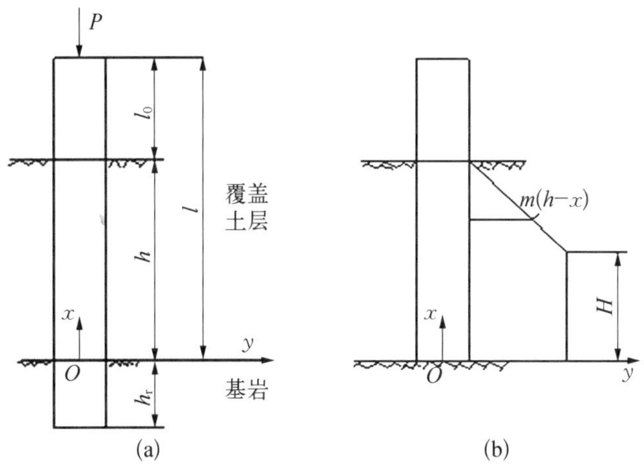

图 20-5　超长嵌岩桩屈曲及初始后屈曲分析模型

桩土体系总势能 Π 可由桩身应变能 U_p、桩侧土体即弹簧的弹性变形能 U_s 及荷载势能 V_p 三部分组成，即

$$\Pi = U + V = U_p + U_s + V_p \tag{20-23}$$

其中，桩身即弹性地基梁因弯曲而产生的应变能 U_p，在如图 20-5(a)所示的坐标系下可表示为

$$U_p = \frac{EI}{2}\int_0^l (y'')^2 \mathrm{d}x = \frac{EI}{2}\int_0^l (\theta')^2 \mathrm{d}x \tag{20-24}$$

式中：EI 为桩身材料的抗弯刚度；y，θ 分别为桩身轴线上任意点处的挠曲变形与转角。桩侧土体的弹性变形能 U_s 可表示为

$$U_s = \frac{1}{2}\int_0^h q(x) y \mathrm{d}x = \frac{b_1}{2}\int_0^H K_h y^2 \mathrm{d}x + \frac{mb_1}{2}\int_H^h (h - x) y^2 \mathrm{d}x \quad (20-25)$$

式中：$q(x)$为地面下某一深度处桩侧地基土体反力；m 为桩侧地基土反力系数的比例系数，$\mathrm{kN/m^4}$；由计算简图可以得到 $K_h = m(h-H)$。

桩顶荷载势能 V_p 可按弹性小变形假定计算如下：

$$V_p = P\int_0^l (1 - \cos\theta) \mathrm{d}x \quad (20-26)$$

根据式(20-5)和式(20-6)将式(20-24)～式(20-26)统一表示为桩身挠曲位移 y 的表达式。将式(20-6)分别代入式(20-24)和式(20-26)中，得

$$U_p = \frac{EI}{2}\int_0^l (\theta')^2 \mathrm{d}x = \frac{EI}{2}\int_0^l (y'')^2 [1 + (y')^2] \mathrm{d}x \quad (20-27)$$

$$V_p = P\int_0^l (1 - \cos\theta) \mathrm{d}x = \frac{P}{2}\int_0^l \left[(y')^2 + \frac{(y')^4}{4} \right] \mathrm{d}x \quad (20-28)$$

将式(20-25)、式(20-26)和式(20-28)代入式(20-23)中，合并整理后得到用桩身挠曲位移函数 y 表示的桩土体系总势能：

$$\Pi = \frac{1}{2}\left\{ EI\int_0^l (y'')^2 [1 + (y')^2] - P[(y')^2 + (y')^4/4] \right\} \mathrm{d}x + \frac{mb_1}{2}\left[\int_0^H (h - H) y^2 + \int_H^h (h - x) y^2 \mathrm{d}x \right] \quad (20-29)$$

为考虑桩身初始后屈曲平衡性状，可基于扰动法将桩顶荷载表示为式(20-10)。相应的桩身挠曲位移函数 y 与临界屈曲状态时的桩身挠曲函数 y_0 存在如式(20-11)所示关系。将式(20-10)和式(20-11)代入式(20-29)中，合并整理后，得

$$\Pi = \frac{a^2}{2}\left\{ \int_0^l [EI(y''_0)^2 - P_{cr}(y'_0)^2] \mathrm{d}x + mb_1 \left[\int_0^H (h - H) y^2 \mathrm{d}x + \int_H^h (h - x) y^2 \mathrm{d}x \right] \right\} + \frac{1}{2}\int_0^l \left[a^4 EI(y''_0)^2 (y'_0)^2 - \frac{1}{4} a^4 P_{cr} (y'_0)^4 - a^2 \delta P (y'_0)^2 - \frac{1}{4} a^4 (y'_0)^4 \delta P \right] \mathrm{d}x \quad (20-30)$$

根据最小势能原理，当桩身达到初始后屈曲平衡状态时，桩土体系总势能的二阶变分应等于零，由式(20－30)得

$$\delta P=\frac{a^2\int_0^l[4EI(y_0'')^2(y_0')^2-P_{cr}(y_0')^4]\mathrm{d}x}{\int_0^l[2(y_0')^2+a^2(y_0')^4]\mathrm{d}x} \tag{20-31}$$

由式(20－31)可判断初始后屈曲过程中桩屈曲荷载的变化，即增大 ($\delta P>0$) 还是减小 ($\delta P<0$)，从而判断后屈曲状态桩基是处于稳定状态还是不稳定状态。

20.3.2　嵌岩桩临界荷载及初始后屈曲性状分析

为分析桩侧土弹性抗力以及桩土体系参数对桩身屈曲及初始后屈曲的影响，按20.2.2同样方法推导荷载变分与桩土体系参数的一般表达式。对于单桩或单排桩基中的嵌岩桩，在图20－5坐标系下可假定其临界桩身挠曲位移函数为式(20－15)及式(20－16)。将式(20－16)代入式(20－30)可得桩土体系总势能方程如下：

$$\Pi=\frac{EI\Delta_0^2}{2}\left(\frac{\pi}{2l}\right)^4\left[\frac{l}{2}+\frac{l}{8}\Delta_0^2\left(\frac{\pi}{2l}\right)^2\right]-\frac{P}{2}\Delta_0^2\left(\frac{\pi}{2l}\right)^2\left[\frac{l}{2}+\frac{3l}{32}\Delta_0^2\left(\frac{\pi}{2l}\right)^2\right]+\frac{mb_1\Delta_0^2}{2}\left\{\frac{3(h^2-H^2)}{4}+\frac{l^2}{\pi^2}\left[8\cos\left(\frac{\pi h}{2l}\right)-8\cos\left(\frac{\pi H}{2l}\right)+\sin^2\left(\frac{\pi h}{2l}\right)-\sin^2\left(\frac{\pi H}{2l}\right)\right]\right\} \tag{20-32}$$

由势能驻值原理可得临界荷载表达式：

$$P_{cr}=\frac{EI\pi^2}{l^2}\left\{\frac{1}{4}+\frac{l^3}{\pi^4}\alpha^5\left[6(h^2-H^2)+\frac{8l^2}{\pi^2}\left(8\cos\frac{\pi h}{2l}-8\cos\frac{\pi H}{2l}+\sin^2\frac{\pi h}{2l}-\sin^2\frac{\pi H}{2l}\right)\right]\right\} \tag{20-33}$$

式中：$\alpha=\sqrt[5]{\frac{mb_1}{EI}}$ 为桩土变形系数，可用于反映桩身及地基土的刚度关系。

令：

$$f=\frac{H}{h},\ k=\frac{h}{l},\ \beta=\frac{h-H}{h}=1-f \tag{20-34}$$

为方便探讨桩土体系参数对桩身后屈曲性状的影响，定义 f 为常数法计

算的土层厚度系数，k 为桩的埋置率，β 为 m 法的计算深度系数。据式(20－19)有

$$\frac{1}{\mu^2}=\frac{1}{4}+\frac{l^5}{\pi^4}\alpha^5\left\{6k^2\left[1-(1-\beta)^2+\frac{4}{\pi^2}\left(16\cos\frac{\pi}{2}k-16\cos(1-\beta)k+\cos\pi(1-\beta)k-\cos\pi k\right)\right]\right\} \tag{20-35}$$

尽管式(20－31)给出了嵌岩桩初始后屈曲中桩顶荷载的变化量 δP 表达式，但因临界状态下的桩身挠曲位移函数 y_0 为一与坐标有关的复杂函数，难以准确给出，一般只能用数值方法求得。对于桩周土体非常软弱或桩身刚度很大时，则可通过假定桩身挠曲函数求得 δP 的解析式。将式(20－29)代入式(20－31)，得

$$\delta P=\frac{\delta^2\pi^2}{(32l^2+3\delta^2\pi^2)}\left(\frac{\pi^2EI}{l^2}-3P_{cr}\right) \tag{21-36}$$

将式(20－34)和式(20－35)代入式(20－36)，得

$$\delta P=\frac{\pi^4\Delta^2EI}{(32l^2+3\Delta^2\pi^2)l^2}\left\{\frac{1}{4}-\frac{3l^5}{\pi^4}\alpha^5\left[6k^2(2\beta-\beta^2)+\frac{4}{\pi^2}\left(16\cos\frac{\pi}{2}k-16\cos\frac{\pi}{2}(1-\beta)k+\cos(1-\beta)k-\cos\pi k\right)\right]\right\} \tag{20-37}$$

20.3.3　影响因素及规律分析

下面以 19.3.3 的超长桩进行实例分析与验证桩身埋置率 k、桩身无量纲长度 αl、桩侧土抗力、m 法计算深度系数等参数对超长桩的屈曲及初始后屈曲性状的影响规律，以得到超长桩屈曲分析中采用组合桩侧土抗力模式的合理方法计算深度系数。

计算得到桩的临界荷载值 P_{cr} 为 15.356×10^3 kN，对应于混凝土材料名义应力：$\sigma=P_{cr}/A=19.56$ MPa$<[\sigma]=21.0$ MPa，其中 $[\sigma]=21.0$ MPa 为规范规定的 C30 混凝土设计抗压强度。临界荷载小于桩身的自身承载力。且根据《公路桥涵地基基础设计规范》(JTJ 3363—2019)，硬质岩的饱和单轴抗压强度大于 30 MPa，则在一定埋置率下，屈曲临界荷载小于硬质岩及流塑性黏土提供给桩的承载力。这说明桩顶自由长度较大的超长桩，在桩身材料强度未充分发挥时，屈曲荷载小于桩身承载力，同时也小于土体提供给桩的承载能力，超长桩

将发生失稳。

如图 20 - 6 所示，随着桩身埋置率的增加，超长桩计算长度系数 μ 减小；图 20 - 7 给出了在不同的桩身埋置率下超长桩的屈曲临界荷载与 m 法计算深度系数 β 的关系，由图可知，在桩身埋置率 $k<0.6$ 时，超长桩的屈曲临界荷载随 m 法计算深度系数变化不大，基于组合抗力模式得到的临界荷载与采用经典 m 法得到的临界荷载值几乎一样，说明 m 法对于覆盖土层厚度不厚的超长桩具有其合理性。然而，对于桩身埋置率 $k>0.6$ 的桩，超长桩的临界荷载一开始随着 β 迅速增大，在 β 值为 0.4 以后临界荷载几乎不再随着 β 增加而发生变化，表明桩周土体的约束作用对桩的临界荷载提高有明显的作用，但是这种约束作用对于覆盖土层很厚的超长桩而言，当 β 值为 0.4 以后几乎不起作用，也就是经典 m 法计算超长桩的临界荷载并不能如实反映一定深度以后土体对桩身的约束作用，因而得到的屈曲荷载值偏于危险。当 m 法计算深度系数 $\beta=0.4$ 时(相应的常数法计算土层厚度系数 f 为 0.6 左右)，m 法能较为合理地表征地基反力系数，但当超过这一深度以后，地基土对桩身的约束作用不再是随着深度线性增加，而是趋近于某一常数。即浅层土 m 法、深层土常数法的组合桩侧土抗力模式能更贴近实际的桩身约束情况。

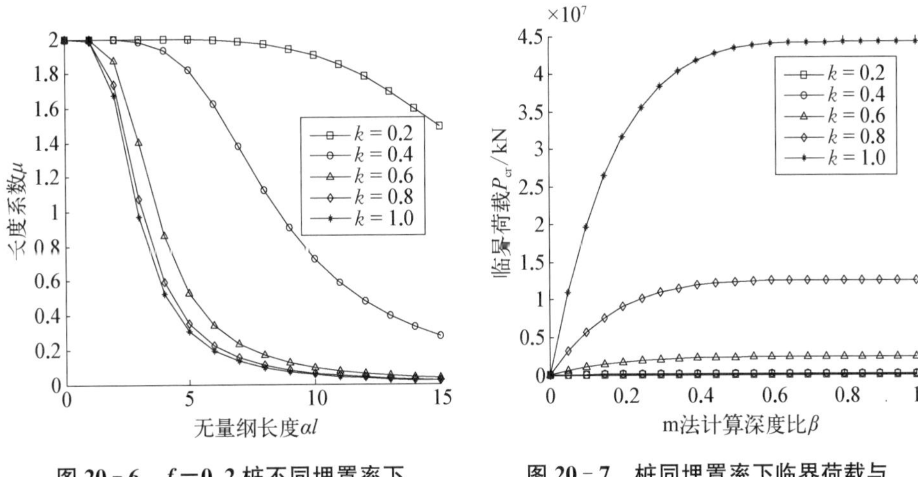

图 20 - 6　f=0.2 桩不同埋置率下 μ 与 αl 的关系

图 20 - 7　桩同埋置率下临界荷载与系数 β 关系

图 20 - 8 给出了桩身初始后屈曲与计算长度系数的关系，可看出随着计算长度系数的增加，$\delta P/P_{cr}$ 由负变正，即超长桩后屈曲过程中由稳定可能变为不稳定。

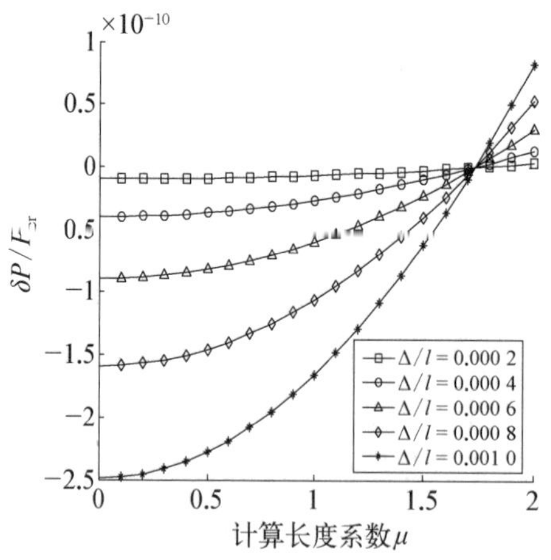

图 20-8　系数 μ 变化时桩身初始后屈曲

图 20-9 给出了桩端变形 Δ/l 为 0.000 5 时，不同 m 法计算深度系数下桩身初始后屈曲与桩身埋置关系，图 20-10 给出在不同桩端变形下的变化趋势。由图可以看出，随着桩身埋置率的增加，$\delta P/P_{cr}$ 由负变正，即超长桩后屈曲过程中有可能稳定，也有可能不稳定，而且这种变化趋势随着计算长度系数 β 的增大以及桩端变形的增大而增大，之后则变得缓慢。这说明对于覆盖土层较厚的超长桩，在桩身埋置率 $k>0.4$ 后，采用组合法与经典的 m 法对于超长桩的后屈曲分析影响不大。

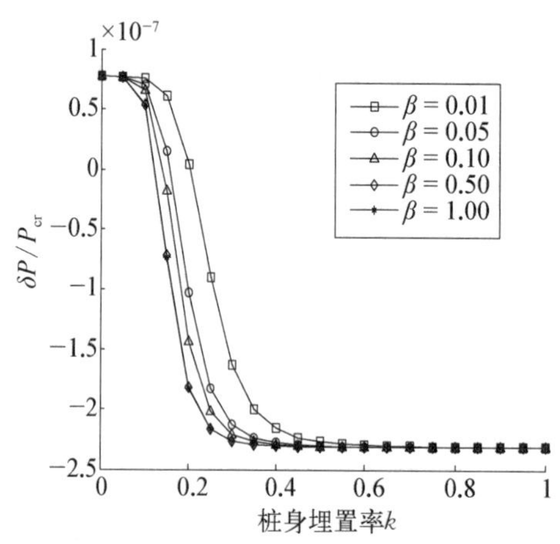

图 20-9　Δ/l 为 0.000 5 不同 m 法桩后屈曲与埋置关系

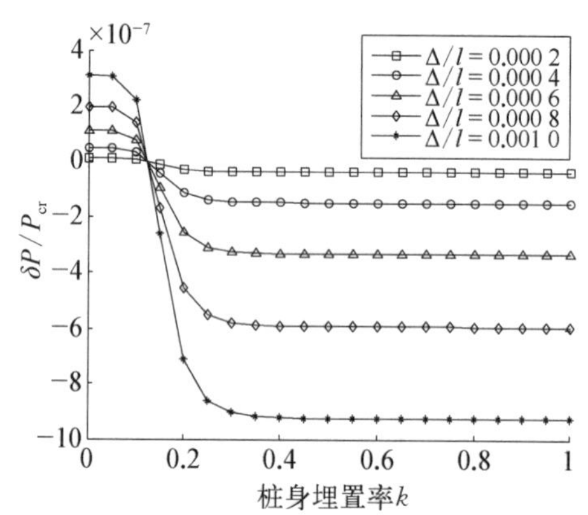

图 20-10　桩身初始后屈曲性状与桩身埋置率的关系

综上分析表明：在经典的基桩屈曲分析中，超长桩的桩侧土抗力按 m 法或常数法分布的地基反力系数不能合理反映超长桩的受力性状，从而不能合理反映超长桩的屈曲以及后屈曲性能。规范的 m 法假定桩侧土地基系数随深度线性增加，地基系数随深度无限增长，这与实际情况不相吻合，使计算的临界荷载值比实测值更大，因此给工程埋下安全隐患。而采用浅层土体 m 法，深层土体常数法的组合模型较规范的 m 法对于超长桩的稳定分析更为贴近，且有利于工程结构的安全性分析；在应用组合法时，应综合考虑桩身埋置率、桩土刚度比等参数对超长桩屈曲及后屈曲性状的影响,选取合理的计算深度系数 β,一般情况下 β 为 0.4 左右。

上面的分析还表明,超长桩的桩侧地基反力模式对超长桩的屈曲以及初始后屈曲性状有较大的影响。为进一步探讨不同的桩侧地基反力模式的影响规律,下节将基于幂分布桩侧土抗力模式对超长桩的屈曲及初始后屈曲进行分析。

20.4　基于幂分布桩侧土抗力的超长桩屈曲及后屈曲分析

20.4.1　力学模型及基本方程建立

同前节的基本假设建立分析模型,如图 20－11 所示,其中桩底嵌岩深度为 h_r,覆盖层厚度为 h,地面以上桩顶自由长度为 l_0。采用如图 20－11(b)所示的呈幂分布的地基土反力分布系数。按上述力学模型建立桩土体系总势能方程,桩土体系总势能 Π 可由桩身应变能 U_p、桩侧土体即弹簧的弹性变形能 U_s 及荷载势能 V_p 三部分组成,即

$$\Pi = U + V = U_p + U_s + V_p \tag{20-38}$$

桩身因弯曲而产生的应变能 U_p,在如图 20－11(a)所示的坐标系下可表示为

$$U_p = \frac{EI}{2}\int_0^l (y'')^2 \mathrm{d}x = \frac{EI}{2}\int_0^l (\theta')^2 \mathrm{d}x \tag{20-39}$$

式中:各符号意义同上节。

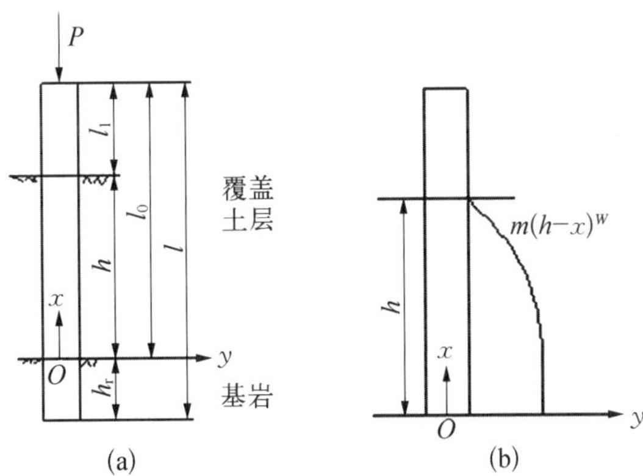

图 20－11　超长嵌岩桩屈曲及初始后屈曲分析模型

桩侧土体的弹性变形能 U_s 为

$$U_s = \frac{mb_1}{2}\int_0^h (h-x)^w y^2 \mathrm{d}x \tag{20-40}$$

式中：$q(x)$为地面下某一深度处桩侧地基土体反力；m 为桩侧地基反力的比例系数，$\mathrm{N/m^4}$；b_1 为桩的计算宽度。桩顶荷载势能 V_p 为

$$V_p = P\int_0^l (1-\cos\theta)\mathrm{d}x \tag{20-41}$$

按照式(20－5)和式(20－6)将式(20－39)～式(20－41)统一表示为桩身挠曲位移 y 的表达式。则式(20－39)和式(20－41)可以表示为

$$U_p = \frac{EI}{2}\int_0^l (\theta')^2 \mathrm{d}x = \frac{EI}{2}\int_0^l (y'')^2[1+(y')^2]\mathrm{d}x \tag{20-42}$$

$$V_p = P\int_0^l (1-\cos\theta)\mathrm{d}x = \frac{P}{2}\int_0^l \left[(y')^2 + \frac{(y')^4}{4}\right]\mathrm{d}x \tag{20-43}$$

将式(20－40)～式(20－6)代入式(20－38)中，合并整理后得到用桩身挠曲位移函数 y 表示的桩土体系总势能为

$$\Pi = \frac{1}{2}\left\{EI\int_0^l (y'')^2[1+(y')^2] - P[(y')^2+(y')^4/4]\right\}\mathrm{d}x + \frac{mb_1}{2}\int_0^h (h-x)^w y^2 \mathrm{d}x \tag{20-44}$$

为考虑桩身初始后屈曲平衡性状，可基于扰动法按式(20－8)和式(20－9)将桩土体系总势能方程表示为

$$\begin{aligned}\Pi = {} & \frac{a^2}{2}\left\{\int_0^l [EI(y_0'')^2 - P_{\mathrm{cr}}(y_0')^2]\mathrm{d}x + mb_1\int_0^h (h-x)^w y^2 \mathrm{d}x\right\} + \\ & \frac{1}{2}\int_0^l \left[a^4 EI(y_0'')^2(y_0')^2 - \frac{1}{4}a^4 P_{\mathrm{cr}}(y_0')^4 - a^2\delta P(y_0')^2 - \frac{1}{4}a^4(y_0')^4\delta P\right]\mathrm{d}x\end{aligned} \tag{20-45}$$

由最小势能原理，对式(21－45)按照式(22－13)求导，得

$$\delta P = \frac{a^2\int_0^l [4EI(y_0'')^2(y_0')^2 - P_{\mathrm{cr}}(y_0')^4]\mathrm{d}x}{\int_0^l [2(y_0')^2 + a^2(y_0')^4]\mathrm{d}x} \tag{20-46}$$

由能量准则，可以根据式(20－46)判断初始后屈曲过程中桩身屈曲荷载的

变化情况，即增大 ($\delta P > 0$) 还是减小 ($\delta P < 0$)，从而判断后屈曲状态桩基是处于稳定状态还是不稳定状态。

20. 4. 2　临界屈曲荷载及初始后屈曲性状分析

为分析桩侧土弹性抗力以及桩土体系参数对桩身屈曲及初始后屈曲平衡性状的影响，按 20. 2. 2 同样方法推导荷载变分与桩土体系参数的一般表达式。对于单桩或单排桩基中的嵌岩桩，在图 20 – 11 坐标系下可假定其临界桩身挠曲位移函数同式(20 – 15)及式(20 – 16)。将式(20 – 16)代入式(20 – 44)可得桩土体系总势能方程：

$$\Pi = \frac{EI\Delta_0^2}{2}\left(\frac{\pi}{2l}\right)^4\left[\frac{l}{2}+\frac{l}{8}\Delta_0^2\left(\frac{\pi}{2l}\right)^2\right]-\frac{P\Delta_0^2}{2}\left(\frac{\pi}{2l}\right)^2\left[\frac{l}{2}+\frac{3l}{32}\Delta_0^2\left(\frac{\pi}{2l}\right)^2\right]+\frac{mb_1\Delta_0^2}{2}Al^{w+1} \tag{20-47}$$

其中：

$$A=\frac{3}{2}k^{w+1}\frac{1}{w+1}-\frac{Gamma(w+1)}{Gamma(w+2)}\left[\frac{5}{2}k^{w+1}-k^{0.5}\pi^{-0.5-w}\left(2^{1.5+w}LommelS_1\cdot\left(w+1.5,\ 0.5,\frac{\pi k}{2}\right)+2^{1.5+w}LommelS_1\left(w+1.5,\ 0.5,\frac{\pi k}{2}\right)+\frac{1}{2}LommelS_2(w+1.5,\ 0.5,\ \pi k)\right)\right]$$

$k=\dfrac{h}{l}$ 定义为超长桩的桩身埋置率。由势能驻值原理有 $\dfrac{\partial \Pi}{\partial \Delta_0}=0$，可得的基于幂分布桩侧土抗力模式下超长桩的临界屈曲荷载表达式为

$$P_{cr}=\frac{EI\pi^2}{l^2}\left(\frac{1}{4}+\frac{8mb_1l^{w+4}}{EI\pi^4}A\right) \tag{20-48}$$

根据式(20 – 19)有

$$\frac{1}{\mu^2}=\frac{1}{4}+\frac{8mb_1l^{w+4}}{EI\pi^4}A \tag{20-49}$$

式(20 – 46)给出了嵌岩灌注桩初始后屈曲过程中桩顶荷载的变化式，但因临界状态下的桩身挠曲位移函数 y_0 为与坐标有关的复杂函数，难以准确给出，故一般情况下只能用数值方法求得 δP。但对于桩周土体非常软弱或桩身刚度很大时，则可通过假定桩身挠曲函数求得 δP 的解析式。将式(20 – 46)代入

式(20－45)得

$$\delta P=\frac{(a\Delta)^2\pi^2}{(32l^2+3\Delta^2\pi^2)}\left(\frac{\pi^2EI}{l^2}-3P_{\mathrm{cr}}\right)=\frac{\Delta^2\pi^2}{(32l^2+3\Delta^2\pi^2)}\left(\frac{\pi^2EI}{l^2}-3P_{\mathrm{cr}}\right) \tag{20-50}$$

将式(21－19)、式(21－49)代入式(21－50)得

$$\delta P=\frac{\pi^4\Delta^2EI}{(32l^2+3\Delta^2\pi^2)l^2}\left(\frac{1}{4}-\frac{24mb_1l^{w+4}}{EI\pi^4}A\right) \tag{20-51}$$

令 $w=0.5$，$w=1.0$，则可以得到桩侧土抗力模式为幂分布，以及经典 m 法分布时相对应的荷载变化量：

$$\begin{aligned}\delta P=&\frac{\pi^4\Delta^2EI}{(32l^2+3\Delta^2\pi^2)l^2}\left\{\frac{1}{4}-\frac{3mb_1l^{4.5}}{EI\pi^5}\left[8\pi k^{\frac{3}{2}}-32\sin\frac{k\pi}{2}FC(k^{0.5})\right]+\right.\\&2\sqrt{2}\sin(\pi k)FC[(2k)^{0.5}]+32\cos\left(\frac{\pi}{2}k\right)FS(k^{0.5})-\\&\left.2\sqrt{2}\cos(\pi k)FS[(2k)^{0.5}]\right\}\end{aligned} \tag{20-52}$$

$$\delta P=\frac{\pi^4\Delta^2EI}{(32l^2+3\Delta^2\pi^2)l^2}\left[\frac{1}{4}-\frac{24mb_1l^5}{EI\pi^4}\left(\frac{3}{4}k^2-\frac{8}{\pi^2}\cos\frac{k\pi}{2}+\frac{1}{2\pi^2}\cos\pi k-\frac{15}{2\pi^2}\right)\right] \tag{20-53}$$

20.4.3 影响规律分析

下面以 20.3.3 中的超长桩进行实例分析与验证不同桩土体系参数对超长桩屈曲及后屈曲的影响规律，并分析比较 m 法以及幂函数形式的桩土抗力模式对超长桩屈曲及后屈曲的影响规律。

由图 20－12 可知，在不同的地基反力系数分布模式下，随着桩身埋置率 k 的增大，桩的临界荷载值在 $k<0.35$ 时较小，且随桩身埋置率变化缓慢，而当 $k>0.35$ 以后临界荷载值随桩身埋置率增加迅速增大，说明对于软弱土层中的超长桩，桩周土体约束作用对超长桩的稳定具有较大影响，在桩身埋置率较低时易发生屈曲破坏。对于一定长度的超长桩，当 $k<0.75$ 时，按照经典 m 法计算得到的临界荷载值与按照幂分布得到的临界荷载值相差不大，但是当 $k>0.75$ 时，随着桩身埋置率增加，经典 m 法临界荷载值的增长速度远大于幂分布计算的临界荷载值，说明达到一定厚度的土层之后，m 法假定的地基反力系数随

深度增长过快，不能合理地反映实际桩周土体约束作用，使计算的临界荷载值比实测值更大，因此给工程埋下安全隐患。

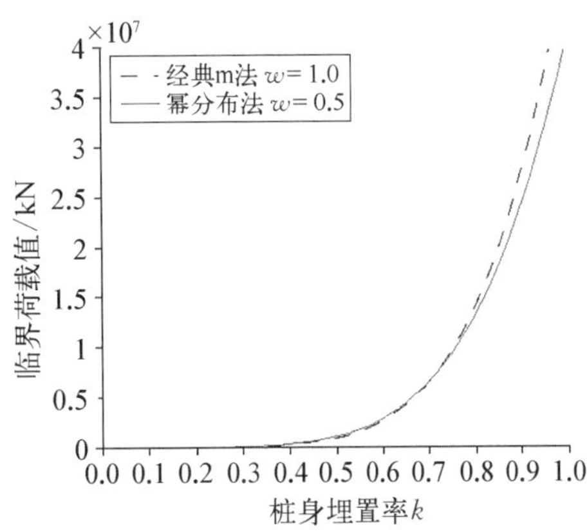

图 20－12　反力临界荷载与桩埋置率关系

由图 20－13 可知，随着桩身无量纲长度增加，超长桩的临界荷载值增加。由图 20－14 及图 20－15 中可以看出，随着桩身埋置率及无量纲长度 αl 增加而增加，$\delta P/P_{\mathrm{cr}}$ 由正变负，说明桩身屈曲后有可能稳定，也有可能不稳定。对于不稳定的状况应该引起重视。同时，说明不同的地基反力系数分布模式对桩的后屈曲性状有一定程度的影响。在后屈曲不稳定阶段，当桩身埋置率及无量纲长度处于中间时，经典 m 法对应的荷载变化量大于幂分布对应的荷载变化量，而对应埋置率及无量纲长度 αl 较大时，不同地基反力系数分布模式对 $\delta P/P_{\mathrm{cr}}$ 的影响则相差很小，因此幂分布的地基反力系数模式较于经典 m 法更适合于超长桩的后屈曲分析。

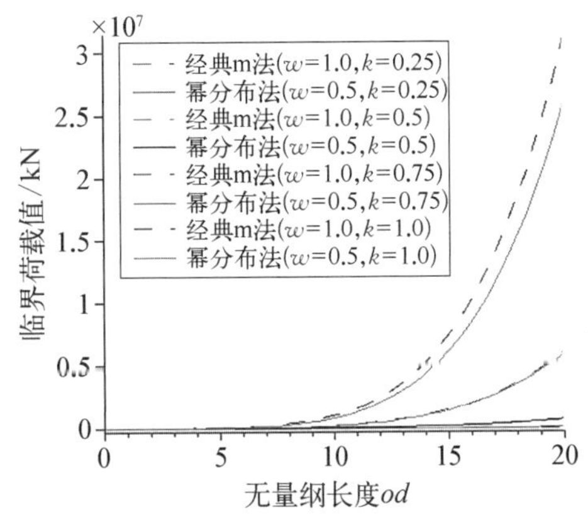

图 20－13　反力临界荷载与无量纲长度关系

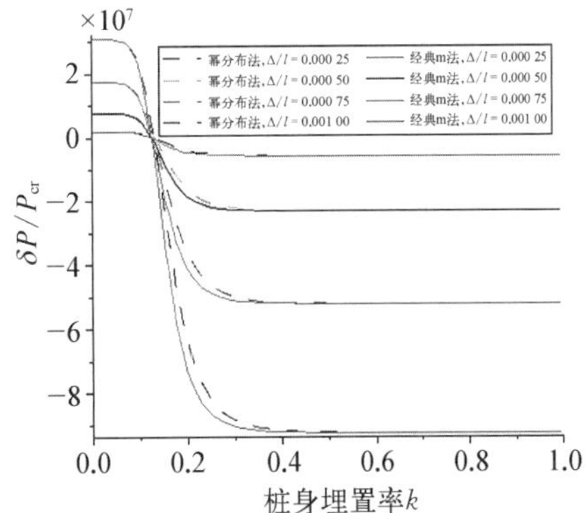

图 20－14　不同地基反力系数模式下桩的埋置率 k 与桩身初始后屈曲性状关系

图 20－16 及图 20－17 分别给出了经典 m 法以及幂分布法下的桩身初始后屈曲与桩端变形在桩身埋置率为 0.25 下的曲线关系。由图可以看出，桩身的初始后屈曲路径随着桩身埋置率和桩土变形系数增大出现分岔，即在后屈曲过程中后屈曲路径的稳定性与桩土刚度比及桩身埋置率具有一定的关系。

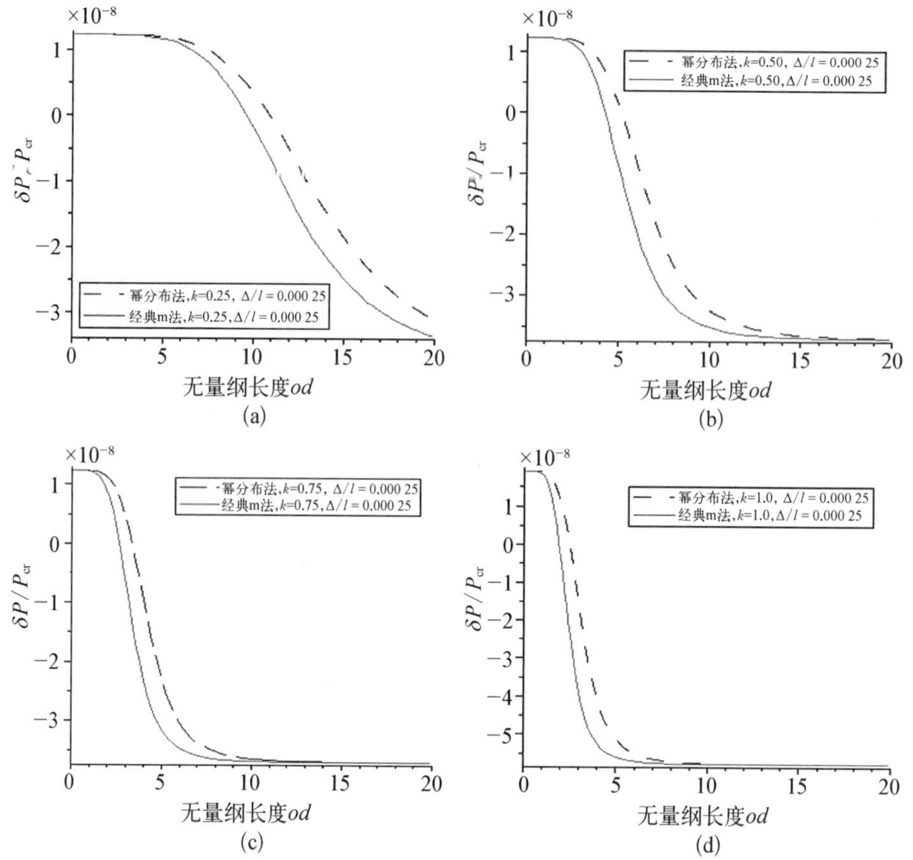

(a) (b) (c) (d)

图 20-15　不同地基反力系数模式下桩桩后屈曲与无量纲长度关系

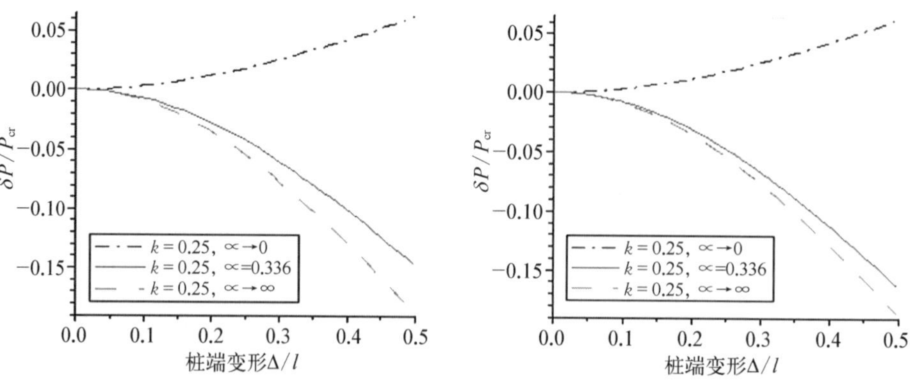

图 20-16　w=0.5 不同挠曲下桩土刚度比与桩后屈曲关系

图 20-17　w=1.0 刚度比与后屈曲关系

20.5　本章结论

本章通过经典 m 法、浅层土 m 法与深层土常数法的组合法、幂分布三种不同的桩周地基反力系数模式下的超长桩屈曲以及初始后屈曲分析，得到以下结论：

(1) 桩身埋置率对超长桩的屈曲临界荷载具有一定的影响，随着桩身埋置率的增加，超长桩的屈曲临界荷载增大，对于桩身埋置率较小的超长桩，在桩周土体软弱时易发生屈曲破坏。

(2) 超长桩的桩侧土抗力对于超长桩屈曲及屈曲后性状有较大的影响，对于经典 m 法而言，当超长桩覆盖土层厚度不大时，经典 m 法能够较好地反映实际的桩周土体约束作用，但是当覆盖土层厚度达到一定深度之后，桩周土体约束作用不再与经典 m 法所假设的随着埋置深度而线性增大，这样造成计算所得的临界荷载值大于实测的临界荷载值，给工程埋下安全隐患。而本章采用的组合法以及用幂形式分布的桩侧土地基反力系数，当覆盖土层厚度不大时，对屈曲荷载的影响与经典 m 法几乎没有差别，然而当覆盖土层厚度较大时，则能更合理地反映实际的桩土约束作用。

(3) 当采用组合法桩侧地基反力系数时，须根据桩身埋置率，桩土刚度比确定合理的经典 m 法计算深度系数，本章分析结果建议取 0.4。

(4) 超长桩的初始后屈曲具有分岔性，即后屈曲过程中有可能稳定，也有可能不稳定。是否稳定则取决于桩土体系的参数，如桩侧土体抗力、桩土刚度比、桩的埋置率等。

(5) 对超长桩的初始后屈曲性能进行分析，组合桩侧土地基反力系数模式与幂分布的地基反力分布系数比传统的经典 m 法更为合理。

第 21 章 具有初始缺陷的超长桩稳定性及敏感性分析

21.1 引言

超长桩由于长径比大，在横向（垂直超长桩纵轴）方向的整体稳定性显著下降，在桩顶荷载及覆盖土层的作用下可能会出现类似于压杆失稳的破坏形式，但由于桩土作用以及岩土材料本身的复杂性，使其失稳机理比压杆更为复杂。对基桩的稳定性研究，前人已做了大量的工作。但考虑超长桩初始几何缺陷研究其稳定性问题还鲜为报道。在实际工程结构中总在不同程度上存在各种各样的缺陷，如截面的几何形状及尺寸可能产生偏差，荷载的作用点也可能偏离桩的轴线（初偏心）等，它们对超长桩的稳定性产生很大影响，降低了超长桩的承载能力。按完善结构计算的临界力只是实际结构承载力的一个理论上限值。

为此，本章针对具有初始弯曲的超长桩，建立其稳定性分析的力学模型及微分方程，并进一步运用幂级数方法求解微分方程，推导得到选用合适的幂级数项数及超长桩边界条件可以得到桩身挠曲微分方程的表达式，得到更接近实际的超长桩极限承载力。最后分析了超长桩屈曲临界荷载值对于超长桩桩径、桩土刚度及桩端位置变化的灵敏性。

21.2 不计桩侧土抗力下的初弯曲超长桩稳定性分析

21.2.1 力学模型

超长桩初始弯曲与初始偏心对构件的影响在本质上并无差别，且这种影响具有偶然性，在此只对初始弯曲下超长桩的稳定性进行分析。超长桩在桩顶荷载及覆盖土层的作用下可产生纵向变形，故超长桩顶端可简化为只有轴向变形而无其他方向变形的定向支座。而对于嵌岩桩，可以认为无角位移及线位移，从而简化为固支约束。同时，为了初步了解几何缺陷对超长桩稳定性的影响，先不考虑桩侧土体对桩身的约束作用。其力学模型可简化为如图 21－1 所示。

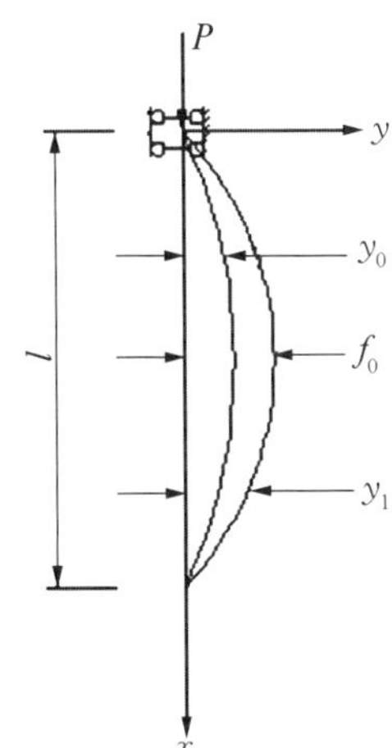

图 21－1　简化力学模型

21.2.2　稳定性分析

图 21－1 所示的超长桩，其边界条件为

$$x=0: y(0)=0,\ y'(0)=0,\ x=l: y(l)=0,\ y'(l)=0 \tag{21-1}$$

则根据边界条件可以假设桩身初始挠度曲线为

$$y_0(x)=\frac{f_0}{2}\left(1-\cos\frac{2\pi x}{l}\right) \tag{21-2}$$

式中：f_0 为超长桩中点初挠度；y_0 为超长桩的初挠度函数。

设超长桩的总挠度为 y，桩顶荷载 P 产生的附加挠度为 y_1，其关系应满足如下等式：

$$y=y_0+y_1 \tag{21-3}$$

桩身任意截面的弯矩为

$$M=P(y_0+y_1) \tag{21-4}$$

于是，由变形所产生的挠度 y_1 可以来自解微分方程：

$$EI\frac{\mathrm{d}^2 y_1}{\mathrm{d}x^2}=-P(y_0+y_1) \tag{21-5}$$

将式(21－2)和式(21－4)代入式(21－5)，得

$$y_1^{(4)}+k^2 y_1''+\frac{2\pi k^2 f_0}{l^2}\cos\frac{2\pi x}{l}=0 \tag{21-6}$$

式中：$k^2=P/EI$。式(21-6)的通解为

$$y_1=c_1\sin kx+c_2\cos kx+c_3\frac{x}{l}+c_4+\frac{k^2f_0}{2k^2-\frac{8\pi^2}{l^2}}\cos\frac{2\pi x}{l} \quad (21-7)$$

考虑桩端边界条件式(21-1)，得

$$y_1(x)=\frac{\gamma}{1-\gamma}\frac{f_0}{2}\left(1-\cos\frac{2\pi x}{l}\right),\ \gamma=\frac{Pl^2}{4\pi^2EI}=\frac{k^2l^2}{4\pi^2}=\frac{P}{P_E} \quad (21-8)$$

式中：P_E 为理想超长桩的临界屈曲荷载，则具有初始挠曲的超长桩的总的挠曲坐标为

$$y=y_0+y_1=\frac{1}{1-\gamma}\frac{f_0}{2}\left(1-\cos\frac{2\pi x}{l}\right) \quad (21-9)$$

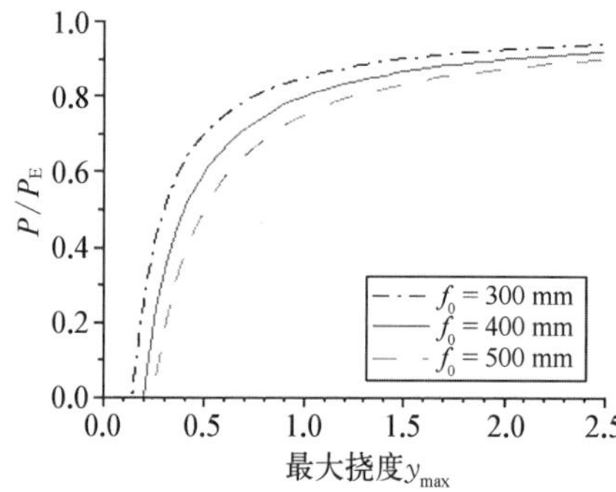

图 21-2 初弯曲轴心受压超长桩荷载-挠度曲线

下面以此分析最大挠度及承载力对初始缺陷的影响关系。在桩顶荷载 P 作用下，桩身的最大挠度 $y_{max}=\frac{1}{1-\gamma}\frac{f_0}{2}$，将 $\frac{1}{1-\gamma}$ 称为放大系数，可以看出初弯曲对超长桩的影响。由图 21-2 可以看出随着初始挠度的增大，P/P_E 越来越小，即初始弯曲越大，临界荷载越小。

21.3 计入桩侧土抗力的具有初弯曲桩稳定性分析

21.3.1 力学模型及基本微分方程建立

对具有初弯曲的超长嵌岩桩考虑桩侧土抗力的稳定性分析，其分析的基本思路是将桩体分为自由段与入土段，建立基桩的受力模型。假设桩侧土反力系数按照 m 法分布，不考虑桩身自重及桩侧摩阻力对桩身稳定的影响。水平位移以 y 轴正向为正，转角即桩身水平位移对深度的一阶导数 φ 以逆时针为正，剪力 Q 以 y 轴正向为正，弯矩 M 以左侧受拉为正，轴力 P 以正截面受压为正。建立如图 21-3 所示的力学模型，取上部单元体分析，对单元体的下端中点取矩，则

$$(M+\mathrm{d}M)-M+P\mathrm{d}y-Q\mathrm{d}x=0 \quad （自由段） \tag{21-10a}$$

$$(M+\mathrm{d}M)-M+P\mathrm{d}y-Q\mathrm{d}x-\frac{1}{2}k(x)(\mathrm{d}x)^2=0 \quad （入土段） \tag{21-10b}$$

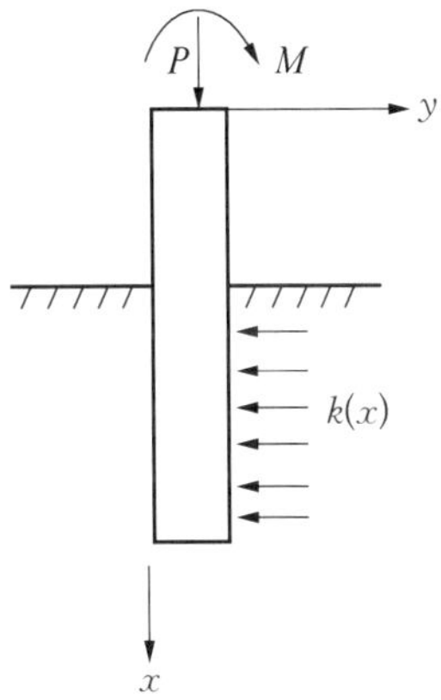

图 21-3 计入桩土抗力具有初弯曲桩结构示意图

对于式(21-10b)略去二阶微分，并对 x 求导，则

$$\frac{\mathrm{d}^2M}{\mathrm{d}x^2}+P\frac{\mathrm{d}y}{\mathrm{d}x}-\frac{\mathrm{d}Q}{\mathrm{d}x}=0 \tag{21-11}$$

由 $\sum x=0$，得

$$\frac{\mathrm{d}Q}{\mathrm{d}x}=k(x)y \tag{21-12}$$

$$M=-EI\frac{\mathrm{d}^2y}{\mathrm{d}x^2} \tag{21-13}$$

将式(21-12)和式(21-13)代入式(21-11)，得

$$EI\frac{\mathrm{d}^4y}{\mathrm{d}x^4}+P\frac{\mathrm{d}^2y}{\mathrm{d}x^2}+k(x)y=0 \tag{21-14}$$

对于桩身初始弯曲可以按照等效横向荷载求解。以等效的横向荷载的影响代替初始弯曲对于挠度的影响。等效横向荷载对于桩的弯矩作用应该与轴向力对有初始弯曲杆产生的弯矩相同。对于图示的假设初始弯曲方程为

$$y_0=\Delta_0\left(1-\cos\frac{\pi x}{2l}\right) \tag{21-15}$$

则等效荷载对弯曲的影响为

$$q=-\frac{\mathrm{d}^2M}{\mathrm{d}x^2}=-\frac{\pi^2P\Delta_0}{4l^2}\cos\frac{\pi x}{2l} \tag{21-16}$$

则考虑初始弯曲的微分方程可以写为

$$EI\frac{\mathrm{d}^4y}{\mathrm{d}x^4}+P\frac{\mathrm{d}^2y}{\mathrm{d}x^2}+\frac{\pi^2P\Delta_0}{4l^2}\cos\frac{\pi x}{2l}=0 \quad （自由段） \tag{21-17a}$$

$$EI\frac{d^4y}{dx^4}+P\frac{d^2y}{dx^2}+k(x)y+\frac{\pi^2P\Delta_0}{4l^2}\cos\frac{\pi x}{2l}=0 \quad \text{(入土段)} \tag{21-17b}$$

21.3.2 微分方程的幂级数解法

式(21－17a)可以根据21.2中的方法由边界条件求解。下面主要用幂级数方法来求解式(21－17b)，当桩侧土地基反力系数按m法分布时，则式(21－17b)可以写为

$$EI\frac{d^4y}{dx^4}+P\frac{d^2y}{dx^2}+mb_1xy+\frac{\pi^2P\Delta_0}{4l^2}\cos\frac{\pi x}{2l}=0 \quad \text{(入土段)} \tag{21-18}$$

先考虑式(21－18)对应的齐次方程：

$$EI\frac{d^4y}{dx^4}+P\frac{d^2y}{dx^2}+mb_1xy=0$$

令：

$$\alpha=\sqrt[5]{\frac{mb_1}{EI}},\ \beta^2=\frac{P}{EI} \tag{21-19}$$

$$\frac{d^4y}{dx^4}+\beta^2\frac{d^2y}{dx^2}+\alpha^5xy=0 \tag{21-20}$$

设：

$$y=\sum_{n=0}^{\infty}C_nx^n \tag{21-21}$$

则

$$y'=\sum_{n=1}^{\infty}nC_nx^{n-1}$$

$$y''=\sum_{n=2}^{\infty}n(n-1)C_nx^{n-2}$$

$$y'''=\sum_{n=3}^{\infty}n(n-1)(n-2)C_nx^{n-3}$$

$$y^{(4)}=\sum_{n=4}^{\infty}n(n-1)(n-2)(n-3)C_nx^{n-4} \tag{21-22}$$

将式(21－22)代入式(21－20)，则

$$\sum_{n=4}^{\infty}n(n-1)(n-2)(n-3)C_nx^{n-4}+\beta^2\sum_{n=2}^{\infty}n(n-1)C_nx^{n-2}+\alpha^5x\sum_{n=0}^{\infty}C_nx^n=0 \tag{21-23}$$

将 $\sum_{n=4}^{\infty}n(n-1)(n-2)(n-3)C_nx^{n-4}=\sum_{n=0}^{\infty}(n+4)(n+3)(n+2)(n+1)C_{n+4}x^n$，$\sum_{n=2}^{\infty}n(n-1)C_nx^{n-2}=\sum_{n=0}^{\infty}(n+2)(n+1)C_{n+2}x^n$ 代入式(21－23)，有

$$\sum_{n=0}^{\infty}(n+4)(n+3)(n+2)(n+1)C_{n+4}x^n+\beta^2\sum_{n=0}^{\infty}(n+2)(n+1)C_{n+2}x^n+\alpha^5\sum_{n=1}^{\infty}C_{n-1}x^n=0 \tag{21-24}$$

分别考虑 $n=0$ 和 $n=1$ 两种情况，根据待定系数法可以得到各系数之间的关系：

$$C_4=-\frac{\beta^2}{12}C_2(n=0),\ C_{n+4}=-\frac{\beta^2(n+2)(n+1)C_{n+2}+\alpha^5C_{n-1}}{(n+4)(n+3)(n+2)(n+1)}\ (n\geqslant1) \tag{21-25}$$

将 y 系数和 x 无量纲化，令：

$$\overline{C_k}=\frac{C_k}{\beta^k},\ \overline{x_k}=x_k\beta^k \tag{21-26}$$

则幂级数函数转换为

$$y=\sum_{n=0}^{\infty}\overline{C_n}\bar{x}^n \tag{21-27}$$

将递推关系表示为矩阵系数形式：

$$\{\bar{C}\}=[\boldsymbol{D}]\{\bar{C}\} \tag{21-28}$$

矩阵 $[\boldsymbol{D}]$ 各元素关系为 $d_{00}=d_{11}=d_{22}=d_{33}=1$，$d_{40}=d_{41}=0$，$d_{42}=-\dfrac{1}{12}$，$d_{n,n-2}=\dfrac{-1}{n(n-1)}$，$d_{n,n-5}=\dfrac{-(\alpha/\beta)^5}{n(n-1)(n-2)(n-3)}$，式中 $n\geqslant5$，其余元素

$d_{ij}=0$。将式(21-28)展开,得

$$\begin{Bmatrix}\overline{C_0}\\\overline{C_1}\\\overline{C_2}\\\overline{C_3}\\\overline{C_4}\\\overline{C_5}\\\overline{C_6}\\\vdots\\\overline{C_n}\end{Bmatrix}=\begin{bmatrix}1&0&0&0&0&\cdots&0&0&0&0&0&0\\0&1&0&0&0&\cdots&0&0&0&0&0&0\\0&0&1&0&0&\cdots&0&0&0&0&0&0\\0&0&0&1&0&\cdots&0&0&0&0&0&0\\0&0&d_{42}&0&0&\cdots&0&0&0&0&0&0\\d_{50}&0&0&d_{53}&0&\cdots&0&0&0&0&0&0\\0&d_{61}&0&0&d_{64}&\cdots&0&0&0&0&0&0\\\vdots&\vdots&\vdots&\vdots&\vdots&&\vdots&\vdots&\vdots&\vdots&\vdots&\vdots\\0&0&0&0&0&\cdots&d_{n,\ n-5}&0&0&d_{n,\ n-2}&0&0\end{bmatrix}\begin{Bmatrix}\overline{C_0}\\\overline{C_1}\\\overline{C_2}\\\overline{C_3}\\\overline{C_4}\\\overline{C_5}\\\overline{C_6}\\\vdots\\\overline{C_n}\end{Bmatrix}\tag{21-29}$$

为建立初参数方程,将幂函数的参数表示为前四项的函数,即

$$\{\overline{C_n}\}=[\boldsymbol{B}]\begin{Bmatrix}\overline{C_0}\\\overline{C_1}\\\overline{C_2}\\\overline{C_3}\end{Bmatrix}\tag{21-30}$$

矩阵$[\boldsymbol{B}]$可由矩阵$[\boldsymbol{D}]$转换得到,各元素之间的转换公式为

$$b_{ij}=\begin{cases}d_{ij} & 0\leqslant i\leqslant 5,\quad 0\leqslant j\leqslant 3\\ d_{ij}+\sum\limits_{k=4}^{i-2}d_{ik}b_{kj} & 6\leqslant i\leqslant 8,\quad 0\leqslant j\leqslant 3\\ \sum\limits_{k=i-5}^{i-2}d_{ik}b_{kj} & i\geqslant 9,\quad 0\leqslant j\leqslant 3\end{cases}\tag{21-31}$$

由式(21-30)可以看出,桩身挠度的幂级数函数无量纲系数均为α,β,$\overline{C_0}$、$\overline{C_1}$,$\overline{C_2}$,$\overline{C_3}$的表达式。其中α,β已知,$\overline{C_0}$,$\overline{C_1}$,$\overline{C_2}$,$\overline{C_3}$可以通过边界条件求取。则考虑了初始弯曲后的桩身挠曲方程可以表示为

$$y=y_{\mathrm{c}}+y_{\mathrm{p}}=b_0(\bar{x})\overline{C_0}+b_1(\bar{x})\overline{C_1}+b_2(\bar{x})\overline{C_2}+b_3(\bar{x})\overline{C_3}+\Delta_0\left(1-\cos\frac{\pi x}{2l}\right)\tag{21-32}$$

$$b_0(\bar{x})=\sum_{n=0}^{\infty}b_{n0}\bar{x}^n,\ b_1(\bar{x})=\sum_{n=0}^{\infty}b_{n1}\bar{x}^n,\ b_2(\bar{x})=\sum_{n=0}^{\infty}b_{n2}\bar{x}^n,\ b_3(\bar{x})=\sum_{n=0}^{\infty}b_{n3}\bar{x}^n \tag{21-33}$$

假定在地面处基桩的水平位移为 y_1，转角为 φ_1，对于弯矩 M_1 和剪力 Q_1 则可以由基桩自由段求取，即

$$y|_{x=l_0}=C_0=y_1,\ y'|_{x=l_0}=C_1=\varphi_1,$$
$$y''|_{x=l_0}=2C_2=\frac{M_1}{EI},\ y'''|_{x=l_0}=6C_3=\frac{Q_1}{EI}-\frac{P}{EI}\varphi_1$$

对于嵌固端有位移 $x_2=0$ 和转角 $\varphi_2=0$。因此，对于具有初始弯矩的基桩稳定分析，可以通过选用合适的幂级数项数，在知道地面处的边界条件下，得到基桩挠度曲线与桩身荷载的关系进行分析。在荷载挠度曲线中，将挠度无限增大，但荷载几乎保持不变时所对应的荷载确认为具有初始弯曲的基桩的屈曲临界荷载。

21.4 参数敏感性分析

由于结构参数的随机性，所以其初始缺陷分布也是随机分布的，而由上面的分析知道，缺陷的存在降低了结构的承载能力。因此，掌握结构设计参数变化的灵敏性非常重要。目前，对于结构的灵敏性分析主要有两个方面：其一是结构可靠度对结构随机变量的敏感性分析；其二是结构承载力对结构参数的敏感性分析。结构或构件承载能力的灵敏性是结构的承载能力对于各个参量的响应程度，分析结果可以为建筑结构薄弱环节设计提供参考，还可作为现役结构的检测、评估和维修中测点选择的辅助工具。本节研究其屈曲承载能力对设计参量的灵敏性，总结其变化特点，为超长桩的设计提供参考。

21.4.1 简化力学模型

由前面分析可知，对于桩身埋置率较大的超长桩，自重及摩阻力对超长桩屈曲荷载的影响很小。因此，在此不考虑自重及摩阻力，主要考虑桩径、桩周土地基反力系数以及桩身刚度等设计变量对桩身屈曲荷载的灵敏性进行分析。基于21.2.2中的基本假设，建立如图21-4所示的分析模型。其中 l_1 为超长桩自由段长度，l_2 为入土段长度，P_{cr} 为超长桩屈曲临界荷载，y 为桩身挠度。

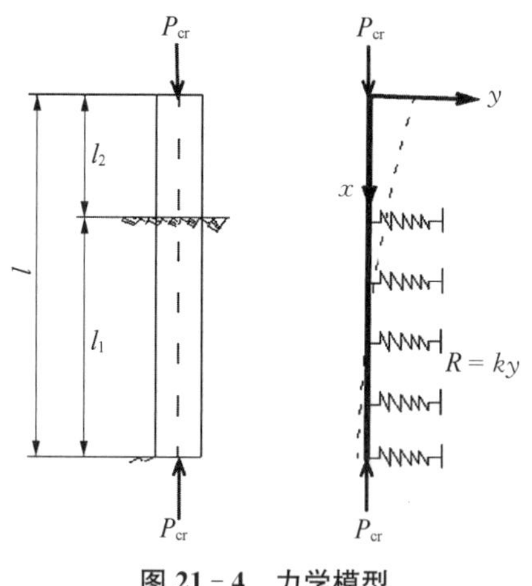

图 21－4　力学模型

21.4.2　基本方程建立与灵敏性分析

在图 21－4 所示的坐标系下，超长桩的桩土体系总势能 Π 由桩身应变能 U_p、桩侧土体即弹簧的弹性变形能 U_s 及荷载势能 V_p 三部分组成，即

$$\Pi = U + V = U_p + U_s + V_p = \frac{1}{2}\int_0^l EIy''^2 \mathrm{d}x + \frac{1}{2}\int_{l_1}^l ky^2 \mathrm{d}x - \frac{1}{2}\int_0^l P_{cr} y'^2 \mathrm{d}x \tag{21-34}$$

式中：k 为地面下某一深度处桩侧地基土体反力系数。

则临界状态有

$$U_p + U_s + V_p = 0 \tag{21-35}$$

对于设计变量 $\delta\xi$ 的微分方程可以写为

$$\int_0^l [(EI)_{,\xi} y''^2 \delta\xi - \delta P_{cr} y'^2]\mathrm{d}x + \int_{l_1}^l k_{,\xi} y^2 \delta\xi \mathrm{d}x + 2\left\{\int_0^l [(EI)y''^2 y''_{,\xi} - P_{cr} y' y'_{,\xi}]\delta\xi \mathrm{d}x + \int_{l_1}^l k y y_{,\xi} \delta\xi \mathrm{d}x\right\} = 0 \tag{21-36}$$

式(21－36)中后两项积分为零。则临界屈曲荷载的变分 δP_{cr}：

$$\delta P_{cr} = \left\{\int_0^l [(EI)_{,\xi} y''^2 \delta\xi]\mathrm{d}x + \int_{l_1}^l k_{,\xi} y^2 \delta\xi \mathrm{d}x\right\} \Big/ \int_0^l y'^2 \mathrm{d}x \tag{21-37}$$

而对于桩端位置变化对于临界荷载变化，在桩端位置变化下的总势能为：

$$\bar{V} = 0.5\int_{0+\delta x_0}^{l+\delta x_1} EI\bar{y}''^2 \mathrm{d}x + 0.5\int_{l_1}^{l+\delta x_1} k\bar{y}^2 \mathrm{d}x - 0.5\int_{0+\delta x_0}^{l+\delta x_1} \bar{P}_{cr} \bar{y}'^2 \mathrm{d}x \tag{21-38}$$

式中：δx_0，δx_1 代表桩端的位置变化。挠度 $\bar{V}$ 与临界荷载 $\bar{P}_{cr}$ 的一阶近似可表示为

$$\bar{y} = y + \delta y,\ \bar{P}_{cr} = P_{cr} + \delta P_{cr} \tag{21-39}$$

由式(21－34)、式(21－35)和式(21－38)可得

$$0.5\left\{-\int_0^{\delta x_0}(EI\bar{y}''^2 P_{cr}\bar{y}'^2)dx+\int_0^l[EI(\bar{y}''^2-y''^2)-\bar{P}_{cr}\bar{y}'^2+P_{cr}y'^2]dx+\right.$$
$$\left.\int_{l_1}^{l+\delta x_1}(EI\bar{y}''^2-P_{cr}y'^2)dx+\int_{l_1}^l k(\bar{y}^2-y^2)dx+\int_{l_1}^{l+\delta x_1}k\bar{y}^2dx\right\}=0$$

(21-40)

将式(21-39)代入式(21-40)，只考虑线性部分，得

$$0.5[-(EIy''^2-P_{cr}y'^2)]|_{x=0}\delta x_0+(EIy''^2+ky^2-P_{cr}y'^2)|_{x=l}\delta x_1+$$
$$\int_0^l([EI(y''^2-\delta y''-P_{cr}y'\delta y')dx+\int_{l_1}^l ky\delta y dx+\delta P_{cr}\int_0^l y'^2dx=0$$

(21-41)

引入边界条件：

$$\begin{aligned}&\delta y|_{x=0}=\delta y_0-y_0'\delta x_0\quad \delta y|_{x=l}=\delta y_1-v_1'\delta x_1\\&\delta y'|_{x=0}=\delta y_0'-y_0''\delta x_0\quad \delta y'|_{x=l}=\delta y_1'-y_1''\delta x_1\end{aligned}\tag{21-42}$$

令独立部分系数为零，自由段入土段桩身的屈曲微分方程为

$$\begin{aligned}&(EIy''y)''+P_{cr}y''=0\qquad 0\leqslant x\leqslant l_1\\&(EIy'')''+P_{cr}y''+ky=0\quad l_1\leqslant x\leqslant l\end{aligned}\tag{21-43}$$

边界条件表示为

$$(EIy'')|_{x=0}\delta y_0'=0,\ (P_{cr}y')|_{x=0}\delta y_0'=0,\ [(EIy'')\delta y']|_{x=l_1^-}=[(EIy'')\delta y']|_{x=l_1^+}$$
$$(P_{cr}y'\delta y)|_{x=l_1^-}=(P_{cr}y'\delta y)|_{x=l_1^+},\ (EIy'')|_{x=l}\delta y_1'=0,\ (P_{cr}y')|_{x=l}\delta y_1'=0$$

(21-44)

由式(21-41)中非零部分可以得到临界荷载变化对桩端位置变化的表达式为

$$\delta P_{cr}=[(EIy''^2-P_{cr}y'^2)|_{x=l}\delta x_0-(EIy''^2-P_{cr}y'^2+kv^2)|_{x=l}\delta z_1]\Big/\int_0^l y'^2dx$$

(21-45)

以21.3.3中的实例分析与验证桩身刚度变化 δEI，桩侧土刚度变化 δk 以及桩端变位的屈曲临界荷载的灵敏性。其中式(21-37)可以写为

$$\begin{aligned}&\delta P_{cr}=\int_0^l F_{EI}(x)\delta EI dx+\int_{l_1}^l F_k(x)\delta k dx,\\&F_{EI}(x)=y''^2\Big/\int_0^l y'^2dx,\ F_k(x)=y'^2\Big/\int_0^l y'^2dx\end{aligned}\tag{21-46}$$

图21-5给出了在不同桩身埋置率下桩侧土地基反力系数变化与桩身屈曲

临界荷载变化之间的关系。由图可看出，随着桩侧地基反力系数增大，屈曲临界荷载值增大，而且这种变化趋势随着桩身埋置率的增大而减小。这说明桩侧土体对桩身的约束作用的增强有利于桩身稳定，而且这种影响作用随着覆盖土层厚度的增加其作用逐渐减弱。这也在一定程度上说明桩侧土体对桩身的约束作用是在一定深度上起作用。图 21－6 则给出了不同桩身埋置率下桩身刚度对桩屈曲临界荷载的影响关系。由图可看出，随着桩身刚度的增大，屈曲临界荷载值增大。图 21－7 给出了桩端位置变化对桩身屈曲临界荷载的影响曲线。表明桩端位置也影响着桩身的屈曲临界荷载。

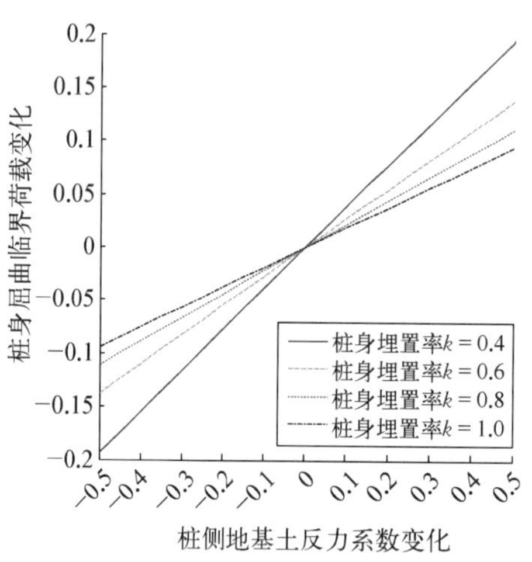

图 21－5　不同桩身埋置率下桩侧土地基反力系数与桩身屈曲临界载变化之间的关系

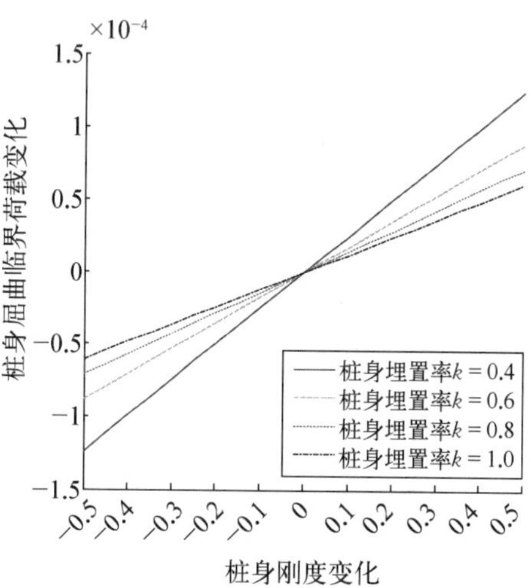

图 21－6　不同桩身埋置率下桩身刚度对桩屈曲临界荷载的影响关系

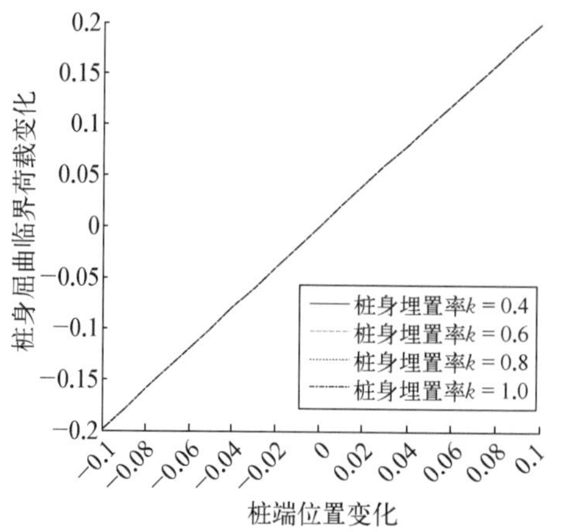

图 21－7　桩身屈曲临界荷载变化与桩端位置变化关系

从图 21－5，图 21－6，图 21－7 之间的数量关系可以分析得出，在一定的埋置率下，桩侧土体约束作用对屈曲临界荷载的灵敏性远大于桩身刚度对屈曲荷载的灵敏性。因此，对于超长桩的设计不能一味靠增加桩身混凝土的强度来保证超长桩的稳定性，应综合考虑桩身刚度，桩身埋置率以及桩周土层特性选取合适的混凝土标号。在桩的施工中要确保桩端能够按照设计要求打入正确的深度。超长桩的桩身刚度、桩侧土地基反力系数以及桩端位置对桩身屈曲临界荷载的灵敏性分析为工程实践中的评估桩身的实际工作性状提供了一定的理论依据。

21.5　本章结论

(1) 初始弯曲降低了超长桩的屈曲临界荷载，此时超长桩的极限承载能力小于没有缺陷的屈曲临界承载能力。

(2) 对考虑桩侧土抗力下的具有初始弯曲超长桩的屈曲分析，推导得到可以根据基桩的边界条件，选用合适的幂级数项数来求取的桩身挠度曲线方程。

(3) 桩身屈曲荷载对不同的设计变量表现出不同的灵敏性，在一定的桩身埋置率下，桩侧土体约束作用对屈曲临界荷载的灵敏性远大于桩身刚度对屈曲荷载的灵敏性。基桩的桩端位置的变化对基桩的屈曲荷载也具有一定的影响。

由于初始缺陷，桩土相互作用的非线性的影响，本章的计算及分析结果还有待于进一步分析得到考虑复杂桩土相互作用下初始缺陷基桩的屈曲分析，以及不同设计参数对于屈曲荷载影响的非线性分析。

第 22 章
超长桩竖向动力稳定性分析

22.1 引言

桩基所承受的外力按其作用时间的特征可划分为静力荷载和动力荷载。而动力荷载按其作用随时间的变化规律，又可分为周期荷载、冲击荷载以及随机荷载。例如：风力和波浪力属于随机荷载，由于机器振动传递到桩基上的作用力属于周期荷载，而桩受到的意外撞击（交通事故）以及预制工程桩（或钢桩）在其打入过程中所承受的锤击力则属于冲击荷载。

由于动力荷载的反复性和突发性，其作用于桩上所产生的动力响应比静力荷载的响应难以把握和预测，所以从某种程度来说，动力荷载比静力荷载的危害大得多。桩基础只有在较小的变形情况下才能有效地抵抗动荷载的作用，它受桩基础承受的静荷载、桩身自重和几何尺寸，以及桩和桩周土的结构特性的影响。随着桩基础的静力荷载的增加，桩固有频率将下降，桩的长度和桩的工作应力都将影响桩基础的固有频率。桩侧的摩阻力和桩端的支承条件对桩的固有频率也具有较大的影响。桩基的固有频率的研究对承受动力荷载的桩基础的设计具有指导意义，它可避免桩基础在动力荷载作用下产生共振峰值。然而，在具体的桩基础的设计中，需要关心的不仅是桩基础的固有频率，还要关心桩基础在设计动荷载作用下的桩的位移响应、应力响应（纵向的和横向的）等，用以确定桩本身所应具备的应力强度，但对这方面的理论研究尚不成熟。

基于此，本章尝试应用突变理论对超长桩的动力稳定性进行研究，建立了对超长桩的竖向极限承载力进行预测的尖点突变模型，并在静荷载分析的基础上引入动荷载，采用双尖点突变模型对超长桩在动静组合荷载作用下的稳定性进行了分析。

22.2　超长桩极限承载力预测模型

22.2.1　初步力学模型

超长桩桩顶受到静荷载 P_0 作用，桩产生竖向位移 u。假设桩周土体仅对桩产生竖向的摩擦力 f，而桩下端的土体可看作是刚性体，仅对桩有一个端阻力 P_1。基于此种假设，桩周土及桩端土简化为力的形式，可建立如图 22-1 所示的力学模型。其中桩长为 l，覆盖层厚度为 h，地面以上桩顶自由长度为 l_0，桩横截面面积为 A，桩所受的力有自重 G，桩侧摩阻力 f，桩端阻力 P_1，桩内部所受的竖向外力。

假定超长桩在不考虑土体侧向压力时的荷载-位移破坏阶段的曲线与岩石破裂时的曲线相似，如图 22-2 所示，则超长桩的荷载 $f(u)$ 与位移 u 的关系符合：

$$f(u)=\lambda u \mathrm{e}^{-u/u_0} \tag{22-1}$$

式中：$\lambda=EA/L$ 为桩的初始刚度；u_0 为峰值点对应的位移值。

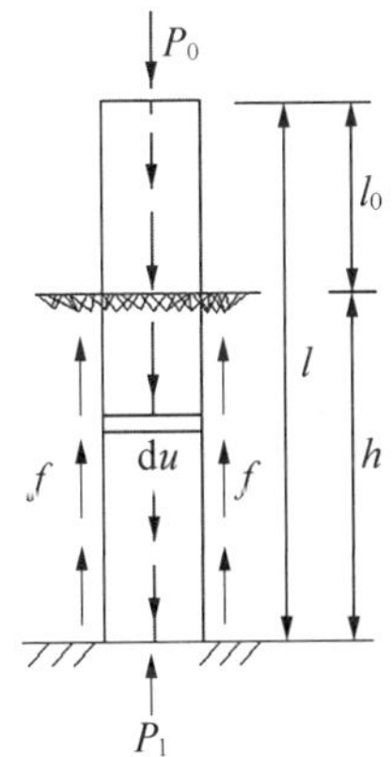

图 22-1　超长桩受力模型

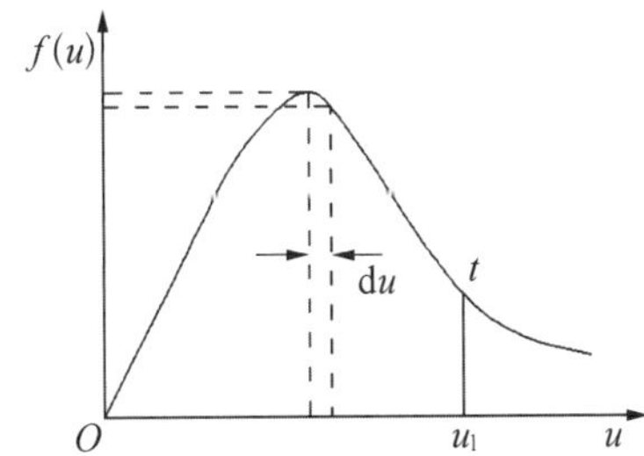

图 22-2　超长桩的荷载-位移曲线

22.2.2　势函数的建立

由功能增量原理得到超长桩的势函数为

$$V=\int_0^u f(u)\mathrm{d}u-P_1Au-\int_0^u fUh\,\mathrm{d}u+Gu \tag{22-2}$$

式中：U 为桩身周长。

22.2.3 尖点突变理论分析

$V'=0$ 为所有力处于静态平衡时的条件，对式(22-2)进行求导，得平衡曲面方程为

$$V'=f(u)-P_{\mathrm{L}}A-fUh+G=0 \tag{22-3}$$

对式(22-3)求导，得奇点集方程为

$$V'''=\frac{\lambda}{u}\left(-2+\frac{u}{u_0}\right)e^{\frac{-u}{u_0}}=0 \tag{22-4}$$

由式(22-4)可得尖点：

$$u=u_1=2u_0 \tag{22-5}$$

将 $f(u)$ 在 u_1 处用泰勒公式展开，取前三次项，得

$$f(u)=\lambda e^{-2}\left[u_1-(u-u_1)+\frac{2}{3u_1^2}(u-u_1)^3\right] \tag{22-6}$$

将式(22-6)代入式(22-3)，得

$$V'=\lambda e^{-2}\left[u_1-(u-u_1)+\frac{2}{3u_1^2}(u-u_1)^3\right]-P_1A-fUh+G=0 \tag{22-7}$$

令 $(u-u_1)=x$，$\lambda e^{-2}=k$，$-\frac{3u_1^2}{2}=a$，$(-P_1A-fUh+G+ku_1)/(2k/3u_1^2)=b$，则式(22-7)即可整理为

$$x^3+ax+b=0 \tag{22-8}$$

式(22-8)为尖点突变模型标准形式平衡方程，其解为势函数的临界点或极值点。

由尖点突变理论可知，此时的分叉集方程为

$$\Delta=4a^3+27b^2=0 \tag{22-9}$$

式(22-9)在几何上表示系统的奇点集在控制变量 a，b 确定的平面上的投影。当系统的控制参数满足式(22-9)时，系统将处于临界平衡状态并且最终要

突跳到稳定的平衡状态，完成系统的突变。

只有当 $a<0$ 时，才能满足跨越分叉产生突变的条件，而由前面推导显然可知 $a<0$。由系统的物理意义可知 u 不应大于 u_1，即

$$x=u-u_1\leqslant 0 \tag{22-10}$$

联立式(22-8)～式(22-10)得

$$x^*=-\sqrt{\frac{-a}{3}} \tag{22-11}$$

则临界失稳点的位移为

$$u^*=(2-\sqrt{2})u_0 \tag{22-12}$$

将式(22-12)代入式(22-1)，得超长桩的竖向极限承载力为

$$P_0=f(u^*)=P_1A+fUh-G \tag{22-13}$$

22.3　动静组合荷载作用下超长桩的动力稳定性分析

22.3.1　力学模型

超长桩在动态失稳过程中，其非平衡合力可依据式(22-2)求得

$$F=-\frac{\partial V}{\partial u}=-c(x^3+ax+b) \tag{22-14}$$

式中：$c=\frac{2\lambda e^{-2}}{3u_1^2}=\frac{\lambda e^{-2}}{6u_0^2}$；$x=u-u_1$。

设所受动力荷载为简单的简谐荷载。超长桩所受与 P_0 同方向的动载为 $P\sin\omega t$(P 为动载的力幅，ω 为动载频率)，取超长桩振动时的阻尼力是速度的线性函数，则 $\mu\cdot\mu'=\mu\cdot x'$，μ 为黏滞阻尼系数。于是，F 可表示为

$$F=mu''+\mu u'-(P_0+P\sin\omega t)=mx''+\mu x'-(P_0+P\sin\omega t) \tag{22-15}$$

式中：m 为超长桩的质量。

将式(22-14)代入式(22-15)，得

$$mx'' + \mu x' + cx^3 + cax + cb = P_0 + P\sin\omega t \tag{22-16}$$

令 $\eta = \frac{\mu}{m}$，$\alpha = \frac{c}{m}$，$\beta = \frac{ca}{m}$，$d = \frac{cb}{m}$，$e = \frac{P_0}{m}$，$f = \frac{P}{m}$，则式(22-16)可化简为

$$x'' + \eta x' + \alpha x^3 + \beta x + d = e + f\sin\omega t \tag{22-17}$$

设式(22-17)的解为

$$\begin{aligned} x &= u - u_1 = H_0 + H\sin(\omega t + \varphi) - u_1 \\ &= (H_0 - u_1) + H\sin(\omega t + \varphi) = H_0' + H'\sin(\omega t + \varphi) \end{aligned} \tag{22-18}$$

式中：H_0 为初始位移，可以由式 $P_0 = \lambda H_0 e^{\frac{-H_0}{u_0}}$ 求得；H 为系统的振幅；φ 为初相。$H_0' = H_0 - u_1$；$H' = H$。

将式(22-18)代入式(22-17)，利用三角函数公式 $\sin^3\alpha = (3\sin\alpha - \sin 3\alpha)/4$，略去谐波的二次项和带有 $\sin 3\omega t$ 项，并根据 $\sin\omega t$ 和 $\cos\omega t$ 项前的系数在等式两边分别相等，常数也相等，得

$$H_0'\beta + \alpha H_0'^3 + d = e \tag{22-19}$$

$$H'\left[(\beta - \omega^2 + 3\alpha H_0'^2) + \frac{3}{4}\alpha H'^2\right]\cos\varphi - \eta H'\omega\sin\varphi = f \tag{22-20}$$

$$H'\left[(\beta - \omega^2 + 3\alpha H_0'^2) + \frac{3}{4}\alpha H'^2\right]\sin\varphi + \eta H'\omega\cos\varphi = 0 \tag{22-21}$$

式(22-19)是动载施加前内部结构与初始条件的相容关系，是否满足此关系，对非线性方程的演化本质及特征影响甚微，故只分析式(22-20)和式(22-21)的影响。由式(22-20)和式(22-21)得

$$H'^2\left(\beta - \omega^2 + 3\alpha H_0'^2 + \frac{3}{4}\alpha H'^2\right)^2 + \eta^2 H'^2\omega^2 = f^2 \tag{22-22}$$

对式(22-22)作微分同坯变换，消去其中关于 H'^2 的二次项，得

$$(B + Q)^3 + (B + Q)u + v = 0 \tag{22-23}$$

式中：

$$B = H'^2 \tag{22-24}$$

$$Q = 8\rho/(9\alpha) \tag{22-25}$$

$$\rho = \beta - \omega^2 + 3\alpha H_0'^2 \tag{22-26}$$

$$u = 16(3\eta^2\omega^2 - \rho^2)/(27\alpha^2) \tag{22-27}$$

$$v = -16[8\rho(\rho^2 + 9\eta^2\omega^2) + 81\alpha f^2]/(729\alpha^3) \tag{22-28}$$

式(22－23)即为标准的尖点突变平衡曲面方程，其中 $(B+Q)$ 为状态变量，u，v 为控制变量，式(22－23)实际为两个尖点突变组合而成的双尖点突变。

22.3.2　动力失稳条件

对式(22－23)求导，得

$$3(B+Q)^2 + u = 0 \tag{22-29}$$

由式(22－23)和式(22－29)得

$$8u^3 + 27v^2 = 0 \tag{22-30}$$

只有当 $u \leqslant 0$ 时，才能跨越分歧点集。由式(22－27)得

$$\frac{16}{27}(3\eta^2\omega^2 - \rho^2)/\alpha^2 \leqslant 0 \tag{22-31}$$

由式(22－31)解得动载信号使桩失稳破坏时的频率 ω 须满足如下条件：

当 $H_0' \geqslant \sqrt{2 - \frac{3\mu^2 e^2}{2\lambda m}u_0}$ 或 $H_0' \leqslant -\sqrt{2 - \frac{3\mu^2 e^2}{2\lambda m}u_0}$ 时

$$\begin{cases} 0 \leqslant \omega \leqslant \sqrt{\dfrac{2\beta + 6\alpha H_0'^2 + 3\eta^2 - \eta\sqrt{12\beta + 54\alpha H_0'^2 + 9\eta^2}}{2}} \\ \omega \geqslant \sqrt{\dfrac{2\beta + 6\alpha H_0'^2 + 3\eta^2 + \eta\sqrt{12\beta + 54\alpha H_0'^2 + 9\eta^2}}{2}} \end{cases} \tag{22-32}$$

从式(22－32)知，由于超长桩预先受静荷载，要使得超长桩失稳破坏，动载频率的变化值与桩预变形值及系统非线性系数大小有一定关系。

22.3.3　非线性演化规律

对式(22－29)求导得

$$6(B+Q) = 0 \tag{22-33}$$

由式(22-23)、式(22-29)和式(22-33)知，尖点可由 $u=0$ 和 $v=0$ 求得。令 $q=\omega^2-\beta-3\alpha H_0'^2=-\rho$，得

$$q_1=\eta\left(\frac{3}{2}\eta+\sqrt{\frac{9}{4}\eta^2+3\beta+9\alpha H_0'^2}\right) \tag{22-34}$$

$$q_2=\eta\left(\frac{3}{2}\eta-\sqrt{\frac{9}{4}\eta^2+3\beta+9\alpha H_0'^2}\right) \tag{22-35}$$

$$\alpha_1=\frac{32q_1^3}{81f^2},\quad \alpha_2=\frac{32q_2^3}{81f^2} \tag{22-36}$$

即图 22-3 中两个尖点的坐标分别为 $O_1(q_1, \alpha_1)$，$O_2(q_2, \alpha_2)$

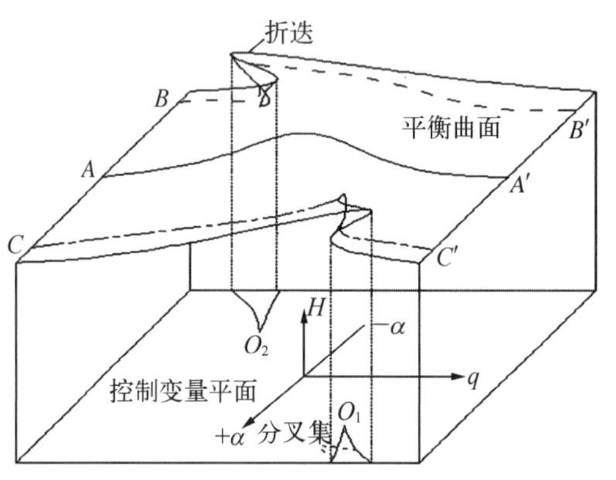

图 22-3　双尖点突变模型

图 22-3 表示在动载影响下超长桩静载系统的振幅 H、频率关系 q 与结构非线性系数 α 三者之间的关系。沿图 22-3 中的 AA' 曲线、BB' 曲线、CC' 曲线切取竖直方向剖面，分别得到图 22-4～图 22-6。下面分析结构非线性系数 α 的不同取值对超长桩稳定性的影响：

(1) 当 $\alpha_2<\alpha<\alpha_1$ 时，对应图 22-3 中路线 AA'。

由图 22-4 中可以看出随着 q 的逐渐增大，振幅 H 变化连续，表现出弹性。特别地，当 $q=0$ 时，超长桩振动时的振幅将突出地增大。

(2) 当 $\alpha<\alpha_2$ 时，对应图 22-3 中路线 BB'。振幅极大的位置出现在 $q<q_2$ 某一频率范围。

当 q 由小逐渐增大时，超长桩振动的幅度也由小逐渐增大，但当 q 增大到一定值时，振幅会突然大幅度提高，发生突跳(图 22-5 中 $r-r'$点)，之后随着 q 的继续增大，振幅又逐渐减小。相反，当 q 由大逐渐减小时，超长桩振动的幅度开始时由小逐渐增大，但当 q 减小到一定值时，振幅会突然大幅度降低，之后随着 q 的继续减小，振幅将连续衰减。由图 22-5 中同时可以看出，在 q 由小逐渐增大和由大逐渐减小两种情况下，振幅突跳时所对应的 q 值并不相同，说明动载作用“路径”对超长桩的响应特征有很大的影响。

(3) 当 $\alpha > \alpha_1$ 时，对应图 22－3 中路线 CC'，如图 22－6 所示。与图 22－5 中的分析有相似的规律，产生失稳破坏时振幅极大值出现在 $q > q_1$ 范围内。

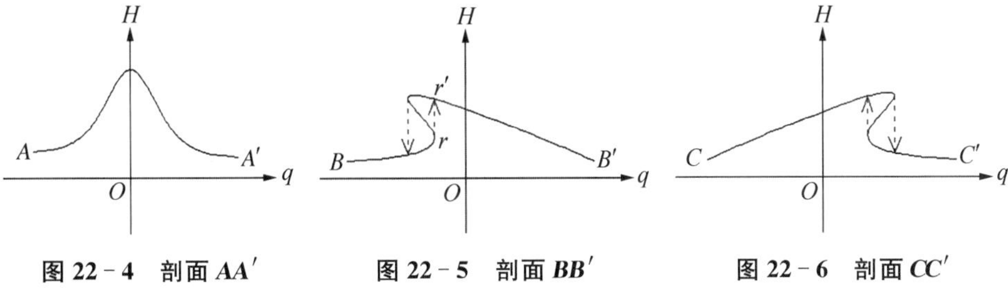

图 22－4　剖面 AA'　　**图 22－5　剖面 BB'**　　**图 22－6　剖面 CC'**

22.4　实例分析与验证

采用试桩数据对超长桩竖向极限承载力进行验证。试桩直径$d=1.0$ m，埋深为 60 m 的钻孔灌注，进入弱风化泥质砂岩层。荷载在第 17 级荷载 17 280 kN 时实验桩破坏，破坏类型属于屈曲破坏。利用试桩的荷载沉降数据，如表 22－1 所示，通过回归分析可以得到荷载沉降关系式(22－1)中的系数 λ 和 u_0，代入式(22－12)得到 u^*，再代入式(22－1)计算即可得超长桩的竖向极限承载力。计算所得如下：$u_0=52.37$，$\lambda=891.13$，$f(u^*)=15\,217.79$ kN，与实测破坏荷载 17 280 kN 相比，误差率为－11.52%；第 13 级加载时，$u_0=53.56$，$\lambda=882.57$，$f(u^*)=15\,414.81$ kN，误差率为－10.38%；由此可见，基于突变理论对于超长桩的极限承载力预测具有较好的适用性。

表 22－1　荷载-沉降关系

荷载/kN	本级历时/min	累计历时/min	本级沉降/mm	累计沉降/mm	备　注
0	0	0	0	0	
1 080	90	90	0.59	0.59	
2 160	90	180	0.49	1.08	
3 240	90	270	0.90	1.98	
4 320	120	390	1.38	3.36	
5 400	120	510	2.24	5.60	
6 480	150	660	2.36	7.96	

续 表

荷载/kN	本级历时/min	累计历时/min	本级沉降/mm	累计沉降/mm	备 注
7 560	120	780	2.56	10.52	
8 640	180	960	2.30	12.82	
9 720	120	1 080	2.78	15.60	
10 800	300	1 380	3.46	19.06	
11 880	270	1 650	2.15	21.41	
12 960	120	1 770	1.00	22.41	
14 040	210	1 980	2.83	25.24	
15 120	240	2 220	3.31	28.55	
16 200	330	2 550	3.83	32.38	
16 720	120	2 670	2.93	35.31	
17 280	—	—	不稳定	不稳定	试桩屈曲破坏

22.5 本章结论

由于沿海地区大型工程中采用超长桩基础比较普遍，而对于超长桩动力稳定性分析的研究相对滞后。本章采用突变理论，对动静组合荷载作用下超长桩的动力稳定性进行了分析，得到以下结论：

(1) 对于超长桩的失稳破坏，可以用 u^* 作为破坏时的临界竖向位移，从而为工程中采用桩顶沉降来判别超长桩的破坏提供一种标准。

(2) 运用尖点突变理论，根据不同的参数 u_0，λ 确定超长桩极限承载力的判定方法对超长桩破坏时的极限承载力预测具有较好的适用性。

(3) 动静组合荷载作用下，由于超长桩预先承受静荷载，其失稳破坏时的动载频率的变化值与桩预变形值及系统非线性系数大小均满足桩土系统总势能方程的关系。

(4) 当频率关系 q 与结构非线性系数 α 达到一定值时，会引起超长桩振幅的突跳，从而引起超长桩的失稳破坏。动载频率变化的方向对超长桩的振动特性有很大的影响。

第 23 章 基于双参数地基模型的超长桩屈曲分析

23.1 引言

超长嵌岩桩不仅被广泛应用于超高层建筑，大量的高速公路、铁路桥、高桩码头等也都选用桩基作为其基础形式。但受到山区特殊地形地貌和水文地质环境的影响，很多路段不得不采用高架桥的形式穿越河流及峡谷，往往造成基桩自由段长度过长，当桩周土体软弱或易液化时，置于岩层上部的基桩犹如细长杆件，易产生屈曲失稳破坏，这种破坏往往发生突然，且后果严重。目前的研究在计算基桩的屈曲稳定问题时，大都假设土体为 Winkler 弹性地基，即认为地基表面任意一点的压力 p 与该点的位移 ω 成正比，与其他点的应力状态无关，其本质就是将地基简化为由许多互不影响且相互独立的线弹性弹簧构成。该方法求解过程简单，适用于抗剪强度很低的土体或基底下塑性区相对较大的地基，但对于剪切刚度较大的土体仍使用该法进行计算，则会产生较大误差，且 Winkler 地基模型无法考虑应力的扩散和变形，因此该理论在实际应用中存在着较大的缺陷。

双参数地基模型针对以上理论缺陷，采用了两个独立参数来反映地基土的特性，考虑了弹簧间的剪切作用和地基土的连续性，比 Winkler 地基模型更加符合土体实际的变形特性。因此，本章是基于双参数地基模型模拟桩周土的约束作用，同时考虑桩基自重，建立桩土体系总势能泛函，根据势能驻值原理和变分法，得到桩基屈曲临界荷载解析解，将计算结果与试桩实验数据对比，证明本章计算模型是准确有效的，为预防因超长桩屈曲破坏引发工程事故提供可靠的理论依据。

23.2 模型建立及参数选取

23.2.1 模型建立

根据 Pasternak 双参数地基模型，平面应变条件下的桩身挠曲微分方程为

$$EI\frac{\mathrm{d}^4 y}{\mathrm{d}x^4}+GB\frac{\mathrm{d}^2 y}{\mathrm{d}x^2}-KBy=0 \tag{23-1}$$

式中：EI 及 y 意义同前；G 为地基土的剪切刚度；K 为地基反力模量；B 为桩身的计算宽度，对于工程中常见的圆形截面桩：当桩直径 $d\leqslant 1$ m 时，$B=0.9(0.5+1.5d)$；当桩直径 $d>1$ m 时，$B=0.9(1+d)$。令式(23-1)中的 G 为零时，该模型即退化为 Winkler 地基模型。

结合上述思想，将超长嵌岩桩简化为一端嵌固，一端自由，且桩顶部作用有轴向力 P 的弹性地基梁的屈曲稳定问题，因此地基土的受力特性可由土的反力模量和剪切模量两个参数来共同反映，其分析模型如图 23-1 所示。

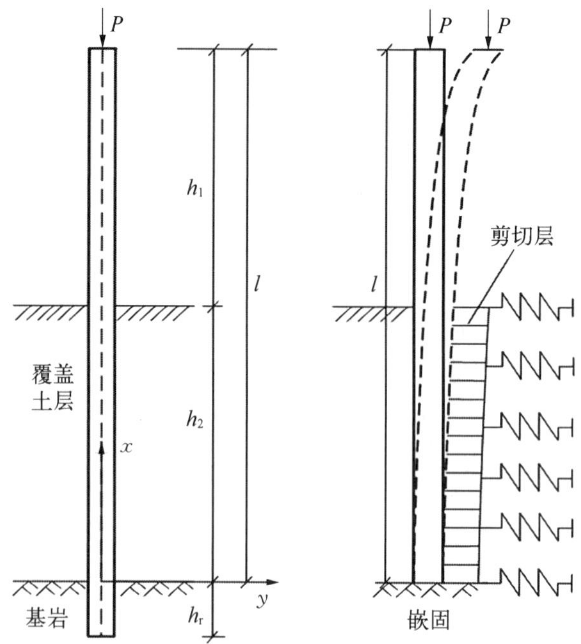

图 23-1 超长嵌岩桩屈曲分析模型

如图 23-1 所示，桩顶自由长度为 h_1，桩身覆土长度为 h_2，嵌岩深度为 h_r，则桩身覆土部分的地基反力 q 基于 Pasternak 双参数地基模型可表示为

$$q(x)=KBy(x)-GB\frac{\mathrm{d}^2 y}{\mathrm{d}x^2} \tag{23-2}$$

23.2.2　参数选取

已知令上式中的剪切刚度 G 等于零时，该模型即退化为 Winkler 地基模型，此处地基土的剪切刚度 G 不等同于桩侧土体本身的剪切模量 G，较多学者分别通过实验或理论方法对 Pasternak 双参数地基模型中剪切刚度的取值进行了详细论证，其中以 Tanahashi 的剪切刚度公式应用较为广泛，即

$$G=\frac{E_s t}{6(1+\nu_s)} \tag{23-3}$$

式中：ν_s 为地基土的泊松比；E_s 为地基土的弹性模量；t 为地基土的剪切层厚度。

依据文献[15]，桩基对于桩周土的作用影响范围约为 11 倍的桩径，本章取 11 倍的桩径作为地基土的剪切层厚度。

对于地基反力模量 K 的选取，根据现有的研究，本章选取以下两种计算方式：

1）m 法

$$K=m(h_2-x) \tag{23-4}$$

式中：m 为桩侧土水平抗力系数，可由规范确定，对于成层土，m 值可取不同土层的层厚加权平均值。

2）组合法

$$K=\begin{cases} m(h_2-x) & (\eta h_2 < x \leqslant h_2) \\ m(1-\eta)h_2 & (0\leqslant x\leqslant \eta h_2) \end{cases} \tag{23-5}$$

当桩身入土达到一定深度时，桩侧土抗力即为一定值。式中 η 为常数法土层计算系数，其取值介于 0 到 1 之间。

23.3　超长桩屈曲解答

23.3.1　桩土总势能泛函的建立

由如图 23-1 所示的超长嵌岩桩屈曲分析模型，可建立桩土体系总势能泛

函方程。桩土总势能 Π 应由桩身应变能 U_p，基于双参数地基下桩侧土体的弹性变形能 U_s，桩侧摩阻力的荷载势能 V_f，桩身自重荷载势能 V_g 以及桩顶外力荷载势能 V_p 组成，即

$$\Pi = U_p + U_s + V_f + V_g + V_p \tag{23-6}$$

桩身应变能 U_p 为

$$U_p = \frac{1}{2}\int_0^l \frac{M^2}{EI}\mathrm{d}x = \frac{EI}{2}\int_0^l (y'')^2\mathrm{d}x \tag{23-7}$$

基于双参数地基模型求得桩侧土体的弹性应变能 U_s 为

$$U_s = \frac{1}{2}\int_0^{h_2} qy\mathrm{d}x = \frac{1}{2}\int_0^{h_2}(KBy - GBy'')y\mathrm{d}x \tag{23-8}$$

计算桩侧土体摩阻力荷载势能 V_f 时，由于桩与土的相互作用机理和桩侧摩阻力的实际分布比较复杂，为简化问题，参照经验做法假定其为均匀分布，单位面积桩侧摩阻力为 τ，则 V_f 可表示为

$$V_f = \frac{U\tau}{2}\int_0^{h_2}(h_2 - x)(y')^2\mathrm{d}x \tag{23-9}$$

桩身自重荷载可简化为均布线荷载，其大小等于桩身混凝土容重 γ 与横截面积的乘积，则桩身自重荷载势能 V_g 为

$$V_g = -\frac{\gamma A}{2}\int_0^l (l - x)(y')^2\mathrm{d}x \tag{23-10}$$

桩顶外力荷载势能 V_p 为

$$V_p = -\frac{P}{2}\int_0^l (y')^2\mathrm{d}x \tag{23-11}$$

将式(23-7)至式(23-11)代入式(23-6)可得桩土体系总势能 Π 为

$$\Pi = \frac{EI}{2}\int_0^l (y'')^2\mathrm{d}x + \frac{1}{2}\int_0^{h_2}(KBy - GBy'')y\mathrm{d}x + \frac{U\tau}{2}\int_0^{h_2}(h_2 - x)(y')^2\mathrm{d}x - \frac{P}{2}\int_0^l (y')^2\mathrm{d}x - \frac{\gamma A}{2}\int_0^l (l - x)(y')^2\mathrm{d}x \tag{23-12}$$

23.3.2　桩身挠曲函数的确定及能量法解答

由式(23－12)可知，桩土体系总势能Π是桩身挠曲线函数y的函数，即是一个泛函，该问题则变为求无限自由度的泛函极值问题，本章采用瑞利-里兹法将无限自由度近似简化为有限自由度，即假设桩身挠曲函数为有限个已知函数的线性组合，其一般形式为

$$y=\sum_{n=1}^{\infty}c_n\varphi_n(x) \tag{23-13}$$

式中：c_n 为待定系数；$\varphi_n(x)$ 为满足位移边界条件的函数；n 为半波数。

嵌岩桩的桩端及桩顶边界条件可分为自由、铰接、弹性嵌固、嵌固等。对于山区有自由段的超长嵌岩桩，其桩端基本已嵌入稳定的岩层中，因此本章选取桩端嵌固、桩顶自由这一边界条件进行讨论，则在如图 23－1 所示坐标系下，其对应的桩身挠曲函数为

$$y=\sum_{n=1}^{\infty}c_n\left(1-\cos\frac{2n-1}{2l}\pi x\right) \tag{23-14}$$

将式(23－14)及其一、二阶导数代入式(23－12)，根据势能驻值原理，对其进行变分，当结构处于平衡时，应有 $\delta\Pi=0$，即

$$\delta\Pi=\frac{\partial\Pi}{\partial c_1}\delta c_1+\frac{\partial\Pi}{\partial c_2}\delta c_2+\cdots+\frac{\partial\Pi}{\partial c_n}\delta c_n=0 \tag{23-15}$$

由于 δc_1，δc_2，…，δc_n 是任意的，则

$$\frac{\partial\Pi}{\partial c_i}=0,\ i=1,\ 2,\ \cdots,\ n \tag{23-16}$$

令 $X=\dfrac{pl^2}{\pi^2EI}$，则上式可进一步化为

$$(k_{ii}-X)c_i+k_{ij}c_j=0 \tag{23-17}$$

式中：

$$k_{ii}=\frac{2l}{\pi^2EI}\left[\frac{(EIA_i^2-\gamma A)l}{2}+\frac{\gamma A(l^2A_i^2+1)}{4A_i^2}+\frac{G_pB}{2}\left(h_2+\frac{\sin 2A_ih_2}{2A_i}-\frac{2\sin A_ih_2}{A_i}\right)+mBD_i+\frac{U\tau}{2}\left(\frac{h_2^2}{2}+\frac{\cos 2A_ih_2}{4A_i^2}-1\right)\right] \tag{23-18}$$

$$k_{ij}=\frac{8l^3}{\pi^4(2i-1)^2EI}\Big[mBH_{ij}+(-1)^{i+j}\left(\frac{l}{a_{ij}\pi}\right)^2\gamma A+\frac{G_pB}{2}\Big(E_{ij}\frac{A_i^2+A_j^2}{2}-A_j\sin A_jh_2-A_i\sin A_ih_2\Big)-\frac{U\tau\times A_iA_jF_{ij}}{2}\Big] \tag{23-19}$$

其中 $A_i=\frac{(2i-1)\pi}{2l}$，$A_j=\frac{(2j-1)\pi}{2l}$，$E_{ij}=\frac{\sin(A_i-A_j)h_2}{A_i-A_j}+\frac{\sin(A_i+A_j)h_2}{A_i+A_j}$，$F_{ij}=\frac{\cos(A_i-A_j)h_2}{(A_i-A_j)^2}+\frac{\cos(A_i+A_j)h_2}{(A_i+A_j)^2}$，$a_{ij}=(i+j-1)\frac{1-\cos(i+j-1)\pi}{2}+(i-j)\frac{1-\cos(i-j)\pi}{2}$。

1）当地基反力模量选用 m 法计算时

$$D_i=\frac{h_2^2}{2A_i^2}+\frac{2(\cos A_ih_2-1)}{A_i^4}-\frac{\cos 2A_ih_2-1}{8A_i^4}$$

$$H_{ij}=\frac{h_2^2}{2}+\frac{\cos A_ih_2-1}{A_i^2}+\frac{\cos A_jh_2-1}{A_j^2}-\frac{\cos(A_i-A_j)h_2-1}{2(A_i-A_j)^2}-\frac{\cos(A_i+A_j)h_2-1}{2(A_i+A_j)^2}$$

2）当地基反力模量选用组合法计算时

$$D_i'=\frac{(1-\eta)^2h_2^2}{2A_i^2}+\frac{2(\cos A_ih_2-\cos\eta A_ih_2)}{A_i^4}-\frac{\cos 2A_ih_2-\cos 2\eta A_ih_2}{8A_i^4}$$

$$H_{ij}'=\frac{(1-\eta)^2h_2^2}{2}+\frac{\cos A_ih_2-\cos\eta A_ih_2}{A_i^2}+\frac{\cos A_jh_2-\cos\eta A_jh_2}{A_j^2}-\frac{\cos(A_i-A_j)h_2-\cos\eta(A_i-A_j)h_2}{2(A_i-A_j)^2}-\frac{\cos(A_i+A_j)h_2-\cos\eta(A_i+A_j)h_2}{2(A_i+A_j)^2}$$

当 $\eta=0$ 时，即不考虑常数法土层计算系数，组合法模型退化为 m 法模型，并将 $\eta=0$ 代入 D_i' 和 H_{ij}' 中，得到 $D_i'=D_i$，$H_{ij}'=H_{ij}$，从而验证了推导的正确性。

将式(23-17)展开后的矩阵形式为

$$\begin{bmatrix} k_{11}-X & k_{12} & \cdots & k_{1n} \\ k_{21} & k_{22}-X & \cdots & k_{2n} \\ \vdots & \vdots & & \vdots \\ k_{n1} & k_{n2} & \cdots & k_{nn}-X \end{bmatrix}\begin{Bmatrix} c_1 \\ c_2 \\ \vdots \\ c_n \end{Bmatrix}=\begin{Bmatrix} 0 \\ 0 \\ \vdots \\ 0 \end{Bmatrix} \tag{23-20}$$

为使式(23-17)具有非零解,则要求其系数行列式等于零,即

$$\boldsymbol{D}=\begin{vmatrix} k_{11}-X & k_{12} & \cdots & k_{1n} \\ k_{21} & k_{22}-X & \cdots & k_{2n} \\ \vdots & \vdots & & \vdots \\ k_{n1} & k_{n2} & \cdots & k_{nn}-X \end{vmatrix}=0 \tag{23-21}$$

式(23-21)即为本章考虑双参数地基超长桩屈曲稳定的特征方程,由参数 k_{ii}, k_{ij}, E_{mn}, F_{mn}, a_{mn} 可知,该矩阵为实对称矩阵,对其进行求解并设其最小特征值为 $X_{\min}$,超长桩屈曲稳定临界荷载 P_{cr} 为

$$P_{cr}=\frac{\pi^2 EI}{l^2}X_{\min} \tag{23-22}$$

相应的基桩稳定计算长度 l_p 为

$$l_p=\frac{l}{\sqrt{X_{\min}}} \tag{23-23}$$

23.4　实例分析与验证

以模型桩实验结果进行分析对比验证,该模型桩设计直径 $d=0.020$ m,桩侧土加权平均侧摩阻力 $\tau=40$ kPa,模型桩的边界条件为桩端嵌固、桩顶自由。将式(23-17)~式(23-23)用 Matlab 进行编程,计算时半波数 n 取 50,其他参数的选取与文献[16]一致,试桩计算参数如表 23-1 所示,计算得到的超长桩屈曲荷载理论结果与文献中的实验结果对比如表 23-2 所示。

表 23-1　试桩计算参数

桩　号	桩长 l/m	入土深 h_2/m	EI/(kN·m²)	土抗力系数 m/(kN/m⁴)
1	1.045	0.545	73.926	1 602
2	1.045	0.56	73.926	1 773
3	1.045	0.605	93.24	1 721
4	1.145	0.745	93.24	9 346
5	1.23	0.63	65.803	1 177

续 表

桩 号	桩长 l/m	入土深 h_2/m	EI/(kN·m^2)	土抗力系数 m/(kN/m^4)
6	1.23	0.73	65.803	2 800
7	1.33	0.915	73.440	7 017
8	1.33	0.82	73.440	7 688
9	1.33	0.73	73.440	9 449

表 23-2　超长桩屈曲荷载理论结果与文献中的实验结果对比

桩号	实验值/N	解析 m 法/N	误差/%	解析组合法/N	误差/%
1	416.55	463.05	11.15%	425.35	2.11%
2	581.45	655.82	12.79%	597.49	2.76%
3	321.26	360.07	12.08%	329.74	2.63%
4	384.77	452.60	17.63%	401.18	4.26%
5	137.45	157.06	14.27%	141.37	2.85%
6	349.91	403.87	15.42%	360.22	2.95%
7	271.65	298.19	9.77%	276.13	1.65%
8	183.99	207.65	12.86%	191.03	3.83%
9	153.69	174.30	13.41%	159.70	3.91%

由表 23-2 可知，利用本章双参数地基模型可以有效模拟桩周土的实际受力特性和约束作用。相比较 m 法，组合法的理论计算结果与实验实测结果更为接近，最大误差均在 5%以内，从而得知地基土对桩身的约束能力不是随着深度的线性增加，而是达到某一深度后趋近于常数，即选用浅层 m 法，深层土体常数法的组合桩侧土抗力模式可以更加贴近实际的桩身约束情况。

由图 23-2 可知，在不同桩身埋置率 λ 下 ($\lambda = h_2/l$)，随着桩基埋置率越大，即自由端占比越小，其临界荷载不断增加。当用 m 法计算桩基临界荷载时，随着 m 法计算深度系数 β 的增加，桩基临界荷载计算值逐渐增加，这是由于使用 m 法模拟桩周土抗力越深，桩侧土抗力越大，但最终逐渐稳定，不同埋置率下临界荷载稳定时对应的系数 β 随着埋置率的增加而增大，当 β 取 0.3 时，其计算临界荷载趋于平稳，说明计算深度系数小于 0.3 时，m 法能较合理地表示桩侧土反力系数，计算深度系数大于 0.3 时，常数法能更加合理地表现地基的反力系数。

图 23-3 分别分析了三根试桩实验中桩基临界荷载计算值与半波数 n 取值

大小的关系，其中半波数 n 表示原无限自由度结构被简化为只有 n 个自由度，超长嵌岩桩的所有变形状态便由式(23－15)中的 n 个独立参数 a_1，a_2，…，a_n 所确定。由图 23－3 可知，随着半波数 n 的增加，桩基临界荷载计算值逐渐趋向于实验值，当 n 取 20 时，计算精度逐渐趋近于某一常数，达到计算精度要求。

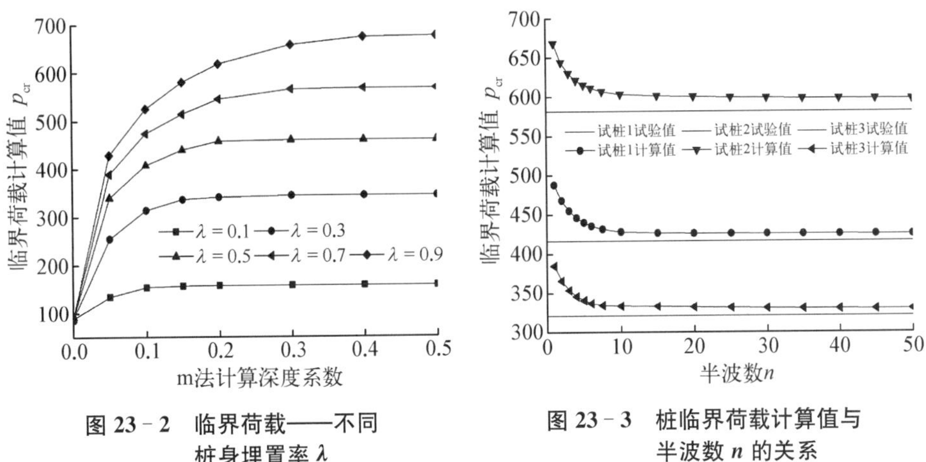

图 23－2　临界荷载——不同桩身埋置率 λ

图 23－3　桩临界荷载计算值与半波数 n 的关系

23.5　本章结论

本章基于双参数地基模型，充分考虑了地基土的反力和剪切作用，同时考虑了桩基自重，建立了桩土体系总势能泛函。根据势能驻值原理和变分法，得到了桩基屈曲临界荷载解析解。

(1) 通过与算例的结果对比，本章选用双参数地基模型得到的解析结果与试桩实验结果吻合度高，说明本章模型能有效地模拟桩基屈曲时桩周土的实际受力特性和约束作用。

(2) 相较 m 法，选用浅层土体 m 法、深层土体常数法的组合桩侧土抗力模式可以更加贴近实际的桩身约束情况，对于 m 法的计算深度，应综合考虑土体类型、桩身埋置率等因素对超长嵌岩桩屈曲稳定的影响，选择合理的计算深度系数。本章通过分析得出 m 法计算深度系数一般为 0.3 左右，桩基的临界荷载计算值趋于稳定。

(3) 由于实际工程的不确定性和桩土相互作用的复杂性，实际工程中超长嵌岩桩很难处于理想的中心受压状态，导致失稳时结构的平衡形式发生质的突变，因此有关超长嵌岩桩屈曲失稳破坏的分析工作仍有待深入研究。

参考文献

[1] 赵明华,李微哲,曹文贵.复杂荷载及边界条件下桩基有限杆单元方法研究[J].岩土工程学报,2006,28(9):1059-1063.

[2] 王凯.N层弹性连续体系在圆形均布垂直荷载作用下的力学计算[J].土木工程学报,1982(2):65-76.

[3] 刘加才,宰金珉,梅国雄,等.桩周黏弹性土体固结分析[J].岩土工程学报,2009(9):1361-1365.

[4] CAO L T, THE C I, CHANG M F. Undrained cavity expansion in modified Cam clay I: Theoretical analysis[J]. Theoretical Analysis, 2001, 51(4): 323-334.

[5] 沈晓梅,高飞.软土地区大直径超长后注浆钻孔灌注桩竖向承载力的实验研究[J].建筑结构,2006(4):34-36,67.

[6] 王忠瑾.考虑桩-土相对位移的桩基沉降计算及桩基时效性研究[D].杭州:浙江大学,2013.

[7] XU X, WANG X M, YAO W J. Improved Calculation Method of Super-Long Pile in Deep Soft Soil Area[J]. International Journal of Geomechanics, ASCE, 2018, 18(10): 1-11.

[8] COOKE R W, PRICE G, TARR K W. Jacked piles in London clay: Interaction and group behavior under working conditions [J]. Géotechnique, 1980, 30(2): 449-471.

[9] 林智勇,戴自航.考虑加筋与遮帘效应计算群桩沉降的相互作用系数法[J].岩土力学,2014,35(S1):221-226.

[10] 黄茂松,吴志明,任青.层状地基中群桩的水平振动特性[J].岩土工程学报,2007(1):32-38.

[11] 方景成,邓华锋,李建林,等.桩土刚度比及布桩位置对桩身内力分布的影

响研究[J]. 防灾减灾工程学报，2019，39(3)：127－133.

[12] YAO W J, CHEN S P. Elastic-plastic analytical solutions of deformation of uplift belled pile [J]. Tehnicki Vjesnik-Technical Gazette, 2014, 21(6): 1201－1211.

[13] PATRA N R, PISE P J. Uplift capacity of pile groups in sand[J]. Electronic Journal of Geotechnical Engineering, 2002(8): 1－1.

[14] 闻建军，刘喜平. 锚桩静载实验法考虑锚桩影响的讨论[J]. 陕西理工学院学报(自然科学版)，2005，21(2)：56－58.

[15] 赵明华，邹丹，邹新军. 群桩沉降计算的荷载传递法[J]. 工程力学，2006，23(7)：119－123.

[16] YAO W J, YIN W X. Numerical simulation and study for super-long pile group under axis and lateral loads [J]. International Journal of Advances Structural Engineering, 2010, 13(6): 1139－1151.

[17] BASARKAR S S, DEWAIKAR D M. Load transfer characteristics of socketed piles in Munbai region[J]. Soils Foundations, 2006, 48(9): 1354－1363.

[18] 赵锡宏. 上海高层建筑桩筏与桩箱基础设计理论[M]. 上海：同济大学出版社，1989.

[19] 阳吉宝，钟正雄. 超长桩的荷载传递机理[J]. 岩土工程学报，1998，20(6)：108－112.

[20] 胡建华，阳吉宝. 轴向受荷超长单桩受力特征的弹塑性解析解[J]. 岩土工程技术，1999(2)：41－43.

[21] 池跃君. 大直径超长灌注桩承载性状的实验研究[J]. 工业建筑，2000，30(8)：26－29.

[22] POULOS H G. Analysis of the settlement of pile groups [J]. Geotechnique, 1968, 18(3): 449－471.

[23] 俞炯奇. 非挤土长桩性状数值分析[D]. 杭州：浙江大学，2000.

[24] SEED H B, REESE L C. The action of soft clay along friction piles[J]. Transactions, 1957, 182(4): 1－22.

[25] 曹汉志. 桩的轴向荷载传递及荷载-沉降曲线的数值计算方法[J]. 岩土工程学报，1986，8(6)：37－48.

[26] 陈龙珠，梁国钱，朱金颖. 桩轴向荷载-沉降曲线的一种解析算法[J]. 岩土工程学报，1994，16(6)：30－38.

[27] WEI D G, RANDOLPH M F. Rationality of load transfer approach for pile analysis [J]. Computers and Geotechnics, 1998, 34(2-3): 85-112.

[28] 张忠苗,辛公锋,夏唐代. 深厚软土非嵌岩超长桩受力性状实验研究[J]. 土木工程学报,2004,37(4): 64-69.

[29] 陈尚平,卢永全,姚文娟. 层状地基中超长桩荷载-沉降关系非线性叠代方法计算[J]. 中国农村水利水电,2008(8): 104-108.

[30] BASARKAR S S, DEWAIKAR D M. Load transfer characteristics of socketed piles in Mumbai region[J]. Soils Found, 2006, 46(2): 247-257.

[31] RANDOLPH M F, WROTH C P. Analysis of deformation of vertically loaded piles[J]. Journal of Geotechnical Engineering, ASCE, 1978, 104(2): 1465-1488.

[32] 赵明华,李微哲,杨明辉,等. 成层地基中倾斜偏心荷载下单桩计算分析[J]. 岩土力学,2007,28(4): 670-674.

[33] 程泽坤. 基于P-Y曲线法考虑桩土相互作用的高桩结构物分析[J]. 海洋工程,1998,16(2): 73-82.

[34] ASHOUR M, NORRIS G, PILLING P. Lateral loading of a pile in layered soil using thestrain wedge model [J]. Journal of Geotechnical and Geoenvironmental Engineering, 1998, 124(4): 303-315.

[35] ASHOUR M, NORRIS G. Modeling lateral soil-pile response on soil-pile interaction [J]. Journal of Geotechnical and Geoenvironmental Engineering, 2000, 126(5): 420-428.

[36] POULOS H G. Pile foundation analysis and design[M]. New York: John Wiley and Sons, 1980.

[37] 张忠苗. 软土地基超长嵌岩桩的受力性状[J]. 岩土工程学报,2001,23(5): 553-556.

[38] VESIC A S. Principles of pile foundation design[D]. Durham, North Carolina: Duke University, 1975.

[39] 张雪松,屠毓敏,龚晓南,等. 软黏土地基中挤土桩沉降时效性分析[J]. 岩石力学与工程学报,2004(19): 3365-3369.

[40] 胡中雄. 土力学与环境土工学[M]. 上海: 同济大学出版社,1997.

[41] 张帆,龚维明,戴国亮. 大直径超长灌注桩荷载传递机理的自平衡实验研

究[J]. 岩土工程学报,2006,28(4): 464－469.

[42] 陈伟. 上海软土地区超长桩竖向承载特性实验研究[J]. 地下空间与工程学报,2011,7(3): 504－508.

[43] 王卫东,李永辉,吴江斌. 上海中心大厦大直径超长灌注桩现场实验研究[J]. 岩土工程学报,2011,33(12): 1817－1826.

[44] 邹东峰. 北京超长灌注桩单桩承载特性研究[J]. 岩土工程学报,2013,35(S1): 388－392.

[45] 孙宏伟. 京津沪超高层超长钻孔灌注桩实验数据对比分析[J]. 建筑结构,2011,41(9): 143－146.

[46] ZHANG Z M, XIN G F. Analysis of the Endurance of Super-Long Piles in Soft Soil Foundation[J]. Geotechnical Investigation & Surveying, 2003, 31(3): 10－13.

[47] 张忠苗. 软土地基超长嵌岩桩的受力性状[J]. 岩土工程学报,2001,23(5): 552－556.

[48] 朱向荣,方鹏飞,黄洪勉. 深厚软基超长桩工程性状实验研究[J]. 岩土工程学报,2003(1): 76－79.

[49] WANG N, WANG K H, WU W B. Analytical model of vertical vibrations in piles for different tip boundary conditions: Parametric study and Applications[J]. Journal of Zhejiang University SCIENCE A, 2013, 14(2): 79－93.

[50] 赵明华,邹丹,邹新军. 群桩沉降计算的荷载传递法[J]. 工程力学,2006,23(7): 119－124.

[51] POULOS H G, DAVIS E H. Pile foundation analysis and design, series in geotechnical engineering [M]. John Wiley & Sons, New York, 1980.

[52] PASHAYAN M, MORADI G. Experimental investigation on efficiency factor of pile groups regarding distance of piles[J]. Civil Engineering Journal-Tehran, 2019, 5(8): 1812－1819.

[53] 戚科骏,宰金珉,王旭东,等. 基于相互作用系数探讨的群桩简化分析[J]. 岩土力学,2010,31(5): 1609－1614.

[54] RANDOLPH M F, WORTH C P. An analysis of the vertical deformation of pile groups[J]. Geotechnique, 1979, 29(4): 423 - 439.

[55] 刘金砺,黄强,李华,等. 竖向荷载下群桩变形性状及沉降计算[J]. 岩土工程学报,1995(6): 1－13.

[56] 王年香,章为民.超大型群桩基础承载特性离心模型实验研究[J].世界桥梁,2006(3):45-48.

[57] WONG S C, POULOS H G. Approximate pile-to-pile interaction factors between two dissimilar piles[J]. Computers and Geotechnics, 2005, 32(8): 613-618.

[58] WU W B, WANG K H, MA S J, et al. Longitudinal dynamic response of pile in layered soil based on virtual soil-pile model [J]. Journal of Central South University, 2012, 19(7): 1999-2007.

[59] WU W B, LIU H, ELNAGGAR M H, et al. Torsional dynamic response of a pile embedded in layered soil based on the fictitious soil-pile model [J]. Computers and Geotechnics, 2016(80): 190-198.

[60] 王奎华,吕述晖,吴文兵,等.考虑应力扩散时桩端土性对单桩沉降影响分析方法[J].岩土力学,2013,34(3):621-630.

[61] 辛冬冬,张乐文,宿传玺.基于虚土桩模型的层状地基群桩沉降研究[J].岩土力学,2017,38(8):2368-2376,2394.

[62] 郭院成,杜昊,胡玉宏,等.刚性基础下长短桩复合地基桩桩相互作用机制的模型实验[J].建筑科学,2019,35(7):59-65.

[63] 李新宇,梁仁旺,张丽华,等.长短桩复合地基沉降变形规律实验研究[J].中国科技论文,2017,12(1):80-85.

[64] QIN W, DAI G, ZHAO X, et al. Experimental investigation of CFFP-soil Interaction in sand under cyclic lateral loading[J]. Geotechnical Testing Journal, 2019, 42(4): 1055-1074.

[65] 中华人民共和国住房和城乡建设部. JGJ120-2012 建筑基坑支护技术规程[S].北京:中国建筑工业出版社,2012.

[66] TANAHASHI H. Formulas for an infinitely long Bernoulli-Euler beam on the Pasternak model[J]. Journal of the Japanese Geotechnical Society, 2004, 44(5): 109-118.

[67] YAO W J, YIN W X. Numerical simulation and study for super-long pile group under axis and lateral loads[J]. International Journal of Advances Structural Engineering, 2010, 13(6): 1139-1151.

[68] 赵明华.桥梁桩基的屈曲分析及实验[J].中国公路学报,1990(4):47-56.

[69] VALLABHAN C V G, DAS Y C. Parametric Study of Beams on Elastic Foundations[J]. Journal of Engineering Mechanics, ASCE,

1988, 114(12): 2072 - 2082.

[70] VALLABHAN C V G, DAS Y C. A refined model for beams on elastic foundations[J]. International Journal of Solids and Structures, 1991, 27(5): 629 - 637.

[71] KAYNIA A M, KAUSEL E. Dynamic stiffness and seismic response of pile groups[J]. Massachusetts Institute of Technology, 1982(3): 1 - 127.

[72] 吴江斌,王卫东,黄绍铭.等截面桩与扩底桩抗拔承载特性数值分析研究[J].岩土力学,2008,29(9): 2583 - 2588.

[73] 王卫东,吴江斌,许亮,等.软土地区扩底抗拔桩承载特性实验研究[J].岩土工程学报,2007,29(9): 1418 - 1422.

[74] CASTELLI F, MAUGERI M, MOTTA E. Analisinon lineare delcedimento diun Palo Singolo[J]. Rivista Italiana di Geotechnica, 1992, 26(2): 115 - 135.

[75] 张尚根,袁正如,孙传怀.扩底抗拔桩变形非线性分析[J].岩土工程学报,2013(S2): 1091 - 1094.

[76] GUO W D, RANDOLPH M F. Vertically loaded piles in non-homogeneous media[J]. International Journal for Numerical & Analytical Methods in Geomechanics, 1997, 21(8): 507 - 532.

[77] 江杰,黄茂松,梁发云.桩筏基础相互作用非线性简化分析[J].岩土工程学报,2008,30(1): 112 - 117.

[78] 李清善,宋士仓.数值方法[M].郑州: 郑州大学出版社,2007.

[79] 上海现代建筑设计集团有限公司.上海软土地区扩底抗拔灌注桩的研究与应用[R].上海: 上海软土地基基础学科研究发展中心,2005.

[80] 谢涛.李子沟特大桥超大群桩基础实验研究[D].成都: 西南交通大学,2002.

[81] 刘齐建.大直径桥梁基桩竖向承载力分析及实验研究[D].长沙: 湖南大学,2002.

[82] 廖晓昕.稳定性的理论、方法和应用[M].武汉: 华中理工大学出版社,1999.

[83] TANAHASHI H. Formulas for an infinitely long Bernoulli-Euler beam on the Pasternak model[J]. Journal of the Japanese Geotechnical Society, 2004, 44(5): 109 - 118.

索　引